PROGRAMMER
INTERVIEW NOTES

Java
程序员
面试笔记

杨峰　王楠◎编著

机械工业出版社
CHINA MACHINE PRESS

本书是为了满足广大应聘 IT 岗位的毕业生及社招人员复习所学知识、提高职场竞争力而编写的。书中涵盖了 Java 程序员面试所需掌握的主要知识点，内容涉及 Java 基础、面向对象、多线程、容器、软件工程与设计模式、数据结构与算法、Java EE 技术、Java Web 设计以及 Android 编程等。本书还包含了相当篇幅的面试技巧的介绍，并精心搜集了面试官常问的 20 个问题和外企常考的 20 道英文面试题，帮助求职者在面试过程中展现自身技术硬实力的同时更能充分发挥自身素质和个人魅力等软实力。

本书不只是一部"习题集"，在每节中对本节所涉及的知识点还进行了完整的梳理，这样可以使读者夯实专业基础，从根本上掌握程序员笔试面试的要领，也为未来的工作打下坚实的基础。

本书采用笔记体裁方式编写，核心内容用蓝色字体突出，重点问题和知识点加批注注释，使读者阅读此书时易于上手，掌握关键信息，提高学习效率。

为了更好地帮助读者备战笔试面试，本书对每一节中的知识点梳理以及一些比较有代表性的题目都进行了视频讲解，使读者学习起来更加灵活有趣，知识掌握的也更加牢固。

本书中涵盖了各大公司近年来 Java 笔试面试真题，具有权威性，在讲解上力求深入浅出、循序渐进，并配以插图解说，使读者能够学得懂、记得牢、愿意学，帮助读者更好地进行求职准备。

本书是一本计算机相关专业毕业生以及社招人员笔试、面试求职参考书，同时也可作为有志于从事 IT 行业的计算机爱好者阅读使用。

图书在版编目(CIP)数据

Java 程序员面试笔记/杨峰，王楠编著 .—北京：机械工业出版社，2019.5
ISBN 978-7-111-62762-3

Ⅰ. ①J…　Ⅱ. ①杨…　②王…　Ⅲ. ①程序设计-资格考试-自学参考资料　Ⅳ. ①TP311.1

中国版本图书馆 CIP 数据核字(2019)第 094781 号

机械工业出版社(北京市百万庄大街 22 号　邮政编码　100037)
策划编辑：时　静　　责任编辑：汤　枫
责任校对：张艳霞　　责任印制：郜　敏
北京富生印刷厂印刷
2019 年 6 月第 1 版·第 1 次印刷
184mm×260mm·24.5 印张·635 千字
0001-3000 册
标准书号：ISBN 978-7-111-62762-3
定价：79.00 元

电话服务　　　　　　　　　　　网络服务
客服电话：010-88361066　　　　机 工 官 网：www.cmpbook.com
　　　　　010-88379833　　　　机 工 官 博：weibo.com/cmp1952
　　　　　010-68326294　　　　金 书 网：www.golden-book.com
封底无防伪标均为盗版　　　机工教育服务网：www.cmpedu.com

如何使用本书

相比于其他同类面试书籍，本书有一些自己的特点。因此在学习本书时，需要重点了解以下几点：

☐ 本书采用笔记形式，将重点内容用蓝色字体突出，读者阅读时可以多留意这部分的内容。

举例：

> 编译型语言可以一次编译成平台可识别的机器码，因此它可以脱离开发环境独立运行，并且执行效率较高，这是编译型语言的优点。但也正因为编译型语言是将高级代码源程序直接编译成特定平台的机器码，所以编译生成的可执行程序一般无法移植到其他平台上运行。

> 重点内容用蓝色字体突出，提醒读者注意阅读

☐ 本书正文中包含一些"特别提示"的部分，这些内容是起到强调提醒和归纳总结的作用，读者应当特别关注，仔细体会。

举例：

> 引用类型声明的变量是一个对象的引用，其本质就是一个指向堆内存中对象实例的指针变量，只不过它不像 C++中指针那样需要使用 * 运算符，而更像是 C++中的引用。所以有句话说得好："Java 没有指针，但是 Java 处处都是指针"。
>
> **特别提示**
> 从现在开始希望大家树立起"Java 处处都是指针"的概念。Java 中除了基本数据类型（byte、short、int、long、char、float、double、boolean）外其他都是引用类型，引用类型的变量是对象的引用，其本质是一个指针，引用类型的对象实例都是被创建在堆内存上的。

> "特别提示"，提醒读者需要注意的关键要点

☐ 在有些面试题讲解的后面会额外添加一个"拓展性思考"的专栏，它是对本题解法深度和广度的延伸，阅读这部分内容会给读者带来一些不一样的思路，相信会对读者有所帮助。

举例：

☑ 拓展性思考——Java 中的 char 类型与字符常量

　　Java 中 char 类型变量一般用来存储字符常量。由于 Java 中使用 16 位的 Unicode 编码格式作为编码方式，所以一个字符都占用两个字节大小空间。

　　在 Java 中字符型常量大体上有三种表示形式……

> 拓展性思考，对本题进行更深一步的探讨和研究

❑ 对于编程题和算法设计题，本书中都包含一个"实战演练"环节，在这里会给出程序的完整源代码，读者可以通过扫描下面这个二维码下载全书的源代码程序，并在计算机中编译、运行、调试该程序，这样大家可以更加直观地了解代码的实现，加深对程序的理解。本书中的源代码均已在 Java SE 7.0(1.7.0) 环境下编译通过，读者可以直接运行调试。

> 书中的源代码可扫描二维码下载

举例：

　　3. 实战演练

　　本题完整的源代码及测试程序见云盘中 source/15-21/，读者可以编译调试该程序。该程序通过上述算法可将符合要求的六位数找出，并输出到屏幕上，程序的运行结果如图 15-42 所示。

> 实战演练环节，提供了本题的完整源代码，读者可以下载编译执行

❑ 本书每一节中的知识点梳理以及一些比较有代表性的题目都有视频讲解，并将视频对应的二维码印在章节标题或题目标题的旁边，读者可以扫描二维码进行学习。

举例：

　　2. 问题分析

　　本题的教学视频请扫描二维码 10-4 获取。

> 题目讲解的视频二维码

二维码 10-4

❑ 另外我们开通了微博平台"80后传播者",该微博号主要关注时下 IT 热点话题,探讨前沿的新技术,并与读者交流学习体会和分享学习经验。欢迎广大读者关注此微博号,在这里与作者共同交流、切磋,并分享大家的学习经验和最新技术热点,让我们共同加油进步!

微博"80后传播者"

前　　言

IT 行业在中国经过几十年的发展，当下正处在一个爆炸式高速发展的时代，尤其最近几年，IT 市场的行业产值和利润总额正以每年超过 20% 的速度迅猛增长，对我国经济发展的贡献日趋显著，"互联网+"的经济模式正成为推动中国经济发展的新动力。特别是伴随着 5G 时代的到来，互联网、物联网、AI 等领域必将迎来新一波的迅猛发展，展现在我们面前的也必将是一个机遇与挑战并存的大时代。

在这样的大环境下，IT 行业的人才竞争也随之日趋激烈。每年的招聘季都是广大学子角逐的战场！本书就是为了满足广大应聘 IT 岗位的莘莘学子及社招人员复习已有知识、提高职场竞争力而编写的。

在众多 IT 新技术和编程语言中，Java 毫无悬念地成为其中一颗闪耀的明星。根据 TIOBE 编程语言社区统计，2018 年十大编程语言中 Java 位于榜首，其使用率高达 15.37%。这充分说明 Java 语言自身有着其他编程语言不可替代的优势，也反映出 Java 的市场前景将会长盛不衰。特别是近些年互联网公司的兴起带动了手机应用程序开发和 Java Web 开发需求的与日激增，Java 更成了"明星编程语言"，几乎任何一家互联网公司在招聘员工时都要求求职者掌握 Java 编程语言。

基于以上考虑，我们精心编写了这本《Java 程序员面试笔记》。希望本书可以帮助广大应聘程序员岗位的读者更好地提升自己实力、拿到心目中理想公司的 Offer。

本书有哪些亮点？

内容丰富，双管齐下：本书内容包括 Java 基础知识、数据结构和算法，以及 Java 的应用开发。知识点覆盖了近几年来各大 IT 企业常考的经典面试题，读者可通过本书掌握 Java 面试的全部要领。与此同时，本书还将一些面试攻略、面试官常提问的问题、综合类测试题等通用的面试技巧融入其中，使求职者在面试过程中展现自身技术硬实力的同时更能充分发挥自身素质和个人魅力等软实力，从而给面试官留下良好的印象。

条理清晰，知识点驱动：市面上的程序员面试书籍普遍采用"题目驱动"编写，也就是罗列一些题目，并对题目进行讲解。这样做有一个缺点就是知识点相对零散，使读者很难做到系统的复习。有的读者甚至反映说"题目做的不少，但是题型一变还是不会！"造成这种现象的根本原因在于读者只是在"就题学题"，并没有对知识点进行完整的梳理。所以本书首先通过知识点梳理将每一个章节中的重点难点进行串讲，使读者有一个提纲挈领的全面了解。然后结合各大 IT 公司的面试题对知识点进行综合应用分析。这样读者能在这些经典面试题中反复磨炼，深化这些知识点，做到知其然，更知其所以然，从而提高专业知识水平和应试能力。

讲解深入，追根求源：针对当前计算机面试类书籍讲解过于简单的弊端，本书不主张单纯贴代码式的分析方法，而是将题目的思维过程清晰地阐释给读者，把问题讲清讲透，使读者在看懂例题的同时学到正确的思考问题的方法，从而在遇到类似问题时能够举一反三、触类旁通。这也是本书异于其他同类图书的特点之一。

形式新颖，视频教学：这是本书的一个亮点！本书核心章节的知识点梳理以及一些比较有代表性的题目都有视频讲解，并将视频对应的二维码印在书中，这样读者需要视频学习时，只需拿出手机扫描对应的二维码，即学即看。这样不但使读者学得更灵活，更有趣，同时使读者通过读、听、看三个维度进行学习，更加有利于对知识的吸收和巩固。同时通过扫描书中的二维码，读者也可获得全书的源代码程序，这样读者可在计算机上实际编译、运行、调试该程序，使学习不再是纸上谈兵，更是实战演练，这样的学习效果必然会更好。这也是本书异于其他同类图书的另一个特点。

笔记体裁，易于上手：本书的书名为《Java 程序员面试笔记》，所以在内容形式上与书名相契合。全书采用双色印刷，知识点梳理和题目的讲解上采取重点突出的方法，一些关键内容附以批注，重点的语句采用蓝色字体的方式突出。这样读者阅读本书时就会有一种翻阅自己学习笔记的感觉，把一些重点难点的内容都归纳提炼出来，学习效率会更高，阅读效果也会更好。

本书的内容概述

第一部分（1~9 章）：其中第 1~8 章介绍了面试的技巧和经验。具体来说，从求职的准备、简历技巧、笔试技巧、面试技巧、Offer 选择技巧、职业生涯规划这六个方面介绍了笔试面试过程中应该注意的问题和应对的技巧。另外，这部分还精心总结了面试官常问的 20 个问题和外企常考的 20 道英文面试题，让读者在参加面试前可以提前有所准备，做到知己知彼，百战不殆。

第 9 章总结了一些面试中常考的综合能力测试题，这些题目在程序员笔试考试中虽然不是重点，但却能起到画龙点睛的作用。它可以从某种程度上反映出面试者分析问题解决问题的能力以及逻辑思维能力，所以读者可以在学习之余阅读这部分内容。

第二部分（10~18 章）：其中第 10 章主要介绍了 Java 基础知识，同时精选了许多知名的 IT 企业近几年的经典面试题。涉及的内容包括：跨平台机制、Java 数据类型、Java 运算符、分支语句和循环语句、数组、字符串、异常处理、反射机制、Java 关键字和 I/O 等。覆盖了 Java 的常用知识，全面解读 Java 语言在程序员面试中的各种应用。本章是学习 Java 的基础，也是各大公司招聘 Java 工程师的考查重点，所以建议读者认真学习。

第 11 章介绍了基于 Java 的面向对象的知识。内容包括：面向对象的基本概念、Java 的继承、构造方法、抽象类和接口、内部类等。面向对象是 Java 的灵魂，同时也是 Java 程序员必须掌握的内容，所以读者应当予以重视。

第 12 章介绍了 Java 中的多线程机制。多线程开发是 Java 程序员的必备基本功，所以本书单独开辟出一章来讨论这个问题。内容包括：线程基础、线程的状态及控制、线程同步、线程的协调机制等。

第 13 章介绍了 Java 容器，内容包括：Collection 和 Iterator，HashSet 和 TreeSet，ArrayList、Vector 和 LinkedList，HashMap 和 Hashtable。这些都是在工作中最常使用的 Java 容器类，也是面试中经常考查的内容。

第 14 章介绍了软件工程与设计模式，内容包括：UML、单例模式、工厂模式、观察者模式和适配器模式。

第 15 章介绍了基于 Java 的数据结构和算法的知识。本章主要由一些经典的数据结构和算法题目组成，这些题目中既有链表、队列、堆栈、二叉树等数据结构的内容，同时也包含了排序算法、查找算法等内容。在 15.4 节中作者还精心准备了 7 道算法设计趣题，全部用 Java 语言实现。这些题目虽然可能有一些难度，但通过研究思考这些题目可以给广大读者带来启发，并锻炼大家使用不同的算法思想解决实际问题的能力。

第 16 章主要介绍了 Java EE 及开源框架。内容包括：JDBC、Spring 轻量级架构、Hibernate 和 EJB。掌握这些内容需要一定的专业背景知识，但对于面试 Java EE 工程师的求职者来说是非常重要的。

第 17 章主要介绍了 Java Web 设计，内容包括：JSP、Servlet、JavaScript、XML 和 WebserviceREST。对于从事 Java Web 开发的工程师，应当认真研读本章。

第 18 章总结整理了一些经典的 Android 面试题，内容涉及 Android 系统架构、Activity、Service、Boardcast、ContentProvider、RecyclerView、Handler 机制、Android 跨进程通信和 JNI 等，这些内容最为基础、最为核心，也几乎是 Android 面试的必考项，所以请读者予以重视。

由于编者水平有限，编写过程中难免存在不足和缺陷，欢迎广大读者和专家批评指正。

编　者

目　　录

第二部分　面试笔试技术篇

XV

第一部分　求职攻略技巧篇

第1章　凡事预则立，不预则废
——求职准备

当今社会竞争激烈，"天之骄子"风光不再，寻找一份心仪的工作难度倍增。君不见，招聘会上人头攒动，拥挤不堪，求职者为了一个合适的岗位披星戴月，不辞辛劳地奔波。这些现象不断地提醒着我们：在竞争日趋激烈，人才过度集中（特别是在北上广深这样的一线城市）的今天，找到一份理想的工作并非易事。

从事 IT 领域的人士及 IT 相关专业的学生数量非常庞大，要想在人才济济的求职大军中脱颖而出，达到自己理想的职业目标，绝非易事，更需要狠下一番功夫。

凡事预则立、不预则废，为了在求职的征途上取得成功，不但要充分掌握本专业的相关知识，还要熟悉应聘求职的常识和技巧，准备适合应聘的简历，做好充分的心理准备和职业规划。本章讨论如何进行应聘求职的准备，让求职者做到胸有成竹，胜券在握。

1.1　摆脱就业"恐惧症"

大学生久居象牙塔内，在读书、打球、玩游戏、谈恋爱中度过青春时光，步入社会开始工作，突然面临种种压力，几乎所有人都不可避免地会产生一些恐惧、焦虑与不安，不愿意参加笔试面试，见到面试官紧张，语无伦次，发挥失常，这就是就业"恐惧症"的不良后果。

有位心理学家曾说过，人的成功 80% 取决于情商，20% 取决于智商。心理因素对人的自身有至关重要的影响。对于即将走向社会的学生朋友来说，在准备求职的过程中，首要的事情就是转变心态，重塑自己的角色，摆脱就业"恐惧症"。

如何才能摆脱就业"恐惧症"呢？应当从以下三个角度转变和提高自己。

1. 从心里认同你角色的转变

首先是认同从学生角色转变为职场角色。有的学生离开校园后产生种种不适应，最根本的原因就是没有对自己身份角色的转变有一个清晰的认识，处理、思考问题都停留在一个在校学生的层面上，这样必然会与社会脱节。近年出现越来越多的"校漂族"：很多学生毕业了，却留恋校园，依然生活和学习在校园。这是就业"恐惧症"的一种极端表现。

角色的认同并非一朝一夕，需要时间的磨合。我们应当有意识地告诉自己：我们已不是学生了，面对的是更加复杂的社会和充满机遇、挑战和压力的职场，不能再像学生那样一切以自我为中心，我行我素，要做一个有担当、负责任的职场人！有了这样的心理暗示和自我觉醒，在遇到困难和挫折就不会选择逃避或自暴自弃，而是直面人生，迎接挑战。

2. 对未来充满信心，用行动铸就梦想

社会固然复杂，但要对未来充满信心。人的自我暗示有神奇的力量。美国心理机构有项旨在研究自信心对个体未来成就影响的实验：随机将被测试学生分为两组回答测试题，一组学生被告知"你们答案非常出色，展现了非凡的财商，将来很有希望成为杰出的金融家或商人"，另一组学生则被告知"财商一般，不太适合学习经济和金融"。多年后，这家心理机构回访这些被测的学生时发现，第一组学生成为金融家和优秀商人的比例明显高于第二组。这个实验在一定程度上反映了自信心会影响一个人未来的成就。

刚刚毕业的学生，最大的优势就是年轻和精力充沛，对工作更加热情，更具有好奇心。有热情就会有动力，最终的改变要落实到行动上来，不要犹豫，做好准备，做出改变。

3. 从细节之处改变和适应

人不愿改变，主要是惰性使然。我们在学校已经养成了很多不良的习惯，比如睡觉很晚、通宵打游戏、上网、赖床、逃课等。应当在准备就业之前有意识地在这些细节上加以改变，可从下面几点开始做起：

❏ 不熬夜，不赖床：每天保证 11:00 之前上床睡觉，7:00 左右起床。

❏ 少打或不打游戏：严格控制每周玩游戏的时间，例如 3 小时之内。

❏ 积极锻炼身体：每天保证至少 1 小时的运动，例如打球、跑步、游泳等。

□ 看一本有意义的书：利用在学校的最后闲暇时光看一本有意义的书。

□ 合理安排每天的学习：安排好自己的学习内容和学习进度，有计划有节奏地学习充电。

人的成功多半来自良好的习惯和自我约束，只有有意识地培养良好的生活、学习习惯，才能更加顺利地完成身份的蜕变，有效地摆脱就业"恐惧症"，从而迎接崭新而光明的未来！

1.2　深度剖析自己，找准定位——切忌好高骛远，眼高手低

在求职过程中，最重要的问题就是明确自己的求职方向，找准自己的定位，想清楚自己究竟要做什么，能做什么，不能做什么，不想做什么，切忌好高骛远，眼高手低。

如何深度剖析自己，找准自己的定位呢？下面给出一些建议。

1. 清楚了解自己的兴趣在哪里，自己究竟喜欢一份什么样的工作

了解自己的兴趣并不是一句空话，而是在求职找工作的过程中非常重要的一个环节。

对于计算机相关专业的学生，可以从以下四个方面评估自己的工作兴趣和喜好：

1）我是否喜欢编程，是否可以做一名程序员？

2）如果喜欢编程，是更倾向于做界面（UI）还是做底层架构（Framework）？

3）如果对编程不感兴趣，是否可以胜任测试、销售、现场支持等周边工作？

4）如果对计算机领域丝毫不感兴趣，是否可以考虑其他类型的工作？

是否喜欢编程是能否做好一名程序员的分水岭。如果喜爱编程，则比较适合做程序员，下一步需要深入地分析一下自己倾向于做界面还是更倾向于做底层逻辑。如果对用户体验更加了解，或者编程时更加注重界面上的细节，APP 工程师可能更加适合你；如果对算法、数据结构、协议等内部逻辑更感兴趣，那么建议更多倾向于做底层方面的工作。

如果对编程兴趣不大，或者在上学期间没怎么写过代码，就要考虑一下是否可以做计算机专业周边非编程的一些工作。这些工作对编程能力并没有过高的要求，例如 IT 公司里的 QA（测试人员，主要是黑盒测试人员）职位，IT（IT 工程师，一般负责设备维护、维修、系统软件的升级维护等）职位，销售职位或现场支持等职位。这些职位薪酬也不低，但侧重点并不在编程，所以比较适合那些计算机相关专业出身，而又对编程不感兴趣的人。

如果兴趣点根本不在计算机领域，比如你对金融更感兴趣，或者外语水平很好，希望从事翻译方面的工作，或者更愿意做公务员等，考虑是否果断地放弃计算机领域相关的工作，从事自己爱好和专长的工作，这样你的价值才能在你热爱的工作中得到充分的体现。

2. 客观评估自己的能力水平及各方面特质，以判断自己适合什么类型的公司

能找到一个什么档次的工作，最根本的决定因素在于自身的水平。谁都希望拿到微软、

谷歌、BAT 这样世界知名大公司的 Offer，但关键在于你是否达到这些公司的能力水平等各方面要求。对于计算机专业的学生来讲，客观评估自己可以从以下几个方面展开。

（1）评估自己的技术能力

首先对自己的技术能力有个基本认知，包括两个方面，即专业知识水平和动手操作能力。

对于计算机相关专业的求职者来说，专业知识主要包括以下几项：

☐ 是否精通 1~2 门主流编程语言，Java 还是 C++，或者 C。

☐ 数据结构、操作系统、设计模式、数据库等计算机理论知识。

☐ 本专业研究方向的核心技术（主要针对研究生）。

☐ 对前沿知识的了解程度，如手机 APP 编程、中间件框架、云计算、大数据等。

动手操作能力主要包括以下几项：

☐ 程序设计的能力——编程的功力。

☐ 测试维护的能力——调试和 Debug 能力。

☐ 沟通协调的能力——项目管理与团队合作能力。

如果专业知识水平和动手操作能力都比较强，则可以大胆地选择一些技术含量比较高、工作内容比较复杂、富有挑战性的岗位。相反，如果专业技能不是很扎实，或者动手实操能力一般，建议选择一些售前、售后等对实际技术和专业知识要求不是很高的岗位。

（2）评估自己的性格

除了客观地评估自己的技术能力，性格因素也是选择工作和职业方向的关键。

对于那些比较富有激情，愿意迎接各种挑战，享受成就感的求职者来说，可以选择研发、设计、销售等比较有挑战性的职位。如果性格偏于保守，或者喜欢富有规律性的生活，或者更加青睐于"慢生活"方式，则可以选择事业单位、公务员，或者是压力不是很大的国企单位。总而言之，工作的选择没有正确和错误之分，适合自己的就是最好的。在选择工作时，将自己的性格特点作为择业因素之一考虑是十分必要的。

（3）综合分析

可以通过一个二维坐标矩阵更加清晰地分析自己的特质，从而帮助我们决策究竟什么样的工作更加适合自己。图 1-1 给出了综合分析技术水平和性格因素的二维坐标矩阵。

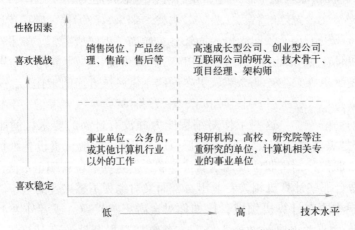

图 1-1　技术水平和性格因素的二维坐标矩阵

将技术水平和性格因素作为二维矩阵的 X、Y 轴，分析自己两个因素的基本值，考虑大体能落在哪个象限，综合判断、预估自己更适合的公司和岗位，是目前流行的手段之一。

3. 了解职业的方向

寻找和定位自己匹配的职业方向，沿着这个方向寻找工作，并判断自己是否适合这份工作，这份工作是否适合自己，是决定我们未来职业高度的关键所在。

万事开头难，在找工作之前，应当查询和研究 IT 专业的相关方向，主要包括从事工作的主要内容、工作强度、发展轨迹、专业前景等，这样在找工作的过程中，目标才能更明确。表 1-1 给出了笔者多年来对 IT 领域职业特点的研究，供读者参考。

表 1-1　职业方向指导表

职业方向	主要就业公司		主要工作内容
互联网方向	BAT、京东、网易、360 等、不差钱的创业公司等	研发技术岗	互联网前、后台产品研发，内容因岗位而异
		测试	通过程序查找产品相应 Bug
		设计	网页设计、美工等，需前端技术和 PS 等软件的使用技巧，也需要美术素养
		其他	如产品经理、策划、运维、编辑、市场等
传统 IT 方向	微软、IBM、Oracle，国内的软件公司，如用友等	研发技术岗	产品研发和项目开发，一般使用 Java 或 C++ 进行开发
		测试	企业级应用项目的 Bug 测试
		技术支持	微软产品线、IBM 产品线、Oracle 产品线的技术支持
金融类和电信类	国有四大行、股份制小银行的 IT 部门；移动联通电信总部、各种设计院、省级运营商	开发	金融类主要以金融新项目开发、金融的系统维护为主，一般部门有软件开发中心和数据中心；电信类一般需要通信专业背景，主要做通信类的项目
		维护	
		测试	
其他	公务员、事业编	开发	公务员，比较稳定但薪水不高，各大部委的信息中心，作为甲方，以运维为主
		运维	
	垄断央企：中石油、中石化总部	运维	待遇丰厚，甲方，技术要求一般，但进入门槛高
	信息安全公司，如绿盟等	产品实施	主要专注安全领域，薪资一般，注重网络和信息安全知识
	四大会计律师事务所	IT 审计	待遇可以，经常出差

4. 对就业大环境进行评估，判断薪资及工作环境的需求

（1）就业大环境

每年都有不同的就业环境，反映在市场层面，就是各公司当年的招聘计划、招聘人数以及薪资水平，这些指标都可能与往年不同，从而构成当年的就业环境。就业环境的判断可从校园的宣讲会、招聘信息、相关就业论坛、实习期间了解所在公司招聘员工信息等方面窥测到整个趋势。

了解了就业的大环境可以帮助掌握目前市场对人才的需求方向，哪些领域更加热门，哪些领域更具良好的行业前景，这些对于职业规划和方向选择都是很有用的。

就业大环境的评估，是薪资、环境等需求的前提，只有掌握就业大环境，后续的其他考虑才能有所借鉴，才会有真正的意义。

（2）工作环境和强度

IT 理工男对工作环境的舒适度也开始有了更高的要求，不同公司的工作环境、氛围、工作强度都是不同的，传统软件公司的工作时间大概是 965，即：早上 9 点上班，晚上 6 点下班，一周工作 5 天。但是薪酬更高的互联网公司，就可能需要 996（甚至加班会更多）。外包的企

业需要经常驻在客户的工作现场，出差一连好几个月。所以如果你不想加班，不想长期出差，在找工作时就要询问清楚。要对将来就业的环境和工作强度等做出严谨的调查，并把这个因素作为择业的一个指标。

（3）薪资

薪资是我们的生存资本，不管是追求起薪高，还是追求有发展的工作，归根到底，薪水都是重要的衡量指标之一。这里要提醒的是，要区别不同的薪水提法中间的猫腻，比如年薪中上税的问题，是否存在扣除其中的 20% ~ 40% 年底统一发放或者第二年发放等问题。图 1-2 为 2018 年秋季求职期十大高薪职业统计，可见 IT 行业的薪水还是具有竞争力的。

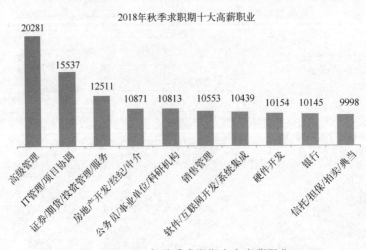

图 1-2　2018 年秋季求职期十大高薪职业

公司提供的薪水应当是选择 Offer 的重要参考指标之一。如果给出的起薪太低，远远低于你对自身能力的评估值，就应该考虑是否将这个 Offer 推掉，或者评估其他方面是否有可以补偿的优势——比如提供户口、住宿、发展前景较好，或者承诺股票期权之类。太低的起薪对今后的发展，比如跳槽等都有负面的影响。相反，如果起薪太高，超出预期太多，也必须小心谨慎，可能需要评估一下隐含的工作量，比如是否长期加班，是否需要频繁出差，是否只是为了某个项目才召这批人，没有持续发展等。总之，薪水是一份工作的晴雨表，是能反映一份工作的价值几何的重要指标。

综上，在择业之前，需做到以下 3 点：

☐ 了解自己的兴趣所在。

☐ 准确评估自身技术水平及各方面的特质。

☐ 对就业的大环境进行充分的评估，并明确自己对薪资、工作环境方面的要求。

只有这样，我们的定位才是准确而客观的，择业也就会有的放矢，同时应聘也会是客观而符合预期的，这样的应聘胜算的概率会大很多！

1.3　制订一个详细的求职计划

求职是一个漫长而艰辛的过程，需要体力和智力的巨大付出。在校园调查中发现：很多同学着实很努力，拼命考证书，买学习资料，参加招生宣讲会，频繁参加笔试面试，但是却收获甚微，好像心仪的工作总不眷顾自己。这是什么原因呢？其中一个重要的原因就是缺少一份详尽的计划作为指导，凡事都靠"碰运气""走一步算一步"，事情就会做得"无章法"，结果就是劳心劳神，事倍功半。所以，为了取得这几乎是人生最重要战役的胜利，建议制订一份详实的求职计划，这样才能做到纲举目张，有条不紊，争取到最大的利益。

下面给出一个具体实例，旨在说明怎样制订自己的求职计划，供读者参考使用。

<h1 style="text-align:center">求职计划书</h1>

制定日期：9.1

时间范围：9.1~1.31（五个月）

一、集中准备期

9.1~10.15（一个半月）

主旨：

这段时间的关键词就是"准备"。

☐ 梳理完善以往学到的专业知识，多练习笔试面试题，多上机编程实践。

☐ 搜集各大公司招聘信息，掌握今年招聘动向和趋势。

☐ 评估适合自己的岗位，确定好自己目标。

总之做好求职战役的前期准备。

具体计划：

☐ 7:30 起床，洗漱，晨练（把身体练好很重要！），吃早饭。

☐ 9:00 去自习室上自习，主要学习专业知识（可以再进一步细化学习哪些知识，以学习本书为例，可以每天结合视频学习1~2节的内容）。

☐ 12:00~14:00 午饭和午休时间。

☐ 14:30~17:00 去自习室上自习，继续学习专业知识。

☐ 17:00~18:30 自由活动和晚饭时间，晚饭前可以打打球，去操场跑两圈。

☐ 19:00~21:00 上网搜集招聘信息和相关资料，获取招聘的第一手信息。

☐ 21:00 之后回宿舍跟同学交流心得，23:00 之前睡觉。

注：如果学校有课程或其他活动，需要根据具体安排进行调整。如果这段时间接到了公司的笔试面试邀请也不要放弃，因为这也是实战练习的好机会，同时也可以给自己更多的选择。

二、实战期

10. 15~1. 31（三个半月）

主旨：

这段时间的主要任务是找到自己心仪的工作。

☐ 经过前面的准备，我们对专业知识进行了梳理和复习，对当年的就业环境有了一定的掌握，对自己的理想和目标也更加明确和清晰。接下来进行实战了！当然在找工作的过程中也要灵活机动，不可墨守成规。可以不断调整自己的目标（应当是小范围内的调整），同时也要持续学习，在笔试面试中遇到的问题回来后要及时弄清楚，这样才能随着笔试面试的经验不断丰富而不断提高。

具体计划：

☐ 7:30 起床，洗漱，晨练，吃早饭。

☐ 如果上午有笔试面试邀请，要提早前往，不迟到。如果没有，就把之前笔试面试中遇到的问题进行整理，彻底研究明白，最好举一反三，或者学习一下自己认为还比较薄弱的地方，例如某个算法之前学得还不是很明白，C++中虚函数的一些问题理解得还不是很清楚，大字节序和小字节序的概念有些淡忘了等，这些问题都可以利用这个时间学习、巩固。

☐ 12:00~14:00 午饭和午休时间。

☐ 14:30~17:00 去自习室上自习，继续学习专业知识。

☐ 17:00~18:30 自由活动和晚饭时间，晚饭前可以打打球，去操场跑两圈。

☐ 19:00~21:00，可参加一些公司组织的宣讲会，或者登录求职论坛（应届生、北邮人）等了解最新的求职信息。

注：根据笔者的经验，很多公司的招聘信息或者笔试面试信息都会在这些热门网站论坛上提早发布出来。

☐ 21:00 之后回宿舍跟同学交流心得，23:00 之前睡觉。

以上只是一个简单的求职计划模板，仅供读者借鉴参考，具体的求职计划书的编写还要依据具体实际情况而定。总之，有一份求职计划书是必要的，因为这样可以有纲可循，知道到什么时候该做什么事情。有了计划书就有了约束，有了一双无形的眼睛在督促你按计划进行，生活、学习都很充实，很有节奏感，自然求职的道路上就会顺坦很多。

1.4　你应该知道的求职渠道

在面试的时候，HR 通常会问这样一个问题：你是通过什么渠道知道我们的招聘信息的？通过这个问题 HR 是在做统计：公司在各种渠道投放的招聘广告，到底哪个最有效。但对于求职者来说，给我们的启示是：有很多不同的求职渠道，而且我们也必须知道这些求职渠道。

那么我们应该知道的求职渠道有哪些呢？

总的来说，求职渠道分为常规渠道和非常规渠道两个层次。求职的基本思路是：紧抓常规渠道，重视非常规渠道。

1. 常规渠道

常规渠道主要有招聘会、学校就业指导中心、媒体广告和网络招聘等，如图 1-3 所示。

图1-3　求职的常规渠道

（1）招聘会

招聘会一般有两种形式：大型综合招聘会和校园的定向招聘会。

大型综合招聘会一般由专业机构承办，其优点是大而全，几乎所有的公司都会参加；缺点是人太多，进入这种招聘会"乌央乌央"的都是人，各大展台前的简历堆积如山，很难保证招聘单位会认真读取每个人的简历。

校园的定向招聘会由学校选择一些公司发起邀请，受邀公司选择某些学校组织展台。

优点：公司招人信息明确，重视度高，应聘者可以和招聘公司直接见面。

缺点：可能没有那么全面，并不是所有公司都会举行校园招聘会，要想获得较多机会，就必须奔波于各大校园招聘会，对体力和精力是一个考验。

【参加招聘会成功秘诀】要不辞辛苦，早出晚归，海投简历，广撒网。能参加的都要参加，直截了当找自己想去的公司展位。

（2）学校就业指导中心

各大高校都成立了就业指导中心，中心的网站不断更新最新的招聘信息，需要每天实时地关注。同时，就业指导中心也会组织一些就业的双选会和指导，可第一时间掌握第一手资料。

优点：竞争小，一般服务于本校。

缺点：覆盖面不是很全，许多岗位可能并非自己理想的。

（3）媒体广告

通过报纸、广播、电视、微博等媒体也可以了解一些重要的招聘信息，部分国企或者事业单位偏爱这种方式发布信息。

随着移动通信的飞速发展，微信公众号已成为了发布招聘信息的又一主流媒介，应聘者第一时间就能掌握招聘信息，一定要予以重视。除了要关注各大型招聘网站的官方公众号（智联、51job等），这里特推荐几个有特色的招聘类微信公众号供参考。

500强校园招聘：校招必备，每日精选全网优质招聘信息。

爱思益求职：更新及时，最新的招聘信息、内推机会、简历模板等非常全面。

程序员笔试面试之家：本书微信订阅号，最新干货应有尽有。

（4）网络招聘

网络日益普及下出现的新的媒体招聘形式，已经成为主流的求职渠道之一。现在越来越多的人把网络求职作为找工作或者跳槽的首选方式。

优点：信息量大、成本低、方便且快速，能获得求职的最新最全的资料。

缺点：网络求职信息量非常大，过滤和选择有用的信息有一定难度，且网上申请职位非常费时。

网络招聘一般可有 3 种途径：人才招聘网站、公司招聘主页、论坛的招聘版块。

1）人才招聘网站：这类网站收集了大量公司的招聘信息，信息都分类整合，便于搜索查找，在当下这个信息爆炸的时代，使用人才招聘网站找工作不失为一种便捷而又高效的手段。

下面推荐一些热门的招聘网站：

- 应届生 http://www.yingjiesheng.com　国内最好的大学生就业平台，信息非常全。
- 前程无忧 http://www.51job.com　IT 类职位较全。
- 智联招聘 http://www.zhaopin.com　北京地区职位较多，偏重北方职位。
- 事业单位招聘考试网 http://www.shiyebian.net　专做事业单位就业方向专业网站。

也可以下载相关招聘网站的手机 APP 客户端，这样检索招聘职位和公司更加方便。

2）公司招聘主页：登录求职公司的招聘主页，可了解该公司的最新信息，包括岗位说明、招收情况等，同时得到的信息也最为权威和全面。

3）论坛的招聘板块：很多论坛都有招聘信息的主页，这种论坛最大的好处就是同学之间口口相传，信息更新很快，而且有很多内幕消息，讨论热烈，第一手资料更新非常及时，所以一定要重视。

论坛招聘版块的推荐：

- 北邮人论坛（版块：毕业生找工作、招聘信息专版、跳槽就业）http://bbs.byr.cn。
- 水木社区（版块：找工作）http://www.newsmth.net。

2. 非常规渠道

求职的非常规渠道包括关系网、实习单位、霸笔霸面和主动求职，如图 1-4 所示。

图 1-4　求职的非常规渠道

（1）关系网

人脉关系资源是这世界上宝贵的资源之一，我们要充分利用起来，让它价值最大化，尤其是我们身边最天然质朴的关系。求职者可以从以下几方面挖掘自己的人脉关系网。

- 师兄弟姐妹：同一所大学，同一个专业甚至同一个实验室的师兄弟姐妹绝对是你求职的一把利器，会为你求职带来巨大好处。
- 亲戚朋友：父辈亲戚都有各自的人脉网，朋友也有自己的人脉圈，利用这些人脉，也许意外的惊喜就会出现。
- 导师：导师桃李满天下，人脉资源丰富，通过导师推荐，能得到许多就业机会。

（2）实习单位

正所谓：近水楼台先得月。据统计：利用实习机会找到工作，是成功率最高的求职方式。

建议：

- 有机会最好去实习，尽最大可能去你最终想全职就职的公司实习。

□ 不要在肯定进不去或者不感兴趣的岗位上浪费时间，要目标明确，有的放矢。

□ 实习的过程中一定要努力，要非常努力，这样你留下的把握就会很大。

□ 把自己所有的闪光点拿出来，哪怕是 PPT 做得漂亮也行。

□ 获得部门主管的推荐，因为一般要获得实习公司的职位，必须拿到主管的推荐信。

（3）霸笔霸面

狭路相逢，亮剑者胜。求职的过程一定要有此山是我开的勇气和决心。所谓霸笔霸面是指招人单位并没有通知你参加笔试面试，但你依然去参加了笔试面试。求职网站调查显示：霸笔或霸面的成功率在 30%～40% 之间，可见招聘单位并不反感这种方式，而你可能获得一份满意工作的机会。这样的成功案例在调研中不胜枚举。

关于霸笔霸面成功的秘籍如下：

□ 多方打听消息，得到笔试面试的地点或时间信息。

□ 心理准备，脸皮厚，不怕丢脸，其实即使被拒绝你也没什么大损失。

□ 自身本领要硬，短时间打动主考官。

□ 不怕死，坚决霸笔或霸面，不要怕，真正的人才用人单位不会反感的。

（4）主动求职

这种方式就是毛遂自荐。如果一直非常中意某个公司，可以尝试主动联系该公司的招聘工作负责人，可以打电话询问，也可以寄一份附带简历的求职信过去，只要充满诚意，公司有招聘计划时，你的机会就来了。几乎所有公司的 HR 都表示：我们并不反感对我们公司充满兴趣的求职者。

1.5　认识招聘的流程

每年各大公司招聘的时间段大致有 3 个，如图 1-5 所示。

1）10 月份，各大企业陆续开始在校园召开招聘宣讲会，11 月上旬进入大规模的招录时期，所以 11 月、12 月是第一波找工作的黄金时期，这个时候职位是最多的。但部分学生会在这个时段准备研究生入学考试或者有论文的压力，所以这个时段求职竞争相对小一些。

2）12 月新年过后，还会有一波校园招聘，这是因为前期企业没有招够或者没找到合适的人选，所以利用节后再掀起新一轮的招聘热潮。

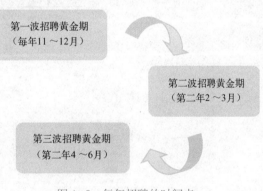

图 1-5　每年招聘的时间点

在此期间主要的竞争者是考研失败的考生和前期没有找到理想工作的学生等。

3）3 月之后，4～6 月，是最后一波，这个时段的招聘主要集中在事业单位、部分国企，这些单位审批流程烦琐，周期较长，所以一般招生时间较晚。

掌握了招聘时间点后，接下来应该认识招聘的流程，各个公司的招聘流程不尽相同，有的简单直接，有的则非常复杂，这里给出一个普遍的招聘流程的主干，供各位应聘者参考。公司一般的招聘流程如图 1-6 所示。

认识招聘的流程，有助于在各个时间点把握求职的进度，有效做出安排，做到知己知彼，而在每一个环节上，都可以选择不同的求职方式进行切入，找到自己理想的工作。

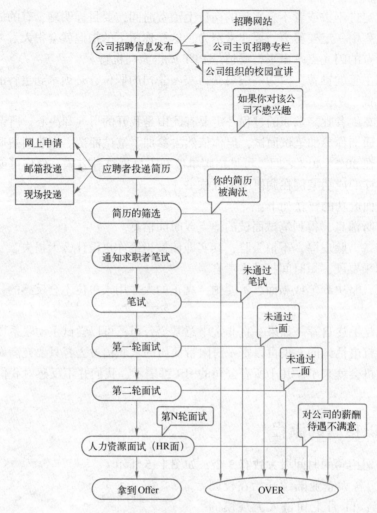

图 1-6　公司一般的招聘流程

第 2 章　打造你的个人名片
——简历技巧

从本章开始接下来的三章,对求职过程中的 3 个最重要的环节:简历、笔试、面试依次进行详细地介绍和指导。

简历是求职者给招聘单位提供的一份简要的自我情况的介绍,包含自己的基本信息:姓名、性别、年龄、民族、籍贯、政治面貌、学历、联系方式、自我评价、工作或实习经历、教育经历、荣誉与成就、求职愿望、对这份工作的简要理解等。

简历是招聘公司了解求职者最重要的窗口,所以,一份良好的简历对获得笔试面试的机会至关重要。

2.1　个人简历的书写要领及注意事项

个人简历的重要性,再怎么强调也不为过。简历虽然篇幅不长,但其书写有很多的要领和注意事项,每一份简历在 HR 眼中的停留时间一般不超过 15 s(特别是在有大量简历需要 HR 过滤的时候)。在这么短的时间内,怎么迅速抓住 HR 的心呢?在对 13 家外企、11 家国企、8 家私企的 HR 进行问卷调查后,给出如下建议:

1. 个人简历的书写要领

(1)信息必须准确、真实

简历的基本信息包括:姓名、性别、出生日期、籍贯、户口所在地、婚姻状况、教育经历(教育水平、专业和毕业学校)、外语、基本技能、实习情况、项目情况,获得的奖励、证书等。信息要简要、准确地写出,给 HR 留下一个完整的印象,表明自己认真负责的态度。

提示:联系方式务必包括随时可打通的手机、邮箱,座机要标明区号,专业必须写准确,不要笼统。

（2）重点突出，针对不同领域，调整核心内容呈现位置

简历的基本信息介绍完毕后，接下来重点说明求职意向。求职意向集中明确，必须照顾到自己的专业和招聘的职位，如软件开发工程师、网络系统工程师等。整个简历的内容重点和素材的取舍要围绕求职意向展开，与求职意向无关的素材（兴趣爱好等）尽量简略。

当投递不同的领域时，应调整核心内容的呈现次序，将相关素材摆在前面。例如，投递软件开发类岗位，工程类项目的开发经验、相关实习经历应该优先描述；投递科研类岗位，如研究所、设计院等，论文、研究性项目、专利等就应该摆在首要位置；投递国企或事业单位，奖励、学生会经历、社会活动着重介绍会更吸引眼球。

提示：不要一张简历走到黑，投递不同岗位时，应调整内容，重点突出，才能收到更好的效果。

（3）经历描述，顺序合理，衔接严谨

简历里面一般要描述自己的经历，包括教育经历、实习经历、项目经历和工作经历。

针对这一部分，下面给出四条黄金法则。

法则1：时间保持一致性和连贯性，日期到月份，如果时间出现断层，一定要做说明。

法则2：实习经历和工作经历分开介绍，与求职岗位方向无关的经历一笔带过。

法则3：对重点的项目做一个背景介绍，例如，该项目为＊＊局开发的重点项目，历时＊年，代码量多少，主要实现的功能是什么。

法则4：不可夸大其词，或者胡乱定位。例如，参与某个项目的局部设计开发，应写为：负责项目中某某模块的开发工作等，不要写成：负责某某项目的设计开发，这样自己不熟悉的模块在面试中很难准确回答，反倒给面试官不诚实的印象。

提示：教育经历中的名校绝对有一定的分量，学校的一等奖学金也是很多企业尤其国企筛查简历的简单标准，所以教育经历中的亮点值得大书特书。

（4）介绍兴趣、爱好，不要太啰唆

这部分，其实就像大餐之后的甜点，用人单位只是从中想看看求职者的个性特征或者一些价值观，重要性其次，可对反映性格特征阳光面的兴趣爱好简要进行陈述。

但也不是说这部分完全没有必要，比较突出的兴趣爱好还是能起到很大的加分作用的，例如，围棋，业余2段；篮球，校篮球队主力后卫；这些在某些职位里加分不少。特别是在有些大型国企和事业单位，个人爱好有时还是深得领导重视的。

（5）自我评价，可写可不写

一般来讲，受篇幅所限，如果内容较为充实，自我评价可不写。

如果要写，则应紧密结合应聘职位，做一个简历的最终概括，对自己结论性的东西要在简历里找到证据，比如擅长开发，要有许多的项目经验支撑；擅长科研，要有论文成果支撑等。

不要附庸风雅地写"给我一次机会，还你一片天空"之类的话，这些都是不踏实和不自信的表现。

2. 个人简历的注意事项

以往的经验证明，在简历的编写过程中，有很多的注意事项，也会踩到所谓的"雷区"，让你的简历成为被淘汰的首选。下面总结了九大 HR 最讨厌的简历类型。

（1）"表面派"死得快

简历的材质并没有什么要求，普通的 A4 纸就可以，企业一次招聘会面对上千份的简历筛选，这个工作是个苦差事，所以简历力求简洁，重点突出，切忌"表面派"。

❑ 用黄色的纸或者彩页打印，不一定有好效果。

❑ 装订豪华，封面炫目，像一本书，几乎直接就被 Pass 掉了。

❑ 用文件夹夹起来，只会加大工作人员的工作量。

❑ 没有要求英文简历的，最好不要附带英文简历，反之，没有要求中文的也一样。

❑ 校园招聘简历数量太多，和社会招聘不同，求职信一般不要夹在里面。

（2）"冷幽默"全是害

标新立异的幽默往往会被引为笑料，诚恳认真的简历才会受到欢迎，例如，有学生写自己最大的缺点就是长得太帅。这种冷幽默，对你找工作百害而无一利。

（3）"外形怪"印象坏

简历上是否要贴照片？一般还是要贴的。最好是贴最近的职业装正面照，有些男生提供的照片不修边幅惨不忍睹，有些女生浓妆艳抹的照片也会给人留下不好的印象。如果照片给人的感觉不太好，还不如不放上去比较好。

（4）"裹脚布"太啰唆

HR 业界将简历页数过多形象地称为"裹脚布"，简历内容太过冗长是 HR 最讨厌的。关于简历，建议做两个版本：简约版和完整版。简约版必须只有一页；完整版可控制在两页以内。95%的工作都以简版简历来投，言简意赅，简洁扼要。完整版可视需要而投，如一些事业单位、国企等招聘人数不是很多的单位。

（5）"万金油"要不得

所有的公司，不同的岗位，都用一份简历投，一点也没有修改，没有针对性，甚至连求职岗位都一样，不针对公司招聘的岗位，到头来就是白费功夫。须知不同的公司，不同的岗位看中的东西都不一样，需要仔细研究招聘的岗位，调整自己的内容和侧重点。

（6）"无重点"懒得看

在 HR 筛选每份简历的 15 s 时间里，没有从简历里看到一点点重点内容，求职岗位不填或者填一大堆，无法凸显重点、优势、核心竞争力、个人经历等，简历就没有看下去的必要了。

（7）"无应答"该怪谁

简历上写了电话，座机没区号，手机打不通，拨打的电话已关机或无人接听或是空号，那求职就是一句笑谈。

（8）"马大哈"最反感

简历里出现错别字和简历的关键点出现常识错误，这是一份简历的"污点"，至少说明你没有好好阅读检查，进而说明你对应聘的公司不够重视。

（9）"仅附件"白忙活

在给 HR 信箱投递简历时，建议是：将简历整个复制到邮件的正文中，再简单写几句请查看简历之类的话，同时，附件中可选择挂载或者不挂载 Word 版本的简历。不主张只用附件挂载简历而没有任何说明，这样 HR 可能会担心下载的附件里有木马病毒之类的东西，或者 HR 根本没有工夫去下载你的附件然后打开，影响了简历的投递成功率。切忌：不要用 WINRAR 等压缩软件压缩简历，很多公司不允许 HR 安装压缩软件，很可能就打不开你的简历而直接放弃了。

2.2　英文简历

在简历里，还有一种特殊的简历就是英文简历，主要是在投递外企职位时会用到。对于很多人来说，外企的就职环境、职业发展路线、宽松的氛围都是很有竞争力和诱惑力的，因此外企是某些求职者的首选。对于以外企为求职目标的这部分应聘者，一份专业、优质的英文简历一定会为你的求职增色不少。

英文简历一定要符合外企的风格，言简意赅，这里给出如下建议：

（1）简明扼要

并非内容多，就显得厉害，外企的文化深信这一点。所以英文简历最好在一页以内，如果内容繁多，一定会减分不少，只选择与应聘职位相关的内容陈述即可。

（2）不要有错误

单词拼写错误（Words）、语法错误（Grammar）、标点符号错误（Punctuation），会毁掉一篇优秀的简历。在英文简历中这些错误都非常刺眼，一定不要出现。必要时可以找英文功底比较好的同学、老师帮忙检查一下。

（3）亮点都在开始

把最重要的亮点放在最前面，比如英文简历里面可以在最开始简要列出你的经验、所掌握的技能、闪光点等。

（4）用词精准

无论是描述工作经历，还是教育经历，都以过去时态的动词描述，少用形容词。不要用不精确的词，比如 many, a lot of, several，直接写具体数字，精确化，比如 four years, three months 等。

（5）字体

一般使用 Times New Roman 即可。

（6）内容翔实、排版简洁

这部分的要求和中文简历是一致的，突出自己的亮点，学业的、工作经历的、过去成就等。一份完整的英文简历大概包括 Education、Job experience、Languages、Computer skills 等几个部分。

（7）关于排版顺序

最好选择倒叙，不管是学历还是工作经验。建议是：对于应届生，Education 放在 Experience 之前；对于已经有工作的人，Experience 应写在 Education 的前面，面试之前工作具体到月份，如 May 2015。

（8）其他

还有一些比较重要的注意事项：使用你的学校邮箱或工作邮箱，不要选用 QQ 邮箱等私人邮箱；学校的英文名字应全部用大写；外企的简历不一定附照片。

2.3 简历模板参考

一份优秀的简历是个人最全面的展现，是一切成功的开端，而良好的开端是成功的一半。而对以甄选简历、为企业挑选优秀人才为己任的 HR 来说，优秀、全面、简洁的简历是一个人才基本面的展现；对于以求职开启人生新篇章的莘莘学子来说，优质、翔实、准确的简历是自己能力和经验的总结，可见，简历无比重要。这里给出一些优秀的简历模板，供广大读者参考。

1. 中文简历模板

简　历

姓名：小明　　　　　　　　性别：男
学历：硕士研究生　　　　　就读院校：北京大学
专业：计算机科学及应用　　毕业时间：2016 年 7 月
电话：158＊＊＊＊0418　　　E-mail：xiaoming@ pku. edu. cn

教育背景

2013 年 9 月–2016 年 7 月：北京大学，计算机科学与技术专业，分布式系统方向，工学硕士。
2009 年 9 月–2013 年 7 月：北京大学，计算机科学与技术专业，工学学士。RANK：5%。

外语水平

英语 CET6 证书（596 分）。具备良好的英文听说读写能力。

专业技能

- 熟练运用 Java 语言，具有 3 年 J2EE 开发经验（JSP、Structs、EJB、Hibernate 等）；
- 熟练使用 Oracle、SQL server 数据库编写存储过程，有数据仓库开发经验；
- 熟悉 UML2 技术，掌握面向对象设计方法，对设计模式有一定的研究；
- 熟练掌握数据结构及相关算法；
- 掌握 Linux 系统管理基础技能，熟练使用 Linux 基本操作命令。

研究/项目经历

- 2014 年 3 月至今 ＊＊大学在线教务管理系统(Java、Oracle、Struts、Hibernate)
为＊＊大学开发的一套 B/S 架构的多平台教务管理系统，使得＊＊大学在全国各地的教学点可以方便地进行教务管理。项目分为 4 个平台（中央平台、省平台、分校平台和教学点平台）。
- 2013 年 1 月–2014 年 2 月 ＊＊进口贸易地图系统(Java、GIS、JavaScript、ETL)
＊＊市科委项目；将＊＊市海关数据导入数据库，根据经济指标方法批量自动计算，将结果导入 Excel 自动生成图表，为专家和企业提供决策辅助；
担任项目组长：负责系统设计，数据导入，程序模块设计。

奖励

–2015 年 获北京大学校级优秀学生奖学金；
–2014 年 参加"北京大学 IBM 杯并行计算大赛"，获得三等奖；
–2012 年 获北京大学校科研优秀奖、科技创新奖。

实践经历

2014 年 6 月至今：爱立信（中国）通信有限公司（CBC-XTK）参与 IPTV 系统的研发实习；
2012 年 7 月—2013 年 6 月：长城软件公司，职务研发工程师。

科研成果

论文：《基于服务管理模块的研究与开发》计算机科学 刊号 ISSN1002-13＊X，第一作者；

软件著作权：《轻量级跨平台程序通信及数据交互软件》软件著作权（登记号：2013SR∗∗1694）。

个人评价

性格开朗，善于沟通，工作认真、积极，具有良好的学习能力、工作能力、组织能力。

2. 英文简历模板

Resume

Xiao Ming

Box 4∗9, Peking University   xiaoming@ pku. edu. cn

Beijing, China 100∗∗4   86−158∗∗∗∗0418

Education

2013. 9−2016. 7：Dept. of Computer, Peking University, Master.

2009. 9−2013. 7：Dept. of Computer, Peking University, Bachelor.

English Skill

CET−6 certificate, fluent in both spoken and written English.

Professional Skills

−Solid Java development capability, knowledge of J2EE architecture (Hibernate) and Web Service.

−Familiar with SOA architecture, knowledge of Web Service development.

−Linux system experience, familiar with Linux utilities/system administration.

−High Performance Computing experience.

−Familiar with UML theory and application, Design Pattern theory and application.

−Familiar with MySQL and Access in terms of Database.

Project Experience

2014. 3−Present： ∗∗ University Academic Management System

    Keywords： Java, Oracle, Struts, Hibernate

    Personal Contribution： Analyze and design the experiment management system by UML2. 0 specification, develop parts of modules use J2EE technologies

    Technology： UML, Java, Hibernate, Eclipse, Web Service

2013. 1—2014 . 2： ∗∗Importing Trade Map System

    Keywords： GIS, ETL

    Personal Contribution： Analyze and design the business process of our system

    Technology： Java, JavaScript

Work Experience

2014. 6−present： Ericsson, R&D.

2012. 7−2013. 6： Great Wall Software, Inc, R&D.

Paper

    Research and Development of Service Management Module Based on Service, Computer Science, 2013 Vol. 34 No. 10.

Hobby

    Basketball, Football, Table−tennis, Badminton, Singing

第3章　下笔如有神的秘籍
——笔试技巧

当简历被 HR 选中，下一个环节就是公司组织的笔试，此期间注意保持电话畅通和每天查看邮箱，因为可能会有电话、短信或者邮件通知你参加笔试，千万不要错过。

笔试的组织形式有以下两种：大的企业如 IBM、百度、阿里等因为招聘人数多，一般会租用某个高校的教室进行笔试，笔试的试卷会有选择题、简答（知识点）、程序设计题和算法设计题等；小的招聘单位在自己公司组织笔试，题目一般都是算法设计题，直接给出几道大题，让笔试者现场写代码解决问题。从以上笔试的组织形式可以看出，大公司注重全面的基础和应聘者的实力，小公司则更看重来之即战的能力。

关于笔试的一些技巧在这里稍作提点：一是笔试可能在不同的大学进行多场，如果一场笔试成绩不理想，那么有时间还可尝试参加同一家公司其他考场的考试；二是每次笔试结束后要对题目进行总结、查缺补漏，因为参加不同的笔试，题目相同或者相近的可能性很大；三是笔试要有时间观念，不迟到，笔试题量大，合理分配时间；最后，笔试需要带好身份证和相关文具，提前查好去往考场的路线等。

3.1　笔试是场持久战

笔试是一场持久战，求职的时间从前一年的 11 月持续到第二年的 4 月左右，时间跨度有半年之久。IT 相关的求职岗位非常多，招聘公司层出不穷，所以一个高校的应届毕业生参加的笔试场次可能多达 20~40 场，而且笔试的时间大都集中在最冷的几个月里，有时候一天还需要参加两场笔试。另外，笔试涵盖的知识面很广，题目类型会包含程序设计基础、数据库、操作系统、数据结构和算法等，所以复习这些知识也需要花费一定的时间。综上，笔试是一场体力、信息、能力的持久战争，需要做好心理和体能上的准备。

1. 笔试是场体力持久战

参加 30 多场的考试并不轻松，当你投出上百份的简历后，笔试机会随之而来，你必须随时进入战斗状态。笔试的地点五花八门，有高校、研究院、公司，甚至去上海、杭州、成都，这种跨省去参加笔试都是有可能的，距离遥远的笔试地点，光是坐车等都要耗费很多精力。考试的时间一般在 1~2 个小时，需要智力和脑力的高速配合，往往一场笔试下来都会觉得筋疲力尽。因此笔试首先是场体力的持久战。

"身体是革命的本钱"，在求职季中要做好身体营养的补充，规范作息，不熬夜不赖床，适当运动，保持良好的心情和旺盛的精力。

2. 笔试是场信息持久战

不要认为笔试就是场上那 1~2 个小时的答题，有人还吹嘘自己是"裸考"，当然也有"裸考"就通过笔试的，但这些都是凤毛麟角，只是撞大运而已，大部分的求职者还都是踏踏实实准备，实实在在地取得成绩的。这个"准备"特别重要，不同的公司题目存在差异，所以之前收集信息就很关键。可以通过以下几种方式收集某场笔试的相关重要信息：

1）通过互联网搜寻该公司历年考试题目，查询重点。

2）研读市面上关于笔试题目的书籍，寻找靠谱的资源。

3）登录求职论坛、热门的公司职位论坛，上面会爆料很多有用的信息，比如同一个公司的笔试，深圳已经进行，北京是第二场，论坛就有很多人介绍笔试情况，可以参考。

3. 笔试是场能力角逐的持久战

笔试归根究底还是通过考查应聘者的能力以选拔人才，所谓"唯才是举"，真刀真枪真家伙。计算机专业面很广，涉及程序设计、数据结构、算法设计、操作系统、体系结构、编译原理、数据库、软件工程等，如果跨领域考试，比如金融 IT 或者能源类 IT 职位，可能还需要金融或者能源的相关知识。这些知识和技能都是需要真正掌握的，别无他法，唯有努力学习、再努力学习；用心准备、再用心准备。

一万年太久，只争朝夕。IT 从来都不是慢腾腾的职业，它充满斗志，大步向前，行业特点决定笔试风格，总是希望求职者在较短的时间内解决特别多的问题。所以你经常会看到，搜狗、百度、微软、腾讯这样的互联网大公司的笔试题目，两小时内，三道算法题，手写代码解决问题，题目都涉及动态规划、多元一次方程、树、最短路径等，很多题目（如微软、Google 的笔试题）还是全英文的，时间之紧张可想而知。再如国内的大企业或者银行，它们以杂而乱的方式出题，Linux 的基本命令、Java 或 C++ 语言的特性、设计模式等都会考到，题量巨大，每一次考试都是一次百米冲刺，我们必须保持状态，完成几十次的百米冲刺。

综上，笔试是体力、信息、能力的持久战争，需要花费巨大精力去应付，一定要做好准备，不要妄图毕其功于一役，而是应当沉下心来稳扎稳打地应对每一次笔试。

◼ 3.2 夯实基础才是王道

笔试，决定性的因素还是专业基础知识和编程动手能力，核心竞争力是实力。九层高台，起于垒土；千里之行，始于足下。无数笔试成功的求职者的经验表明，专业笔试主要考查的是基础知识、基本技能。

所以，夯实基础才是王道，才能让我们在激烈的竞争中脱颖而出。至少在笔试的前三个月，就应当开始梳理自己的专业知识并拾遗补缺。要打造扎实的专业基础功底没有捷径，只有看书、看书、再看书，学习、学习、再学习。

这里推荐一些计算机科学领域的经典书籍，书目众多，不可能在很短的时间内读完，而且有的书籍内容比较精深，需要反复学习体会。所以这里罗列出来只是方便读者参考学习，如果你是刚刚学习计算机的新生，不妨有计划有步骤地安排阅读学习这些书籍，这样几年下来你的水平一定会有极大的提升。

程序编程语言基础

无论你擅长的语言是 C、Java 还是 C++或是 C#，语言本身的基础知识、代码分析能力和代码编写能力是最基本的要求。

C 语言：入门的同学建议先学习谭浩强的《C 程序设计》。虽然网上有些人评论这本书"不够专业""内容过时"，但是从学习计算机这十几年的经验来看，谭浩强老师的这本书确实是入门的经典，对于没学过 C 语言或者基础比较薄弱的同学来说，这本书无疑是最好的选择！建议读者不要好高骛远，眼高手低，而是要从基础学起。对于有了一定编程功力的同学，可以深入研读一下 Brian W. Kernighan［美］的《C 程序设计语言》，这本书是公认的 C 语言程序设计经典教材。

C++语言：入门的同学可以先学习 Stanley B. Lippman［美］的《C++ Primer》，这本书是久负盛名的 C++经典教程。有了一定基础之后，可以深入研读一下经典的 Stephen Prata［美］的《C++ Primer Plus》。

Java 语言：入门的同学建议学习 Cay S. Horstmann［美］的《Java 核心技术 卷 1 基础知识》。这本书是 Java 领域经久不衰的大作，内容比较基础，通俗易懂，对于初学者来说比较适用。对于有了一定编程功力的同学，可以深入研读一下 Bruce Eckel［美］的《Java 编程思想》。

数据结构

基本要求是：数组、链表、栈、队列、字符串、树、图、查找、排序要非常熟练，经典的实现算法（创建链表、排序算法、二叉树遍历等）最好可以默写出来。

推荐图书：首先是严蔚敏的《数据结构》，这本书内容严谨，所以建议认真阅读。如果喜欢以一种轻松的方式学习数据结构，推荐阅读程杰的《大话数据结构》。

操作系统

操作系统基础、进程间的通信、线程间的通信、Linux 操作系统的常用命令都是面试中经常会考到的，建议着重复习。

推荐图书：汤子瀛等合著的《计算机操作系统》，Abraham Silberschatz 等合著的《操作系统概念》，这两本书都是公认的学习操作系统的经典之作。另外想学习 Linux 的读者建议读一下《鸟哥的 Linux 私房菜》。

计算机网络

计算机网络的基础知识以及 OSI 七层模型、TCP/IP 协议、各层经典的协议等是其中的重点，相关章节需要一读再读。

推荐图书：谢希仁所著的《计算机网络》，另外 W. Richard Stevens［美］等所著的一套《TCP/IP 详解》（卷Ⅰ~卷Ⅲ）是学习计算机网络的经典，有志于深入学习计算机网络的读者应当认真阅读。

设计模式

常用的设计模式基本原理都应当了解。常见的设计模式包括工厂模式、单列模式、生成器模式、原型模式、适配器模式、桥接模式、装饰器模式、代理模式、命令模式、观察者模式等，必须要掌握代码实现。

推荐图书：Freeman E.［美］等著的《Head First 设计模式》，这本书深入浅出，如果想进一步深入学习，可以研习 GoF 的经典巨著《设计模式》。

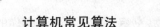

计算机常见算法

算法可以说是重中之重，很多公司的面试题中都会出现，特别是一些知名的大公司，更是看重算法设计的考查。所以常见的算法思想（穷举、递归、动态规划、排序算法、查找算法等）应当了然于心。

推荐图书：Sdegewick［美］的《算法》，它是算法领域经典的参考书，全面介绍了算法和数据结构的必备知识。希望深入研究计算机算法的读者可以研读一下经典的《算法导论》。

在选书这个问题上从来没有一定之规，不同的书适合不同水平的读者，所以应当依照自己的真实水平来选择适合自己的书籍来阅读学习，这样才能快速提高。而对于要参加笔试面试的读者，建议手里至少有一本面试宝典之类的书籍，以便应试需要。

3.3 临阵磨枪，不快也光

临阵磨枪三分快，我们参加过无数考试，老师们总会在考前几周押题，这种临阵磨枪的做法，往往会起到意想不到的效果。求职笔试也不例外，笔试前的 48 小时乃至 24 小时，正是磨枪的关键时刻，我们可能为笔试的成败做出一些关键的动作。

接到笔试通知后，往往有三到五天的时间，在这段时间里，可以搜集资料，准备笔试相关内容。如何利用最短的时间，做最有效的“备课”，这是每位求职者必须掌握的技能。

临阵磨枪不是一味“事急抱佛脚”，有好多求职者考前紧张，感觉知识储备不充分，就熬夜攻坚，第二天精神恍惚，状态不稳，面对试卷反而一片混乱，这些都是不足取的。

临阵磨枪也是有方法、有技巧的，下面给出一些有效建议。

1. 信息搜集，突出重点

在笔试通知后的较短时间内，要想做到面面俱到是不可能的，所以最有效的策略是：只找对你有用的资料，只收集与应聘岗位有关的内容。

信息搜集包括两部分内容：搜集应聘公司的相关信息；搜集应聘岗位的信息。

信息搜集的方法：可以求助于互联网，主要关注求职论坛和公司官网，或者从实习生和师兄师姐那里获得。筛选对自己有用的信息，确定笔试可能的方向和重点。

另外，应该多在网上查一查该公司历年的真题，这也是最直接最有效的方法。因为公司的面试毕竟与中考高考不同，不可能每年花费大量人力去精心组织出题，题目的重复率是很高的。所以直击这些真题，或许能有意外的收获。

2. 围绕职位说明（Job Description），有的放矢

一般应聘的职位在招聘信息中都有一个职位说明或者职位详情，来对此岗位的基本要求进行全面的描述。这里以某年京东校园招聘研发工程师岗位职位说明为例，进行以下解读（见图 3-1）：

研发工程师的岗位要求共有 3 条：第一条，要求必须掌握一种主流开发语言，Java/C/C++任选其一，但是可以看到，首先 Java 写在最前面，其次后续开源框架的要求也以 Java 领域居多，也就是说，其实该岗位主要还是针对 Java 领域的。第二条：数据库领域，要求不高，只要求懂原理，会使用即可。第三条：对分布式框架 Hadoop、分布式缓存实现机制的理解，也是偏于原理性质的理解。

综上，该岗位要求必须熟练使用 Java 语言，懂得主流开源框架如 Struts、EJB、Hibernate的基本原理，能使用主流数据库（Oracle、MySQL），懂得分布式开源架构的原理和实现机制。在笔试之前，重点就突击这些领域的知识，查缺补漏。

研发工程师 开发类

工作地点：　北京,上海,深圳,成都,沈阳,南京

职位方向：　开发类

所属部门：　京东商城

岗位描述：　1、参与京东PC端及移动端前后台系统设计与研发,打造行业内最领先的电商平台;
　　　　　　2、与团队一起解决大数据量,高并发,高可靠性等各种技术问题,不断挑战技术难题,持续对系统进行优化;
　　　　　　3、复杂分布式系统的设计、开发及维护,用技术支撑公司业务的快速发展;
　　　　　　4、辅助运营人员完成系统的上线及线上测试联调等工作。

岗位要求：　1、熟悉Java/C/C++语言,熟悉软件开发流程,熟悉主流开源应用框架;
　　　　　　2、熟悉常用数据库软件(Oracle/MySQL)的原理和使用,熟悉常用ORM和连接池组件,对数据库的优化有一定的理解;
　　　　　　3、熟悉Hadoop、zookeeper等开源分布式系统;熟悉分布式系统的设计和应用,熟悉分布式、缓存、消息、负载均衡等机制和实现;
　　　　　　4、良好的沟通能力,团队合作能力,热衷于技术,对新技术以及新的应用比较敏感。

图 3-1　京东研发工程师岗位说明

3.4　练习一点智力题

笔试的内容里除了知识面的技术考核之外，很多公司的笔试题中还包括智力测试，尤其是外企（如 IBM、Oracle）和银行（国有四大银行，其他外资、股份制银行）都会有此类的题目，主要是考查毕业生的分析观察能力、综合归纳能力、数理逻辑能力、思维反应能力、记忆力和学习能力等。

外企和银行的智力题有很大的区别，下面分别说明。

银行 IT 职位智力题　银行类的智力题类似于公务员考试中行测智力题，以数字推理、图形推理、逻辑推理的小题居多。

举例：某银行软件开发智力题例题。

1, 2, 3, 5, (), 13

解答：1+2=3　2+3=5　5+8=13　所以空格里应该填写8。

外企 IT 职位智力题　这类智力题除了考智力外，还有一个特点就是全英文，无疑对英文的要求也很高；另一个特点是时间特别紧张，一般包含计算题、推理题、图形题、阅读理解等。外企的 IT 智力题很多有很大的主观性，重点是看答题人的思路，有很大的灵活性。

下面给出 SK 公司的一道智力题：

请推算地铁某号线一小时的客流量。

解答：此题没有标准答案，主要考查求职者的建模能力，可以以地铁某站口的入站刷卡口处记录，估算人数，然后再乘以站数，粗略推算。只要说出你的想法，有一定道理即可。

对以上智力题，如果不进行准备，不了解题型，不知道解题的基本思路，可能会陷入懵然不知所措的窘境，结果可想而知。所以建议：在笔试之前，练习一下智力题。

智力题的练习的方法很简单，题海战术，迅速熟悉题型。

公务员考试行测的历年真题是很好的练习材料，市面上也有很多智力题的相关教材可供参考。互联网上也能查到大量智力题的解题思路和方法，练习得多了，熟能生巧，就掌握了基本的解题思路，也练就了一些套路，懂得了解题技巧，自然能够游刃有余。

本书第 9 章归纳总结了一些面试中常考的综合能力测试题，供读者参考练习，从中体会这些智力题出题的方向和解题的思路。

3.5 重视英语笔试和专业词汇

外企和金融行业的笔试中经常还包括英语笔试，有的笔试甚至是全英文形式，这对英文水平提出了一定的要求。关于英语笔试，这里给出如下建议。

1. 思想上给予高度重视

IT 类岗位有先天的特点：需要学习最新的技术和文献，而这些文档和文献几乎是英文的，所以公司对英文的要求自然就很高，而外企尤胜，因为他们的邮件、日常开会等都会用到英文，所以外企的工作人员在讲话时经常会夹带一些英文单词。

基于这点，笔试中经常会出现大量英文题目，无论是技术类的笔试还是非技术类的笔试。很多外企的考试（如 IBM）都是全英文考试，所以首先要在思想上高度重视，把英文放在一个比较重要的位置上，在筹备笔试的阶段，就要开始英语的准备。

另外还要特别重视的就是专业词汇，比如计算机类的专业词汇。这些词汇会经常出现在英文笔试的考卷中，所以要提前做好准备。计算机类专业词汇的一个显著特点就是：一些貌似普通的词汇在计算机领域中具有特殊的含义。例如，extends 这个词的意思是拓展延伸，但在计算机中主要指类之间的继承关系；再例如，cast 这个词一般指投射、投掷，但在计算机领域中它还表示类型转换。大家准备英语笔试时应当有目的地对这些特殊的专业词汇予以总结。下面总结了一些英语笔试常见词汇，读者可以简单梳理一下，希望对笔试面试会有所帮助。

abstract	抽象	buffer	缓冲区
abstract base class	抽象基类	built-in type	内置类型
access	访问	byte	字节
access control	访问控制	capacity	容量
adaptor	适配器	case sensitive	大小写敏感
aggregate	聚合	catch	捕获
algorithms	算法	character	字符
alias	别名	class	类
ambiguous	二义性	class template	类模板
anonymous	匿名	comma	逗号
argument	实参	comment	注释
array	数组	complier	编译器
assignment	赋值	condition statement	条件语句
associative container	关联容器	constant	常量
backslash	反斜杠	constructor	构造函数
base class	基类	container	容器
binary	二进制	container adaptor	容器适配器
binary operators	二元运算符	context	上下文
bind	绑定	conversions	类型转换
bit-field	位域	copy constructor	拷贝构造函数
bitwise operators	位运算符	curly	大括号
block	块	dangling pointer	野指针
bracket	中括号	data member	数据成员

decimal	十进制	implicit	隐式的
declaration	声明	increment	递增
decrement	递减	indentation	缩进
default	默认	inheritance	继承
definition	定义	initialization	初始化
dereference	解引用	inline	内联
derived class	派生类	instantiation	实例化
destructor	析构函数	interface	接口
dynamic binding	动态绑定	invalidateditcrator	迭代器失效
dynamical	动态的	iterator	迭代器
encapsulation	封装	label	标签
enumerator	枚举	library	库
escape	转义	lifetime	生存期
exception	异常	linker	链接器
exception handling	异常处理	list	列表
exception safety	异常安全	local variable	局部变量
explicit	显式的	logical operators	逻辑运算符
expression	表达式	loop statement	循环语句
extension	扩展	member function	成员函数
flush	刷新	initialization list	初始化列表
format	格式化	memory leak	内存泄漏
friend	友元	memory management	内存管理
friend class	友元类	mod	取模
friend function	友元函数	multidimensional array	多维数组
function call	函数调用	multiple inheritance	多重继承
function object	函数对象	name lookup	名字查找
function overloading	函数重载	namespace	命名空间
function pointer	函数指针	naming convention	命名规范
function table	函数表	nest	嵌套
function template	函数模板	null pointer	空指针
generics	泛型	object	对象
global variable	全局变量	octal	八进制
handler	句柄	operator overloading	运算符重载
hash function	哈希函数	operators	运算符
header	头文件	out-of-range	越界
heap	堆	overflow	溢出
hexadecimal	十六进制	overload	重载
hierarchy	层次	override	覆盖
identifier	标识符	parameter	形参
implementation	实现	parenthesis	小括号

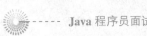

pass by reference	引用传递	slash	斜杠
pass by value	值传递	smart pointer	智能指针
pointer	指针	source	源文件
polymorphic	多态	specifier	说明符
priority level	优先级	stack	栈
private	私有的	standard library	标准库
program	程序	statement	语句
protected	保护的	static	静态的
public	公有的	string	字符串
queue	队列	struct	结构体
random	随机的	subscript	下标
random access	随机访问	template	模板
recursion	递归	template parameter	模板参数
refactor	重构	template specialization	模板特化
reference	引用	throw	抛出
reference count	引用计数	type checking	类型检查
relational operators	关系运算符	type independence	类型无关
return type	返回类型	unary operators	一元运算符
return value	返回值	undefined	未定义的
reverse iterator	反向迭代器	uninitialized	未初始化的
round	取整	unsigned	无符号的
semicolon	分号	variable	变量
sequential access	顺序访问	vector	向量
sequential container	顺序容器	virtual base class	虚基类
size	大小	virtual function	虚函数

2. 平时加强训练, 将英语捡起来

很多求职者在学校里通过四六级考试之后, 就不再学习英语了, 所以很多年下来, 都有些荒废, 处于一种比较生疏的状态, 我们要早做准备, 选用一两本英语基础教程和专业英文教程, 做一些英语题目练习, 在笔试筹备阶段, 将自己的英语水平找回来, 并保持住。最后, 再寻找一些外企的英语笔试常见题目 (各大外企的英语笔试中都有很多雷同的常见题目), 进行练习, 熟悉大概的出题方向, 做到笔试时心里有数。

3.6 建立自己的笔试资料库

关于怎么应对笔试, 这里不再赘述, 因为我们参加过的考试实在太多, 无外乎保持冷静、平和心态, 努力发挥出自己的水平, 尽量把能写的知识点都写上, 相信大家对这些经验都不陌生。

但是, 找工作的笔试又和其他考试有很大的区别: 短时间内参加多次考试, 在几个月时间里进行几十场的笔试, 虽然说不同的公司的笔试会有不同, 但归根到底还是对专业基础知识点的反复考试, 只是出题角度不同而已。很多题目还会出现相似甚至相同的情况, 而且概率不低。

　　所以，每一次笔试结束后，不管你大获全胜还是丢盔弃甲，考试快结束的时候，将题目设法记下来，记在纸上或用手机拍下来，如果记忆力甚佳，回到学校后也要将题目整理出来，这样做的目的是建立自己的笔试资料库。接下来，不会的题目可以找老师同学解答，上网查询，查专业书籍，总之一定要把题目解决了，然后把相关知识点进行补充。

　　参加了 7~8 场笔试之后，你的笔试资料库就逐渐积累起来了，每次考试前重点复习一下这些题目，下次笔试到来的时候，你会突然发现很多题目都有似曾相识的感觉，自然问题也就迎刃而解了。

　　笔者在多年的笔试辅导中发现，很多有自己笔试资料数据库的学生笔试时总能"幸运"地碰到自己做过的题目，而没有归纳总结整理的应聘者则多次跌倒在同一个陷阱里。经验之谈，值得应聘者重视。

　　球星贝克汉姆任意球"圆月弯刀"，职业生涯共打进 64 个任意球，很多人惊叹小贝的天赋，贝克汉姆却说，每次训练课结束，都会再加练 50 个任意球。可见，任何成功背后的核心都是不断的练习和努力的结果。

　　总之，笔试是一场持久的战争，需要几个月的辛勤准备。笔试最重要的是要夯实专业基础，提高代码的编写能力，最好将常考的知识点背诵下来，这样更有利于应试。同时，笔试前也应该练习一些智力题，提高逻辑思维能力，并有意识地将英文的读写能力进行加强训练。当所有知识和能力储备得比较完善以后，临考时还应当学会临阵磨枪，搜集各种笔试的信息，根据求职岗位，重点突击，并进行不断地归纳总结，建立自己的笔试资料库。只要做到以上几点，我们定能在笔试的绿茵场上，笔走如飞，写出自己人生的圆月弯刀！

第4章 征服面试官的绝招
——面试技巧

笔试通过之后，招聘单位会通知应聘者进行面试（Interview）。面试是招聘单位精心安排的，一般在公司内部进行，以考官（HR、部门经理、技术总监等）对考生进行面对面的交谈和观察为主要手段，测评应聘者知识水平、技术能力、经验、个人性格等有关素质的考试活动。面试也是用人单位挑选员工的重要方法和必须环节。

面试一般安排在笔试之后进行，主要的目的有三个：首先，进一步考核求职者的知识、能力和经验等；其次，考核求职者的工作期望和动机；最后，获取笔试中不能获取的其他信息，比如感官、性格层面的信息。

面试常见的形式有：

☐ 问答式。面试官提出感兴趣的问题，由应试者回答。这也是最为传统的一种面试形式。

☐ 讨论式。气氛活跃，面试官抛出一个主题，让各位应试者自由讨论，面试官从旁观察。

☐ 综合式。综合以上两种或多种面试方式，即提出一些问题，也会让应试者针对自己的项目或者论文进行演讲，甚至用外语进行交谈。

目前针对 IT 相关职位，行业内的面试种类有两种：

☐ 个体面试。用人单位对求职者个人进行面试，可以是一对一，也可以是多对一。

☐ 集体面试。简称群面，常见于招聘人数众多的开发部门，一次面试一批人，众多面试者轮流回答问题或就一个问题进行讨论。在集体面试里还有一种叫作无领导小组面试，近年来颇受欢迎。这种面试大都采用情景模拟的方式对考生进行集体面试。考官设定一个事件情景，然后进行小组讨论，考官观察组员应对危机、处理紧急事件以及与他人合作的状况。

面试一般会进行多轮，有技术一面、二面等，HR 面，不同的公司风格也不尽相同，针对不同的个人情况也不尽相同。有人一面就拿到 Offer 了，也有七面八面被淘汰的，大多数公司可能会有二面或者三面来决定是否录用一个人。

面试的过程辛苦且凶险，布满暗礁，难度也很大，我们需要面对面地去征服面试官，除了用硬实力说话外，还需要很多的面试技巧。本章解析在面试中征服面试官的五大秘籍，希望能为求职者开启光辉灿烂的职业生涯贡献力量。

4.1 面试着装的技巧

面试秘籍之头一技：主要看气质。

人靠衣装，佛靠金装，古今至理。面试的着装非常重要，关乎公司对你的第一印象。它是礼仪和修养的外在体现。简洁得体的着装常会让面试官眼前一亮，如沐春风，自然有好印象，好人缘，在面试的过程中也能交谈愉快。试问：谁不想和一个看起来舒服的人一起工作呢？相反，邋遢或者夸张的外形会让人大跌眼镜，还没开始面试就已经减了大半的印象分。

面试着装有很多要注意的地方，甚至对面试成败有直接的影响，以下几点提醒大家注意。

1. 着装力求简洁大方

不管你穿什么，服装力求简洁大方、干练而充满自信。必须干净，邋里邋遢的衣服直接会影响面试的成绩。花里胡哨的衣服、装饰太多的服饰、太过艳丽的衣服都不是好选择。

2. 要符合该行业的穿着

外企面试最好穿比较职业的服装，男生以西装为主，女生以套装为主。银行、证券行业、金融公司等面试，一定要穿正装，袜子最好穿黑色。国企或私企的开发或测试的纯技术岗位，又不宜穿得太过于正式或拘谨，力求大方得体就行。短裤、超短裙一类绝对不能出现在面试的场合。

3. 和周围其他面试者穿着基本融合

某政府机关人事部门的工作人员曾经描述：每年面试的人都穿着正装，个别不穿的，特别扎眼，领导从开始就把他们淘汰了。国有银行（如农业银行）的群面，一批进去 5 人一起面试，4 个穿正装，就 1 个人一身休闲装，这首先会影响到这位面试者的自信心，不会感到融洽放松，有输在起跑线上之感，用人企业可能会觉得你不重视本次面试，这就影响了面试的效果。

最后总结一下 HR 最厌恶的着装类型，用以参考：

1）年龄和气质不配，过于装嫩或者过于老气的着装。

2）浓妆艳抹，过于夸张和个性的装扮。

3）过于暴露的穿着引发反感，过膝的短裙或者短裤不适合面试。

4）搭配不当，牛仔裤穿皮鞋，西裤穿运动鞋等。

5）不分场合，休闲的场合穿得太正式，正式的场合穿得太休闲。

6）不合身材，过于紧身或过于宽大的服装。

4.2 不打无准备之仗——事先准备可能的提问

面试秘籍第二技：不打无准备之仗。

古人云：计熟事定，举必有功。又说，知己知彼，百战不殆。说的是做事之前，必须进行详细的筹谋，谋定而后动，才能取得成功。

面试就如战争，要取得胜利，也是需要筹谋的，不做准备就参加面试，成功的概率远低于做足准备的。

不同公司的面试可能不尽相同，但就其深层次都有某个方面的共同点，也有其隐藏在背后的规律，可以从公司的特点、职位的特点、面试官的特点做出分析，事先准备好可能问到的问题的答案，有备无患，这样就能在面试中从容应对，取得佳绩。

那么，面试中常被问到的问题，哪些可以事先认真地准备呢？

1. 个人方面的问题

个人介绍、优缺点、个人家庭及婚姻状况。

【分析】这部分需要对照自己简历准备一个简短的个人情况说明。重点要准备好缺点部分，缺点不能是原则性的问题，但也不要耍滑头，把优点说成缺点，回答什么"我的缺点就是工作起来停不下来"，这样虚与委蛇的说法，只会招致反感。可以说一些"缺乏社会经验"等之类的大家普遍存在的缺点。个人状况一般会问到"是否定居在某处？""感情状况如何？""是否有出国或考研打算"之类，这主要是考查如果招收你，是否会真的到岗或能踏下心来长期工作下去。每个人的实际情况不尽相同，酌情思考，根据自身情况回答。

2. 学业、经历方面的问题

学习成绩、项目情况、论文情况、奖惩情况、社会生活等。

【分析】在参加面试之前必须对自己简历上描述的每个学业、经历方面的材料都进行详细的准备，比如参加项目情况，负责哪一部分，取得什么成果，代码量多少，自己贡献了什么。自己做一个简单的归纳总结。总之一个要求：简历里每一个内容，自己都要能够明明白白地说清楚，面试官几乎都是根据简历提问的。

3. 关于招聘公司及岗位方面的提问

【分析】面试前要仔细了解一下你将要参加面试的这家公司。对自己应聘职位的岗位要求进行分析，分析这家公司风格是什么，这个职位需求怎样的人才，最看重什么技术能力和品格，并做好总结和准备。这样在与面试官交流时，他会从你对这家公司的了解程度感觉到你应聘这家公司的诚意。

4. 职业生涯规划问题

自己适合什么样的工作？个人职业生涯规划？

【分析】这两个题目都要提前做好准备，然后临场可再根据实际情况变通地发挥。总之要根据自己特点把个人职业生涯规划描述得脚踏实地而又努力进取，千万不要天花乱坠地幻想一通，这样会让面试官觉得你眼高手低，不靠谱。

5. 技术类问题

【分析】考查专业知识的常考概念，主要从岗位说明（Job Description）出发，对于可能会被问到哪些技术问题要心中有数，明确一些易混淆的概念，了解一些较新的名词，免得被问到茫然不知。

6. 个人待遇问题

【分析】提前准备，根据了解的信息提出自己的薪资方面的期望，以及不能接受的条件（如长期外派或出差之类）。这里要注意的是，你提出的期望要在公司可接受的范围之内，这就需要提前做一些调研（可以从在这家公司就职的师兄、师姐、同学、朋友那里获取一些信息，或者从一些论坛中获取消息）。

7. 其他常问问题

【分析】参考本书第 7 章面试常问的 20 个问题，大家可提前整理好自己的答案，在面试时再临场发挥一下，应该能取得很好的效果。

谋定而后动，不打无准备之仗，对常见问题根据自身情况做好准备，条理清晰，思路完整，在面试时才能侃侃而谈，信心十足，给面试官留下非常好的印象。

4.3 切记！第一轮面试仍是"技术面"

面试秘籍第三技：第一轮"技术面"是重中之重。

面试一般要进行好几轮，传统的分法称为一面、二面、三面一直到终面。一般 IT 公司会有三次面试：一面、二面及终面。当然不同的公司情况不同，根据面试的情况还会加面，例如 Google 就以特殊严格的面试流程扬名，曾经有十面面试过应聘者的辉煌纪录。

传统的三次面试，一面为技术面，二面为技术经理或者技术总监面，三面为 HR 面。

有的求职者以为通过了笔试就万事大吉，进了"保险箱"，其实大错特错，第一轮面试也很关键，考官要通过第一轮面试对求职者的技术水平有一个更加全面而深入的了解。

第一轮的技术面试与笔试考查的侧重点不同，一般是针对你的项目经验和过往所学进行提问和讨论。所以在准备第一轮面试时，最主要的是要把简历中描述的所学及擅长的知识、项目经验、实习经验等进行仔细的回顾和总结，找出一些亮点来，以便跟面试官沟通，这样也可以在面试官面前充分地把你的优势和才华展现出来。

另外，在准备第一轮技术面试时，最好针对应聘职位所需的技术知识进行着重复习。在一面中，面试官一般希望就某一个技术点进行比较深入的交流，而不是浮在表面的"闲聊"，所以面试官大都会提问一些你应聘的职位所需要的技术和知识。比如该公司需要招聘一名 Android 应用程序开发人员，面试官自然想多问你一些 Java、Android 的知识，而不会信马由缰地问你数据库和操作系统的知识。如果你提前知道你要应聘这个岗位，就应当有意识地多了解这个岗位所需的知识。如果你之前有相关的项目开发经验，胜算的概率也会大很多。

第一轮技术面试的考官往往就是你未来的部门经理或顶头上司，所以你的表现会直接决定他是否接纳你，或是直接影响他未来对你的评价。所以第一轮技术面试的重要性绝不亚于笔试，大家要格外地重视。

4.4 重视英语口语

面试秘籍第四技：秀出一口流利的"伦敦音"。

面试中（主要是外企的面试中）经常还包含一个环节——英语面试，这是最令面试者头疼的环节，很多求职者说：面试的气氛那么紧张，中文回答问题都会"结巴"，何况英语？可是，学了这么多年的英语，总不能到了找工作时"认栽"，所以，重视英语口语，早做英语面试准备。

外企的英语面试流程大体如下。

第一轮：HR 担任考官，从个人简历出发，问一些问题，这部分一般有个英语自我介绍。

第二轮：部门主管担任考官，专业领域的业务面试，这部分口语的流利程度会得到考查。

第三轮：大老板、总裁之类担任考官，一般以交谈为主，涉及公司产品和企业精神之类。

针对以上面试流程，相应的应对策略是什么呢？

1. 早做准备

人无远虑，必有近忧，这句话用在英语的学习上是再恰当不过了。英语的学习全靠平时的积累，如果要想在英语面试中口若悬河，用一口地道的伦敦音抓住面试官的心，那你必须要很早就积极准备才行。

如果确实没有时间准备，或是之前忽视了英语的准备，那也不要灰心，起码在面试前做好以下准备工作：

❑ 准备一个漂亮的自我介绍（Self Introduction），而且要通顺地背诵下来，流利地在面试官面前介绍自己。

❑ 准备好用英语介绍你的项目经验以及特长、在学校所学的知识等。

❑ 提前了解一些职场中常用的英语词汇。

另外，建议多听英语广播，多看英文视频，这些都是提高英语听力和口语水平的好方法。

2. 临场集中精神

首先能听懂考官的问题，其次能做出简短的回答，不要夹杂中文，可以用"well""however"这样的词过渡、缓冲，然后思考，表述要口语化，以短句为主，发音清晰，不要因为小的语法错误而不敢发声，老外不在乎语法的小错误，尽量避免卡壳，如果某个词想不起来就换个词表达。应聘外企的职位时，英语面试是非常重要的环节，一定要高度重视。重视英语口语，才能在英语面试中有好的发挥。

4.5　细节决定成败

面试秘籍第五技：天下大事，必做于细。

有一个在美国广为流传的求职小故事：一家知名的大公司招聘新人，竞争激烈，如果能够进入该公司工作，则前途无量，已经淘汰了好几批参加面试的人选。这时一位年轻人走进了面试办公室，同时他在门口看到一张小纸片，出于习惯，年轻人弯下腰捡起纸片仔细检查后把它扔到了垃圾筒。面试过后，主持面试的公司总裁当众宣布录取年轻人，年轻人自己都有些不敢相信，总裁笑着解释原因："你的能力水平确实不是所有应聘者中最好的，但是，只有你在面试时通过了一项最关键的考验——门口的那张小纸片，是我故意叫人放在那里的。"那些与年轻人共同参加应聘的人，应该也都注意到门口的小纸片。对于他们来说捡起地上的小纸片只是弯一下腰那么简单，但是他们却认为不值得一做，所以就错过了进入这家大公司的黄金机会。

这位年轻人就是美国汽车工业之父——亨利·福特，他用自己的实际行动证明了当初那位总裁的独到眼光。福特是幸运的，他的幸运不仅在于自己遇到了慧眼识英才的总裁，更在于他对每一件小事都不疏忽的认真精神。

闻名世界的惠普（HP）公司创始人戴维·帕卡德曾经感叹"小事成就大事，细节成就完美"，可见细节的重要性。在求职时，细节更是不容忽视，"细节效应"在求职市场已经得到广泛重视。现在，几乎所有的公司都认为：穿着、谈吐、礼仪、习惯几乎决定这个人能否很好地融入一个团队，是否符合企业文化，对团体的发展是否有益处。所以，在求职时，一定要注意细节处，细节决定胜败。

那么，求职过程中都有哪些细节需要注意呢？

首先，求职材料准备齐全。中英文简历、证件的原件、复印件、电子版缺一不可。

其次，求职硬件物资准备。正装一套，不要有褶皱，整洁干净。全套考试工具，保证可畅通的手机。

第三，电子邮箱选择的学问。尽量不要使用 QQ 邮箱发送求职简历，最好是用学校自己的邮箱或者选择 163 等专业邮箱。

第四，做好记录。申请了哪些公司，哪些职位，网申的明细记录，做到归类明确，一目了然。

第五，求职礼仪。从小事做起，无论参加招聘会，还是笔试面试，尤其电话面试，"你好""谢谢""再见""稍等"这些礼貌用语请经常使用。

第六，收集信息。做到详细认真，BBS 论坛、行业公司的门户网站、相关公司的实习经历、师兄弟的内幕消息，都可以左右你求职的成败。

总之，求职是一项系统而漫长的工程，这其中包含了对能力、性格、职业发展规划等的定位与思考，同时，也是对个人的信心、耐力、勇气以及对细节的把握等能力的考查，所以只有每一个环节都认真对待，才能在大浪淘沙中成为时代的宠儿，获得理想的求职结果。

第5章 鱼和熊掌如何取舍
——Offer 选择技巧

孟子曰：鱼，我所欲也，熊掌，亦我所欲也，二者不可得兼，舍鱼而取熊掌者也。先贤讲的是舍生取义的大道理，但给我们的启示是如何做好选择的问题。

我们在投简历、参加笔试面试时很多是本着"撒大网捞小鱼"的心态，先不考虑公司和自己的匹配度，所以得到的 Offer 不一定都是适合自己的。当得到了一些公司的"橄榄枝"后，我们似乎又陷入了新一轮的纠结——如何选择这些 Offer 呢？

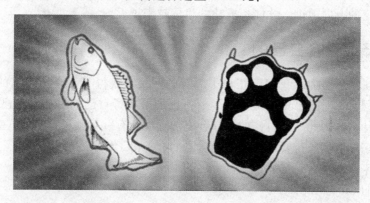

可能有的读者会说：你真是饱汉子不知饿汉子饥，得了便宜又卖乖！其实 Offer 并非如想象的那样遥不可及，我们身边还是有不少人存在这种"甜蜜的烦恼"的。为此，本章为求职者提供一些选择 Offer 时的建议。

5.1 选择 Offer 的大原则——方向第一，赚钱第二

古老的西方有两句奉为至理的谚语：一句是，对于一艘没有航向的船来说，任何方向的风都是逆风；另一句是，如果你不知道你要到哪里去，那通常你哪儿也去不了。它们讲的都是方向无比重要的大道理。

方向的选择比努力更加重要，无数 IT 大神们早已用行动证明了这一点。所以比尔·盖茨和扎克伯格才会毅然从哈佛辍学，抓住 IT 发展的浪潮，创建微软和 Facebook；马云亦是在大浪淘沙中，看中自己发展的方向，放弃了优裕的教师职位，而取得了辉煌的成就。

在求职的时候，应该把握的大原则是：方向第一，赚钱第二。

如何确定自己的职业方向呢？下面给出 4 点建议以帮助解决困扰：

第一，兴趣是最好的老师，再怎么强调兴趣对事业发展的作用也不为过。

第二，做专业的事。如果已经在专业领域钻研七年或者四年，则不鼓励随意更换专业，因为跨专业，意味着之前的积累全部作废。所以，除非实在需要更换专业，最好从事本专业相关的职业，这样不仅在面试时候有优势，在工作中和发展上也有优势。

第三，性格决定命运，选择职业之前，建议先做一个性格测试，参照结果初步确定职业方向，也可以请教导师和师兄弟，寻求他们对自己性格的评价。然后根据性格上特点，分析自己

适合的行业。

第四，市场潮流可以追捧。IT 技术日新月异，最流行的不一定是最优秀的，但一定是最有效和市场需求量最大的。选择朝阳产业入职，不断修正择业，也不失为一个好方法。

赚钱固然很重要，但并不主张如此短视地以金钱为标准选择职业生涯的起点，我们强烈反对如下几种就业方式：

1）盲目就业。不知自己擅长什么和不擅长什么，盲目就业，之后却怨天尤人。

2）唯薪水就业。比较 Offer 的唯一标准就是薪水，哪个钱多考虑哪个。

3）唯"父母之命"就业。很多人的就业是父母做主，父母说不要去公司，一定要考公务员，就考公务员，然后禁锢在体制内浪费自身的才华。

总之，当几家公司的 Offer 同时摆在我们面前的时候，我们第一位想到的应该是这些公司哪个更利于今后的发展，去哪家公司更有前途，而不要总盯着薪资那一栏犹豫不定。须知，唯有沿着最适合自己的方向前进，才能离成功的目标越来越近。

◢ 5.2 选择最适合自己的

经过数月的拼杀和努力，我们已获得了应有的回报，获得了几个还不错的 Offer，同时通过求职的整个过程，你对自己更加地了解了——更加了解了自己的性格、自己的能力和水平，自己喜欢和向往什么。因此这个时候的选择会更加理性和有针对性了。

万变不离其宗，我们还是要选择最适合自己的那一份工作。

举一个例子来说明什么是选择最适合自己的工作。

A 同学得到的 Offer 情况如下：

他同时拿到了两个单位的 Offer，一个是一家国有银行的软件开发职位，起步年薪大概 8 万，几年后会有较大涨幅；另一个是一家知名外企的研发工程师职位，起步年薪大约 15 万，未来会随着公司效益提高年薪。

A 同学的情况如下：

在校期间成绩比较优秀，编程和动手能力较强。性格方面比较内向，沉稳，喜欢有规律的生活方式。家境较好，生活压力较小。已有一个固定的女朋友，希望工作 2~3 年后结婚。

请问 A 同学应该怎样选择 Offer 呢？

这里没有绝对的答案，但是从 A 同学 Offer 的特点及自身情况出发，综合考量比较，建议 A 同学选择第一个 Offer，即国有银行的软件开发职位，原因如下：

1）A 同学技术能力较强，而这两个 Offer 同样需要比较强的技术能力，所以在技术这点上没有太多比较意义。

2）A 同学性格较内向沉稳，喜欢有规律的稳定生活。从这一点来看 A 同学更适合银行的工作。因为银行是国企相对稳定，加入之后不需要过多地考虑跳槽换工作的事情（事实上很多人选择银行工作就是不想频繁跳槽，而是在一个岗位上深入发展下去）。而外企虽然也相对稳定，但是存在裁员的风险。

3）A 同学家境较好，不会太在意起步的年薪，而银行工作的特点往往是初期年薪不高，但是几年后薪水会有较大幅度的增长。从这个角度来看，银行工作比较适合。

4）A 同学存在工作 2~3 年后结婚的问题，银行工作时间比较稳定，更适合稳定的夫妻生活。

综上所述，建议 A 同学选择国有银行的软件开发职位。

这里仅举一例，旨在说明如何选择最适合自己的 Offer。求职者在做出选择的时候应该认真分析待选公司和职位的特点及自己的特点，多角度多因素进行综合考量比较，这样选择的 Offer 才能更加适合自己。

5.3　户口和收入哪个更重要

1. 关于户口

户口，在签约三方协议之前一定要打听清楚，这个单位是"保证解决户口""可能解决户口""不保证解决户口"还是"不解决户口"。北京和上海对双外（外地生源、外地户口）的户口卡得非常严，所以用人单位能否解决户口，对于在北京和上海就职并打算长期发展的毕业生来说非常重要。

就北京而言，大多数国企、事业单位、研究所、公务员都是有能力解决户口的，但是，除了公务员外，其他单位也必须要确定清楚。外企和私企解决户口的能力与前面的单位相比要差一些，尤其针对硕士生和本科生解决户口的能力和前几年相比都不能同日而语了，但是不同的单位也有很大的差别，像 IBM、华为每年就能拿到一些名额。所以对于这些私企外企，更要问清楚，到底有多大可能性解决户口。

而随着社会各界多年来持续高涨的呼声，《北京市积分落户管理办法（试行）》已于 2016 年 8 月 11 日正式发布。该办法是北京市发展和改革委员会发布的积分落户新政策，该政策的整体框架可描述为"4+2+7"，即 4 个资格条件、2 项基础指标以及 7 项导向指标。从政策的内容来看，积分落户的条件还是非常严苛的，但至少给广大毕业生拿到北京户口又提供了一个新渠道。

上海户口政策历年都采用的是打分制，即根据你的个人情况打分，超过分数线可以获得上海户口，上海近年的落户分数为 72 分。关于分数的细则，每年上海市学生事务中心都会发布，可以参考。分数构成大体包括学历分、毕业学校分、学习成绩分、外语水平分、获奖分和科研创新分等。企业对你的打分的影响在于打分标准里的"用人单位要素分"，这个要素分要和单位核实清楚，参照上海打分标准，自己预先给自己打分，以确定是否能够获得户口。

2. 有关收入

收入也是签约 Offer 时要考虑的另一个非常重要的因素，我们不能只考虑收入来衡量一份工作的优劣，但同时，也不能不考虑收入这个重要指标。仓廪实而知礼节，谁都要糊口养家，安身立命，收入自然是衡量一份工作好坏的标准之一。有了一份体面的薪水，工作时也会充满动力；相反，收入微薄，工作的积极性自然就不高了。因此收入是一个敏感、实际而又绕不开的话题。

税前收入与税后收入

IT 招聘企业的薪水有税前和税后之分，HR 或者人事部门会告诉求职者一个薪水定级。一般外企、私企、大部分国企的薪水较高，说的都是税前工资；而部分国企、事业单位、公务员的薪水一般指的是税后工资。企业的薪水较高，一般都说年薪制，比如 13000 元×14.6，表示每月的薪水 13000 元，一年发 14.6 个月，这个是包含奖金等在内的，加起来接近税前年薪 20 万。国企事业单位薪水较低，但工作相对轻松稳定一些，一般都说月薪制，比如北京一般事业单位的工资为 6000～9000 元，年终可能会有 2～3 个月的奖金，也可能完全没有，取决于具体单位，合算年薪 7 万～10 万。

税后工资的计算

税前工资与税后的实际收入可能存在很大差异，所以在选择 Offer 时应当充分关注这一点。

很多人想知道税后究竟能拿多少，这个不好具体计算，因为即便是同样的年薪，分配方式不同、公积金缴存比例不同等因素都可能影响税后的实际收入，所以要结合实际情况具体计算。这里给出常规的计算方式仅供读者参考。

1）公司发工资时首先代扣"五险一金"，比例如下。

养老保险：8%

医疗保险：2%

事业保险：0.2%

公积金：12%

假设某员工税前收入为每月 13000 元，则要缴纳的"五险一金"如图 5-1 所示。其中包括个人缴纳部分和单位缴纳部分，个人缴纳部分是从税前工资中扣除的。但需要注意的是，公积金个人缴纳的 1560 元和单位缴纳的 1560 元，共计（1560+1560）元 = 3120 元都是属于公积金账户的钱，可供买房和租房使用。

社保与公积金缴费明细(可调整参数)

缴纳项目	个人比例		单位比例		(单位：元)
养老	8 %	1040.00	20 %	2600.00	
医疗	2 %	263.00	10 %	1300.00	
失业	0.2 %	26.00	1 %	130.00	
工伤			0.5 %	65.00	
生育			0.8 %	104.00	
公积金	12 %	1560.00	12 %	1560.00	
合计	个人缴纳：	2889.00	单位缴纳：	5759.00	

图 5-1　社保与住房公积金缴费细则

我国采取的是先交费后收税的政策，简称"先费后税"，那么缴纳过"五险一金"后，月剩余金额为（13000−2889）元 = 10111 元，下面就要缴纳个人所得税了。

需要提醒的是，从 2019 年 1 月 1 日起，社会保险费由税务部门统一征收，这表明我国的社保征收将更加严格，对那些不给员工上社保、不全额上社保的企业可以方便地做到"精准打击"。从这一点看这项新政对广大被雇佣者是有利的。

2）缴纳个人所得税。

从 2019 年 1 月 1 日起，我国实行最新版的个税制度，本次个税制度修改主要包含以下几个方面：

首先是免征额的变化。2019 年个人所得税的免征额从 3500 元提升到了 5000 元，这也就意味着月工资在 5000 元以下的人都不需要缴纳个人所得税了。

第二是应纳税所得额（应税额）发生变化。2019 年的个人所得税税率表仍然划分为 7 级，其中前四级的应纳税所得额发生了变化，主要表现为前三档的级距有所提高，而税率没有发生改变。

但是需要注意的是，与以往不同，新规采取"累计预扣法"进行扣税。所谓累计预扣法，就是通过各月累计收入减去对应扣除，对照综合所得税率表计算累计应缴税额，再减去已缴税额，确定本期应缴税额。而不再像以往那样以每月收入为基数按月扣除税额。个人所得税预扣率见表 5-1。

表 5-1　个人所得税预扣率表
（居民个人工资、薪金所得预扣预缴适用）

级数	累计预扣预缴应纳税所得额	预扣率（%）	速算扣除数
1	不超过 36000 元的部分	3	0
2	超过 36000 元至 144000 元的部分	10	2520
3	超过 144000 元至 300000 元的部分	20	16920
4	超过 300000 元至 420000 元的部分	25	31920
5	超过 420000 元至 660000 元的部分	30	52920
6	超过 660000 元至 960000 元的部分	35	85920
7	超过 960000 元的部分	45	181920

下面通过一个例子来理解怎样通过累计预扣法进行个税的扣除。

假设小张每月工资收入 30000 元，"五险一金"总额为 4500 元，还能享有子女教育、赡养老人两项专项附加扣除共计 2000 元，

每月应纳税所得额＝[30000-5000（基本减除费用，即"起征点"）-4500-2000]元＝18500 元，这样小张每年综合应纳税所得额总计为 22.2 万元，对应税率为 20%。

使用累计预扣法进行个税扣除，小张前 4 个月每个月预扣率、预交税款如下。

1 月份：（30000-5000-4500-2000）元×3%＝555 元；

2 月份：（30000×2-5000×2-4500×2-2000×2）元×10%-2520 元（速算扣除数）-555 元（1 月份预交税款）＝625 元；

3 月份：（30000×3-5000×3-4500×3-2000×3）元×10%-2520 元-555 元-625 元（2 月预交税款）＝1850 元；

4 月份：（30000×4-5000×4-4500×4-2000×4）元×10%-2520 元-555 元-625 元-1850 元（3 月预交税款）＝1850 元。

到 2 月份时，小张前 2 个月累计预扣预缴应纳税所得额为 37000 元，适用 10% 的预扣率；到 8 月份时，小张前 8 个月累计预扣预缴应纳税所得额为 14800 元，适用 20% 的预扣率，达到综合收入的实际适用税率。

从上述例子可以看到，小张 1 月份预扣率为 3%，2~7 月份预扣率为 10%，8~12 月份预扣率为 20%。随着收入的累计增加，预扣率逐渐与实际税率接近，到 12 月份实现全年应纳税款的缴纳。

对于综合收入跨越不同税率档次的收入群体，即年应纳税所得额超过 3.6 万元的，都存在这个变化：年初月份的预扣率较低，然后逐渐提高，直到与实际税率相同。

此外，从上面这个例子中也可以看到，2019 年新加了一些专项扣除项目，主要包括子女教育支出、继续教育支出、大病医疗支出、住房租金支出、住房贷款利息支出、赡养老人支出六个项目，这些费用都会在税前扣除。

大家可以从国家税务总局的官网上下载"个人所得税"APP 进行个税信息的查询和咨询，也可以进行个税专项扣除项目的申报。

奖金、期权、股票和其他福利

在收入中还有很大一块是奖金，在年终时一次性发放，当然这部分也要上税但不需要缴纳五险一金。不同的公司奖金制度也不尽相同，有些公司有季度奖、年终奖和项目奖等。一般情况下，公司发放给每个员工的奖金额度会依据该员工本年度的绩效考核成绩（KPI）而定，这也是一种激励员工的手段。有些公司还会分给员工原始股和期权，原始股是公司的股份，期权是合同，在该合同下，公司承诺分期按一定价格将股份卖给某人，价值上和拿原始股没有本质区别，但灵活性上更高，比如如何分期，是否允许再转让等。其他福利包括提供住宿、餐补、交通补贴等，不同的公司互不相同，在衡量收入时要认真考虑。

Special Offer

IT 公司的薪水除了普通校招薪水外，还有一种高级的待遇称为 Special Offer，这种 Offer 的待遇高于普通 Offer 的待遇，是面试官根据面试情况给予优秀人才的特殊薪水，比如某公司应届毕业硕士生的起薪为 13000 元×14.6，而 Special Offer 有 17000 元×14.6，提供给面试中表现优异的面试者。

3. 户口和收入如何取舍

在北上广地区，户口和收入到底哪个更重要，相信仁者见仁，智者见智。最理想的情况是既可以得到户口，又能够获得好的收入，但是经常会出现不可兼得的情况。笔者根据历年毕业生的经验，给出以下建议：

如果打算长期在北上广发展，并落地生根，那最好以应届毕业生的身份解决户口。对普通人来说，正规渠道解决户口的机会几乎就这么一次。以北京为例，没有北京户口，对我们的生活有长远的影响，比如子女入学问题、结婚、医疗、养老，甚至出国等都会成为问题。

如果不打算在北上广常驻，那户口就不那么重要了，收入反倒显得很重要。

还有一种特殊情况就是权衡"收入和户口的性价比"。例如你获得的这份工作实在很好，收入很高，前途也很好，就是没有户口，这种情况需要自己做出决定。

总之，对大多数人来说毕业是获得户口的唯一机会，所以户口一定程度上还是比收入更重要，毕竟收入低点，之后还可以慢慢涨起来，落户的机会失去了就很难再得到了。

第6章 我的未来我做主
——职业生涯规划

未来五年，你的职业规划是什么？几乎每一场面试都会问到这么一个问题，轻描淡写却发人深省，是对你未来几年职业方向的一次询问，扪心自问，你，我，他，准备好了么？

职业生涯规划是一份未来的计划书，它是在认识自己，了解行业、企业、岗位特点的基础上，对个人未来职业发展方向和发展轨迹的规划和安排。职业规划一般难以一步到位，因为未来很多因素都是做计划时不能预见的，社会环境、行业环境、就业环境都会发生改变，所以在认知加深的基础上职业规划也需要不断调整。本章针对职业规划提出一些有益的建议，希望读者能够从中得到收获。

6.1 Y型发展轨迹

IT的职业发展是有严格的轨迹可循的，几乎所有公司的高管在公开场合都表达过这样的遗憾：很多人有着非常好的素质，只因为不懂得去规划自己的职业生涯和发展轨迹，工作多年之后，依然拿着微薄的薪水。

职业生涯扬帆起航时，大家起步都相差无几，大部分人都是从最低的程序员做起，写代码，调Bug，在项目团队里作为一颗螺丝钉昏天黑地。在做程序员四五年后，不同的人开始选择不同的路线，分道扬镳。总的来说，有两条路可供选择：技术上得心应手、感觉有前途的，依然会沉浸在技术第一线，成为一个高级的工程师，这是走技术路线；另一部分，对技术能力没有太大信心，或者不看好自己走技术路线，或者更喜欢和擅长与人沟通协调，就从事管理方向的工作，转向项目管理或者售前。IT 整个职业的发展轨迹呈现一个大 Y 的形态，称为 Y 型发展轨迹。图 6-1 清晰地勾画出一个程序员将来可能的发展轨迹。

程序员的生存定律：技术向左，管理向右

一个程序员考虑自我增值时永远无法回避的一个根本问题就是：将来做管理还是做技术？可以用简单的二分法将 IT 的职位分得泾渭分明，两条不同的路摆在程序员面前。

在职业生涯早期不断的工作积累中，就应该筹划职业发展方向这个问题。根据自己的爱好、特长、性格特点、能力确定发展方向。这种基本方向上的谨慎选择，影响深远，这就好像习武，选择了少林的大开大合、硬桥硬马，就基本告别了武当的四两拨千斤和云淡风轻，一旦选择，改变的难度是很大的。

图 6-1　程序员职业发展轨迹

技术与管理的关键差异

公司都喜欢从技术人员中选拔中层管理者，所谓"宰相拔于州郡，将军起于行伍"，这样做的好处是管理者也懂一些技术，不会出现外行管内行的情况。很多人可能会有些疑惑，管理和技术关键的差异是什么呢？

第一个差异：走上管理岗位之后，和技术就会越走越远，和 PPT 越走越近。无法再深层次探究技术细节，最多只是跟踪新技术的走向了。

第二个差异：管理者处理的主要是人与人之间的关系和大量琐碎的工作，比如协调人手，为老板讲解项目，安抚员工等，技术岗位则需要对技术的专注性更高。

第三个差异：做技术的往往可以转去做管理，做管理的想转去做技术则比较困难。这意味着你的技术背景对做管理是有帮助的，而管理背景对做技术的用处却不大。

第四个差异：单纯从收入的角度来看，管理职位往往是高于纯技术岗位的收入，但这并非绝对规则，微软的超级程序员的工资就远高于管理人员。

我适合转做管理吗？

什么样的程序员适合走上管理的道路呢？下面给出简明扼要的判断方法。

1. 擅长社交，能做出决断

团队里有人和大家不合群，你愿不愿和他沟通？有几个人意见分歧很大，你能不能调解？有人不按时完成任务，你敢不敢直面批评他？诸如此类的问题，你可以扪心自问，自己是胆小害羞，沉默安静，还是有自信摆平这些事？如果是后者，管理岗位可以考虑。

2. 情绪稳定，包容豁达，心理承受力强

平和，自信，不怕事，即使坏的事情不断发生也不逃避，没有过大的心理压力，能够处理好琐碎的事情。

3. 上下通达，处理事情能力强

让员工心服口服，让上边的领导也满意，领导布置的任务，你能够分发下去并完成，下面的团队愿意接收，而不抱怨你"瞎接任务"，给领导汇报成果时，领导也满意你的表现等。

根据以上三个方面，就可以判断自己是否适合转管理，如果自己脑子好使，也能静下心来钻研技术，那最好还是往技术方面持续发展。如果技术也还不错，但更善于和人打交道，愿意和人沟通，那尽可能早地转向管理方向会是更好的选择。

6.2　融入企业文化

企业文化（Organizational Culture），是一个组织由其价值观、信念、仪式、符号、处事方式等组成的其特有的文化现象。

如今的 IT 新贵，非常注重企业文化的培养。华为总裁任正非先生曾经制定了《华为公司基本法》来阐述华为的企业文化，业界将华为的企业文化归纳为"狼性文化"：敏锐的嗅觉、不屈不挠、脚踏实地、吃苦耐劳的奋斗精神，群体奋斗，几乎是军事化管理的典范。几年间，华为发展如日中天。互联网行业最成功的公司谷歌却崇尚这样的企业理念：以人为本、崇尚自由、鼓励创新，几乎是无为而治的典范，但也不阻碍谷歌成为最伟大最成功的公司之一。

在选择一个 Offer 时，就必须要考虑到该企业的企业文化和你自身性格的相同点和不同点，求同存异，看看是否适合自己。当你最终选择这份工作时，应当是已经经过深思熟虑，认同公司的企业文化。

选择一个 Offer，就是选择一家企业，只有努力融入企业文化中去，工作中才能如鱼得水；相反，如果打心眼里不认同企业的文化，有抵触心理，工作中难免心情郁郁，最终也是不可能把工作干好的。

那么怎样做到融入企业文化呢？以下两点可以遵循：

1. 首先要肯定企业既有文化，理解企业文化里的合理面，并创新发展

曾经有一个计算机专业刚刚毕业的学生向笔者抱怨：公司里的管理太刻板太严格，让他很痛苦，不想继续工作了。笔者告诉他：你所在的公司对产品的时效性要求特别强，管理上自然要严格一些，但正是这种严格，使得公司的项目和产品质量都能得到保障，对你自己的能力提高也很快。要看到这些积极的方面，不要陷入抱怨的怪圈。

这个实例反映的就是新职员对企业文化的不适应现象。每一个新加盟企业的员工都有一个适应的过程，新领导，新同事，新环境，新工作方式，一切都是新的，难免有个过渡期，要面对新公司的既有文化。一个企业从诞生、发展一直到今天，它的企业文化，诚然有很多让你不甚满意之处，但是，既然公司取得了成功，企业的文化必有其精到之处，合理之处。作为新员工，千万不可一有不适应就心生抗拒和排斥的心理，而是要有一种主人翁意识，从心里肯定企业既有文化，了解一些既有做法，然后进行调整，以达到更好的适应。

2. 调整个人文化和企业文化无缝衔接

每个人都有自己的个人风格，尤其在这个崇尚个性的年代。所以大多数人都很推崇个性张扬，很多年轻人会标新立异。其实张扬并不代表不受约束，自由也不是绝对的。很多有趣的职场现象就表明，个人文化和企业文化衔接的必要性。如果个人不去主动适应企业文化，则会对职业生涯造成很大的负面影响。

有一次笔者面试了一位北京大学毕业的研究生小 A，曾经才华横溢，但工作 7 年却一直碌碌无为。我们看到他参加面试时，穿着拖鞋就过来了。当问他为什么如此打扮时，他自己也自有一套道理，认为技术人员不需要注重仪表。然而我们公司却并不认同。我们的理解是，作为一个需要一丝不苟于专业领域的公司，员工不需要衣着华丽，但起码干净整洁。一个在面试如此重大场合都不能注意穿着的人，怎么能做出完美而精细的产品？这就是个性和企业文化之间产生了严重的冲突，那结果可想而知……

我们尊重每一个人的个性，但也强调集体的共性，你可以张扬，但不能张狂，可以个性，但不能任性，可以桀骜不驯，但不能飞扬跋扈，凡事都有度，就是一向我行我素的苹果前总裁乔布斯也在肾结石的病痛折磨下依然按照公司的准则努力工作，可见，个人文化衔接企业文化，或者服从企业文化，是必需的准则。

6.3 关于跳槽

这是一个浮躁的时代，现在为了找到一份心仪的工作而不断跳槽的人越来越多。IT 行业更是如此，跳槽从来都是一个非常热门的话题。笔者认为跳槽要谨慎，审时度势，相机而动，有两种极端的情况我们是不赞成的：一是跳槽过于频繁，跳来跳去职业生涯没有向上发展，反而越跳越差；另一种是明明现状很差，却没有改变的勇气，只能在抱怨中维持现状，蝇营狗苟。下面就跳槽的问题分享一些经验。

跳槽的原因

跳槽的原因大致可以分为以下几类：

1. 待遇问题

认为自己付出和收入不成正比，所谓我固有才，所得不及。虽然几乎所有的跳槽者都不承认自己是为了薪水而跳槽，但几乎都有薪水方面的原因。

2. 环境问题

树挪死，人挪活。不适应目前公司的环境，要么在原公司工作不顺利，要么人际关系方面处理得不好，无法忍受严苛的老板等。

3. 发展问题

一种是职业生涯遇到瓶颈，职位升不上去，自己感觉没有受到重视，职业发展没有达到预期，看不到未来的机会；另一种是能力逐渐提高，感觉小庙留不住大佛，去更大更有前途的平台发展。

一般人跳槽都是以上多种原因的综合，薪水不到预期，工作发展不好，人际关系复杂，心生去意。也有一部分人是对自己开始选择的工作方向不满意，进而更换方向而跳槽。最后，还有一小部分人是因为自己能力的提高，想到更大的平台去发展。

跳槽的时机

在这个瞬息万变的 IT 行业里，可能会面临很多的诱惑，常听到某个同事因为跳槽薪水涨了 50%，某个同事跳槽之后做了主管，某个同事跳槽之后工作更轻松了等。猎头也常常会联系你，提供很多的职位给你，所以面对这些可能的情况，怎样才能把握得更好呢？

通过和众多猎头顾问的多番交流，笔者对跳槽的时机提出以下建议：

1. 刚刚入行两年内请控制自己的跳槽欲望

毕业生刚刚踏入职场，成为技术开发人员，很多人的起点并不是很高，薪水不高和从事的工作技术含量也不高，所以天资聪颖的学生大概半年不到就掌握了基本的工作内容，于是，他们开始受人影响，躁动了，认为自己已经很有经验了，是时候工资翻倍了，这是这个行业普遍存在的浮躁心态。我们认为：这个时候，还是稳住心态，踏踏实实再做一段时间，坚持学习，熟悉完备的项目管理流程和标准的开发环境，认认真真地有所积累，在实践中发现自己的兴趣点和优势点，等到发展方向逐渐清晰后，再考虑后续的问题，这时候，应该会比别人得到更多和更好的机会。

2. 最好不要通过跳槽来转行

我们不鼓励随意地转行，因为这是风险最大的选择。我们经常听到这样的抱怨：我不想做这个行业了，不想再做测试了，不想再做售前了，我希望换一个发展方向。这时候，我们常常感到遗憾，这预示着过去几年的经历都化为了乌有。而猎头们经常说：他们介绍一个新的职位给某个目标客户，希望他跳槽，看中的也正是他过往经历的价值。而从头开始，就意味着一切归零。这时候，首先要认真考虑清楚，是否做好足够准备重新开始？是否有资本从头再来？不要通过跳槽的方式寻求突破，最好的方式是先在当前的公司内部寻求转型，积累经验，这样是比较稳妥的选择。比如你想从纯技术领域向管理领域转型，就可以先考虑从本公司的 FPM（Feature PM）、PL（Project Leader）等职位做起，等到经验丰富，人脉广泛之后再考虑向外发展。在本公司尚且不能成功转行，在竞争激烈的社会招聘中就能找到一席之地吗？

3. 思虑周全，考查清楚再跳槽

我们不反对跳槽，但反对频繁地瞎跳，盲目地认为阳光就在远处，别人家的月亮都比我家的圆，工作稍有不顺就不干了，两三年下来跳槽好几次，在哪里都干得不开心，还会给用人单位留下不好的印象。在跳槽之前必须分析自己的优势和劣势，对比新的岗位和旧的岗位，了解新公司的优缺点以及和自己的匹配度。预估自己的发展趋势，做好这些考查之后再慎重考虑自己要不要跳槽。

跳槽与积累

工作本身是一件辛苦却需要理智的事情，个性需要有，但更多的是问题和压力。我们并不反对跳槽，但跳槽不是解决所有问题的办法。如果频繁跳槽，都会反映到简历上，对很多公司的企业文化而言，会认为你不能安心工作，忠诚度存在问题。

很多人告诉我们：在本公司工作很不开心，公司有这样或那样的问题。我们常常给出的建议是：如果当前公司不能解决的问题，下一个公司多半也解决不了。围城的思想依然适用于职业范畴。与其逃避问题，不如在当前公司把问题彻底解决掉。

我们不支持频繁跳槽的另一个原因，是关于积累的考虑，职业生涯的发展轨迹应该是曲折向上的，而这种曲折向上的轨迹，最重要的就是积累，知识的积累，能力的积累，其他还有人际关系、经验、人脉、口碑等，这些都需要你在一个稳定的环境里有持续努力的表现才行，工作 3~5 年，才能稍见成绩，而频繁跳槽会彻底损坏这种积累，于职业生涯发展是无益的。

总之，职业生涯的轨迹至关重要，选择发展方向，融入企业文化，职业生涯一步一步发展，有一帆风顺的惬意，也有曲折停滞的失落，你可能需要一边努力一边谋划着未来，或者需要更换新环境，开启职业生涯的新篇章。但是不管怎样，我的未来我做主，职业生涯漫长，且行且悠扬，只要踏实诚心肯干，一定能拥有属于自己的一片天地。

第7章　运筹帷幄，决胜千里
——面试官常问的 20 个问题

运筹帷幄，故决胜千里，古今王者，莫不如是。虽是称赞谋臣神鬼莫测、洞察战局的本领，也从另一个层面反映了凡事提前准备、提前谋划才能立于不败之地的大道理。面试题目虽然千变万化，但其中也有规律可循，我们要"运筹"面试官常问的 20 个问题，才能在面试中"决胜"千里。

📄 7.1　谈谈你的家庭情况

问题分析：很多面试官都倾向于从家长里短的问题开始面试，诸如：简单介绍一下你自己，有没有男/女朋友，谈谈你的家庭情况等，都属于此类问题。目的是通过应聘者对家庭的描述了解应聘者的性格、观念、心态等。

注意事项：1. 简单描述家庭人口。尊重事实，尽量描述成员良好的状况。

2. 强调家庭对自己工作的支持和自己对家庭的责任感。

参考答案：我家里有三口人，爸妈还有我。爸爸是个国企工程师，妈妈是中学老师，爸爸对技术的钻研精益求精，妈妈则喜欢文字和理论等比较严谨的东西。我从父母身上获益良多，他们都认为"技术"和"努力"是做好所有工作最重要的因素，所以我一直在努力地寻找在技术上有挑战性的工作，他们也支持我成为技术性的专业人才。

考官点评：全面，简洁，小幽默，令人莞尔。

📄 7.2　你有什么爱好和兴趣

问题分析：爱好和兴趣反映应聘者的生活方式和性格特点，这是问该问题的主要原因。

注意事项：1. 自杀式回答一：我没有什么特别的兴趣和爱好。

2. 自杀式回答二：我喜欢打游戏、看电视剧等（并不是特别好的爱好）。

3. 自杀式回答三：我喜欢乒乓球，因为它是我们国家的"国球"，能令人有自豪感。简单的问题"上纲上线"，太过吹嘘，不显真诚。

4. 最好能有一些户外或者运动类的爱好来"加分"。

5. 如果你喜欢长跑那是再好不过的了，因为现在许多大咖精英都热衷于此，如果你也喜欢这项运动，你未来的老板或许有相见恨晚的感觉。

参考答案：我有许多的爱好，其中能拿得出手的就是登山了，周末有时间的话就会去一趟，一来是为了锻炼身体，二来也呼吸新鲜空气，虽然非常忙，但也挤时间去，有乐趣也有益身心，就是膝盖疼点，也比较担心雾霾的天气。

考官点评：迅速引起面试官的共鸣，身体问题，雾霾问题，有乐趣又真实。

7.3　你自己的优点是什么

问题分析：可以选择和工作相关的优点，可表现自己，举个实例，但不要过分吹嘘。

注意事项：1. 自杀式回答：优点特别多，英勇无畏，聪明剔透，比面试官都强。

2. 这个问题往往隐藏着下一个问题"那你的缺点是什么"。

参考答案：我认为我还是有以下优点，比如做事比较认真，抗压性比较强，其中我认为最大的优点就是抗压性强，我实习的时候做＊＊项目，工期紧，压力大（具体描述），最终我作为主要开发人员，圆满完成了任务。

考官点评：对自己优点认识明确，有实例为证，非常有可信性。

7.4　你自己的缺点是什么

问题分析：几乎是面试的必考题目，考查是否有自知之明，是否采取措施改善。

注意事项：1. 自杀式回答一：直接说自己没有缺点，或者说自己没有大的缺点。

2. 自杀式回答二：把优点说成缺点，有人会自作聪明：我的缺点就是凡事太用心，都不知道休息。类似这种是最危险的回答。

3. 自杀式回答三：说一些严重影响应聘工作的缺点，比如工作效率低。

4. 自杀式回答四：说一些令人不放心，感到难受的缺点，比如小心眼等。

5. 秘籍是：一些"无关紧要"的缺点，缺点和优点交叉着陈述。

参考答案：我认为我有一个明显的缺点，我在公共场合独立发表自己观点时总是很拘谨，会感到有些紧张，虽然在非常熟悉的领域我一般比较有自信。所以当我需要公开表达一些东西的时候，我一般都尽全力做好准备。我确实羡慕那些无论什么话题都能够高谈阔论、随意表达的人。

考官点评：这个回答非常优秀，有三层意思，即明确认识了缺点；表达了改进办法；中间还委婉地表明了自己非常努力的优点。

7.5　谈谈最令你有成就感的一件事

问题分析：面试官想了解你最大的成就、能力和价值观，选择符合职位要求的成就来说。

注意事项：1. 举自己最有把握的例子去讲，不可前后矛盾。

2. 切忌夸大其词，把别人的功劳说成自己的。最好是和工作结合的成就。

参考答案：目前为止，我取得了很多成绩，我自己感觉最大的成绩是我在 IBM 实习时负责的＊＊项目，项目虽然有困难，但在我们的努力下取得了成功，还成为全球路演项目之一，我感到非常自豪。

考官点评：描述具体，体现了自己的能力和成果，对现在应聘的工作也有参考性。

7.6 谈谈你最近的一次失败的经历

问题分析：面试官想了解的是你面对失败后采取的应对方式，你怎样总结的教训。

注意事项：1. 不能说自己没有失败经历，所谈经历的结果必须是失败的。

2. 不要自作聪明，把明显的成功说成失败。

3. 宜谈是由于外在客观原因导致的失败，在整个失败过程中自己已经尽心尽力，失败之后采取了积极的补救措施，精神上未受大的影响。

参考答案：对于即将步入社会的年轻人，社会经验有所欠缺，失败是在所难免的。我刚开始求职时，对自己的认识不够客观，对求职认识过于简单，过于自信，导致在某外企的面试中失败。但是我从中及时吸取教训，总结不足，改变自己找工作的思维方式，看问题更加全面，以更饱满的热情投入新的找工作大潮中。

考官点评：描述具体失败，失败原因，解决方法，表现自己知错能改，迅速提高。

7.7 你做过什么项目

问题分析：面试官通过这个问题主要是看你的项目经历、个人角色，对个人专业能力进行评估。

注意事项：1. 这个问题是面试中最重要的问题之一。

2. 讲述自己做过的最有代表性的项目，自己的角色、贡献度、项目总量等。

3. 真实可信，突出亮点，不夸大，结尾要讲述自己从项目中获得了什么。

4. 在回答过程中，面试官会就感兴趣的点频繁提问，要做好准备。

参考答案：我在读研期间和实习期间总共完成大小项目 6 个，其中最有代表性的是实验室的 ＊＊ 项目。该项目是为 ＊＊ 单位的研发项目，是针对该单位从市局到省局再到国家局三级单位的业务处理项目。项目组研发人员 7 名，历时 2 年，代码量 100 万左右，主要大的项目模块 6 个，我主要负责其中的数据传输、报送模块的研发，用 Java 语言开发，涉及 Struts、Hibernate、EJB 等中间件。项目按时交付，后期使用良好，项目也取得了一些学术成果：EI 相关研究论文 1 篇，核心期刊论文 3 篇，软件著作权 4 个，并积累了丰富的项目经验和开发经验。

考官点评：项目描述清晰，突出亮点、成果，给人的感觉是实际经验丰富。

7.8 你有多少代码量

问题分析：这个问题主要对应聘者的工作经验进行量化，同时考查总结经验的能力。

注意事项：1. 一般会问你的代码经验是什么量级的，大概估算出来就可以。

2. 问你代码量，也是想看看你的编程风格。

3. 附带地会问你的 Bug 数，两个问题结合了解你的 Bug 率，看你编程质量。

4. 代码量多并不一定代表能力强，重复工作没意义，少则说明实践不够。

参考答案：研究生阶段做了很多项目，大概的代码量级在 10 W+左右，除手动编程外，我还会利用很多自动生成代码的工具作为辅助开发。当然主要还是进行手动编程，我会避免做重复工作，同时养成良好的编程风格。

考官点评：量级比较合理，有一定的实践经验，手动编程和自动生成工具结合，很熟练。

7.9 请描述一下你对我们公司的理解

问题分析：重点考查应聘者对公司的认知，可从行业发展、岗位等角度陈述。

注意事项：1. 强调的是"你"的理解，不要背诵公司简介，体现自己的关注度。

2. 从行业地位、职位理解、发展前景角度描述自己的理解。

参考答案：我到百度求职，既有感性的原因也有理性的原因。感性的原因是我一直在用百度提供的服务，百度知道、百度贴吧、百度百科。理性的原因，百度是互联网行业的龙头，在技术领域一直在创新，我的技术背景和公司发展方向比较匹配，我也了解到公司布局了大数据发展计划，我相信有广阔的前景。

考官点评：迅速和面试官拉近距离，对公司有实实在在的理解，真诚可信。

7.10 谈一下最近 5 年内的职业规划

问题分析：通过这个题目面试官想知道你对未来的设想，你的目标是否与公司相符。

注意事项：1. 面试官想知道你是否认真考虑过自己的职业规划。

2. 不能回答"没有想好，或者还没有想过"。

3. 最好的表达是体现自己做过认真思考，表达在该公司成长的愿望。

参考答案：未来 5 年职业规划的问题，我认真思考过多次，因偏爱编程，我想在技术领域持续发展，并希望在几年后谋求一个更资深的职位，等到有所积累，希望向管理的方向努力。我也相信目前应聘的职位可以帮助我实现规划。

考官点评：对自己有比较充分的认识，职业规划和应聘公司紧密相连，非常精彩的答案。

7.11 你觉得工作之后最大的挑战是什么

问题分析：通过这个题目考查面试者对工作中的困难的预见程度。

注意事项：1. 不宜说出具体困难，否则面试官会怀疑面试者的能力存在问题。

2. 要陈述面对挑战的态度，表明自己已做好准备，能够迎接挑战。

参考答案：我认为工作之后会面临学生身份向职场身份的转变，工作开始时通常会有紧迫性和成果的需求。对于开发岗位而言，最大的挑战就是项目进展停滞不前时，如何调整自己，团结团队成员，克服困难，最终完成好项目。我一直有不服输和不怕苦的性格，应该能很好地面对这些挑战。

考官点评：对职场的挑战有清晰的认识，在面对挑战方面有心理和行动的准备。

7.12 你对出差和外派的看法是什么

问题分析：这是个非常有倾向性的问题，提问者通过提问已经透露他的答案。

注意事项：1. 应聘的工作可能经常出差或者长期外派，根据自身情况，应该提前有所考虑。

2. 如果确实不能承受长期的外派，面试时要明确表达。

参考答案：关于出差和外派，我可以配合公司的安排，各种短期的出差或外派都不会排斥。长期的外派最近两年应该没有问题，成家后还要根据情况来调整。

考官点评：对于出差和外派的看法表达得很清楚。

7.13　你对加班的看法是什么

问题分析：面试官针对应聘者的工作热忱提出的问题。

注意事项：好多公司提问这个问题，并不表明一定加班，测试点在于是否愿为公司奉献。

参考答案：如果工作需要或者项目到了攻坚阶段，我会义不容辞地加班。目前来说，我个人没有太多家庭负担，可以全身心投入工作中去。但同时，我会提高我的工作效率，减少或者避免不必要的加班。

考官点评：非常精彩的陈述。表达了愿意为公司奉献，同时避免无理由加班的情况。

7.14　你对跳槽的看法是什么

问题分析：针对 IT 行业存在的跳槽问题询问你的看法，考量工作的韧性和态度。

注意事项：1. 区分跳槽和频繁跳槽的区别。

　　　　　　2. 描述跳槽的利与弊。

参考答案：IT 行业人才竞争激烈，存在跳槽现象，原因可能是不满薪资水平或者求取更好的发展等。我认为频繁的跳槽会导致积累中断，既然选定自己的事业，就要不断努力获取成功。应当努力克服工作中的各种不适，频繁跳槽对自己、对公司都是不利的。

考官点评：对跳槽和频繁跳槽都有陈述，反映了积累和跳槽的不同理解。

7.15　你如何理解你应聘的职位

问题分析：该问题是掌握你对工作职位的主观认识，确认你对公司的了解程度和感兴趣程度。

注意事项：1. 面试前就应下好功夫，预先掌握多一些资料。

　　　　　　2. 不要回答"该职位提供了较高的薪水"之类，重点从发展方向着手。

参考答案：在学校时，我已经积累了很多开发的经验，这也让我对应聘职位有了自己的理解。我了解到目前我这个职位所在的项目组正在负责 Java 相关项目的研发，所以该职位对从业人员的相关研发经验和专业能力有一定的要求，同时也需要一些数据库方面的专业知识，而且良好的沟通能力也是项目完成的关键，我认为我比较适合这个岗位，希望能得到工作机会。

考官点评：对公司和项目组非常了解，对职位的技术和非技术需求定位准确。

7.16　工作中遇到压力你如何缓解

问题分析：这是重要的面试问题之一，考查面试者的抗压能力和处理问题的能力。

注意事项：1. 题目中强调的是工作中的压力。

　　　　　　2. 很多人会回答"听音乐""健身"之类，这并不是最理想的答案。因为这些都没法在工作时间去完成，以帮助缓解压力。

参考答案：工作中肯定会出现很多压力，我的时间管理能力很强，一定程度上已经规避了很多工作压力。当面对工作压力时，我先进行分析，看压力来自何处，如果是工作量太大，我会重新分配和安排，寻求团队合作；如果是技能水平不足，就需要提高技能；如果压力来自人际关系，就要学会相处之道。学会适当的放松和休息，来缓解压力。

考官点评：答案与众不同，几乎都是和工作紧密结合的减压方式，同时又突出了自己的优点。

7.17　如何看待程序员 40 岁以后编不动代码

问题分析：IT 行业普遍流传的所谓 40 岁编不动代码"真理"，清晰表达出自己的看法就可。

注意事项：面试官多是编码出身，有一种代码的情怀，所以这个问题答案显而易见。

参考答案：我知道行业里盛传"40 岁就编不动代码"的说法，主要是精力、脑力都跟不上了。我不是很赞成这种说法，我知道微软公认的最厉害的工程师 David Cutler，70 多岁了，主要的工作就是 Azure 云的代码开发。如果兴趣、技术都在代码领域，我觉得并不存在 40 岁编不动代码的说法。

考官点评：有理有据反驳行业的一个说法，举的例子非常有说服力，对行业很熟悉。

7.18　在工作中有没有经历过和他人意见不合的时候？你是怎么处理的

问题分析：圈套问题，认真思考，主要考查意见分歧时怎样处理矛盾的能力。

注意事项：一定要回答有意见不合的时候，主要体现你对处理意见不合的情况比较有经验。

参考答案：无论是实习时还是在学校学生会工作时，都偶尔有和别人意见不合的情况。现在大家都非常有主见，我认为处理不同的意见并不难，我一般先要求大家都拿出具体的事实和数据出来，然后一同分析，其实绝大多数情况下，每个人的意见都有部分合理之处，有分歧反倒促进了意见融合，能够使最终方案更完美。

考官点评：明确陈述了自己关于处理意见不合的方法，非常精彩！

7.19　你平时都采取什么样的学习方式

问题分析：对于 IT 工程师，持续学习是必需的，考查学习方式可以看出学习能力如何。

注意事项：相似的问题是，你要怎样才能跟上飞速发展的时代而不落后。

参考答案：对于 IT 开发工程师，不断学习新知识是非常重要的。对于我而言，主要的学习方式：一是看专业书籍，尤其是经典国外专业书籍，充实知识储备；二是关注开源社区、专业论坛，如 Stack Overflow、CSDN 等，和同行就很多问题展开讨论；三是参加各种技术交流会，听取专家报告。

考官点评：学习的方式列举了三种，比较全面，能跟上技术的潮流，也表明了自己擅长学习。

7.20　你还有什么需要了解的问题

问题分析：这是一个看似可有可无的问题，其实很关键，面试官看你是否对公司感兴趣。

注意事项：1. 千万不能说"没有问题"，或者只问工资奖金福利。

　　　　　2. 可以询问部门工作的信息、公司的晋升机制。

　　　　　3. 展现积极的状态，了解未来的工作环境。

参考答案：您好，面试官。我还有几个比较感兴趣的问题想询问您：我应聘的是公司的研发事业部，我想问问目前该部门的基本工作情况，比如都有哪些方面的项目？要用到哪些方面的核心技术？还有我感兴趣的另一个问题：在公司工作几年后，都有哪些发展方向？

考官点评：提出了自己感兴趣的两个方向的问题，态度积极，给考官留下了深刻印象。

第8章 知己知彼、百战不殆
——外企常考的20道英文面试题

外企，在很多人心中，是向往的就职天堂。先进的管理理念、宽松自由的工作氛围、不错的薪资待遇、优越的办公环境、和专业领域最杰出的外国专家直接交流，这些无疑都充满巨大的吸引力。如果你志在外企，就要了解外企独有的文化，用外企独特的思维去面对外企面试。本章为求职者提供了外企常考的20道英文面试题，以供参考。

8.1 Please tell me something about yourself?

问题分析：外企面试的第一个问题，自我介绍，通过自我介绍全面了解应聘者的概况。

注意事项：可以提前做好准备，尽量简洁，陈述自己的亮点。

参考答案：Good morning, everyone. My name is Zhang. It is really my honor to have this opportunity for the interview. I hope I can make a good performance today. I am 26 years old, born in Hebei province. I graduated from Peking University. My major is computer science and technology, and I got my master degree in 2016. I spent most of my spare time on study, I have passed CET-6 during my university. And I have acquired some basic knowledge of my major and mastered a lot of skills, such as Java, data structure, algorithm and so on. I have done many projects. The most impressive one is Management Information System for ** university. Its main target is to carry out remote data acquisition from other universities. I was involved in design, coding, testing and writing user manual in this project.

In July 2015, I began working for IBM as an intern. My main work was to do Java development. It is my long cherished dream to be a software engineer and I am eager to get an opportunity to fully play my ability. That is the reason why I apply for this position. I think I'm a good team player and a person of great honesty to others. Also I am able to work under high pressure. I am confident that I am qualified for the position in your company.

That is all. Thank you for giving me the chance.

考官点评：介绍得非常全面，关于技术优势说得尤其详细，英语水平优异。

8.2 What experience do you have in this field?

问题分析：考查你的行业经验和经历，可以针对具体职位的要求进行描述。

注意事项：描述行业经验参照应聘职位的职位需求（Job Requirements）。

参考答案：I have been working as a software engineer for 5 years. And I have done Java development in the last 3 years. I am also familiar with relational database such as Oracle.

考官点评：对自己的行业经验介绍得比较全面和详细。

8.3 What is your dream job?

问题分析：考查你对工作的期许和要求。

注意事项：描述一些脚踏实地的愿望，最好能配合当前应聘的工作岗位。

参考答案：My dream job would allow me to do C++ development in the team. I love working to suit different needs. Meanwhile, I love this job emphasizing communication among colleagues.

考官点评：表达了喜爱 C++ 开发和团队合作，对工作的期许符合目前应聘职位的发展需求。

8.4　Why should we hire you？

问题分析：我们为什么雇佣你？面试官希望你证明自己是当前职位的最佳人选。
注意事项：1. 迎合公司对该职位的期望。
　　　　　2. 不要有狂妄自大的表现。

参考答案：I got a master degree in computer science. That shows my expertise. I have been working as a C developer in the last 3 years. That shows my experience. I could own a project by myself in my last job. That shows my ability. I believe I am qualified for the position.

考官点评：对公司关于职位的期望拿捏得很准，表现了可以为公司做出贡献的能力。

8.5　What are you looking for in a job？

问题分析：在（新）工作中你想要得到什么？
注意事项：1. 面试者想知道应聘者的目标和公司的需求是否一致。
　　　　　2. 对照自己的兴趣、自己的发展轨迹和新职位的需求（Job Requirements）做答。

参考答案：I'm looking for a position where I can have the opportunity to fully contribute my technical skills and work experience.

考官点评：说明了自己对"技术"的偏爱，要寻找的职位是发挥自己技术特长的职位。

8.6　Are you willing to work overtime？

问题分析：你愿意加班吗？针对加班话题进行的询问。
注意事项：提这个问题，并不意味一定要加班。有两层意思：考查工作效率；考查奉献精神。

参考答案：An overtime work is very common in IT companies. It is no problem for me working overtime if it's necessary. Meanwhile, I will improve work efficiency to avoid working overtime.

考官点评：表达了可以为公司加班的意愿，同时提出要提高工作效率避免不必要的加班。

8.7　What is your greatest weakness？

问题分析：你最大的缺点是什么？考查你对自身缺点的认识。
注意事项：1. 外企认为认识自己重要，不要回避这个问题（Don't give a cop-out answer）。
　　　　　2. 要诚实、实事求是（Be honest）。
　　　　　3. 不要回答影响面试的缺点（Avoid deal breakers）。
　　　　　4. 表达为克服缺点做出了巨大努力（Your attempts to overcome your weakness）。

参考答案：Well, I used to like to work on one project to its completion before starting on another, I don't love to cooperate with others. but now I've learned to work on many projects at the same time in a team, and I think it allows me to be more creative and effective in each one.

考官点评：认为自己最大的缺点是并发工作能力较差，同时表达了目前已经在改变。

8.8　What are your strengths?

问题分析：你的优势是什么？这个题目考查是否有足够的自我认知能力。

注意事项：1. 外企认为认识自己的优势和劣势非常重要。

2. 掌握分寸，表达自己的优势，但不宜过分渲染。

参考答案：My greatest strength is my commitment to work. I always strive for excellence and always try to do my best. I am able to work independently and not afraid of hardship.

考官点评：对自己的优势认识比较明确，突出了性格方面的特点。

8.9　Why did you quit your last job?

问题分析：你为什么从上份工作离职？询问离职原因。

注意事项：描述自己离职的原因。务必要把理由解释清楚，不宜描述自己是因为钱而跳槽的。

参考答案：Frankly speaking, my last job is not bad, but I want to leave it simply because I'm attracted by your company and the position you offer. This is the job which I dream of. I think I can get a long-term development in this position.

考官点评：对离职的原因进行了详细描述，主要原因是想获得广阔的发展空间。

8.10　Why do you want to work in our company?

问题分析：你为什么想在我们公司工作？题目考查对公司的了解程度和加盟公司的意愿。

注意事项：1. 这是一个非常重要的问题，在面试前就应做好功课。

2. 千万不要提薪水待遇问题，比如表达因为薪水高而进入公司等。

参考答案：I wish I can work in a global company, because the origination and management are more professional in this kind of company. I think your company can give full play to my talents. I can do my best in this job.

考官点评：对公司的全球化规模很了解，同时对公司、对自己的发展认识明确。

8.11　What kind of salary are you looking for?

问题分析：你期望的薪水是多少？询问关于薪水的期望值。

注意事项：1. 面试官比较喜欢数字，但应聘者最好不要给出数字。

2. 在回答之前，确保你已经弄清楚了工作内容、目标、工作的方式方法等。

参考答案：Salary is not everything. What I care most is the company itself. It is your company that attracts me, and it is also the reason why I apply for the position. I believe I can grow up very fast and contribute a lot in your company.

考官点评：表达对薪水并不特别看重的观点，回避了自己给出的数字过高或过低的问题。

8.12　What do co-workers say about you?

问题分析：你的同事如何评价你？

注意事项：1. 通过描述同事对你的评价，从侧面考查你的个性和人际关系。

　　　　　2. 不要过分夸大事实，表达出自己的优点即可。

参考答案：The people who have been worked with me believe that I am very easygoing, and with high responsibility and team spirit. They feel no trouble when we do communication. I think I leave a good impression for them.

考官点评：表达了同事对自己的正面评价，从侧面描述了自己的优点。

8.13　What were some of your achievements at your last job?

问题分析：在上一份工作中，你取得了哪些成就？考查过去取得的成绩。

注意事项：1. 外企的认知是，在上一份工作中取得成就，才能在这份工作中也取得成就。

　　　　　2. 用事实和数字说话，有充分的论据支持。

参考答案：I was responsible for doing 4 projects in the past 3 years. As I was the team leader, the users were all satisfied. It was a great honor to be named "Employee of the Year" in the past two years.

考官点评：用具体的成绩说话，很有说服力。

8.14　Tell me about your ability to work under pressure?

问题分析：告诉我你在压力下的工作能力（抗压性）？

注意事项：可以表明自己有很好的忍耐力来处理工作压力。

参考答案：As I am under pressure if there are too many work ahead of me, I will classify all the tasks into 2 groups. The tasks in group A is emergent and must be done now; the tasks in group B is not urgent and can be done later. Then I can solve these problems based on their priority.

考官点评：表明了自己在压力下按优先级处理工作的方法。

8.15　What have you learned from mistakes on the job?

问题分析：你在工作的失误中领悟到了什么？考查你吸取教训的能力。

注意事项：切忌将错误描述得过细，只要表明怎样吸取教训，从错误最终走向成功。

参考答案：I think I have learned to keep patient. Not to give up in a very short time, because the success is probably going to come here.

考官点评：学到了耐心，能够不放弃，表述得很清楚。

8.16　Where do you see yourself in 5 years?

问题分析：以后 5 年的职业规划？关于未来发展问题的探讨。

注意事项：必须谨慎回答的问题，和当前应聘的工作紧密结合去回答这个问题。

参考答案：I hope I will be in a senior position such as a team leader. I have the confidence that

I can manage our team smoothly after I get enough experience after 5 years. It will be great if I can be a member of management team in your company, and that is my dream job.

考官点评：今后五年的计划是成为一名团队管理者，有明确的未来目标。

◆ 8.17　How long would you expect to work for us if hired?

问题分析：考查你今后的设想与打算（Future Plans and Management）。

注意事项：这个问题本身已经有所暗示，希望在公司做得更长久些。

参考答案：I hope I can work here as long as possible if I can contribute to the company constantly.

考官点评：表达了长久在公司发展进步的愿望，只要能在行业学习和进步，就一直待在这里。

◆ 8.18　What do you want to know about our company?

问题分析：对于我们公司你还想了解哪些方面？针对个人的提问环节。

注意事项：不可回答"没有"，可提出自己感兴趣的问题，体现对公司提供职位的兴趣。

参考答案：I want to know the career path if I get hired in this position. What else can I be except be an expert in a specific field? I am also interested in your training plan for a new comer.

考官点评：提出了自己在公司长久发展路线的问题，体现了对应聘职位的重视。

◆ 8.19　Tell me about a suggestion you have made?

问题分析：了解你最近提出的建议。

注意事项：1. 考查你是否积极主动（Self-starter），这是外企非常看重的特质之一。
　　　　　 2. 考查你是否能产生积极可行的想法（Workable Idea）。

参考答案：I suggest that the R&D department should conduct more training and knowledge sharing, so we are able to broaden our horizon and improve our skills. I believe we will definitely get benefit from those sessions.

考官点评：提出好的建议并被采纳，具有主动性和可行的思考。

◆ 8.20　What motivates you to do your best on the job?

问题分析：工作中最能激励你的是什么？

注意事项：这个问题是考查员工工作的动力来源，可对照简历，描述自己取得成绩的主要原因，自己工作中的成就感都来自哪些方面。

参考答案：I prefer the company can assign desirable projects to me. I can highly engaged in a collaborative team. It motivates me to do my best on the job.

考官点评：描述了自己工作中的动力来源，能够在一个和睦相处的团队里进行自己喜欢的项目开发。

第9章 IQ 加油站
——综合能力测试题

精明的企业家们始终相信:"最强大脑"更有助于事业的腾飞、企业的效率和团队的创造性。所以在竞争愈发激烈的求职市场,面试中除去考查专业知识技能外,往往还要增加综合能力的测试题,以求全面考查应聘者的综合素质。这部分题目在考试中是画龙点睛之笔,特别是一些著名的外企、银行、机关事业单位等把这部分内容的考查看得更重要,因为他们认为这类综合能力测试题目更能衡量出一个人的软实力。本章着力讨论一些面试中常见的综合能力测试题,这些题目灵活生动,富有趣味性,希望能给读者带来帮助和启发。

9.1 数学类型的测试题

这类题目主要考查应聘者的数学基础,以及应用数学工具解决实际问题的能力。这类题目大都不会很难,但需仔细解答,同时需要一定的逻辑思维能力。

【面试题1】兔子赛跑

两只兔子赛跑,A 兔到达 10 m 的终点时 B 兔才跑完 9 m。如果让 A 兔在起跑时退后 1 m,两兔重新比赛,问两兔谁先到达终点?

1. 问题分析

解决一个问题要有正确的思路,而不能靠直觉。要判断哪只兔子先到达终点,最直接的方法就是看两只兔子跑完全程所花费的时间。因为两只兔子同时起跑,所以花费时间长的兔子后到达终点,花费时间短的兔子先到达终点。

已知最初两只兔子所跑的路程相等,A 兔到达 10 m 的终点时 B 兔才跑完 9 m,因此 A 兔与 B 兔的速度比为 10:9。不妨设 A 兔的速度为 10v,B 兔的速度为 9v。现在 A 兔起跑时退后 1 m,故 A 兔所要跑的路程是 11 m,B 兔仍是 10 m。A 兔跑完全程耗时为 11/10v = 1.1/v,而 B 兔跑完全程耗时为 10/9v = (1.111…)/v,显然 A 兔花费的时间较短,因此仍然是 A 兔先到达终点。

2. 答案

A 兔先到达终点。

【面试题2】女装的成本

一家时装店引进了一款女装,这件女装的购入价再加 2 成就是该店的出售价。由于滞销的原因,店主决定降价甩卖,以定价的 9 折出售该女装,果然奏效,被一位顾客买走了。即便如此,店主仍获利 400 元。请问这件女装购入价是多少?

1. 问题分析

这是一道我们上小学时常见的应用题,但是不要小看它,很多知名公司都愿意出一些类似的题目来考查求职者。这类题目较简单,但是需要我们认真对待。

遇到这样的题目最直接的方法就是解方程。设该件女装的购入价为 x 元,那么有

$$x(1+20\%) \times 90\% = x+400$$
$$\Rightarrow 1.08x - x = 400$$
$$\Rightarrow 0.08x = 400$$
$$\Rightarrow x = 5000$$

最终得出该女装的购入价为 5000 元。

2. 答案

5000 元。

【面试题 3】 徘徊的小鸟飞了多少米

甲乙两地相距 1 km，甲车从甲地驶向乙地，乙车从乙地驶向甲地。甲车的速度为 30 m/s，乙车的速度为 20 m/s，一只小鸟在天空飞行的速度为 40 m/s。现在甲乙两车同时从两地出发相向而行，同时小鸟也从甲地出发向乙地飞行。当小鸟与乙车相遇时，便返回头来向甲地飞行；当小鸟与甲车相遇时，便返回头来向乙地飞行。小鸟按照这个规律飞行，直到甲乙两车在中途相遇为止。请问当甲乙两车在中途相遇时，小鸟飞行了多少米？

1. 问题分析

一个错误的思路是：试图搞清楚小鸟的飞行路线、来回往返的次数，按照这个思路解决此问题将会有相当的难度。其实本题并没有那样复杂。要想求出小鸟飞行了多少米，已知小鸟的飞行速度为 40 m/s，只要知道小鸟在这个过程中飞行了多少时间，就很容易得出小鸟飞行的路程。已知甲乙两车同时从两地出发相向而行，同时小鸟也从甲地出发向乙地飞行，甲乙两车在中途相遇后小鸟停止飞行，因此可以知道小鸟飞行的时间为甲乙两车从出发到相遇的时间。小鸟的飞行时间为 1000/(30+20) s = 20 s，小鸟总共飞行了 20 s × 40 m/s = 800 m。

2. 答案

小鸟飞行了 800 m。

【面试题 4】 电视机的价值

雇主约翰聘请山姆来他的农场做工，双方的契约规定山姆工作 1 年的报酬是 600 美元和 1 台电视机。但是山姆只工作了 7 个月就有事要离开，约翰计算了一下山姆的工作量，给了山姆 150 美元和一台电视机。请问一台电视机值多少钱？

1. 问题分析

解决此题最简单的方法是建立方程组求解。设山姆平均每月的薪水为 x 美元，一台电视机价值 y 美元，于是有

$$\begin{cases} 12x = 600+y \\ 7x = 150+y \\ \Rightarrow x = 90, y = 480 \end{cases}$$

所以一台电视机的价值为 480 美元。

2. 答案

480 美元。

【面试题 5】 被污染的药丸

有 4 个装药丸的罐子，每个药丸都有一定的重量。已知一个罐子中的药丸全部被污染，每个被污染的药丸比没被污染的药丸重量多 1。要求只称量一次，如何判断哪个罐子的药被污染了？

1．问题分析

要想一次称量就知道哪个罐子的药丸被污染，就必须保证在一次称量中就能准确定位重量发生变化的药丸所在的罐子。因此首先要将这 4 个罐子依次编号，以准确定位被污染的药丸处于几号罐子之中。然后需要考虑的是，如何才能在一次称量中找出重量发生变化的药丸。如果从每个罐子中取出数目相等的药丸，那么不难想象称量的结果是药丸的总重量一定大于正常情况下药丸的总重量。假设从每个罐子中取出 x 个药丸，每个药丸正常重量为 n，那么称量的结果是药丸的总重量为 $3xn+x(n+1)=4xn+x$，而正常情况下，药丸的总重量应为 $4xn$。但是这样只能知道某一个罐子中的药丸被污染了，而无法确定被污染的药丸在哪个罐子里。造成这个结果的症结在于从每个罐子中取出的药丸数目相等，都是 x，这样得到的药丸的重量差为 $4xn+x-4xn=x$，单凭 x 无法判断被污染的药丸在哪个罐子里，因为任何罐子里的药丸重量发生了变化所导致的药丸的重量差都是一样的。不难想到，如果从 4 个罐子中取出的药丸数量都不相同，情况就不一样了，因为不同罐子里的药丸重量发生了变化所导致的药丸的重量差会不一样。

假设正常情况下每粒药丸的重量为 1，现在从 1 号罐子里取 1 粒药丸，从 2 号罐子里取 2 粒药丸，3 号罐子里取 3 粒药丸，4 号罐子里取 4 粒药丸，这样不同的罐子中的药丸重量发生变化所导致的药丸重量差是不同的。具体来说，正常情况下（药丸没有被污染）药丸的总重量应为 $1+2+3+4=10$。如果 1 号罐子里的药丸被污染，那么药丸总重量为 $2+1×2+1×3+1×4=11$，重量差为 1；如果 2 号罐子里的药丸被污染，那么药丸的总重量为 $1+2×2+3+4=12$，重量差为 2；依次类推，如果 3 号罐子里的药丸被污染，那么药丸的总重量为 13，重量差为 3；如果 4 号罐子里的药丸被污染，那么药丸的总重量为 14，重量差为 4。按照这种方法，只称量一次就可以判断出哪个罐子里的药丸被污染了。

2．答案

见分析。

【面试题 6】取水问题

假设有一个池塘，里面有无穷多的水。现有 2 个空水壶，容积分别为 5 L 和 6 L，如何只用这 2 个水壶从池塘里取得 3 L 的水。

1．问题分析

类似的问题在面试题中也经常出现，要准确判断为 3 L 的水量，可以这样考虑解题步骤：

1）最初一定要将两个水壶中的一个盛满水，否则步骤无法进行下去。

2）将 5 L 的水壶盛满水，倒入 6 L 的水壶中，这样 6 L 的水壶还有 1 L 的空间未用。

3）将 5 L 的水壶盛满水，倒入 6 L 的水壶中，直到将 6 L 的水壶灌满为止，这样 5 L 的水壶中只剩下 4 L 水。

4）将 6 L 的水壶中的水全部倒掉，将 5 L 的水壶中只剩下 4 L 水倒入 6 L 的水壶中，这样 6 L 的水壶中还剩下 2 L 的空间未用。

5）将 5 L 的水壶盛满水，倒入 6 L 的水壶中，直到将 6 L 的水壶灌满为止，这样 5 L 的水壶中只剩下 3 L 水。

2．答案

见分析。

【面试题 7】院墙外的相遇

边长为 300 m 的正方形院墙，甲乙两人分别从对角线两点沿逆时针同时行走，已知甲每分钟走 90 m，乙每分钟走 70 m，试问甲要走多长时间才能看到乙？

1. 问题分析

这道题有一定难度，有些读者可能会认为：因为甲的速度比乙快，所以甲乙之间的距离会逐渐缩小，只要甲乙两人之间的距离小于 300 m，则甲就可以看见乙了。得出这个结论的读者可能没有考虑到实际的情况。因为院墙是正方形围成的，所以只有甲乙两人都处在同一边的院墙时甲才能看见乙，如图 9-1 所示。

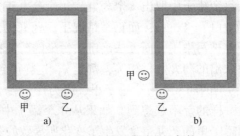

图 9-1　甲可以看到乙的条件

由图可知，图 9-1a 中甲乙二人同处于围墙的一侧，因此甲可以看到乙；图 9-1b 中虽然甲乙二人的距离很近（小于 300 m），但是他们不处于围墙的一侧，因此甲看不到乙。

甲要走多长时间才能跟乙处于围墙的同一侧呢？这里面有一个前提，即甲若想看到乙，他们之间的距离肯定小于或等于 300 m。倘若甲乙之间的距离超过 300 m，则无论如何甲乙二人也不可能同处于围墙的一侧。因此"甲乙二人之间的距离小于或等于 300 m"是"甲可以看到乙"的必要而非充分条件。这样先来求出甲乙二人至少走几分钟后他们之间的距离才能小于或等于 300 m。为了更加形象地说明这个问题，把甲乙二人的行走路线展开成一条直线，如图 9-2 所示。

图 9-2　甲乙二人的行走路线 1

由图 9-2 可知，最开始甲乙二人相隔 600 m，假设甲乙二人同时走了 x 分钟，此时甲乙二人之间的距离等于 300 m，则甲走的距离为 90x，乙走的距离为 70x，它们之间存在着如下的关系：

$$70x-(90x-600)=300$$

要使甲乙二人的距离小于或等于 300 m，则要满足下列不等式：

$$70x-(90x-600)\leqslant300$$

很容易得出 x≥15。也就是说，甲乙二人至少走 15 min，他们之间的距离才可能小于等于 300 m，也就是甲才可能看到乙。

这样就给出了解题的范围。接下来讨论甲要走多长时间才能跟乙处于围墙的同一侧。

其实本题所要得到的是甲至少要走多长时间才能看到乙。这就给出了一个隐含的条件：甲第一次看到乙时一定行走了 300 m 的整数倍，如图 9-3 所示。

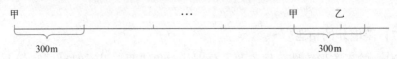

图 9-3　甲乙二人的行走路线 2

由图 9-3 可知，假设甲在某一点第一次看见乙，那么甲一定刚好走过了 300 m 的整数倍距离，即走到围墙拐弯处。这个道理很容易理解，假设甲走过的距离超过 300 m 的整数倍，此时第一次看见乙，因为甲乙二人行走是同方向的，所以当甲刚好走到 300 m 的整数倍距离时（当前位置的后面），乙所处的位置一定也在当前的位置之后，所以甲一定能够看见乙，这与甲第一次看见乙的提法矛盾，因此如果甲第一次看见乙，他一定刚好走过了 300 m 的整数倍距离，也就是刚好走到围墙拐弯处。

　　这样问题就有了解，即甲乙至少要走 15 min，且甲要走过 300 m 的整数倍才有可能看到乙。很容易得出甲走 15 min 后走了 15×90 m＝1350 m，但它不是 300 的整数倍，因此可以试探如果甲走了 1500 m 时的情形。不难得出，甲走 1500 m 需要 1500/90 min＝50/3 min，此时乙走了 70×50/3 m＝3500/3 m，甲乙二人的位置如图 9-4 所示。

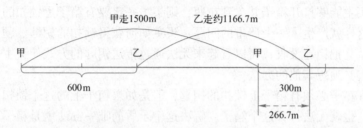

图 9-4　甲乙二人的位置

　　由图 9-4 可知，当甲乙二人一起走了 50/3 min（16 分钟 40 秒）后，甲走了 1500 m，乙走了约 1166.7 m，两人之间的距离小于 300 m，并且两人处在围墙的同一侧。因此可以得出结论：甲走 16 分 40 秒后可以看到乙。

　　2. 答案

　　甲走 16 分 40 秒后可以看到乙。

【面试题 8】牛吃草问题

　　由于天气逐渐变冷，牧场上的草每天均匀减少，已知牧场上的草可供 20 头牛吃 5 天，可供 16 头牛吃 6 天，问可供 11 头牛吃几天？

　　1. 问题分析

　　本题的难点在于牧场上的草每天均匀减少，因此草料的消耗不光是牛的因素还有天气的因素。但是不管怎样，在牛的数量一定的前提下，牧场上每天草料的消耗也是一定的，同时牧场上草料的总量（牛消耗的加上天气消耗的草料总量）也是一定的。因此不妨假设一头牛一天消耗的草料为 x，由于天气原因每天减少的草料为 y。这样牧场上草料消耗的总量可表示为 20x×5＋5y，或者表示为 16x×6＋6y。假设同样的牧场可供 11 头牛吃草 N 天，则有如下等式：

$$11xN+yN=100x+5y=96x+6y$$

只要计算出 N 即是本题的答案。

　　由上式 100x＋5y＝96x＋6y，易知 y＝4x，将其代入上式可得

$$11xN+4xN=100x+20x=96x+24x$$

$$\Rightarrow 15N=120$$

$$\Rightarrow N=8$$

　　2. 答案

　　可供 11 头牛吃 8 天。

【面试题 9】 送花瓶

有一位商人要让伙计将一个珍贵的花瓶送到买主手里。买主住在很远的地方，路途中一定要经过土匪出没的地方。土匪要是见到花瓶一定会抢走。但土匪不会打开锁着的东西，只要把花瓶锁在箱子里就可以安全地送到目的地。所以商人准备了一个大箱子，在箱子上装了个很大很结实的锁扣，足以挂几把锁。商人还准备了一把精致的铁锁将花瓶锁在箱子里。这把铁锁的钥匙是独一无二的，没有这把钥匙箱子是绝对打不开的。但问题来了，土匪只要见到钥匙就会把钥匙没收。请问在这种情况下商人如何能将花瓶安全地送到买主手里且买主能够打开箱子拿到花瓶？

1. 问题分析

要想将花瓶安全地送达买主，则必须将花瓶放在装有锁扣的箱子里运输，否则土匪就会抢走花瓶。要想让买主能够打开箱子并拿到花瓶，则买主一定要有箱子上锁扣的钥匙，否则他将无法打开箱子。这样就产生了一个严重的问题：买主如何获得锁扣的钥匙。题目中已经说明土匪只要见到钥匙就会把钥匙没收，所以看起来无法通过传送钥匙的方式使买主获得箱子上锁扣的钥匙，所以我们必须想其他的办法。

买主要想打开箱子必须有箱子上锁扣的钥匙，但是如果箱子上的这个锁扣是商人的，则他将无法拿到钥匙，也就无法打开这个箱子。解决这个矛盾的唯一办法就是箱子上的锁扣是买主自己的，这样买主就能轻松地打开这个锁扣了。所以可以通过下面这个巧妙的方法来传递这只装有花瓶的箱子。

首先商人将装有花瓶的箱子用自己的锁扣锁住，然后让伙计将箱子送达买主处；然后买主在箱子上再加一个自己的锁扣，并锁住它，这个锁扣的钥匙在买主手里且只有一把，然后再让伙计将箱子送到商人处；商人再用自己手里的钥匙打开自己最初在箱子上加的锁扣，然后让伙计再次将箱子送达买主处；买主最后用自己手里的钥匙打开自己在箱子上加的锁扣，这样箱子就可以成功打开了。整个运输过程中箱子始终是锁住的（无论是上了一把锁还是两把锁），所以土匪不可能打开它，同时整个运输过程中也没有传递钥匙，所以最终箱子可以被买主成功打开。

2. 答案

见分析。

【面试题 10】 左轮手枪

一个欠了高利贷的赌徒被债主用手枪威胁，这个手枪是一把六星左轮手枪，六个弹槽都空着，债主把两颗子弹装入弹槽，并且两颗子弹是相邻的，然后债主用手指拨动左轮让轮子逆时针转动了几圈并把枪口对着赌徒的头，扣动了扳机，所幸第一枪撞针没打中子弹。然后债主跟赌徒说："我还要再打一枪，如果这一枪还是空弹，那么你欠的钱一笔勾销，否则你就只能用你的性命还债了！不过给你一个机会，你可以选择让我直接扣动扳机，或再旋转轮子一下（逆时针旋转）后再扣扳机。"请问赌徒应该怎样选择生还的可能性最大？

1. 问题分析

如图 9-5 所示为六星左轮手枪弹槽示意图。这个左轮弹槽只能逆时针旋转，手枪的撞针会对应其中一个弹槽，如果弹槽中有子弹则扣动扳机后子弹会被射出；如果对应的弹槽中没有子弹则扣动扳机后没有子弹射出。每扣动一次扳机，弹槽都会逆时针移动一个位置。

从图中可以看出，如果第一枪撞针没打中子弹，那么撞针的位置只可能位于 A、B、C、D 中的一点。接下来如果不再转动左轮，而是直接开下一枪，要使撞针可以打中子弹，则第一枪的撞针一定位于弹槽 D 处。这个道理是显而易见的，因为弹槽只能逆时针旋转，且每次扣动扳机转动一个弹槽的位置，所以如果下一枪撞针能够打中子弹，则一定是打中弹槽 E 中的子弹，所以第一枪的撞针一定位于弹槽 D 处。因此直接扣动扳机打下一枪能够射出子弹的概率是第一枪撞针位于弹槽 D 的概率，这个概率显然是 1/4。

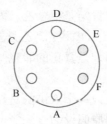

图 9-5　六星左轮手枪弹槽示意图

如果在打下一枪之前任意转动左轮，那么第二枪能否射出子弹就与第一枪的结果没有任何关系了，因为它们是完全独立的两个事件，所以第二枪能射出子弹的概率就是 2/6，也就是 1/3。

综合比较上述两种情形，如果直接扣动扳机打下一枪，射出子弹的概率为 1/4；如果在打下一枪之前任意转动左轮，射出子弹的概率为 1/3。因此赌徒应选择直接打下一枪，这样生还的概率比较大。

2. 答案

见分析。

9.2　逻辑类型的测试题

逻辑类测试题以逻辑推理、情景判断等形式出现，在面试题中也是较为常见的一类试题。逻辑类测试题主要考查应聘者的逻辑思维能力和思维的敏捷度，因此需要答题者具有精准的解题思路和快速的反应能力。下面通过实例来分析一些逻辑类型试题。

【面试题 1】哪位教授与会

一个国际研讨会在某地举行，哈克教授、马斯教授和雷格教授至少有一个人参加了这次大会。已知：①报名参加大会的人必须提交一篇英文学术论文，经专家审查通过后才会发出邀请函；②如果哈克教授参加这次大会，那么马斯教授一定参加；③雷格教授只向大会提交了一篇德文的学术报告。根据以上情况，以下哪项一定为真？（　　　）

（A）哈克教授参加了这次大会　　　　（B）马斯教授参加了这次大会
（C）雷格教授参加了这次大会　　　　（D）哈克教授和马斯教授都参加了这次大会

1. 问题分析

这道题只要直接推理就能得出答案。首先可以判断雷格教授不能参加会议，因为他只向大会提交了德文论文，而没有提交英文论文，所以可以排除选项 C。题目中又知如果哈克教授参加会议则马斯教授一定参会，因此可以推出如果马斯教授不参加会议，则哈克教授也不参加会议，这是因为原命题为真，其逆命题亦为真。这一点可以用反证法的思想去理解，假设马斯教授不参加会议而哈克教授参加会议，根据原命题的条件则马斯教授也应当参加会议（因为哈克教授参会），这与假设矛盾。所以如果马斯教授不参加会议则哈克教授也一定不参加会议，这样就没人能参加会议了，它与至少有一人参加会议的已知产生矛盾，所以可以推导出马斯教授一定参加会议。因此答案为 B。

2. 答案

（B）。

【面试题 2】谁是罪犯

一家珠宝店的珠宝被盗，经查可以肯定是甲、乙、丙、丁中的某一个人所为。审讯中，甲说："我不是罪犯。"乙说："丁是罪犯。"丙说："乙是罪犯。"丁说："我不是罪犯。"经调查证实四人中只有一个人说的是真话。问谁是真正的罪犯？

1. 问题分析

这类逻辑推理题通用的解法是先假设一个人讲的是真话，然后在此基础上推导，如果推导出矛盾，则说明原假设为假；否则说明原假设为真。

假设甲说的为真，由此推导出：甲肯定不是罪犯；乙说的是假话，则丁不是罪犯；丙说的是假话，则乙不是罪犯；丁说的是假话，则丁是罪犯；这样就推出了矛盾，说明甲说的是假话。那么甲一定是罪犯，其他人都不是罪犯，上述的讲话只有丁说的是真话。

2. 答案

甲是罪犯。

【面试题 3】王教授的生日

王教授的生日是 m 月 n 日，小明和小张是王教授的学生，二人都知道王教授的生日为下列 10 组日期中的一天。王教授把 m 值告诉了小明，把 n 值告诉了小张。王教授开始问他们是否猜出了自己的生日是哪一天。小明说：我不知道，但是小张肯定也不知道；小张说：本来我不知道，但是现在我知道了；小明说：哦，原来如此，我也知道了。你能根据小明和小张的对话及下列的 10 组日期推算出王教授的生日是哪一天吗？

3 月 4 日　3 月 5 日　3 月 8 日
6 月 4 日　6 月 7 日
9 月 1 日　9 月 5 日
12 月 1 日　12 月 2 日　12 月 8 日

1. 问题分析

已知王教授告诉了小明自己生日的月份 m，告诉了小张自己生日的日期 n，又知王教授的生日为上述 10 个日期中的一个，这样小明和小张的对话中每一句都能给予对方及我们一些新的信息。下面来推理一下：

首先小明说"我不知道王教授的生日，但我肯定小张也不知道"。小明为什么如此肯定小张也不知道呢？这说明小明知道的 m 月份值一定不是 6 月或 12 月。倘若 m 的值为 6，小明就无法确定小张拿到的 n 值是否是 7，也就不能断定小张也不知道了。如果小张拿到的 n 值为 7，则小张可直接猜出王教授的生日，因为 7 日在上述的 10 个日期中是唯一的。同理 m 的值也不可能为 12，因为 2 日在上述 10 个日期中也是唯一的。这样答案的范围缩小至：

3 月 4 日　3 月 5 日　3 月 8 日
9 月 1 日　9 月 5 日

然后小张说"我本来不知道，但现在知道了"，为什么小张现在知道了呢？因为上述推理得出的结论（m 月份值一定不是 6 月或 12 月）小张同样也知道了。在此基础上小张结合自己手中的 n 值推出了最终的答案。那么小张的这句话可以给我们及小明什么信息呢？小张的这句话说明王教授的生日的日期 n 值肯定不是 5。如果王教授的生日日期 n 值为 5，因为 3 月份和 9

月份的日期列表中都有 5 日这一天，而小张又不知道小明手中的 m 值，所以他不能确切地说出王教授的生日。这样可以推导出 n 的值只可能是 4、8、1 中的一个。于是答案的范围缩小至：

3 月 4 日　　3 月 8 日

9 月 1 日

然后小明说"我也知道了"。为什么小明也知道了呢？因为小明同我们一样，也推导出了 n 的值只可能是 4、8、1 中的一个，而 m 值小明是知道的，于是小明很容易得到答案。那么小明的这句话给了我们什么信息呢？我们可以推导出王教授的生日一定不在 3 月。因为如果王教授的生日在 3 月，那么小明是无法从 3 月 4 日和 3 月 8 日中得出最终结论的。因此王教授的生日必在 9 月。于是可以推导出王教授的生日是 9 月 1 日。

在解此题时要注意从小明和小张的每一句话中推导出的信息不仅是提供给我们的，还是提供给说话的对方的。因此在对每一句话进行逻辑推理时，不但要关注本句话的内容，还要以前面推导出的结论作为本次推导的前提，即假设此人在说这句话时已经从上一句话的内容中推导出了必要的信息。

2．答案

王教授的生日是 9 月 1 日。

【面试题 4】　是谁闯的祸

甲、乙、丙、丁小朋友在踢球，不小心把邻居家的玻璃打碎了。甲说："是乙不小心闯的祸"；乙说："是丙闯的祸"；丙说："乙说的不是实话"；丁说："反正不是我闯的祸"。四人中只有一人说了实话，说实话的人是谁？是谁闯了祸？

1．问题分析

假设甲说的是实话，则玻璃是乙打碎的，乙、丙、丁说的都是假话。但是丙说"乙说的不是实话"，这句话的反语是"乙说的是真话"，这与"乙、丙、丁说的都是假话"的推论相矛盾。因此甲说的是假话。

假设乙说的是实话，则玻璃是丙打碎的，甲、丙、丁说的都是假话。但是丁说"反正不是我闯的祸"，这句话的反语是"玻璃是我（丁）打碎的"，这与推论"玻璃是丙打碎的"相矛盾。因此乙说的是假话。

假设丙说的是实话，则甲、乙、丁说的都是假话。可以推导出玻璃是丁打碎的。

假设丁说的是实话，则甲、乙、丙说的都是假话。但是丙说"乙说的不是实话"，这句话的反语是"乙说的是真话"，这与"甲、乙、丙说的都是假话"相矛盾。因此丁说的是假话。

因此丙说了实话，打碎玻璃的人是丁。

2．答案

丙说了实话，打碎玻璃的人是丁。

【面试题 5】　会哪国语言

甲乙丙丁四人闲聊，他们用中、英、法、日四国语言对话。现在已知：①甲、乙、丙各会两种语言，丁只会一种语言；②有一种语言四人中有三人都会；③甲会日语，丁不会日语，乙不会英语；④甲与丙、丙与丁不能直接交谈，乙与丙可以直接交谈；⑤没有人既会日语，又会法语。请问甲乙丙丁四人各会什么语言？

1．问题分析

遇到这类已知条件较多的逻辑推理题，不妨用一个表格来做出判断。只要用"√"和"X"填满了表 9-1 就解决了此题。

表 9-1　推导结论表（1）

	中　文	英　文	法　文	日　文
甲	—	—	—	—
乙	—	—	—	—
丙	—	—	—	—
丁	—	—	—	—

通过已知条件 A、B、C、D、E 的字面叙述，可以得出初步的推论结果，见表 9-2。

表 9-2　推导结论表（2）

	中　文	英　文	法　文	日　文
甲	—	—	—	√
乙	—	X	—	—
丙	—	—	—	—
丁	—	—	—	X

然后借助表 9-3 进一步分析已知条件的内在逻辑关系，将推导出的结果继续填入表中。

从④中可知甲与丙、丙与丁不能直接交谈，又从表 9-2 中得知甲会日语，因此可以断定丙不会日语。从⑤中可知没有人既会日语又会法语，因此可以断定甲不会法语。这样又可以得到一些新的信息，离最终的答案又进了一步，见表 9-3。

表 9-3　推导结论表（3）

	中　文	英　文	法　文	日　文
甲	—	—	X	√
乙	—	X	—	—
丙	—	—	—	X
丁	—	—	—	X

由条件②可知有一种语言四人中三人都会，考虑到表 9-3 的状态，这种语言一定不是日语。假设这种语言是英文，那么甲丙就可以直接对话了，这与条件④产生矛盾，因此假设错误。假设这种语言是法文，那么丙丁就可以直接对话了，这与条件④产生矛盾，因此假设错误。那么这种语言一定是中文，且只可能是甲乙丁同时会中文，见表 9-4。

表 9-4　推导结论表（4）

	中　文	英　文	法　文	日　文
甲	√	—	X	√
乙	√	X	—	—
丙	X	—	—	X
丁	√	—	—	X

因为甲乙丙各会两种语言，丁只会一种语言，因此可以推导出甲不会英文，丁只会中文，丙既会英文也会法文，见表 9-5。

表 9-5　推导结论表（5）

	中　文	英　文	法　文	日　文
甲	√	X	X	√
乙		X	—	—
丙	X	√	√	X
丁	√	X	X	X

下面就只要确定乙会哪两种语言。因为乙可以与丙直接交谈，所以乙还应当会法语，而不会日语。这样推导出的结论见表 9-6。

表 9-6　推导结论表（6）

	中　文	英　文	法　文	日　文
甲	√	X	X	√
乙		X		X
丙	X	√	√	X
丁	√	X	X	X

2. 答案

甲会中文和日文，乙会中文和法文，丙会英文和法文，丁只会中文。

【面试题 6】如何拿水果

有三箱水果分别是苹果、橘子、苹果和橘子的混合。三个箱子都贴上了标签，但是所有的标签都贴错了。现在要求只拿出一个水果就可以判断三只箱子分别装了什么水果，请问如何拿这个水果？

1. 问题分析

拿水果的方法无外乎有三种：①从贴有苹果标签的箱子里取一个水果；②从贴有橘子标签的箱子里取一个水果；③从贴有苹果和橘子混合标签的箱子里取一个水果。下面判断一下哪一种方法是可行的。

第一种方法，从贴有苹果标签的箱子里取一个水果。已知该箱的标签贴错，那么该箱中一定不是只放苹果，它有可能是橘子，或是苹果和橘子的混合。如果从该箱中取出了苹果，则说明该箱水果为苹果和橘子的混合。那么剩下的两箱水果中贴有橘子标签的一定是苹果，贴有混合标签的一定是橘子。但是如果一开始从该箱中取出了橘子，就无法断定该箱中存放的水果是橘子还是苹果和橘了的混合。因此采用这种方法取水果不能保证准确判断出哪个箱子放了哪种水果。

第二种方法，从贴有橘子标签的箱子中取一个水果。这种做法与第一种方法存在同样的问题，读者可以自己分析一下。

第三种方法，从贴有苹果和橘子混合标签的箱子里取一个水果。首先断定该箱中肯定只放了一种水果，要么是苹果，要么是橘子。如果取出的是苹果，则该箱中一定只放了苹果。剩下的两箱中贴有苹果标签的一定是橘子，贴有橘子标签的一定是苹果和橘子的混合。如果取出的是橘子，则该箱中一定只放了橘子。剩下的两箱中贴有苹果标签的一定是苹果和橘子的混合，贴有橘子标签的一定是苹果。

2. 答案

从贴有橘子和苹果混合的标签的箱子中取一个水果。

【面试题 7】海盗分赃

5 个海盗抢到了 100 枚金币，每枚金币的价值都相等。经过大家协商，他们定下了如下的分配原则：第一步，抽签决定自己的编号（1，2，3，4，5）；第二步，由 1 号海盗提出自己的分配方案，然后 5 个海盗投票表决，只有超过半数的选票通过才能采取该方案，但是一旦少于半数通过选票，该海盗将被投入大海喂鲨鱼；第三步，如果 1 号死了，再由 2 号海盗提出自己的分配方案，然后 4 个海盗投票表决，只有超过半数的选票通过才能采取该方案，但是一旦少于半数选票通过，该海盗将被投入大海喂鲨鱼，以此类推。已知海盗们都足够聪明，他们会选择保全性命同时使自己利益最大化（拿到金币尽量多，杀掉尽量多的其他海盗以防后患）的方案，请问最终海盗是如何分配金币的？

1. 问题分析

本题是一道经典的逻辑推理题，解决本题的方法是从后向前推理。下面描述一下推理的过程：

1）假设 1、2、3 号海盗都死了，只剩下 4 号和 5 号海盗，那么无论 4 号提出怎样的分配方案（哪怕是将金币全给 5 号），5 号海盗都会投反对票，只有这样 5 号海盗才能取得最多的金币同时杀人最多。因此聪明的 4 号海盗决不会否决 3 号海盗的提议，因为只有这样他才能保全性命。

2）3 号海盗也推算出 4 号一定支持他，因此如果 1 号 2 号海盗全死了，他提出的方案一定是（100，0，0），即自己独占 100 枚金币。这样即便 5 号海盗不同意，自己和 4 号海盗也一定同意。

3）2 号海盗也已推算出 3 号海盗分配方案，为了笼络 4 号海盗和 5 号海盗，他一定会提出（98，0，1，1）的方案，因为这样做 4 号和 5 号海盗至少可以得到一枚金币，他们都会支持 2 号海盗的方案，这样 2 号海盗得到的票数就过半了。如果 4 号和 5 号海盗不支持 2 号海盗的方案，他们甚至连 1 枚金币都得不到。

4）1 号海盗也料到以上的情况，为了拉拢至少 2 名海盗的支持，他会提出（97，0，1，2，0）或者（97，0，1，0，2）的方案。这样 3 号海盗一定会支持他，因为不然他就可能得不到金币（倘若 1 号海盗死了）。给 4 号或者 5 号海盗 2 枚金币是因为按照 2 号海盗的分配方案他们最多得到 1 枚金币，因此给他们其中 1 人 2 枚金币就一定能够得到该海盗的支持。这种分配方案可以保证 1 号海盗至少获得 3 张选票。

因此最终 1 号海盗会提出（97，0，1，0，2）的分配方案。2、3、4、5 号海盗虽然心有不甘但也无可奈何。

本题的推理过程是优先考虑简化的极端情况，从后向前依次递推，最终得到答案。

2. 答案

最终 1 号海盗会提出（97，0，1，0，2）的分配方案。

【面试题 8】小镇上的四个朋友

四个好朋友住在小镇上，他们的名字叫柯克、米勒、史密斯和卡特。他们各有不同职业：一个是警察，一个是木匠，一个是农民，一个是大夫。有一天，柯克之子腿断了，柯克带他去见大夫；大夫的妹妹是史密斯的妻子；农民尚未结婚，他养了许多母鸡；米勒常在农民那里买鸡蛋，警察和史密斯是邻居。请根据以上的叙述分析他们四个人的职业各是什么？

1. 问题分析

使用表格作为工具帮助推理。因为柯克带儿子去看病，显然柯克不是大夫；因为大夫的妹妹是史密斯的妻子，所以史密斯不是大夫；因为农民尚未结婚，所以史密斯不是农民，柯克也不是农民（因为他已结婚）；因为米勒常在农民那里买鸡蛋，所以米勒不是农民；警察和史密斯是邻居，因此史密斯不是警察。根据上述已知条件，推理出以下结论，见表 9-7。

表 9-7　推导结论表（1）

	警　察	木　匠	农　民	大　夫
柯克			X	X
米勒			X	
史密斯	X		X	X
卡特				

显然史密斯是木匠，这样又可得到第二张推导结论表，见表 9-8。

表 9-8　推导结论表（2）

	警　察	木　匠	农　民	大　夫
柯克		X	X	
米勒		X	X	
史密斯	X	√	X	X
卡特		X		

显然柯克是警察，这样又可得到第三张推导结论表，见表 9-9。

表 9-9　推导结论表（3）

	警　察	木　匠	农　民	大　夫
柯克	√	X	X	X
米勒	X	X	X	
史密斯	X	√	X	X
卡特	X	X		

显然米勒是大夫，而卡特是农民。这样可以得到最终的推论结果，见表 9-10。

表 9-10　推导结论表（4）

	警　察	木　匠	农　民	大　夫
柯克	√	X	X	X
米勒	X	X	X	√
史密斯	X	√	X	X
卡特	X	X	√	X

2. 答案

柯克是警察，米勒是大夫，史密斯是木匠，卡特是农民。

【面试题 9】说谎岛

在大西洋的"说谎岛"上有 X 和 Y 两个部落。X 部落的人总说真话，Y 部落的人总说假话。有一天一个旅行者迷路了,恰好遇到一个土著人 A。旅行者问:"你是哪个部落的人?"A 回答:"我是 X 部落的人。"旅行者相信了 A 的回答,请他做向导。他们在旅途中看到另一位 土著人 B,旅行者请 A 去问 B 是属于哪一个部落的,A 回来说:"B 说他是 X 部落的人。"旅 行者有些茫然,她问同行的伙伴:"A 到底是 X 部落的人还是 Y 部落的人呢?"伙伴说:"A 是 X 部落的人",伙伴的判断是正确的,请问为什么伙伴这么说?

1. 问题分析

可以先假设 A 是来自 X 部落的人,然后以此为基础推导出相关结论;再假设 A 是来自 Y 部落 的人,然后以此为基础推导出相关结论;最后根据已知条件来分析为什么 A 就是来自 X 部落的。

假设 A 是来自 X 部落,那么 A 说的话都是真话。当 A 去询问 B 时,如果 B 是来自 X 部落 的,则 B 如实地告诉 A 自己是来自 X 部落的,这样 A 会传达给旅行者:B 来自 X 部落;当 A 去询问 B 时,如果 B 是来自 Y 部落的,则 B 一定说假话,那么 B 肯定会说自己是来自 X 部落 的,这样 A 会传达给旅行者:B 来自 X 部落。也就是说,如果 A 是来自 X 部落的,那么 A 传 达给旅行者的消息总会是:B 来自 X 部落。

再来看看如果 A 是来自 Y 部落的情况。

假设 A 是来自 Y 部落的,那么 A 说的话都是假话,A 一定告诉旅行者自己是来自 X 部落 的。当 A 去询问 B 时,如果 B 是来自 X 部落的,则 B 如实地告诉 A 自己是来自 X 部落的,而 A 会传达给旅行者:B 是来自 Y 部落的;当 A 去询问 B 时,如果 B 是来自 Y 部落的,则 B 一 定说假话,那么 B 肯定会说自己是来自 X 部落的,而 A 会传达给旅行者:B 是来自 Y 部落的。 也就是说,如果 A 是来自 Y 部落的,那么 A 传达给旅行者的消息总会是:B 来自 Y 部落。

因为 A 最终告诉旅行者的是:B 是来自 X 部落的,所以根据以上的分析可以断言 A 是来 自 X 部落的。

2. 答案

见分析。

【面试题 10】 丈夫是小偷

村子里有 100 对夫妻,其中每个丈夫都是小偷。村里的每个妻子都能立即发现除自己丈夫 之外的其他男人是小偷,唯独不知道她自己的丈夫到底是不是小偷。村里的规矩不容忍偷盗。 任何一个妻子,一旦能证明自己的丈夫是小偷,就必须当晚把他杀死。村里的女人全都严格照 此规矩办事。一天,女头领出来宣布,村里至少有一个丈夫是小偷。请问接下来会发生什么 么事?

1. 问题分析

这是一道非常经典而有趣的逻辑推理题,也是很多大公司热衷考查的题目,要真正理解本 题的结论是有一定难度的。下面来仔细分析一下本题的解题思路。

虽然我们已经知道村子里有 100 个丈夫都是小偷,但是对于每个妻子来说她们最开始并不 清楚这一点,所以我们应当站在妻子的视角来思考这个问题。

假设村子里只有一个丈夫是小偷,当女头领宣布"至少有一个丈夫是小偷"后,这个小 偷的妻子马上就能知道自己的丈夫就是小偷了。这是显而易见的,因为她可以立即看到其他的 丈夫都不是小偷,而女头领说村里又有小偷,那么这个小偷一定就是自己的丈夫,所以当晚 该妻子一定会杀死自己的丈夫。

假设村子里有两个丈夫是小偷,当女头领宣布"至少有一个丈夫是小偷"后,一个小偷 的妻子最初只能看到另一个小偷丈夫,而看不到自己的丈夫也是小偷。所以第一天她们都不能判断自己的丈夫是不是小偷。但是一天后，如果村子里的丈夫都没有被杀，那么这两个小偷的妻子就能断定自己的丈夫是小偷了，为什么呢？刚才已经分析过了，如果村子里只有一个小偷，那么这个小偷当晚一定被妻子杀掉，而之所以第二天发现村子里没有丈夫被杀掉，那是因为村子里不止有一个小偷。而此时对于这两个小偷的妻子来说，在她们眼里只能看到一个小偷，就是对方的丈夫，那么另一个小偷就只可能是自己的丈夫了。

按照这个逻辑递推下去，如果村子里 100 个丈夫都是小偷，那么前 99 天村子里会平淡如初，什么事情也不发生，但是到了第 100 天，所有的妻子都会在晚上杀死自己的丈夫，因为她们可以断定自己的丈夫一定就是小偷。

这个推理逻辑有些复杂，读者需要仔细领会。但是细心的读者可能会发现这样一个问题，女头领的话看起来并没有传达任何多余的信息，为什么会导致第 100 天所有丈夫都被杀的惨烈后果呢？的确，女头领说"村子里至少有一个丈夫是小偷"这句话其实大家是都知道的，因为所有妻子都能看到另外 99 个丈夫是否是小偷，即便她们不知道自己的丈夫也是小偷。那么女头领的话到底起了什么作用呢？其实女头领的话是让大家知道了"村子里有小偷"这件事。也就是说，如果女头领不说出"村子里至少有一个丈夫是小偷"这句话，每个人可能都知道村子里有小偷，但是却不一定知道其他的妻子是否知道村子里有小偷，而女头领的公开宣告使得这件事从一个共有知识转化成一个公共知识。而前面的逻辑推理都是建构在"村子里有小偷"是一个公共知识的前提下的，所以女头领的话在这里起到了关键的作用。

2. 答案

见分析。

第二部分 面试笔试技术篇

第 10 章 Java 基础

Java 语言是目前最为热门的一种计算机高级语言，其使用率也伴随着互联网行业不断发展的浪潮而不断攀升。Java 基本概念是学习和使用 Java 进行程序开发的基础，所以在各大公司的笔试和面试中都少不了要考查 Java 基本概念。

本章围绕着 Java 的基本概念对一些经典的常见的面试题进行讲解。希望通过对本章的学习可以使读者夯实基础，并对 Java 有更加全面的了解。

10.1 Java 的跨平台机制

10.1.1 知识点梳理

知识点梳理的教学视频请扫描二维码 10-1 获取。

在计算机语言中，高级语言按照程序的执行方式可分为两大类：

二维码 10-1

- 编译型语言
- 解释型语言

所谓编译型语言是指使用专门的编译器，针对特定的操作系统（例如 Windows、Linux）将高级语言的源代码一次性编译成可被硬件平台执行的机器码的高级语言。例如我们熟悉的 C、C++语言都是编译型语言。

编译型语言可以一次编译成平台可识别的机器码，因此它可以脱离开发环境独立运行，并且执行效率较高，这是编译型语言的优点。但也正因为编译型语言是将高级代码源程序直接编译成特定平台的机器码，所以编译生成的可执行程序一般无法移植到其他平台上运行。

为了解决编译型语言的可执行程序无法移植到其他平台的这种局限，人们又发明了与之对应的解释型语言。解释型语言是通过专门的解析器对源程序逐行解释成特定平台的机器码然后再执行的高级语言。Java 语言就是典型的解释型语言，除此之外，Python、Ruby 等也是解释型语言。如图 10-1 所示为编译型语言和解释型语言的编译执行原理。

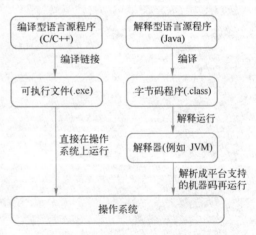

图 10-1 编译型语言和解释型语言的编译执行原理

由于每次执行解释型语言时都需要用解释器将源程序解释成平台可识别的机器码，所以解释型语言的程序运行效率较低，而且解释型语言不可能脱离解释器独立运行。但也正是由于解释型语言的执行需要解释器的参与，所以它可以实现跨平台运行。同一套代码源程序，只要具备特定平台的解释器，就可以在该平台上运行。这个解释器的作用就是将源程序解释成该平台可执行的机器指令。

Java 语言是一种解释型语言。编译器首先会把 Java 源程序编译成后缀名为 .class 的中间文件，然后在 Java 虚拟机（JVM）上解释执行。因此只要装有 JVM 的平台（无论是 Windows 还是 Linux）就可以解释执行该 .class 文件。所以 Java 语言也是一种平台无关性的高级语言。

10.1.2　经典面试题解析

【面试题 1】Java 语言的优势

请简述 Java 语言相比其他高级语言有哪些优势。

1. 考查的知识点

❑ Java 语言的优势

❑ Java 语言的跨平台特性

二维码 10-2

2. 问题分析

本题的教学视频请扫描二维码 10-2 获取。

首先，Java 语言是一种纯粹的面向对象的编程语言。这样就决定了 Java 语言更能直接客观地反映现实生活中的对象，因此 Java 语言更适合大型的复杂系统开发。

其次，Java 语言是一种平台无关的语言。在前面的知识点梳理中已经介绍了，Java 语言是一种解释型语言，它的执行需要解释器的参与，因此 Java 语言实现了跨平台机制，也就是说，同一套代码源程序，只要具备特定平台的解释器，就可以在该平台上运行。正是由于 Java 语言的平台无关性，使得 Java 语言真正做到了"一次编译，到处运行"，从而增强了软件的可移植性。

另外，Java 语言在开发复杂大型程序时具有相较于其他高级语言更加明显的优势，因为 Java 提供了很多功能丰富的内置类库，同时也提供了对 Web 应用开发的支持，所以可以简化开发人员的工作量，也有利于软件的模块化设计。

最后，Java 语言具有更高的安全性和健壮性。例如，Java 语言提供的强制类型机制、垃圾回收机制、异常处理机制和安全检查机制等，这些都使得应用 Java 语言开发出的软件具有更强的安全性和健壮性，因此 Java 语言在网络应用开发中被广泛使用。

3. 答案

总结起来，Java 相比其他高级语言具有以下优势。

从语言特性角度：Java 是纯粹的面向对象语言，更能直观地反映现实世界。

从平台无关性角度：Java 语言可以"一次编译，到处运行"，只要安装了特定平台的解释器的系统都可以解释执行 Java 程序。

从开发的角度：Java 提供了很多功能丰富的内置类库，更利于软件开发。

从安全性角度：Java 语言具有更高的安全性和健壮性。

【面试题 2】简述 Java 与 C++的相同点与不同点

1. 考查的知识点

❏ Java 与 C++的比较

❏ Java 语言的跨平台特性

2. 问题分析

Java 和 C++都是当下广泛应用的面向对象的程序设计语言，而且二者无论从语法还是编程风格上都有很多相似的地方。但同时 Java 和 C++又存在很大的差异。下面总结一下这两种语言的相同点和不同点。

（1）相同点

二者都是面向对象的语言，都使用面向对象的程序设计思想进行编程，都具有面向对象的基本特性（继承、封装、多态）。

（2）不同点

Java 与 C++也存在很大的差异，总结起来，Java 与 C++存在 4 大不同。

第一，Java 语言是纯粹的面向对象语言，而 C++不是。熟悉这两种编程语言的读者一定知道 Java 所有的代码实现必须在类中，所有的方法一定是在类中定义的方法，所有的变量或对象也必须定义在类中。因此 Java 中不存在全局变量或全局函数。而 C++则不一定是这样，为了兼容 C 语言面向过程的程序设计特性，C++允许在类外定义 main 函数并定义全局变量或全局函数。

第二，Java 是解释型语言，具有平台无关性，而 C++是编译型语言，是平台相关的。对于 Java 程序，编译器首先将源代码编译成字节码（class 文件），然后由 Java 虚拟机（JVM）解释执行。而对于 C++程序，源代码经过编译、链接过程后即可生成可执行文件（exe 文件），即机器可识别的二进制代码。所以 Java 语言的执行效率不如 C++语言（因为需要 JVM 解释执行），但 Java 语言具有更好的可移植性。

第三，Java 和 C++在技术细节上存在很多的差异，而这些差异也决定了 Java 语言具有更好的安全性，同时代码的可维护性更强，也更适合大型系统的开发。这些技术细节差异主要包括：

1）Java 没有指针的概念，避免了 C++中操作指针可能引起的系统问题（无效的指针引用等）。

2）Java 不支持多重继承，但可以实现多个接口，从而有效地避免了由于多重继承可能产生的二义性。同时 Java 中的类可以通过实现多个接口来达到与 C++中的多重继承相似的目的。

3）Java 不需要手动释放堆上分配的内存。因为 Java 语言提供了垃圾回收机制，所以不需要程序显式地管理内存的释放。这样可以最大限度地避免因为程序书写缺陷而导致的内存泄漏。

4）C++支持预处理，而 Java 不支持预处理，因此 Java 是纯粹的面向对象语言，C++还是带有 C 的影子。

5）C++支持运算符重载，而 Java 不支持运算符重载（有的书也认为除了 String 类重载了"+"运算符，Java 不支持其他运算符重载）。

6）C++支持自动强制类型转换，也就是说，C++中可将表示数值范围大的类型的数据通过赋值语句自动转换为表示数值范围小的类型，从而产生舍入误差。但是 Java 中是不允许的，要将表示数值范围大的类型的数据转换为表示数值范围小的类型，必须进行显式的强制类型转换。这样可以提高程序的安全性。

7）C++依然支持 goto 语言，Java 不支持 goto 语句，但是在 Java 中 goto 仍是保留字。

8）C++中依然存在结构和联合，而 Java 中已没有结构和联合。

第四，Java 提供了一些功能强大的标准库（例如，用于数据库访问的 JDBC 库、用于实现分布式对象的 RMI 库等），这样可以缩短项目开发周期，提高开发的效率。因此 Java 在一些大型系统的开发中更具有优势。

3. 答案

见分析。

10.2　Java 的数据类型

10.2.1　知识点梳理

知识点梳理的教学视频请扫描二维码 10-3 获取。

Java 语言是强类型（Strongly Typed）语言，也就是说，每个变量和每个表达式在编译时就会有一个确定的类型。所以类型在 Java 中是一个非常基础，也非常重要的概念。

二维码 10-3

1. 数据类型

总的来说，Java 语言支持的类型分为两种：一是基本数据类型，另一种是引用类型。

基本数据类型大家最为熟悉，包括 boolean 类型和数值类型，数值类型又可细分为 byte、short、int、long、char 类型以及 float 和 double 类型。

引用类型包括一般自定义的类型、接口以及数组类型等。所谓引用类型，实际上就是对一个对象的引用，它的本质还是一个指针。例如 Java 中的数组类型，它就是一个引用类型。当定义一个数组时

```
int[ ] array;
```

变量 array 实质上只是一个指针变量，它可以指向一个数组对象的实体，但是 array 本身并不是数组。所以只定义了数组还不能使用，还要对其进行初始化才行，例如：

```
array = new int[3];  //array 指向一个大小为 3 的整型数组
```

有关数组的问题在后面的小节中还会有详细的讨论。

再例如，自定义一个类型 Test

```
public class Test {
    public Test( ){ }
}
```

定义一个 Test 类型的变量

```
Test value;          //定义一个 Test 类型的变量,它只是一个指针变量
```

其实 value 本身只是一个指针变量，它并不是 Test 类的一个实体。要想创建 Test 类型的实体对象，还需要使用 new 运算符在堆内存上创建该类型的对象实例。

```
Test value = new Test();      //在堆内存上创建 Test 类型的对象实例
```

所以所谓引用类型，实际上就是除了上面所述几种基本类型之外的 Java 所支持的数据类型，它们的对象实例都必须在堆内存空间上动态创建，而该类型的变量本身只是一个指针变量（或者称为对象的引用）。

这里需要提醒一点的是，Java 语言虽然表面上取消了指针，但是实际上每个对象的实例都需要通过一个指针来引用它，否则该对象就是失去引用等待垃圾回收的对象了。引用类型声明的变量是一个对象的引用，其本质就是一个指向堆内存中对象实例的指针变量，只不过它不像 C++ 中指针那样需要使用 * 运算符，而更像是 C++ 中的引用。所以有句话说得好："Java 没有指针，但是 Java 处处都是指针"。

特别提示

从现在开始希望读者树立起 "Java 处处都是指针" 的概念。Java 中除了基本数据类型（byte、short、int、long、char、float、double、boolean）外其他都是引用类型，引用类型的变量是对象的引用，其本质是一个指针，引用类型的对象实例都是被创建在堆内存上的。

2. 数据转换

基本类型之间是可以进行类型转换的。具体来说，Java 语言提供的七种基本数据类型（除了 boolean 类型）之间可以相互转换，并且有两种类型转换方式：自动类型转换和强制类型转换。

表示数值范围小的类型可以向表示数值范围大的类型进行自动类型转换。例如，short 类型可自动转换为 int 类型，int 类型可以转换为 long 类型等。自动类型转换的规则如图 10-2 所示。

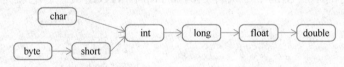

图 10-2　自动类型转换的规则

如图 10-2 所示，箭头左边的数值类型可以自动类型转换为箭头右边的数值类型。

自动类型转换的另一种形式是任何基本类型的值和字符串进行连接运算时，基本类型的数值都会自动转换成字符串。例如：

```
int val = 5;
System. out. println("val = " + val);
```

变量 val 是一个整型变量，且初始值为 5，然后通过 System. out. println 在屏幕上输出 val 的值。参数中 "val =" 是一个字符串常量，而 val 是一个整型变量，将它们俩用 "+" 进行连接运算时 val 会自动转换为字符串，所以两者拼接在一起构成字符串 "val = 5"。

如果希望把图 10-2 中箭头右边的类型转换为箭头左边的类型，则需要进行强制类型转换。强制类型转换需要通过括号运算符() 来实现。例如：

```
int a = 1;
byte b;
```

```
b = (byte)a;
```

变量 a 是 int 型的，变量 b 是 byte 类型的，要将 a 赋值给 b 则需要强制类型转换，通过 (byte) a 将变量 a 的类型 int 强制转换为变量 b 的类型 byte。

由于强制类型转换是将范围较大的类型数值赋值给范围较小的类型变量，所以可能存在舍入误差，因此强制类型转换也被称为缩小转换（Narrow Conversation）。

3. 表达式类型的自动提升

当一个算术表达式中包含多个基本类型的数值时，整个算术表达式的数据类型将发生自动提升，其自动提升的原则是：

1）byte、short、char 类型被提升到 int 类型。

2）整个算术表达式的数据类型自动提升到与该表达式中最高等级操作数同样的类型。

这里面有一个表达式等级的概念，可以参考图 10-2 所示的表述，箭头左边的类型等级低于箭头右边的类型等级。

10.2.2　经典面试题解析

【面试题 1】简述不同数据类型之间的转换规则

1. 考查的知识点

❑ Java 数据类型转换

2. 问题分析

在前面的知识点梳理中已经详细介绍了 Java 的数据类型以及类型之间的转换。这里再详细总结一下。

Java 的数据类型转换可分为两类：自动类型转换和强制类型转换。

（1）自动类型转换

它是将低级数据类型自动转换为高级数据类型的一种方式。如图 10-2 所示，箭头左边的数值类型可以自动类型转换为箭头右边的数值类型。当进行自动数据类型转换时，有以下几点需要注意：

1）char 类型的数据转换为高级类型（int、long 等）时，会将其转换为对应的 ASCII 码。例如：

```
char a = 'A';
int b = a;    //自动类型转换 char→int
System. out. println(b);
```

这段代码的输出结果是字符'A'的 ASCII 码 65。

2）基本数据类型与 boolean 类型不能相互转换。

3）任何基本类型的值和字符串进行连接运算时，基本类型的数值都会自动转换成字符串。

4）当使用扩展赋值运算符例如 "+="时不会产生自动类型转换（后面的题目会涉及这个问题）。

（2）强制类型转换

它是将高级数据类型转换为低级数据类型的一种方式。如果希望把图 10-2 中箭头右边的类型转换为箭头左边的类型，则需要进行强制类型转换。需要注意的是，由于强制类型转换是将范围较大的类型数值赋值给范围较小的类型变量，所以可能会损失精度。例如：

```
short a = 128;
byte b = (byte)a;
System. out. println(b);
```

上面这段代码的输出结果是-128 而不是 128，这是因为 short 类型占两个字节长度，所以变量 a 对应的二进制码为 0000 0000 1000 0000，然而将其强制转换为 byte 类型后，由于 byte 类型占一个字节长度，所以只截取低字节 1000 0000，而舍去了高字节 0000 0000。二进制码 1000 0000 是-128 的补码，因此输出 b 的值为-128。

3. 答案

见分析。

【面试题 2】 判断下面赋值语句是否正确

short s1 = 1; s1 = s1 + 1; 有错误吗？short s1 = 1; s1 += 1; 有错误吗？

1. 考查的知识点

❑ 表达式类型的自动提升

❑ 扩展赋值运算符

2. 问题分析

本题的教学视频请扫描二维码 10-4 获取。

二维码 10-4

从前面的知识点梳理中可以知道，当一个算术表达式中包含多个基本类型的数值时，整个算术表达式的数据类型将发生自动提升（自动类型转换）。在算术表达式 s1 = s1 + 1; 中变量 s1 是 short 类型，而常量 1 是 int 类型，所以 s1 + 1 的运算结果会被提升到 int 类型。也就是说，把 s1 + 1 的结果赋值给变量 s1 实际上是将一个 int 类型的值赋值给一个 short 类型的变量，这显然需要强制类型转换，所以需要加上强制类型转换的运算符（short），即 s1 = (short)(s1 + 1); 才能进行赋值操作。故编译器将会报告需要强制转换类型的错误。

第二条语句 short s1 = 1; s1 += 1; 可以正常编译运行。在上一题中已经提到：当使用扩展赋值运算符 "+=" 时不会产生自动类型转换，虽然 x += y; 逻辑上相当于 x = x + y;，但是其底层运行机制还是存在一定差异的。具体来说，这里 s1 += 1; 等价于 s1 = (short)(s1 + 1);，这里面隐含地包含了强制类型转换，而不是将整个表达式自动提升到 int 类型（那样会引发编译错误）。

3. 答案

short s1 = 1; s1 = s1 + 1; 有错误，s1 + 1 的运算结果会被提升到 int 类型，因此编译器将会报告需要强制转换类型的错误。

short s1 = 1; s1 += 1; 可以正常编译运行，因为使用扩展赋值运算符 "+=" 时隐含地进行了强制类型转换。

【面试题 3】 char 型变量中能否存储一个中文汉字？为什么？

1. 考查的知识点

❑ char 数据类型

2. 问题分析

在 Java 中 char 类型的变量占用两个字节大小的空间，因此 char 类型的数值范围是 0~65535。

同时，在 Java 中使用 16 位的 Unicode 编码集作为编码方式。Unicode 编码覆盖了世界上所有书面语言的字符，因此 Java 是支持各种语言字符的。所以 char 类型变量中可以存储一个中文汉字。当然有些偏僻的汉字可能不包含在 Unicode 编码字符集中，这样的汉字是不能存储在 char 类型的变量中的。

3. 答案

由于 char 类型的变量占用两个字节大小的空间，所以可以存储一个中文汉字。

拓展性思考

——Java 中的 char 类型与字符常量

Java 中 char 类型变量一般用来存储字符常量。由于 Java 中使用 16 位的 Unicode 编码格式作为编码方式，所以一个字符都占用两个字节大小空间。

在 Java 中字符型常量大体上有三种表示形式：

1）使用单个的字符形式来指定字符常量，例如，'A'、'b'、'5'等。

2）通过转义字符表示特殊的字符常量，例如，'\n'、'\t'等。

3）直接使用 Unicode 字符集的数值来表示字符常量，它的格式是'\uXXXX'，其中 XXXX 表示一个十六进制整数，例如，'\u116c'等。

上述这些字符常量都可以赋值给 char 型变量。

下面通过一段程序来理解 char 类型变量：

```java
public class Test{
    public static void main(String[] args) {
        char c1 = 'a';
        char c2 = '\r';
        char c3 = '\u9999';

        System. out. println(c1);
        System. out. println(c2);
        System. out. println(c3);
    }
}
```

程序中定义了三个 char 型的变量 c1、c2、c3，并分别给它们赋初值，然后在屏幕上输出这三个 char 型变量的内容。

变量 c1 被赋值为字符常量'a'，所以在屏幕上就直接显示出字符'a'；

变量 c2 被赋值为转义字符'\r'，它表示回车符，所以在屏幕上显示出一个回车符；

变量 c3 被赋值为'\u9999'，它表示 Unicode 字符集的数值 0x9999，对应的是中文汉字'香'，所以在屏幕上显示出汉字'香'。

上述代码的运行结果如图 10-3 所示。

图 10-3 程序的
运行结果 1

【面试题 4】简述什么是不可变类，编程实现一个不可变类

1. 考查的知识点

❑ 不可变类的概念

❑ 不可变类的实现

2. 问题分析

本题的教学视频请扫描二维码 10-5 获取。

所谓不可变类（Immutable Class）是指创建了该类的实例后，该实例的值在其整个生命周期中都不能被修改。这里要注意一点的是，所谓该实例的值不能被修改，更确切地讲是指该实例中所包含的成员的值不能被修改，也就是该实例的内容不能被修改。所以不可变类的实例类似于常量，它只允许程序对其读取，不允许程序对其修改。

二维码 10-5

一个典型的不可变类的例子就是 String 类型，在 Java 程序中一旦创建了 String 类型的实例，也就是一个字符串，该字符串的内容就无法修改了。例如下面这段程序：

```
String str = "Hello Java";
str = "Hello World";
```

这里变量 str 只是一个指向字符串类型对象的引用，最开始 str 指向的是字符串" Hello Java"，然后将字符串"Hello World"赋值给 str，其实就是使 str 指向了字符串"Hello World"而不再指向字符串"Hello Java"。这并不是字符串内容发生了改变，而是引用变量 str 指向的内容发生了改变，这一点应当格外注意。关于字符串类型的内容，在后续小节中会有详细介绍。

在 Java 中除了字符串类型外，还有许多不可变类，例如，基本类型的包装类 integer、float、boolean 等都属于不可变类。

不可变类有什么优点呢？最大的优点就是不可变类可以解决线程同步安全的问题。在多线程环境下，一个不可变类的实例是无法被修改的，这样就避免了"一个线程正在更新数据而另一个线程正在读取数据"的尴尬局面的发生。其次，不可变类用起来简单方便，易于构造、使用和测试，这些都是不可变类的优点。但是不可变类也存在一些缺点，因为不可变类会因值的不同或属性的改变而产生新的对象实例，所以会带来对象创建的系统开销。

如何创建一个不可变类呢？只要遵循以下五条原则便可以创建一个不可变类。

1）类定义为 final 或者把类中的方法定义为 final，以保证该类不能被继承和被子类覆盖。

2）确保所有变量都被 private 所修饰，以保证不被外部访问。

3）不提供改变成员变量的方法，例如，setXXX 等方法。

4）对于类中的非不可变类成员，在使用 getXXX 方法返回该值时，不要直接返回该成员对象本身，而是 clone 该对象并返回对象的拷贝，以保证解除引用关系。基本数据类型成员除外。

5）通过构造器初始化所有成员，对于非不可变类的成员（一般为引用类型的成员），要通过深拷贝的方法对其初始化，而不能仅做简单的赋值。

下面通过一个具体的实例来理解如何创建一个不可变类：

```
publicfinal class ImmutableClass {            //类定义为 final
    private int[] array;                      //成员变量是 private 访问权限,不能被外部访问
    public ImmutableClass(int[] array) {
        this.array = array.clone();           //构造方法采用深拷贝
    }
    public int[] getArray() {
        return array.clone();                 //get 方法返回 clone 的成员对象,且不提供 set 方法
    }
```

```java
public static void main(String[] args) {
    int[] array1 = new int[6];
    for (int i=0; i<6; i++) {
        array1[i] = i;
    }
    ImmutableClass instance = new ImmutableClass(array1);
    array1[0] = 100;
    int[] array2 = instance.getArray();
    for (int i=0; i<6; i++) {
        System.out.println(array2[i]);
    }
    array2[0] = 100;
    int[] array3 = instance.getArray();
    for (int i=0; i<6; i++) {
        System.out.println(array3[i]);
    }
}
}
```

上面这段代码中定义了一个不可变类 ImmutableClass，并通过一个测试的 main 函数来检验这个不可变类的实例是否真的不可修改。虽然这个类很简单，但是它具备了不可变类的全部特点。首先这个类被定义为 final，因此该类不能被继承。其次，该类中的唯一成员变量数组 array 被声明为 private，这样外部就不能访问和修改该变量。第三，该类中只有 get 方法而没有 set 方法，这就保证了不能从类的外部通过 set 方法修改类中的成员变量。第四，getArray() 方法返回数组成员的 clone 对象，这样便可以解除返回的成员变量的引用关系，外部即使修改了返回的 array，也不会改到该对象实例中的成员 array。第五，该类的构造方法采用的是深拷贝，由于成员变量是整型数组，所以这里使用 clone 方法将形参数组进行拷贝后再复制给成员变量 array，这样 array 指向的数组就是堆上的一个新的数组实例，而不是形参指向的那个数组实例，从而解除了引用关系，也避免了数组内容被外部修改。

在 main 方法中，首先创建了一个包含 6 个整数的数组 array1 并对该数组初始化为 0~5，然后使用 array1 初始化一个 ImmutableClass 类的实例 instance，再将 array1[0] 赋值为 100。最后调用 instance 的方法 getArray() 获取该实例中的数组并用 array2 指向该数组，将数组 array2 中的内容输出。由于在 instance 初始化时采用的是深拷贝，所以数组 array1 和 instance 对象的成员并不指向同一个数组，这样即使在 main 函数中将 array1[0] 赋值为 100，也不会改到 instance 对象的成员数组。所以 array2 的内容仍然是 0~5。接下来将 array2[0] 赋值为 100，然后调用 instance 的方法 getArray() 获取该实例中的数组并用 array3 指向该数组，将数组 array3 中的内容输出。由于 getArray() 返回的是成员数组的 clone，所以返回的数组与 instance 对象的成员并不是同一个数组，即 array2 和 instance 对象的成员并不指向同一个数组，所以即使在 main 函数中将 array2[0] 赋值为 100，也不会改到 instance 对象的成员数组，因此 array3 的内容仍然是 0~5。

3. 答案

见分析。

【面试题 5】 程序改错

下面这段程序有错误吗？如有错误请修改，并写出该程序的运行结果。

```java
public class Test{
    public static void main(String[] args) {
        short i = 3;
        short j = i + i;
        short k = i + 1;
        double a = 25 / 2;
        System.out.println("j = " + j);
        System.out.println("k = " + k);
        System.out.println("a = " + a);
    }
}
```

1. 考查的知识点

❏ 表达式类型的自动提升

2. 问题分析

很容易看出表达式 short k = i + 1; 是有误的，因为常量 1 是 int 类型，所以表达式 i+1 的运算结果会被提升到 int 类型，而变量 k 是 short 类型，故需要进行强制类型转换。正确的写法是：

```java
short k = (short)(i + 1);
```

或者将变量 k 定义成 int 类型：

```java
int k = i + 1;
```

但是容易误解的一点是表达式 short j = i + i; 其实也是错误的。在前面的知识点梳理中已经讲到，表达式自动提升时 byte、short、char 类型被提升到 int 类型。所以虽然变量 i 是 short 类型，但是在表达式中它也会被提升至 int 类型，因此同样需要进行强制类型转换。所以正确的写法是：

```java
short j = (short)(i + i);
```

或者将变量 j 定义成 int 类型：

```java
int j = i + 1;
```

在表达式 double a = 25/2; 中，常量 25 和 2 都是 int 类型，所以该表达式也是 int 类型，将 int 类型的结果赋值给 double 类型的变量不需要强制类型转换，而是自动类型转换。虽然 25/2 等于 12.5，但是由于表达式类型为 int 型，所以依然得到一个整型的结果 12，只是赋值给 double 变量 a 时转换为 double 类型的变量，即 12.0。

3. 答案

见分析，修改后程序的运行结果为

```
j = 6
k = 4
a = 12.0
```

10.3 运算符

10.3.1 知识点梳理

知识点梳理的教学视频请扫描二维码 10-6 获取。

Java 的运算符大体上分为以下 6 类：

❏ 算术运算符

❏ 赋值运算符

❏ 位运算符

❏ 比较运算符

❏ 逻辑运算符

❏ ?：运算符

二维码 10-6

下面简要总结一下。

1. 算术运算符

Java 中基本的算术运算符包括加（+）、减（-）、乘（*）、除（/）、求余（%）、自加（++）、自减（--）运算符。其中"+"运算符除了作为加法运算符外还可作为字符串连接运算符，"-"运算符除了作为减法运算符外还可作为负号运算符。

需要特别说明的一点是，自加运算符"++"是单目运算符，当"++"出现在操作数左边时表示先做自加运算，然后把自加后的结果放到表达式中进行运算。当"++"出现在操作数的右边时表示先把操作数放入表达式中运算，然后把操作数自加 1。下面通过一个实例来理解这一点：

```
int a=6;
int b=6;
int c = a++ + 1;
int d = ++b + 1;
```

在执行 c = a++ + 1; 时因为"++"运算符在操作数右边，所以先把操作数放入表达式中运算，然后把操作数自加 1，因此 c 的结果为 7，a 的值最终变为 7。在执行 d = ++b + 1; 时因为"++"运算符在操作数左边，所以先做自加运算，然后把自加后的结果放到表达式中进行运算，因此 d 的结果为 8，b 的值最终变为 7。

自减运算符"--"与自加运算符"++"类似，也可以出现在操作数的左边或右边，运算的规则相同，只是将操作数做减 1 处理。这里不再赘述。

特别提示

需要注意一点，自加和自减只能作用于变量，例如，int a = 1; a ++; a --; 都是正确的。但是自加，自减运算符不能用于直接量或常量的运算，例如 3 ++; 5 --; 都是错误的。

2. 赋值运算符

赋值运算符=的作用是将一个常量或一个变量赋值给一个变量。值得注意的是，赋值表达式也是有值的，表达式的值就是等号右边被赋值的值。例如，赋值表达式 a=5 的值就是 5，所以当执行 b=a=5; 时，b 的值就为 5。

3. 位运算符

Java 中支持 7 种位运算符，包括：按位与（&）、按位或（|）、按位非（~）、按位异或（^）、左位移运算（<<）、右位移运算（>>）、无符号右移运算（>>>）。

这里有一个无符号右移运算符（>>>），它是相对于右移运算符（>>）而言的。对于右移运算符（>>），把操作数右移指定位数后，左边空出的位以原来的符号位进行补充。具体来说，如果第一个操作数为正数，则左边补 0；如果第一个操作数为负数，则左边补 1。例如：

```
5>>2；
```

就是将操作数 5 右移 2 位，5 的二进制码是 0000 0000 0000 0000 0000 0000 0000 0101，右移两位后前面空出两位，因为 5 是正数，所以左边补 0，变为 0000 0000 0000 0000 0000 0000 0000 0001。所以 5>>2 的结果为 1。

```
-5>>2；
```

就是将操作数 -5 右移 2 位，-5 的二进制码是 1111 1111 1111 1111 1111 1111 1111 1011（计算机中负数以补码形式存储），右移两位后前面空出两位，因为 5 是负数，所以左边补 1，变为 1111 1111 1111 1111 1111 1111 1111 1110，因此 -5>>2 的结果为 -2。

而无符号右移运算符（>>>）在进行右移运算时，把操作数右移指定位数后，左边空出的位总以 0 补充。例如：

```
-5>>>2；
```

无符号右移 2 位后的结果为 0011 1111 1111 1111 1111 1111 1111 1110，其十进制表示为 1073741822。

需要注意的一点是，进行位移运算后不会改变操作数本身，它只会得到一个新的运算结果，位移运算符左边的操作数不会发生改变。

另外还有一种扩展的赋值运算符，它可以同时作用于一般的赋值运算符和位运算符。请参见表 10-1。

表 10-1　扩展的赋值运算符

运　算　符	表示的意义
+=	x+=y 表示 x=x+y
-=	x-=y 表示 x=x-y
*=	x*=y 表示 x=x*y
/=	x/=y 表示 x=x/y
%=	x%=y 表示 x=x%y
&=	x&=y 表示 x=x&y
|=	x|=y 表示 x=x|y

（续）

运 算 符	表示的意义
^=	x^=y 表示 x=x^y
<<=	x<<=y 表示 x=x<<y
>>=	x>>=y 表示 x=x>>y
>>>=	x>>>=y 表示 x=x>>>y

在前面的面试题中已有叙述，扩展的赋值运算符虽然可以达到一般的赋值运算符或位运算符的效果，但是其底层的运行机制还是存在一定差异，所以使用时应当特别注意。

4. 比较运算符

Java 中的比较运算符包括大于（>）、大于等于（>=）、小于（<）、小于等于（<=）、等于（==）和不等于（!=）。比较运算符的结果是一个 boolean 值，只有 true 和 false 两个值。

5. 逻辑运算符

Java 中提供了六个逻辑运算符，分别是 &&（与）、&（不短路与）、‖（或）、|（不短路或）、!（非）、^（异或）。

所谓不短路与 & 是相对于一般的与 && 而言的。在进行一般的与运算时，如果 && 前面的表达式为 false 时，后面的表达式就不再运行了，这个与运算的结果为 false。例如，a==b && c==d，如果表达式 a==b 为 false，则系统将不再运算 c==d，表达式 a==b && c==d 的结果即为 false。而使用不短路与（&）则不管 a==b 的值为 true 还是 false，都要继续运行 c==d。也就是说，使用运算符 "&" 不会被 "&" 前面的表达式所 "短路"，故称为不短路与。

同理，在进行一般的或运算时，如果 ‖ 前面的表达式为 true 时，后面的表达式就不再运行了，这个或运算的结果为 true。例如，a==b ‖ c==d，如果表达式 a==b 为 true，则系统将不再运算 c==d，表达式 a==b ‖ c==d 的结果即为 true。而使用不短路或（|）则不管 a==b 的值为 true 还是 false，都要继续运算 c==d。也就是说，使用运算符 "|" 不会被 "|" 前面的表达式所 "短路"，故称为不短路或。

6. ?: 运算符

在 Java 中还提供了一个三目运算符?:，它的语法格式如下：

逻辑表达式 ? 表达式 1 : 表达式 2

它的运算规则是先对逻辑表达式求值，如果逻辑表达式的值为 true，则执行表达式 1，并返回表达式 1 的值；如果逻辑表达式的值为 false，则执行表达式 2，并返回表达式 2 的值。当然表达式 1 和表达式 2 也可以是一个简单的操作数，这种情况下则直接返回。

10.3.2 经典面试题解析

【面试题 1】简述运算符的优先级

1. 考查的知识点

❏ 运算符的优先级

2. 问题分析

Java 中的运算符也有不同的优先级，在一个表达式运算中会依据运算符的优先级决定运算的顺序。请参见表 10-2。

表 10-2　Java 运算符优先级

运算符优先级	运 算 符	结 合 性
1(分隔符)	( )　[ ]	从左向右
2(单目运算符)	!　+(正)　-(负)　~　++　--	从右向左
3(乘、除、余)	*　/　%	从左向右
4(加、减)	+(加)　-(减)	从左向右
5(移位运算符)	<<　>>　>>>	从左向右
6(比较运算符)	<　<=　>　>=	从左向右
7(比较运算符)	==　!=	从左向右
8(按位与)	&(按位与)	从左向右
9(按位异或)	^	从左向右
10(按位或)	|	从左向右
11(条件与)	&&	从左向右
12(条件或)	||	从左向右
13(三目运算符)	?　:	从左向右
14(赋值及扩展赋值运算符)	=　+=　-=　*=　/=&=　|=　^=　%=　<<=　>>=　>>>=	从右向左

表 10-2 中列出了 Java 中所有运算符的优先级顺序。上面一行运算符的优先级要高于下面一行。例如，表达式(a+b) * c，由于括号的优先级高于乘号，所以先计算 a 加 b，再将计算结果乘以 c。

了解了运算符的优先级后，就可以分析一些复杂表达式的计算结果了。例如：

　　　　int a = 32>>2+3<<1 * 3;

从表 10-2 中得知，* 的优先级高于+，而+的优先级又高于>>和<<，所以上述表达式等价于

　　　　int a = 32>>(2+3)<<(1 * 3);

即

　　　　int a = 32>>5<<3;

位移运算符遵循从左向右的结合性，所以最终的计算结果为 a=8。

　　3. 答案

　　见分析。

特别提示

在实际程序开发中，如果不确定运算符的优先级，应使用括号运算符(分隔符)来控制运算的顺序，因为分隔符的优先级最高，应当尽量避免像上述表达式这样混用运算符，这会使代码的可读性和可维护性都变得很差。

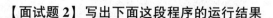

【面试题 2】写出下面这段程序的运行结果

```java
public class Test{
    public static void main(String[] args) {
        int a = 3;
        int b = 5;
        int c = a++ + --b;
        System.out.println("c = " + c);
        System.out.println("b / a = " + b / a);
        System.out.println("5.0 / 3.0 = " + 5.0 / 3.0);
        System.out.println("5.0 / 0.0 = " + 5.0 / 0.0);
        System.out.println("5.2 % 3.1 = " + 5.2 % 3.1);
        System.out.println("5.2 % 0.0 = " + 5.2 % 0.0);
    }
}
```

1. 考查的知识点

❑ ++运算符

❑ −−运算符

❑ /运算符

❑ %运算符

2. 问题分析

本题考查的是 Java 中的++运算符、−−运算符、/运算符和%运算符的用法。在前面的知识点梳理中已经讲到"++"运算符和"−−"运算符的用法。在表达式 c = a++ + −−b; 中对于变量 a，会先把它放入表达式中运算，然后 a 自加 1；对于变量 b 则是先把变量 b 自减 1，然后放入表达式中运算。因此 c 的结果为 7，a 最终为 4，b 最终为 4。

对于除法运算符"/"，如果运算符的两个运算数都是整数，则最终的计算结果也为整数，也就是说，这里面可能会有截断取整的可能。例如，5/3 得到的结果为 1，而不是 1.666…。但是如果除法运算符左右两边的两个运算数有一个为浮点数，或者两个都是浮点数，则得到的结果就是自然除法的结果。因此本题中 5.0 / 3.0 的计算结果为 1.666 666 666 666 666 7。

有的读者可能认为计算表达式 5.0 / 0.0 时会抛出"除 0 异常"。其实这种理解是错误的。当除法运算符两边的运算数都是整数类型时，则除数不能为 0，否则会抛出"除 0 异常"。但是如果运算数中有一个为浮点数，或者两个都是浮点数，则除数可以是 0 或 0.0，即 5/0.0、5.0/0、5.0/0.0 都是合法的，且结果为正无穷大（Infinity）或负无穷大（−Infinity）。

有的读者可能认为取余运算只能针对整数，其实这种理解是片面的。取余运算时两个操作数可以有 1 个或 2 个浮点数，其运算结果依然是整除后的余数。在取余运算中，当两个操作数中有 1 个或 2 个浮点数时，第二个操作数可为 0 或 0.0，此时不会发生"除 0 异常"，但是结果为非数 NaN。

3. 答案

程序的运行结果为

```
c = 7
b / a = 1
```

```
5.0 / 3.0 = 1.6666666666666667
5.0 / 0.0 = Infinity
5.2 % 3.1 = 2.1
5.2 % 0.0 = NaN
```

【面试题 3】 说一说 & 和 && 的区别

1. 考查的知识点

❑ 位运算符

2. 问题分析

在知识点梳理中已经讲到 & 和 && 都是逻辑与运算符，它们的区别在于 "&" 是不短路与，而 "&&" 则会被短路。有关逻辑与的短路与不短路在前面的知识点梳理中已有详细解释，这里不再赘述。

另外，本题还有一个陷阱，那就是容易忽视 "&" 符号本身还有按位与的作用。所以在解释 "&" 和 "&&" 的区别时，还应当说明 "&" 还表示按位与操作，这样的表述才完整。

3. 答案

在逻辑运算符中，& 是不短路与，&& 是短路与。在位运算符中，& 表示按位与。

【面试题 4】 用最有效率的方法算出 2 乘以 8 等于几

1. 考查的知识点

❑ 位运算符

2. 问题分析

本题最简单的解法当然是用 2 直接乘以 8，即用乘法运算符 "＊" 计算。但是这样做不符合题目中 "用最有效率的方法" 的要求。

本题最有效率的解法是使用位运算。我们知道将一个数左移 1 位表示将该数乘以 2，左移 n 位表示将该数乘以 2^n。所以对于本题，只需将 2 左移 3 位即能实现 2 乘以 8 的运算。

由于位运算是直接作用于数据位上的操作，所以相比较于乘法运算要高效得多。

3. 答案

```
int a = 2 << 3;
```

特别提示

本题虽然简单但是很有代表性，所以在此分享给读者。

首先，要特别注意题目中的一些特殊表述，例如，"用最有效率的方法解决""尽量使用高效的算法解决" 等，这些表述都是有所指的，在答题时应当多考虑这一点。

其次，应当知道位运算的执行效率要比普通的算术运算高很多，所以在处理大数运算、幂运算时应当考虑使用位运算。

【面试题 5】 简述 "＝＝" 和 equals 有什么区别

1. 考查的知识点

❑ 逻辑运算符＝＝和成员函数 equals

2. 问题分析

本题的教学视频请扫描二维码 10-7 获取。

在知识点梳理中已经提到比较运算符"＝＝"的作用是判断两个值是否相等，如果相等则返回 true，如果不相等则返回 false。更加深入一点地说，"＝＝"是用来判断两个变量的值是否相等，也就是比较变量内存中存储的数值是否相同。有两种形式的比较需要用到比较运算符"＝＝"，一是两个基本数据类型变量之间的比较；二是两个引用类型变量之间的比较。下面通过实例来理解这一点：

二维码 10-7

```
int a=5;
int b=5;
int c=6;
System. out. println("The result1 is" + a==b);
System. out. println("The result2 is" + b==c);
```

在上面这段程序中定义了 3 个 int 型变量 a、b、c，并赋有初值。然后比较变量 a 和 b，以及变量 b 和 c 是否相等。因为 a、b、c 都是 int 型变量，所以这 3 个变量在内存中分别占用 3 块不同的内存空间，并分别赋值为 5、5、6，如图 10-4 所示。

a	b	c
5	5	6

图 10-4　变量 a、b、c 在内存中的状态

在图 10-4 中，变量 a、b、c 是 3 个不同的变量，在内存中占据 3 个不同的内存空间，它们的内存地址各不相同。因为变量 a 中存储的数据为 5，变量 b 中存储的数据为 5，变量 c 中存储的数据为 6，所以当使用"＝＝"对变量 a、b、c 进行比较时，a＝＝b 的结果为 true，b＝＝c 的结果为 false。

再看下面这段代码：

```
String str1 = newString("abc");
String str2 = newString("abc");
String str3 = str1;
System. out. println(str1==str2);
System. out. println(str1==str3);
```

在上面这段代码中定义了 3 个字符串变量 str1、str2、str3，并给它们分别赋初值。然后使用"＝＝"比较它们是否相等。因为 str1、str2、str3 是字符串类型变量，属于引用类型变量，所以这些变量本身只是一个对象的引用，或者说就是一个指向堆内存的指针变量。因此不能把 str1 理解为字符串"abc"本身，而应该知道它只是指向字符串"abc"的一个指针而已，str2 和 str3 也是同样理解，如图 10-5 所示。

在图 10-5 中，变量 str1 的值是字符串"abc"在堆内存中的地址 0x1234，而变量 str2 的值是另一个字符串"abc"在堆内存中的地址 0x4567，所以 str1＝＝str2 的结果显然是 false。而代码中执行了语句 str3 = str1;，所以 str3 的值与 str1 的值是相等的，它们都同时指向堆内存中的同一块内存空间，其值为 0x1234，所以 str1＝＝str3 的结果为 true。

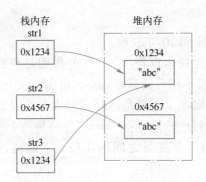

栈内存　　　　　　堆内存

str1

0x1234　　　　　0x1234

"abc"

str2

0x4567　　　　　0x4567

"abc"

str3

0x1234

图 10-5　变量 str1、str2、str3 在内存中的状态

通过上面的举例可以知道，比较运算符"=="只是用来比较变量中存储的数值是否相等。对于基本数据类型，它就是比较两个变量的值是否相等；对于引用类型，它其实是在比较两个引用变量是否引用的是同一块堆内存空间，或者说是否指向同一块堆内存空间。

成员函数 equals 要稍微复杂一些，由于不同类中 equals 的定义可能不同，所以其含义也可能不同。对于字符串类型，equals 方法是用来比较两个字符串的内容是否相等的。例如：

```
String str1 = newString("abc");
String str2 = newString("abc");
String str3 = str1;
System.out.println(str1.equals(str2));
System.out.println(str1.equals(str3));
```

虽然变量 str1 与变量 str2 的值不同，但是它们指向的字符串的内容都是"abc"，所以 str1.equals(str2)的结果为 true。str1 和 str3 都指向同一个字符串"abc"，所以它们指向的字符串的内容也一定相等，因此 str1.equals(str3)的结果也为 true。

在 Java 中很多系统提供的类中都定义了 equals 方法，这个方法是用来比较两个独立对象的内容是否相同，而不是比较引用值本身的。但是如果一个自定义的类中没有定义 equals 方法，那么它将继承 Object 类的 equals 方法，Object 类的 equals 定义如下：

```
boolean equals(Object o){
return this==o;
}
```

也就是说，如果一个自定义的类中没有显式地定义 equals 方法，那么 equals 方法的作用与比较运算符"=="是一样的，都是用来比较两个变量指向的对象是否是同一对象。**请看下面这个例子：**

```
public class test{
    test(){}
    public static void main(String[] args){
        test a = new test();
        test b = new test();
        test c = a;
        System.out.println(a.equals(b));
        System.out.println(a.equals(c));
```

```
    }
  }
```

因为类 test 是自定义的一个类，里面没有实现 equals 方法，所以它将继承 Object 类的 equals 方法。因此 a.equals(b)就相当于 a==b，a.equals(c)相当于 a==c。因为 a 和 b 指向两个不同的堆内存中的对象，所以 a.equals(b)的结果为 false。同理，因为 a 和 c 指向同一个堆内存中的对象，所以 a.equals(c)的结果为 true。

3. 答案

运算符"=="只是用来比较两个变量的值是否相等，也就是用于比较变量所对应的内存中所存储的数值是否相同。equals 是类的成员方法，一般它是用来比较两个独立对象的内容是否相同（要看具体的定义）。如果自定义的类中没有定义 equals 方法，则它将继承 Object 类的 equals 方法，其作用与"=="相同。

10.4　分支语句和循环语句

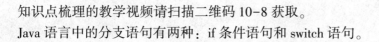

10.4.1　知识点梳理

知识点梳理的教学视频请扫描二维码 10-8 获取。

二维码 10-8

Java 语言中的分支语句有两种：if 条件语句和 switch 语句。

1. if 语句

```
第一种形式：
if(表达式){
    语句;
}
第二种形式：
if(表达式){
    语句;
} else {
    语句;
}
第三种形式：
if(表达式){
    语句;
} else if(表达式){
    语句;
} else {
    语句;
}
```

与 C 语言不同的是，这里 if 后面的括号中表达式的返回值只能是 true 或者 false。当表达式的值为 true 时，执行 if 后面的语句；当表达式的值为 false 时，执行 else 后面的语句或进行下一个 else if 后面的判断。这一点要与 C 语言区分，在 C 语言中因为没有布尔类型，所以 if 后面括号中的表达式返回值为整型，当表达式的值为非 0 时就执行 if 后面的语句。

2. switch 语句

switch 语句由一个控制表达式和多个 case 标签组成。需要注意的是，在 Java7 之前 switch 语句后面的控制表达式的数据类型只能是 byte、short、char、int 类型，而在 Java7 之后，又加上了字符串类型。switch 语句格式如下：

```
switch（表达式）{
    case 条件 1：{
        语句；
        break；
    }
    case 条件 2：{
        语句；
        break；
    }
    ……
    case 条件 N：{
        语句；
        break；
    }
    default：{
        语句；
    }
}
```

首先对表达式求值，然后依次匹配条件 1、条件 2、…、条件 N，一旦匹配成功，则执行对应的代码块。如果所有 case 后面的标签值都不与表达式的值相等，则执行 default 后面的代码块。

在 case 标签后面每个代码块后都有一条 break 语句，这样程序一旦走到这里就会结束执行 switch 语句。如果不加这条 break 语句，则程序还会继续执行这个 case 标签后面的代码，而不再判断后面的 case、default 标签的条件是否匹配，直到遇到 break 语句或全部执行完才会结束。所以这个 break 语句非常重要，如果不加 break 语句可能得到意想不到的结果。

Java 中循环语句主要有 3 种：while 语句、do-while 语句和 for 循环语句。

1. while 语句

```
while(表达式) {
    语句；
}
```

在执行 while 循环时，先要对 while 后面括号中的表达式进行运算，只有当表达式的值为 true 时，才能执行循环体部分。

2. do-while 语句

```
do{
    语句；
}while(表达式)；
```

与 while 循环不同，do-while 语句先执行循环体，然后判断循环条件，如果循环条件为 true，则执行下一次循环，否则中止循环。

3. for 循环语句

```
for(初始化表达式;循环条件表达式;末尾循环体){
    中间循环体;
}
```

for 后面的括号内由 3 部分组成：第一部分为初始化表达式，只在首次循环开始前执行一次；第二部分为循环条件表达式，与 while 后面的表达式作用相同；第三部分一般用来更新与循环条件有关的变量，在每次循坏的最后执行，可称为末尾循环体。

4. foreach 循环

除此之外，在 JDK1.5 之后 Java 又提供了一种更加简洁的循环语句——foreach 循环。这种循环语句主要用于遍历数组和集合。foreach 循环语句的用法如下：

```
for(type v : array  |  collection){
    //通过变量 v 访问数组或集合中的每一个元素
}
```

上述语法格式中，type 是数组 array 元素或集合 collection 元素的类型，变量 v 是该类型的一个临时变量。foreach 循环会自动将数组 array 元素或集合 collection 元素中的每个值依次赋值给变量 v，然后在 foreach 循环内部通过变量 v 访问数组或集合中的每一个元素。

显然与普通的 for 循环不同，foreach 循环不需要指定数组的长度，也无须通过数组的索引（下标）来访问数组元素，同时没有循环条件，而是要遍历整个数组或集合。

10.4.2　经典面试题解析

【面试题 1】 简述 Java 中为什么没有 goto 语句

1. 考查的知识点

❑ Java 中的循环语句

2. 问题分析

先来看下面这段代码：

```
public class test{
    public static void main(String[ ] args) {
    int goto = 1;
    }
}
```

如果使用 javac 编译上面这段程序就会报出错误，因为 goto 是 Java 中的关键字，所以不能用 goto 来命名变量。

但是在 Java 中并不能使用 goto 语句，这是因为虽然 goto 在 Java 中作为关键字存在，但并没有实现它。与 goto 类似的还有关键字 const，这两个关键字在 Java 语言中并没有具体含义。之所以 Java 语言把它们列为关键字，只是因为 const 和 goto 是其他某些计算机语言（例如 C 语言）的关键字。

其实即便在 C 语言中，goto 语句仍然不建议被使用。在结构化程序设计中，如果乱用 goto

语句可能导致程序流程的混乱，严重影响程序的可读性和可维护性。所以在 Java 中虽然将 goto 作为关键字，但是并不真正使用它。

与此同时，Java 扩展了 break 语句和 continue 语句的功能，通过使用 break-label 和 continue-label，程序可以在多层循环中跳转，因此 goto 语句在 Java 中已被完全抛弃，只作为一个保留的关键字存在。

3. 答案

goto 虽然是 Java 的关键字，但是不能被使用，因为 goto 会导致程序流程的混乱，影响程序的可读性和可维护性，所以在 Java 中已被废除。可以通过 break 和 continue 实现程序在多层循环中的跳转。

拓展性思考

——Java 中关键字

所谓关键字是指计算机语言里事先定义的，有特别意义的标识符。例如我们熟悉的基本数据类型 int、byte 等，还有条件语句中的 if、循环语句中的 for 等都是 Java 中的关键字。因为关键字不能用作变量名、方法名、类名、包名和参数等，所以关键字又称为保留字。

Java 中共有 50 个关键字，见表 10-3。

表 10-3　Java 中的关键字

abstract	assert	boolean	break	byte
case	catch	char	class	const
continue	default	do	double	else
enum	extends	final	finally	float
for	goto	if	implements	import
instanceof	int	interface	long	native
new	package	private	protected	public
return	strictfp	short	static	super
switch	synchronized	this	throw	throws
transient	try	void	volatile	while

其中关键字 goto 和 const 只作为保留字存在，没有实际意义。

【面试题 2】 简述在 Java 中如何跳出多重循环

1. 考查的知识点

❑ Java 中的循环语句

❑ break 和 continue 的用法

2. 问题分析

本题的教学视频请扫描二维码 10-9 获取。

在 Java 中如果想跳出一个循环，一般使用 break 语句或 continue 语句。break 语句是结束整个循环体，而 continue 语句是结束本次循环。首先来看下面两段代码示例：

二维码 10-9

```
public class test{
    public static void main(String[] args) {
        int i;
        for (i=0;i<10; i++) {
            if (i==5) {
                break;
            }
            System. out. println("i = " + i);
        }
        System. out. println("Loop complete. ");
    }
}
```

上面这段程序的运行结果如图 10-6 所示。

```
i = 0
i = 1
i = 2
i = 3
i = 4
Loop complete.
```

图 10-6 程序的运行结果 2

从图 10-6 可知，当 for 循环执行到 i 等于 5 时就会跳出循环并终止循环，所以在屏幕上只打印出 i=0 到 i=4。这说明 break 语句将结束整个循环体，终止 for 循环。

```
public class test{
    public static void main(String[] args) {
        int i;
        for (i=0;i<10; i++) {
            if (i==5) {
                continue;
            }
            System. out. println("i = " + i);
        }
        System. out. println("Loop complete. ");
    }
}
```

上面这段程序的运行结果如图 10-7 所示。

```
i = 0
i = 1
i = 2
i = 3
i = 4
i = 6
i = 7
i = 8
i = 9
Loop complete.
```

图 10-7 程序的运行结果 3

从图 10-7 可知，当 for 循环执行到 i 等于 5 时就会结束本次循环而直接进入下一次循环，所以在屏幕上输出的结果会跳过 i=5。这说明 continue 语句的作用只是结束本次循环，而不会终止整个循环。

通过 break 语句和 continue 语句可以从单层循环中跳出，这一点无论 Java 和 C/C++ 作用都是一样的。

与 C/C++ 不同的是，Java 中不但保留了 break 和 continue 在 C/C++ 中的功能，而且还对其进行了扩展，使其功能更加强大。这就是 break label 语句和 continue label 语句。下面还是通过这两段程序来说明：

```java
public class test{
    public static void main(String[ ] args) {
        int i, j;
        stop: for (i=0; i<10; i++) {
            for (j=0; j<10; j++) {
                if (j == 5) {
                    break stop;
                }
                System. out. println("j = " + j);
            }
        }
        System. out. println("Loop complete. ");
    }
}
```

上面这段程序的运行结果如图 10-8 所示。

```
j = 0
j = 1
j = 2
j = 3
j = 4
Loop complete.
```

图 10-8　程序的运行结果 4

从图 10-8 可知，当内层循环执行到 j 等于 5 时就会执行 break stop; 语句，此时无论内层循环还是外层循环都不再执行了，而是直接输出 Loop complete。这就是 break label 语句的作用，当程序执行到 break label 时，程序控制会被传递出 label 指定的代码块。因为在上面这段程序中 label 名为 stop，它标识在最外层的 for 语句前面，所以 stop 指定的程序块就是这个二重循环，当执行到 break stop; 语句时，程序将跳出这个程序块，也就是跳出这个二重循环。

再来看一下 continue label 语句的用法：

```java
public class test{
    public static void main(String[ ] args) {
        int i, j;
        stop: for (i=0; i<10; i++) {
```

```
                    for (j=0; j<10; j++) {
                    if (j == 5) {
                            continue stop;
                        }
                        System. out. println("j = " + j);
                    }
                }
                System. out. println("Loop complete. ");
            }
        }
```

上面这段程序的运行结果如图 10-9 所示。

图 10-9　程序的运行结果 5

从图 10-9 可知，程序的运行结果是从 j=0 到 j=4 的循环，共输出 10 次（这里只截取片段）。这是因为与 break label 不同，continue label 可以通过指定一个标签来说明继续哪个包围的循环。例如本程序，标签 stop 指定的程序块就是这个二重 for 循环，所以当执行到 continue stop 时，本次循环结束，直接跳到最外层的循环上继续下一次循环。如果将 stop 标签放到内层的 for 语句之前，输出的结果又会是怎样？结果是从 j=0 到 j=9 的循环，但是不包含 j=5，共循环 10 次。它与不含标签的 continue 语句效果是一样的。

综上所述，采用加标签的 break 语句或加标签的 continue 语句可以跳出多重循环，而单纯的 break 语句和 continue 语句只能跳出本次循环（一重循环）。

另外，跳出多重循环的方法还有很多。例如，让外层的循环条件表达式的结果受内层循环体代码的控制，来看下面这段代码：

```
public class test {
    public static void main(String[] args) {
        int i, j;
        boolean flag = true;
        for (i=0; i<10 && flag; i++) {
            for (j=0; j<10; j++) {
                if (j == 5) {
                    flag = false;
                    break;
                }
                System. out. println("j = " + j);
```

```
                    }
                }
            System. out. println("Loop complete.");
        }
    }
```

上面这段程序中，当 j 等于 5 时 boolean 型变量 flag 被置为 false，同时使用 break 语句终止内层循环，这样当下一次再进入外层循环时 flag 为 false，因此不满足外层循环的条件，二重循环将不再执行，直接输出"Loop complete."。

另外，在多重循环内部使用 return 语句也可以使程序从当前函数中返回，从而跳出该多重循环。

3. 答案

使用 break label、continue label 可以跳出多重循环，还可以通过让外层的循环条件表达式的结果受内层循环体代码控制的方法跳出多重循环，或在循环体中使用 return 语句等。

10.5 数组

10.5.1 知识点梳理

二维码 10-10

知识点梳理的教学视频请扫描二维码 10-10 获取。

数组是高级语言中常见的一种数据结构。数组的本质是一个顺序存储的线性表，可用于存储多个数据，每个数据被称为一个数组元素。通常可以通过数组的下标来访问数组元素。

在 Java 中数组里面的每个数据都必须是相同的数据类型。而且一旦数组被初始化后，其在内存中的长度就是固定的，不可以改变。

在 Java 中，数组类型也是一种引用类型，定义一个数组变量相当于定义一个指针变量，数组的初始化要用 new 操作符在系统的堆内存中创建一个数组实体，也只有初始化了一个数组，该数组才能被使用。

1. 数组的定义方法

❑ type[ ] arrayName
❑ type arrayName[ ]

注意这里只是定义了一个引用变量 arrayName，其本质还是一个指针，但该数组并不存在也不能使用，所以在定义数组时不能指定数组的长度。要使用这个数组，还需要对数组进行初始化。

特别提示

虽然上面两种数组定义方法皆可，但是这里推荐使用第一种方法，即 type[ ] arrayName 定义数组。因为第二种定义数组的方法与 C/C++ 的用法容易混淆，其实 Java 与 C++ 的数组还是存在很大差异的。

对于 type[ ] arrayName; 可以认为 type[ ] 是变量 arrayName 的类型，而 arrayName 是变量名，也就是数组对象的引用。

2. 数组的初始化

在 Java 语言中只定义一个数组是不够的，因为那只是声明了一个引用变量，在系统的堆内存上并没有为该数组分配空间。所以要使用数组，必须先对数组进行初始化。

Java 中初始化数组有两种方法：静态初始化数组和动态初始化数组。

静态初始化数组是指在定义数组时显式地指定每个数组元素的初始值，系统会根据初始值的个数和类型决定数组的大小。例如：

```
int[ ] arrayName;                        //定义一个数组
arrayName = new int[ ] {1,2,3,4,5,6};   //数组的初始化
```

或者将数组定义和数组的初始化同时完成：

```
int[ ] arrayName = {1,2,3,4,5,6};       //定义数组和初始化数组同时完成
```

这样系统会在堆内存中分配 6 个 int 类型长度大小的内存空间，并初始化数组元素为 1、2、3、4、5、6。

动态初始化数组是指仅仅指定数组的长度，不需要指定数组元素的初始值。例如：

```
int[ ] arrayName;                        //定义一个数组
arrayName = new int[6];                  //动态初始化数组,指定数组的长度
```

或者将数组定义和数组的初始化同时完成：

```
int[ ] arrayName = new int[6];           //定义数组和初始化数组同时完成
```

这样系统会在堆内存上为数组 arrayName 分配 6 个 int 类型长度大小的内存空间。这里需要注意的是，动态初始化数组由于不指定数组元素的初始值，所以系统将负责为这些元素分配初始值。

分配数组元素初始值的规则如下：

1）byte、short、int、long 元素初始值为 0。

2）float、double 元素初始值为 0.0。

3）char 元素初始值为 '\u0000'。

4）boolean 元素初始值为 false。

5）引用类型（各种自定义类型、数组等）初始化为 null。

综上所述，如果只定义一个数组 arrayName，而不去初始化它，则 arrayName 只是一个引用变量，也就是一个指针，它的值为 null，不指向任何空间。只有初始化后，它才会指向一段堆内存空间。

3. 数组中的元素

如果数组中的元素是基本数据类型，可以直接把数据存储到堆内存中分配的数组空间里，如图 10-10 所示，数组 arrayName 中存放了数据 1~5。

此时堆内存中开辟的数组空间里面存放的就是数组元素 1~5。

除此之外，数组元素也可以是引用类型，例如 Object、String，或者其他自定义的类型等，这种情况下每个数据元素空间中存放的就是一个引用变量，它相当于一个指针，指向该变量真正存放的堆内存空间。如图 10-11 所示。

此时堆内存中开辟的数组空间中存放的只是字符串的引用（指针），字符串本身存放在堆内存中的其他地址上。

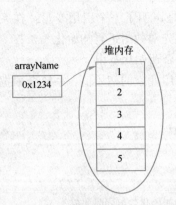

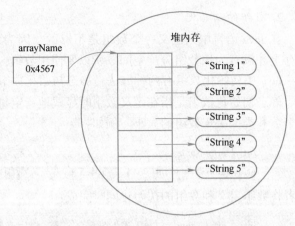

图 10-10 数组中存放基本数据类型的数据   图 10-11 数组中存放引用类型的数据（字符串）

10.5.2 经典面试题解析

【面试题 1】 简述 Java 中数组的初始化方法

1. 考查的知识点

□ 数组的定义

□ 数组的初始化

2. 问题分析

在知识点梳理中简单地介绍了数组的定义及初始化方法，这里再系统地总结一下。

（1）一维数组

在 Java 中可以通过两种方式定义一个一维数组：

```
type[ ] arrayName;
type arrayName[ ];
```

需要注意一点，在定义一个一维数组时，方括号[ ]中不能填写任何数字。

推荐使用第一种方法定义数组。定义了一个数组还不能使用它，因为它只是一个引用，还需要指向一个堆内存中的数组实例才能使用，也就是数组的初始化。Java 中初始化数组有两种方法：静态初始化数组和动态初始化数组。

静态初始化数组是指在定义数组时显式地指定每个数组元素的初始值，系统会根据初始值的个数和类型决定数组的大小。例如：

```
int[ ] arrayName;                          //定义一个数组
arrayName = new int[ ] {1,2,3,4,5,6};      //数组的初始化
```

或者将数组定义和数组的初始化同时完成：

```
int[ ] arrayName = {1,2,3,4,5,6};          //定义数组和初始化数组同时完成
```

这样系统会在堆内存中分配 6 个 int 类型长度大小的内存空间，并初始化数组元素为 1、2、3、4、5、6。

除了静态初始化数组外，使用更多的还是动态初始化数组。动态初始化数组是指仅仅指定数组的长度，不需要指定数组元素的初始值。例如：

```
int[ ] arrayName;                    //定义一个数组
arrayName = new int[6];              //动态初始化数组,指定数组的长度
```

或者将数组定义和数组的初始化同时完成:

```
int[ ] arrayName = new int[6];       //定义数组和初始化数组同时完成
```

这样系统会在堆内存上为数组 arrayName 分配 6 个 int 类型长度大小的内存空间。

（2）二维数组

Java 不仅支持一维数组,还支持二维数组。二维数组有三种定义方法:

```
type arrayName[ ][ ];
type[ ][ ] arrayName;
type[ ] arrayName[ ];
```

需要注意一点,在定义一个二维数组时,方括号[ ]中不能填写任何数字。

与一维数组类似,单纯定义了一个二维数组并不能使用它,还需要指向一个堆内存中的数组实例才能使用。Java 中初始化二维数组有两种方法:静态初始化数组和动态初始化数组。

静态初始化二维数组是在定义该二维数组时显式地指定每个数组元素的初始值,系统会根据初始值的个数和类型决定数组的大小。例如:

```
int[ ][ ] arrayName;                            //定义一个数组
arrayName = new int[ ][ ] {{1,2,3,4,5,6},{7,8,9,10,11}};   //数组的初始化
```

或者

```
//定义数组和初始化数组同时完成
int[ ][ ] arrayName = {{1,2,3,4,5,6},{7,8,9,10,11}};
```

动态初始化数组是指仅仅指定数组的长度,不需要指定数组元素的初始值。例如:

```
int[ ][ ] arrayName;                 //定义一个数组
arrayName = new int[6][3];           //动态初始化数组,指定数组的行数和列数
```

或者将数组定义和数组的初始化同时完成:

```
int[ ] arrayName = new int[6][3];    //定义数组和初始化数组同时完成
```

有一点需要注意,在动态初始化一维或二维数组时,由于不指定数组元素的初始值,所以系统将负责为这些元素分配初始值。

分配数组元素初始值的规则如下:

1）byte、short、int、long 元素初始值为 0。

2）float、double 元素初始值为 0.0。

3）char 元素初始值为'\u0000'。

4）boolean 元素初始值为 false。

5）引用类型（各种自定义类型、数组等）初始化为 null。

还有一点需要注意,与 C++不同,Java 中的二维数组第二个维度的长度可以不同,因此更加灵活。例如:

```
int [ ][ ] arrayName = {{1,2},{3,4,5}};
```

或者

```
int[ ][ ] arrayName = new int[2][ ];
a[0] = new int[ ]{1,2};
a[1] = new int[ ]{3,4,5};
```

也就是说，Java 中的数组每行的列数可以不同，例如，上面定义的这个二维数组，第一行中包含两列，而第二行中包含三列。

3. 答案

数组的定义和初始化其实很简单，但也是最容易混淆和遗忘的知识点。为了便于记忆，表 10-4 总结了 Java 数组初始化方法，通过这个表格可以理清 Java 中数组的定义和初始化方法。

表 10-4 Java 数组初始化方法

	一 维 数 组	二 维 数 组
数组的定义	type[ ] arrayName;（推荐） type arrayName[ ];	type[ ][ ] arrayName;（推荐） type arrayName[ ][ ]; type[ ] arrayName[ ];
静态初始化	int[ ] arrayName; arrayName = new int[ ]{1,2,3,4,5,6}; 或者 int[ ] arrayName = {1,2,3,4,5,6};	int[ ][ ] arrayName; arrayName = new int[ ][ ] {{1,2,3,4,5,6},{7,8,9,10,11}}; 或者 int[ ][ ] arrayName ={{1,2,3,4,5,6},{7,8,9,10,11}};

动态初始化	int[ ] arrayName;
	arrayName = new int[6];
	或者
	int[ ] arrayName = new int[6];
		int[ ][ ] arrayName;
		arrayName = new int[6][3];
		或者
		int[ ] arrayName = new int[6][3];

注意事项	定义一个一维数组时,方括号[ ]中不能填写任何数字	定义一个二维数组时,方括号[ ]中不能填写任何数字二维数组第二个维度的长度可以不同

【面试题 2】 简述 Java 中如何复制一个整型数组

1. 考查的知识点

❑ 数组的特性

❑ 数组的操作

2. 问题分析

本题的教学视频请扫描二维码 10-11 获取。

在知识点梳理中已经介绍过数组是引用类型，所以数组的复制有别于一般的基本类型。通常情况下用赋值运算符 "=" 对基本类型的数据进行复制，但是如果要对数组类型的变量也用同样的方法复制，则只是将一个数组的引用传递给另一个数组变量。例如：

二维码 10-11

```
int[ ] a = new int[3];
int[ ] b = a;
```

此时变量 a 和 b 其实都指向同一个数组，而我们理解的复制应该是真实地增加一份数组的拷贝。因此对于数组的复制，不能采用赋值运算符 "=" 的方法。

那么在 Java 中用什么方法进行数组的复制呢？有以下几种方法供参考。

方法一：使用循环语句将一个数组的内容拷贝到另一个数组中。

```
int[ ] src={1,2,3,4,5,6};
int[ ] dest = new int[6];
for( int i=0;i<6;i++) {
    dest[i] = src[i];
}
```

这样就可以将数组 src 的内容复制到数组 dest 中，使得数组 dest 与 src 的内容是完全一样的。

方法二：使用数组的 clone( )方法。

由于 Java 中的引用类型不能通过简单的赋值来解决对象复制的问题，所以很多情况下可以采取 clone( )方法来复制对象。例如下面这段代码：

```
public static void main( String[ ] args) {
        int[ ] array1 = {1,2,3,4,5};
        int[ ] array2;
        array2 = array1. clone( );
        array1[0]=100;
        for (int i = 0; i < array1. length; i++) {
            System. out. print( array1[i] + " ");
        }
        System. out. println( );
        for (int i = 0; i < array2. length; i++) {
                System. out. print( array2[i] + " ");
        }
    }
}
```

上述代码中，首先初始化一个整型数组 array1，并定义了一个整型数组 array2，调用 array1 的 clone 方法将数组 array1 复制一份给 array2。这样 array2 将会指向堆上的一个新的数组，该数组中的内容与 array1 指向的那个数组是一样的，从而实现了数组的复制。把 array1[0]的值修改为 100，然后循环输出 array1 和 array2 的内容，程序的运行结果如图 10-12 所示。

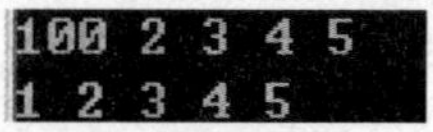

```
100 2 3 4 5
1 2 3 4 5
```

图 10-12　程序的运行结果 6

可见数组 array1 和 array2 是两个不同的数组。

方法三：应用 System. arraycopy( )方法。

System. arraycopy( )方法的原型是

```
System. arraycopy( Object src, int srcPos,
                    Object dest, int destPos,int length);
```

其中

src：源数组。

srcPos：源数组中的起始位置。

dest：目标数组。

destPos：目标数据中的起始位置。

length：要复制的数组元素的数量。

所以应用 System. arraycopy( )方法也可以实现数组的复制。例如下面这段代码：

```java
public static void main(String[] args) {
    int[] array1 = {1,2,3,4,5};
    int[] array2 = new int[5];
    System.arraycopy(array1, 0, array2, 0, 5);
    array1[0] = 100;
    for (int i = 0; i < array1.length; i++) {
        System.out.print(array1[i] + " ");
    }
    System.out.println();
    for (int i = 0; i < array2.length; i++) {
        System.out.print(array2[i] + " ");
    }
}
```

这段程序的运行结果与上面一段程序的运行结果相同，如图 10－12 所示，说明 System. arraycopy( )方法实现了数组的复制。

需要注意一点的是，数组 array2 必须初始化，否则程序编译时会报出"未初始化变量 array2"的错误。

方法四：应用 Arrays. copyOf( )方法。

Arrays. copyOf( )方法内部是用 System. arraycopy( )方法实现的，只是在进行数组的复制时不需要初始化目的数组，该函数会在堆上创建一个新的数组并返回。例如下面这段代码：

```java
public static void main(String[] args) {
    int[] array1 = {1,2,3,4,5};
    int[] array2;   //不需要初始化目的数组 array2
    array2 = Arrays.copyOf(array1, 5);
    array1[0] = 100;
    for (int i = 0; i < array1.length; i++) {
        System.out.print(array1[i] + " ");
    }
    System.out.println();
    for (int i = 0; i < array2.length; i++) {
        System.out.print(array2[i] + " ");
    }
}
```

这段程序的运行结果与上面一段程序的运行结果相同，如图 10－12 所示，说明 System. arraycopy( )方法实现了数组的复制。

3. 答案

对于整型数组，可以通过循环语句将一个数组的内容拷贝到另一个数组中，或者使用数组的 clone( )方法，或者应用 System. arraycopy( )方法，或者应用 Arrays. copyOf( )方法。

拓展性思考

——深拷贝与浅拷贝

细心的读者可能已经注意到，题目中要求实现整型数组的复制，因此可以用以上提供的四种方法。但是如果题目中不限制数组的类型，那要怎样实现数组的复制呢？下面通过一段程序来理解一下：

```java
public class Test {
    int elem;
    Test(int a) {elem = a;}
    public static void main(String[] args) {
        Test[] array1 = new Test[5];
        Test[] array2 = new Test[5];
        for(int i=0; i<5; i++) array1[i] = new Test(i);
        for (int i = 0; i < array1.length; i++) {
            array2[i] = array1[i];
        }
        for (int i = 0; i < array2.length; i++) {
            System.out.print(array2[i].elem + " ");
        }
        System.out.println();
        array1[0].elem = 100;
        for (int i = 0; i < array2.length; i++) {
            System.out.print(array2[i].elem + " ");
        }
    }
}
```

在这段程序中定义并初始化了两个 Test 类型的数组，其中数组 array1 中 5 个元素的 elem 值分别为 0、1、2、3、4，然后通过循环赋值的方法将 array1 赋值给 array2，再循环打印出 array2 中每个元素的 elem 值。接下来通过赋值语句 array1[0]. elem = 100；给数组 array1[0]的 elem 元素赋值为 100，然后循环打印出 array2 中每个元素的 elem 值。本程序的运行结果如图 10-13 所示。

```
0 1 2 3 4
100 1 2 3 4
```

图 10-13　程序的运行结果 7

为什么修改的是 array1[0]. elem，而 array2[0]. elem 也会变为 100 呢？根据上面的介绍，数组 array2 和 array1 应该是堆内存中两个不同的数组，为什么还会出现这样的情况？

　　导致这个现象的根本原因就是循环赋值的方法只对数组做了浅拷贝，也就是说，循环赋值只会将 array1 中每个元素的值，即 array1[0]、array1[1]、…、array1[4]，赋值给 array2 中对应的元素。如果 array1[0]、array1[1]、…、array1[4]中存放的是整型变量（或者是基本数据类型的变量），那么这样的拷贝是满足要求的，但是如果像上面这段程序那样每个数组元素都是一个引用型变量，那么 array1[n]中存放的实际上是对象的引用（可理解为指针），这里只做了引用的拷贝，而引用指向的内容其实是同一份。可以通过图 10-14 来理解。

　　如图 10-14 所示，数组 array2 中每个元素存储的内容与 array1 中每个元素存储的内容相同，都是 Test 类型对象在堆上的地址，所以通过赋值语句 array1[0].elem = 100；给数组 array1[0]的 elem 元素赋值为 100 后，array2[0].elem 自然也变成了 100，因为它们指向的是同一块内存。

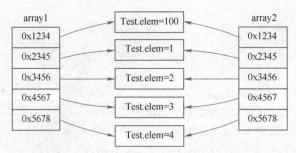

图 10-14　数组 array1 和 array2 在内存中的状态

　　所以循环赋值的方法只能对数组进行浅拷贝。如果要对数组进行深拷贝（数组元素中的每个对象都进行复制），就不能简单地应用上面介绍的方法了。可以应用对象的 clone() 机制对对象进行深拷贝。请参考下面这段代码：

```java
public class CloneTest implements Cloneable{
    int elem;
    CloneTest (int a) {elem =a;}
    public Object clone() {
        CloneTest  newObj = null;
        try {
            newObj  = (CloneTest)super.clone();
        } catch(CloneNotSupportedException e) {
            System.out.print("CloneNotSupportedException occur");
        }
        return newObj;
    }
    public static void main(String[] args) {
        CloneTest [] array1 = new CloneTest [5];
        CloneTest [] array2 = new CloneTest [5];
        for(int i=0; i<5; i++) array1[i] = new CloneTest(i);
            for (int i = 0; i < array1.length; i++) {
                array2[i] = (CloneTest)array1[i].clone();
            }
```

```
        for (int i = 0; i < array2. length; i++) {
            System. out. print(array2[i]. elem + " ");
        }
        System. out. println();
        array1[0]. elem = 100;
        for (int i = 0; i < array2. length; i++) {
            System. out. print(array2[i]. elem + " ");
        }
    }
}
```

本程序的运行结果如图 10-15 所示。

图 10-15　程序的运行结果 8

　　本程序中通过 CloneTest 类的 clone 方法实现了对象的拷贝, 这里不只是对象引用的拷贝, 而是重新在堆内存上生成了一个新的对象, 然后将原始对象的内容复制到新对象的存储空间中。

　　事情结束了吗? 事情远没有结束。如果在 CloneTest 类中增加一个自定义类型的成员并在 CloneTest 对象初始化时在堆上创建这个成员的对象, 那么通过上面给出的 clone 方法能否做到深拷贝呢? 答案是否定的。因为这个自定义类型成员也存在需要深拷贝的问题。在 CloneTest 类的 clone 方法中仅仅做 super. clone(); 操作只能保证 CloneTest 对象在堆上得到一份新的拷贝, 而不能保证该对象内部引用的其他对象也能得到一份新的拷贝 (基本数据类型成员除外)。所以如果在 CloneTest 类中增加一个自定义类型的成员, 则要进行深拷贝, 请参照下面代码实现:

```
public class CloneTest1 implements Cloneable{
    int elem;
    CloneTest2 obj;
    CloneTest1 (int a, CloneTest2 b) {elem = a; obj =b;}
    public Object clone() throws CloneNotSupportedException {
        CloneTest1  newObj = null;
        newObj   = (CloneTest1)super. clone();
        newObj. obj = (CloneTest2)obj. clone();
        return newObj;
    }
    public static void main(String[] args) throws CloneNotSupportedException {
        CloneTest1 a = new CloneTest1(1,new CloneTest2());
        CloneTest1 b = (CloneTest1)a. clone();
        System. out. println("a. obj == b. obj " + (a. obj == b. obj));
    }
}
```

```
class CloneTest2 implements Cloneable {
    public Object clone( ) throws CloneNotSupportedException {
        CloneTest2   newObj = null;
        newObj   = ( CloneTest2 ) super. clone( ) ;
        return newObj;
    }
}
```

在代码中重新定义了类 CloneTest1，并在该类中增加了自定义类 CloneTest2 的成员。这样在实现类 CloneTest1 的 clone 方法时就不能仅仅调用 super. clone( ) 了，还要对其 CloneTest2 的成员 obj 做 clone 操作。这里有一个前提就是类 CloneTest2 必须实现 Cloneable 接口并实现 clone 方法。在 main 方法测试程序中检测类 CloneTest1 的对象 a 以及它的 clone 对象 b 的 obj 成员，看看这两个 obj 成员是否是同一个对象，程序的运行结果是 false，说明 a. obj 和 b. obj 并不是同一个对象，这就证明实现了深拷贝。如果去掉 CloneTest1 中 clone 方法中的 newObj. obj = (CloneTest2) obj. clone( ) ；这条语句，那么程序运行的结果将是 true。有兴趣的读者可以自己试验一下。上述代码的运行结果如图 10-16 所示。

```
a.obj == b.obj false
```

图 10-16　程序的运行结果 9

综上所述，如果想要深拷贝一个对象，这个对象所属类必须要实现 Cloneable 接口，同时实现 clone 方法，并且在 clone 方法内部把该对象引用的其他对象也要 clone 一份，这就要求这个被引用的对象所属类必须也要实现 Cloneable 接口并且实现 clone 方法。这就是所谓的彻底深拷贝。

【面试题 3】数组有没有 length( ) 这个方法？String 有没有 length( ) 方法？

1. 考查的知识点
- 数组的属性和方法

2. 问题分析

数组没有 length( ) 这个方法，但是有 length 属性。可以通过 length 属性获取到一个数组的长度（无论该数组是否已被赋值）。例如下面这段代码：

```
public class test {
    public static void main( String[ ] args )  {
        int[ ]  array = new int[ ] {1,2,3,4,5,6};
        System. out. println( "The length of the array is " + array. length) ;
    }
}
```

程序中创建了一个包含 6 个整型元素的数组 array，然后通过 array. length 获取该数组的长度，并在屏幕上输出。程序的运行结果是"The length of the array is 6"。

String 类中没有 length 的属性，但是有 length( ) 这个方法，其目的也是获取字符串的长度。例如下面这段代码：

```
public class test{
        public static void main(String[] args)    {
                String str = "abcdefg";
                System. out. println("The length of the string is " + str. length());
        }
}
```

程序中初始化了一个字符串 str="abcdefg"，然后通过 str. length() 获取该字符串的长度并在屏幕上输出。程序的运行结果是 "The length of the string is 7"。

3. 答案

数组没有 length() 这个方法，但可以通过 length 属性获取到一个数组的长度。String 中没有 length 的属性，但是有 length() 这个方法，通过 length() 方法可以获取字符串的长度。

10.6 字符串

10.6.1 知识点梳理

知识点梳理的教学视频请扫描二维码 10-12 获取。

二维码 10-12

Java 中提供了 String、StringBuffer 和 StringBuilder 三个类来封装字符串。同时也提供了一系列操作字符串的方法。这三个类容易被人们混淆，因此经常在笔试面试中拿来考查应试者，所以在这里梳理一下这三个类。

String 类是最基本的字符串类。String 类的特点是一旦该类的对象被创建，对象中的字符序列就不能被修改，直到该对象被系统回收，所以 String 类是一个不可变类。

与 String 类不同，StringBuffer 类的对象代表一个字符序列可变的字符串。可以通过 StringBuffer 类提供的 append、insert、reverse、setCharAt 等方法修改该对象中字符序列的内容。一个 StringBuffer 类的对象可通过 toString() 方法生成一个 String 类的对象。

StringBuilder 类是 JDK1. 5 之后新增的一个类。StringBuilder 和 StringBuffer 很类似，不同之处在于 StringBuffer 类是线程安全的，而 StringBuilder 没有线程安全的机制，所以 StringBuilder 的性能要优于 StringBuffer。

在理解字符串的时候有两个概念十分容易混淆，一个是在堆内存上创建的字符串对象，另一个是常量池中的字符串常量。对于初学者来说，这两个概念很容易造成困惑。

首先看在堆内存上创建一个字符串对象，例如：

```
String str = new String("abc");
```

其中变量 str 是一个引用类型的变量，它指向堆内存中的一块空间，里面存放了字符串 "abc"。由于它是一个 String 类型的对象，所以该字符串的内容不能被修改。

而如果定义以下一个字符串，则情况就不同了，例如：

```
String str = "abc";
```

字符串 "abc" 是一个字符串常量，它在编译时就被创建，并被保存在 .class 文件的常量池中。而在程序运行时，类会被加载到内存中，此时 .class 文件的常量池中的内容将在类加载后进入方法区的运行时常量池中。所以此时引用变量 str 指向的并不是一般意义上的堆内存中的字符串对象，而是运行时常量池中的字符串常量。

与此同时，Java 会确保每个字符串常量在常量池只有一个，不会产生多个副本。所以如果按照下面的方式定义字符串：

```
String str1 = new String("abc");
String str2 = "abc";
String str3 = "abc";
System. out. println(str1 == str2);
System. out. println(str2 == str3);
```

st1 == str2 的值为 false，因为 str1 指向的是堆内存中的字符串对象，而 str2 指向的是常量池中的字符串常量。str2 == str3 的值为 true，因为它们都是指向常量池中的字符串常量，并且字符串 "abc" 在常量池中只有一个。

字符串的概念比较多，用法也十分灵活，因此历来都是各大公司笔试面试的重点，在后面的题目中会详细解释。

10.6.2 经典面试题解析

【面试题 1】 String 类型的特性

如果执行了下面这两句程序：

```
String s = "Hello";
s = s +" world!";
```

原始的 String 对象中的内容到底改变了没有？

1. 考查的知识点
- String 类型的特性
- String 类型中的 "+" 运算符

2. 问题分析

在知识点梳理中已经讲到，String 类型的对象一旦被创建，对象中的字符序列就不能被修改。也就是说，在执行完 String s="Hello"；这条语句后，变量 s 就指向了字符串常量"Hello"，当字符串 s 进行了 "+" 操作后，引用变量 s 就不再指向原来那个字符串常量"Hello"了，而是指向了一个新的字符串常量"Hello World!"，而原来的那个字符串常量仍然在内存中，只是没有引用变量再指向它了。所以原始的 String 对象中的内容并没有发生任何变化，s 指向了一个新的字符串常量 "Hello World!"。

从上述描述中能够知道，String 是一个不可变类，当一个字符串需要经常被修改时，要尽量避免使用 String 类存储字符串，而是用 StringBuffer 或 StringBuilder 类来实现。因为在使用 String 类修改字符串时（就像题目中这个例子）会生成一些无用的中间对象（例如第一个字符串 "Hello"），这样的无用对象在内存中不断积累增多而来不及被回收，久而久之会影响程序的性能。

3. 答案

原始的 String 对象中的内容并没有发生任何变化，仍然是字符串 "Hello"，s 指向了一个新的字符串常量 "Hello World!"。

【面试题 2】 简述 String、String-Buffer、StringBuilder 的区别和适用场景

1. 考查的知识点

❑ 字符串常用类型

2. 问题分析

String 类型是最基本的字符串类型，它是一个不可变类，也就是说，一旦该类的对象被创建，对象中的字符序列就不能被修改，直到该对象被系统回收。当一个字符串需要经常被修改时，要尽量避免使用 String 类存储字符串，因为这样会产生一些无用的对象，影响程序的性能。

StringBuffer 也是常用的字符串操作类型，与 String 类型不同，StringBuffer 对象代表一个字符序列可变的字符串。StringBuffer 类提供了 append、insert、reverse、setCharAt、setLength 等方法，通过这些方法可以修改该字符串对象的字符序列。

StringBuilder 是 JDK1.5 后新增的一个类，StringBuilder 与 StringBuffer 类基本相似，两个类的方法也基本相同，所不同的是 StringBuffer 是线程安全的，而 StringBuilder 则没有线程安全机制，因此 StringBuilder 性能略高。所以如果在单线程下操作大量数据时应优先使用 StringBuilder；如果在多线程下操作字符串，则应考虑使用 StringBuffer。

3. 答案

见分析。

【面试题 3】 如何把一段逗号分隔的字符串转换成一个字符串数组

要求：例如将一个字符串 "Hello，Java，This，is，a，test" 转换成字符串数组 str[ ] 后，str[0]中存放一个字符串引用，指向字符串 "Hello"，str[1]中存放一个字符串引用，指向字符串 "Java"，以此类推。

1. 考查的知识点

❑ StringTokenizer 的用法

❑ 正则表达式

二维码 10-13

2. 问题分析

本题的教学视频请扫描二维码 10-13 获取。

这里介绍两种方法对字符串进行分割操作。第一种方法是使用 StringTokenizer 类对字符串进行分割。StringTokenizer 类提供了 3 个构造方法来构造一个解析字符串的 StringTokenizer 对象。

1）StringTokenizer（String str）构造一个用来解析字符串 str 的 StringTokenizer 对象。这里默认的分隔符是 "空格" "制表符（'\t'）" "换行符（'\n'）" "回车符（'\r'）"。

2）StringTokenizer（String str，String delim）构造一个用来解析字符串 str 的 StringTokenizer 对象，并提供一个指定的分隔符 delim。

3）StringTokenizer（String str，String delim，boolean returnDelims）构造一个用来解析字符串 str 的 StringTokenizer 对象，并提供一个指定的分隔符 delim，同时，指定是否返回分隔符。

同时 StringTokenizer 还提供了一些方法，用来解析字符串并返回分割字符串的结果。例如：

1）boolean　hasMoreTokens（）返回是否还有分隔符。

2）String　nextToken（）返回从当前位置到下一个分隔符的字符串。

综上，可以通过 StringTokenizer 类将字符串分割，并保存到字符串数组中。代码如下：

```java
public class Test {
    public static void main(String[] args) {
```

```
            StringTokenizer str
                = new StringTokenizer("Hello,Java,This,is,a,test",",");
            String[] res = new String[6];
            int i=0;
            while(str. hasMoreTokens()) {
                res[i] = str. nextToken();
                i++;
            }
            for(i=0; i<6; i++){
                System. out. println(res[i]);
            }
        }
    }
```

上述程序执行后，数组 res[] 会保存 6 个字符串的引用变量，分别指向 Hello、Java、This、is、a、test 这 6 个字符串。本程序的运行结果如图 10-17 所示。

图 10-17　程序的运行结果 10

StringTokenizer 是出于兼容性的原因而被保留的遗留类，所以目前并不推荐使用这个类对字符串进行拆分操作。推荐使用下面介绍的正则表达式的方法。

第二种方法是使用正则表达式。在字符串类 String 中提供了一些方法用于支持正则表达式。这些方法如下：

1）boolean matches(String regex) 判断该字符串是否匹配参数指定的正则表达式。

2）String[] slipt(String regex) 根据正则表达式拆分字符串，并返回得到的字符串数组。

3）String replaceAll(String regex, String replacement) 将字符串中与正则表达式 regex 相匹配的全部字符串替换为 replacement，并将替换后的新字符串返回。

4）String replaceFirst(String regex, String replacement) 将字符串中与正则表达式 regex 相匹配的第一个字符串替换为 replacement，并将替换后的新字符串返回。

所以可以直接使用 split 方法对字符串进行拆分，并将各个子串保存到字符串数组中。这里的正则表达式就是分隔符 ","。请参考下面的代码：

```
public class Test {
    public static void main(String[] args) {
        String str = "Hello,Java,This,is,a,test";
        String[] res = str. split(",");
        for(int i=0; i<6; i++){
            System. out. println(res[i]);
```

```
                }
            }
        }
```

上述程序执行后，数组 res[ ] 会保存 6 个字符串的引用变量，分别指向 Hello、Java、This、is、a、test 这 6 个字符串。本程序的运行结果如图 10-18 所示。

图 10-18　程序的运行结果 11

3. 答案

见分析。

拓展性思考

——巧用正则表达式

正则表达式是一个很有用的工具，它可以实现对字符串的查找、提取、分割、替换等操作。使用正则表达式可以简化程序的编写，对于一些相对复杂的操作，如果采用编程实现的方法则较难实现，而如果使用正则表达式则会迎刃而解。所以建议在实际开发中多考虑使用正则表达式解决字符串问题。

Java 的 String 类中也提供了一些支持正则表达式的方法，使用这些方法可以有效地对字符串进行处理，使得程序写得更简洁，更漂亮。

例如，一个记录了很多人用户名和密码信息的字符串，密码是由 0~9 数字或 26 个英文字母组成，现在想要将里面的所有密码替换为字符串 "***"，如果用正则表达式来匹配这些密码信息，用方法 replaceAll 来替换这些密码，这个程序将会非常简单。代码如下：

```
public class Test {
    public static void main(String[ ] args) {
        String str = "user_name:Aron password:0123 user_name:Wiken password:45622 user_name:
Jerry password:7890";
        System. out. println(str);
        System. out. println(str. replaceAll("password:\\w*","password:***"));
    }
}
```

这里只需要通过正则表达式 "password:\\w*" 来匹配以字符串 "password:" 开头的以 0~9 数字或 26 个英文字母组成密码，并通过 replaceAll 方法将其替换为字符串 "password：***" 就可以实现题目的要求。该程序的运行结果如图 10-19 所示。

```
user_name:Aron password:0123 user_name:Wiken  password:45622 user_name:Jerry pas
sword:7890
user_name:Aron password:*** user_name:Wiken   password:*** user_name:Jerry passwo
rd:***
```

图 10-19　程序的运行结果 12

除了 String 类中提供了支持正则表达式的方法，Java 中还提供了 Pattern 和 Matcher 两个类支持正则表达式的应用。

正则表达式的使用相当灵活，功能也非常强大，它可以根据需要匹配不同格式的字符串，在工作中应用广泛，所以应当很好地掌握正则表达式。

▇ 10.7 异常处理

10.7.1 知识点梳理

二维码 10-14

知识点梳理的教学视频请扫描二维码 10-14 获取。

Java 中的异常处理机制由关键字 try、catch、finally、throw 和 throws 组成。

关键字 try 后面要紧跟一个由大括号{}括起来的代码块，这个代码块一般被简称为 try 块，里面放置的是可能发生异常的代码。

catch 用来捕获异常。一个 try 可以对应多个 catch，try 块中可能发生不同类型的异常，而每个 catch 只能捕获一类异常。一个 catch 后面对应一个异常类型和一个代码块，代码块中放置的是用于处理对应异常的代码。

finally 关键字后面的代码块称为 finally 块，因为异常机制会保证 finally 块总会被执行，所以它一般用于处理 try 块中打开的资源，也可以做一些收尾工作。

关键字 throws 用于声明一个方法可能抛出异常，关键字 throw 用于抛出一个实际的异常。

Java 中提供了丰富的异常类，这些异常类之间存在继承关系，如图 10-20 所示。

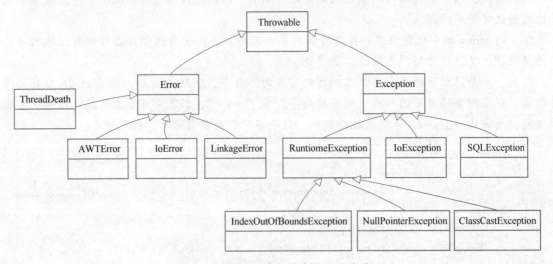

图 10-20 Java 常见异常类继承关系

从图 10-20 可知，从 Throwable 类中派生出两个子类：异常类（Exception）和错误类（Error）。错误类 Error 一般都是 JVM 相关的问题，例如系统崩溃、虚拟机错误等。程序在执行过程中一旦发生这些错误将会导致程序的彻底停止，因此 Error 发生是不可恢复的，程序员没有必要去 catch 这些 error 而试图处理它。

需要更多地关注 Exception 类。从图 10-20 中可知，Java 的 Exception 分为两大类，一类是 Runtime 异常，即 RuntimeException 及其子类抛出的异常；另一类称为 Checked 异常，如图 10-20 中的 IoException、SQLException 等以及自定义的异常类都属于 Checked 异常。

所谓 Checked 异常就是 Java 认为可以被发现和处理的异常，程序必须显式地处理 Checked 异常，如果没有处理这些异常，程序则无法编译通过。

在 Java 中有两种方式处理 Checked 异常：

1）在 try…catch 语句中使用 catch 块捕获和修补该异常。

2）使用 throws 关键字在定义方法时声明抛出该异常。

这里要注意的是，使用 throws 会将本方法中发生的异常抛给上一级调用者处理。如果上一级调用者也不 catch 该异常，而是使用 throws 关键字在定义方法时声明抛出该异常，那么程序可将该异常继续抛给更上一级调用者。如果该异常一直向上抛，最终被 main 方法抛给了上一级，则该异常会交给 JVM 处理，此时程序会被终止运行，并打印出异常跟踪栈信息。

所谓 Runtime 异常是指程序运行时发生的异常，这类异常是程序员自身的错误导致的，是完全可以避免的，所以 Runtime 异常无须程序显式地处理，编译的时候不会检查 Runtime 是否被捕获或抛向上层。

特别提示：Checked 异常和 Runtime 异常的本质

Runtime 异常一定是程序员的错误导致的，比如空指针异常 NullPointerException 就是某一个引用为 null，而程序又去调用该引用的一个方法或属性导致的异常；再比如算术异常 ArithmeticException，当除数为 0 时会抛出该异常。这些异常的发生本身是因为代码的缺陷导致的，所以理论上程序员可以避免这些异常的发生。而 Checked 异常有可能是因为一些不可预期的原因导致的，是无法完全避免的，比如 IO 异常 IOException 就有可能在读写文件时发生，但是否发生本身是不预期的。所以 Checked 异常需要程序显式地处理（主要做一些异常发生后的善后工作），虽然大多数情况下这个异常不会真的发生。

那么如何区分 Checked 异常和 Runtime 异常呢？只需牢牢记住哪些是 Runtime 异常，其他的异常（包括自定义的异常）就都是 Checked 异常了。

Runtime 异常包括以下几种。

1）NullPointerException：空指针引用异常。

2）ClassCastException：类型强制转换异常。

3）IllegalArgumentException：传递非法参数异常。

4）ArithmeticException：算术运算异常。

5）ArrayStoreException：向数组中存放与声明类型不兼容对象异常。

6）IndexOutOfBoundsException：下标越界异常。

7）NegativeArraySizeExccption：创建一个大小为负数的数组错误异常。

8）NumberFormatException：数字格式异常。

9）SecurityException：安全异常。

10）UnsupportedOperationException：不支持的操作异常。

10.7.2 经典面试题解析

【面试题 1】常识性问题

（1）下面有关 Java 异常的阐述说法错误的是（　　）

（A）异常的继承结构：基类为 Thowable，Error 和 Exception 继承 Thowable，RuntimeException 和 IOException 继承 Exception 等

（B）非 RuntimeException 一般都是外部错误，其必须被 try‖catch 语句捕获

（C）Error 类体系描述了 Java 运行系统中的内部错误以及资源耗尽的情形，不需要捕捉

（D）RuntimeException 体系包括错误的类型转换、数组越界和试图访问空指针等，必须被 try‖catch 语句所捕获

1. 考查的知识点

❑ 异常的基本概念

2. 问题分析

从前面的知识点梳理中可知，选项 A、选项 B、选项 C 都是正确的。只有选项 D 的表述不正确。RuntimeException 体系包括错误的类型转换、数组越界和试图访问空指针等，这是正确的，但是 RuntimeException 不需要被 catch，因为它是一种代码的错误，需要纠正，所以不需要被 catch 捕获。

3. 答案

（D）

（2）下列关于异常的说法中正确的是（　　　）

（A）一旦发生异常程序就会终止

（B）如果一个方法声明抛出异常，则它必须真的抛出那个异常

（C）在 catch 子句中匹配异常是一种精确匹配

（D）可能抛出系统异常的方法是不需要声明异常的

1. 考查的知识点

❑ 异常的基本概念

2. 问题分析

本题可用排除法得到答案。

选项 A 显然是错误的，如果发生的异常被 catch，则程序不会终止。

选项 B 也是不正确的，一个方法声明抛出异常也不意味着该方法真的会抛出异常，而只是一种可能性。例如：

```
public class testIOException {
    public static void main(String[ ] args) throws IOException {
        FileInputStream fis = null;
        fis = new FileInputStream("a. txt");
    }
}
```

这段代码中定义 main 方法时声明抛出一个 IOException，但是在执行 new FileInput Stream（"a. txt"）；时并不一定会发生异常，这里是显式地处理 Checked 异常的一种方式。也可以用 try-catch 的方式处理 Checked 异常。

选项 C 也不正确，因为 catch 子句中匹配异常也可以是 Exception 类型异常对象，这样无论 try 块中的代码发生何种异常都能被 catch 所捕获。

只有选项 D 是正确的。这里所说的系统异常就是在知识点梳理中讲到的 Error。Error 一般都是 JVM 相关的问题，是系统异常，并且一旦出现 Error 是不可恢复的。所以没有必要去 catch 这些 Error 而试图处理它。

3. 答案

（D）

【面试题 2】finally 块中的代码什么时候会被执行？

1. 考查的知识点

❏ finally 块的执行方式

2. 问题分析

本题的教学视频请扫描二维码 10-15 获取。

二维码 10-15

在知识点梳理中已经讲到，finally 关键字后面的代码块称为 finally 块，无论是否发生异常 finally 块总会被执行，所以它一般用于处理 try 块中打开的资源，也可以做一些收尾工作。但是这样讲似乎还有些笼统，在一些特殊场景下，我们还是比较容易误解和混淆。所以本题就更加详细地解读一下 finally 块的执行方式。

首先来分析一下下面这段程序的执行结果应该是什么。

```
class testFinally {
    public static void main(String[ ] args) {
        int r = testFinally . test( );
        System. out. println("test( ) = " + r);
    }
    public static int test( ) {
        try {
            System. out. println("In try");
            return 1;
        } catch(Exception e) {
            System. out. println("In catch");
            return 2;
        } finally {
            System. out. println("In finally");
        }
    }
}
```

有的读者可能认为首先调用了函数 test( )，所以执行 try 块中的语句，打印出"In try"字符串，然后 test( )返回 1，会在屏幕上输出"test( ) = 1"。但是编译执行这段程序的运行结果如图 10-21 所示。

从图 10-21 可以看到，程序在执行完 try 块代码后并没有直接返回 1，而是执行了 finally 块的代码，并在屏幕上输出"In finally"，然后返回 1。这是为什么？

图 10-21　程序的
运行结果 13

我们知道 return 是一个函数执行结束的标志，当一个函数执行到 return 语句时就会立即结束当前函数的调用栈而返回到上一级函数中。而 finally 块无论是否发生异常都要被执行的，所以 finally 块中的代码也要在 return 语句前执行。所以在 try 块中的 return 语句执行前要先执行 finally 块中的代码。

但是如果 finally 块中也有 return 语句将会怎样执行呢？请看下面这段代码：

```
class testFinally {
    public static void main(String[] args) {
        int r = testFinally.test();
        System.out.println("test() = " + r);
    }
    public static int test() {
        try {
            System.out.println("In try");
            return 1;
        } catch(Exception e) {
            System.out.println("In catch");

            return 2;
        } finally {
            System.out.println("In finally");
            return 3;
        }
    }
}
```

编译执行这段程序的运行结果如图 10-22 所示。

这里函数 test( ) 通过 finally 块中的 return 返回, 而不通过 try 块或 catch 块中的 return 返回。这说明如果 finally 块中有 return 语句, 那么它将会覆盖掉 try 块或 catch 块中的 return 语句而得到执行。

那么是不是 finally 块无论在什么情况下都会被执行呢? 答案是否定的。前面所说的无论是否发生异常 finally 块总会被执行, 这只是针对 try-cath-finally 的异常机制而言的, 也就是说, 无论 try 块或 catch 块中是否发生异常, 是否有 return 语句, finally 块总会被执行到。但是如果在 try 块语句之前就发生了异常, 则 finally 块就执行不到了。请看下面这段程序:

```
In try
In finally
test() = 3
```

图 10-22　程序的
运行结果 14

```
class testFinally {
    public static void main(String[] args) {
        int r = testFinally.test();
        System.out.println("test() = " + r);
    }
    public static int test() {
        int i = 1 / 0;
        try {
            System.out.println("In try");
            return 1;
        } catch(Exception e) {
            System.out.println("In catch");
            return 2;
        } finally {
```

```
                System. out. println("In finally");
                return 3;
            }
        }
    }
```

由于在 try 块之前执行了语句 i = 1 / 0;，这会导致一个 Runtime 除零异常，所以程序会被终止，finally 块中的代码不会得到执行。程序的运行结果如图 10-23 所示。

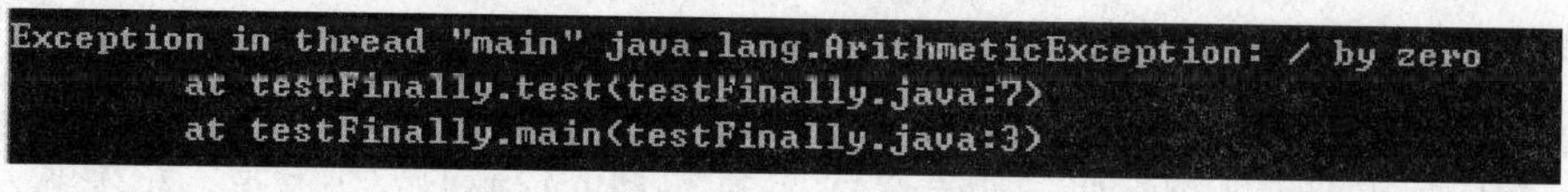

```
Exception in thread "main" java.lang.ArithmeticException: / by zero
        at testFinally.test(testFinally.java:7)
        at testFinally.main(testFinally.java:3)
```

图 10-23　程序的运行结果 15

另外，当程序在 try 块中强制退出时 finally 块也不能得到执行，请看下面的代码：

```
class testFinally {
    public static void main(String[ ] args) {
        int r = testFinally . test( );
        System. out. println("test( ) = " + r);
    }
    public static int test( ) {
        try {
            System. out. println("In try");
            System. exit(0);
            return 1;
        } catch(Exception e) {
            System. out. println("In catch");
            return 2;
        } finally {
            System. out. println("In finally");
            return 3;
        }
    }
}
```

当程序执行到 try 块中时，直接调用 System. exit(0);强制退出，这将终止当前正在运行的 Java 虚拟机，所以后续的代码都不执行，finally 块中的代码自然也就不能被执行了。这段程序的运行结果如图 10-24 所示。

```
In try
```

图 10-24　程序的
运行结果 16

3. 答案

总结起来，如果 try 块或 catch 块中有 return，而 finally 块中没有 return，则要先执行 finally 块中的代码，然后执行 return 语句。如果 finally 块中有 return 语句，那么它将会覆盖掉 try 块或 catch 块中的 return 语句。如果在 try 块之前有异常发生，则 finally 块有可能得不到执行。如果直接调用 System. exit(0);强制退出，则 finally 块也得不到执行。

【面试题 3】 Java 异常处理中的关键字

Java 语言中的关键字：try、catch、finally、throws、throw 分别代表什么意义？在 try 块中可以抛出异常吗？

1. 考查的知识点

❑ 异常处理的关键字

2. 问题分析

在知识点梳理中已经讲到，Java 中的异常处理机制由关键字 try、catch、finally、throws 和 throw 组成，它们在异常处理机制起着不同的作用。

（1）try…catch

在 try 块中放置业务实现代码，如果执行 try 块里面的代码时发生异常，系统就会生成一个异常对象并提交给 Java 运行时环境，这个过程称为抛出异常。Java 运行时环境接收到该异常对象后会寻找能够处理该异常对象的 catch 块。如果找到了能够处理该异常对象的 catch 块，则系统将该异常对象交给该 catch 块处理，这个过程叫作捕获异常；如果找不到处理该异常对象的 catch 块，则程序运行终止。例如：

```
try {
    //业务实现代码
} catch (IOException e) {
    //捕获到 IO 异常并处理
}
```

上述代码中，如果业务实现代码中发生了 IO 异常，则该异常将被代码中的 catch 所捕获，所以程序不会终止。如果业务实现代码中发生了其他类型的异常（例如 SQLException），则该异常就不能被捕获，因此程序可能被终止（除非该异常被抛给上层，且在上层被捕获）。

如果程序员希望无论业务实现代码发生何种异常都能被 catch 所捕获，那么可以使用 Exception 类型异常对象作为 catch 的参数，例如：

```
try {
    //业务实现代码
} catch (Exception e) {
    //捕获到所有异常并处理
}
```

但是在实际应用中不建议这样做，因为这样可能会由于无条件地捕获所有异常而导致程序不能得到预期的结果，降低了代码的可维护性。

（2）finally

有时候程序会在 try 块中打开一些资源，例如，打开数据库连接、打开网络连接、打开磁盘文件等。虽然 Java 中有垃圾回收机制，但是它只能回收 Java 堆内存中的对象，所以这些物理资源必须要显式地回收。如何显式地回收这些物理资源呢？如果将回收物理资源的语句放在 try 块中，一旦程序在 try 块中发生异常，那么这些语句可能执行不到。如果将回收物理资源的语句放在 catch 块中，那么如果没有发生异常，或者发生的异常没能被 catch 捕获，则相应的代码仍然不能执行到。所以为了确保打开的物理资源可以被回收，就需要 finally 语句。不管 try 块中的代码是否出现异常，也不管 catch 是否捕获了该异常，finally 语句都会被执行（除非上一题中所说的几种特殊情况），所以回收物理资源的语句放在 finally 块中是最合适的。

（3）throws

如果一个方法中的代码可能发生 Checked 异常，但是该方法并不知道如何处理该异常，这种情况下就需要用 throws 将该异常抛给该方法的调用者。例如：

```
public void createFile( ) throws IOException {
    FileInputStream fis = newFileInputStream("test. txt");
    ......
}
```

因为函数 createFile( ) 中不能对这个 IO 异常做出适当的处理，而 IO 异常属于 Checked 异常，必须被显式地处理，所以可以在定义方法时声明抛出 IOException。

另外，throws 也可以声明抛出多个异常，多个异常类之间用逗号分隔。例如：

```
public void createFile( ) throws IOException, SQLException {
    FileInputStream fis = newFileInputStream("test. txt");
    ......
}
```

（4）throw

当程序的逻辑走到一个不正确的分支时，可以使用 throw 关键字主动抛出一个异常，以期待进一步的处理。使用关键字 throw 抛出的异常可以是一个 Checked 异常，也可以是一个 Runtime 异常。如果抛出的是 Checked 异常，则该 throw 语句要么放在 try 块中显式地被 catch 捕获，要么就要放在一个带 throws 声明的方法中。因此 try 块中可以通过 throw 抛出异常。

3. 答案

见分析。

10.8　反射机制

10.8.1　知识点梳理

知识点梳理的教学视频请扫描二维码 10-16 获取。

二维码 10-16

在 Java 中要使用一个类首先要将该类加载到内存中，系统会为该类生成一个 java. lang. Class 的实例。这个 Class 对象的作用很大，通过它系统可以访问到 JVM 中该类的信息，同时 Class 对象也是实现 Java 反射机制的核心要素。

所谓反射（Reflection）是指程序可以访问、检测和修改它本身状态或行为的一种能力，并能根据自身行为的状态和结果，调整或修改应用所描述行为的状态和相关的语义。具体来说，Java 的反射机制可以在运行时加载和使用编译期间完全未知的类，换句话说，Java 程序可以加载一个运行时才得知名称的类，获得其完整构造，并生成该对象实体，或对其 fields 设值，或调用其方法。

Java 中的反射机制主要提供了以下功能：

1）获取一个类的信息。

2）通过类型的名称动态生成并操作对象。

1. 获取一个类的信息

通过一个类的 Class 对象可以获取该类的信息，包括类的构造函数、属性、方法等。下面

通过一个具体的实例来说明：

```
import java. lang. reflect. Constructor;
import java. lang. reflect. Method;
public class test{
    public test( ) {}
    public test( int x) {}
    private test( int x, int y) {}
    public void func1( ) {}
    public void func1( String str) {}

    public static void main( String[ ] args) throws Exception {
        Class<test>classTest = test. class;
        //获取 test 类的全部构造器
        Constructor[ ] ctors = classTest. getDeclaredConstructors( );
        System. out. println( "test 类的构造器包括:");
        for ( Constructor c: ctors) {
            System. out. println( c);
        }
        //获取 test 类全部的 public 的构造器
        Constructor[ ] publicCtors = classTest. getConstructors( );
        System. out. println( "test 类的 public 构造器包括:");
        for ( Constructor c: publicCtors) {
            System. out. println( c);
        }
        //获取 test 类的全部 public 方法
        Method[ ] mthds = classTest. getMethods( );
        System. out. println( "test 类的 public 方法:");
        for ( Method m: mthds) {
            System. out. println( m);
        }
        //获取 test 类中指定的方法
        //获取函数名为 fun1,且带一个 String 类型参数的方法
        System. out. println( "函数名为 fun1,且带一个 String 类型参数的方法:"
            + classTest. getMethod( "fun1" ,String. class));
    }
}
```

上面这段程序的运行结果如图 10-25 所示。

通过上面这段示例程序可以看到，程序首先获取了类 test 的 Class 对象。然后通过调用 Class 类的一系列方法获取 test 类的信息。这是利用反射机制获取类信息的标准流程。

在 Java 中获取一个类的 Class 对象的方法有 3 种：

1）Class. forName(className)。

2）调用某个类的 class 属性获取该类对应的 Class 对象。

3）调用对象的 getClass( )方法获取该对象所属类对应的 Class 对象。

```
test类的构造器包括:
public test()
private test(int,int)
public test(int)
test类的public构造器包括:
public test()
public test(int)
test类的public方法:
public void test.func1()
public void test.func1(java.lang.String)
public static void test.main(java.lang.String[]) throws java.lang.Exception
public final native java.lang.Class java.lang.Object.getClass()
public native int java.lang.Object.hashCode()
public boolean java.lang.Object.equals(java.lang.Object)
public java.lang.String java.lang.Object.toString()
public final native void java.lang.Object.notify()
public final native void java.lang.Object.notifyAll()
public final void java.lang.Object.wait() throws java.lang.InterruptedException
public final void java.lang.Object.wait(long,int) throws java.lang.InterruptedEx
ception
public final native void java.lang.Object.wait(long) throws java.lang.Interrupte
dException
Exception in thread "main" java.lang.NoSuchMethodException: test.fun1(java.lang.
String)
        at java.lang.Class.getMethod(Unknown Source)
        at test.main(test.java:35)
```

图 10-25 反射演示程序的运行结果

在本实例程序中使用的是第二种方法：通过 test 类的 class 属性获取 test 类中的信息。

2. 通过类型的名称动态生成并操作对象

一般情况下生成一个类的对象是不需要使用反射的。但是有些特殊的情况必须用到反射才能实现类的实例化。比如要对一个类进行操作，但是这个类的类名需要从配置文件中读取，事先并不知道该类的类名等信息。这样在编译时就无法确定该类的类名，也就无法按照传统的方法构建类的对象了。所以可以先读取配置文件并拿到这个类的全类名，然后利用反射生成该类的对象，并进行相应的操作。一个很好的例子就是设计模式中的简单工厂模式。请看下面这个实例：

```java
import java.lang.reflect.Constructor;
import java.lang.reflect.Method;

public class graphFactory {
    public static graph createGraph(String className) {
        try {
            //获取类名为 className 的类的 Class 对象
            Class classObj = Class.forName(className);
            //用 Class 对象的 newInstance()方法生成对象
            return (graph)classObj.newInstance();
        } catch (ClassNotFoundException e) {
            //没有找到类名为 className 的类
        } catch (InstantiationException e) {
            //实例化异常
        } catch (IllegalAccessException e) {
            //访问异常
        }
```

```
        return null;
    }

    public static void main(String[] args) {
        graph obj;
        obj = graphFactory . createGraph("circle");
        System. out. println(obj. getName());
        obj = graphFactory . createGraph("triangle");
        System. out. println(obj. getName());
        obj = graphFactory . createGraph("rectangle");
        System. out. println(obj. getName());
    }
}

interface graph {
    public String getName();                    //定义接口 graph
}

class triangle implements graph {
    public String getName() {
        return "triangle";                      //triangle 类,实现 getName()方法
    }
}

class circle implements graph {
    public String getName() {
        return "circle";                        //circle 类,实现 getName()方法
    }
}

class rectangle implements graph {
    public String getName() {
        return "rectangle";                     //rectangle 类,实现 getName()方法
    }
}
```

在上面这个实例中定义了一个接口 graph，同时定义了三个类 triangle、circle、rectangle 分别实现接口 graph。在每个类中要实现方法 getName()，其作用是返回该类的名称。

类 graphFactory 是一个工厂类，该类中定义了一个方法 public static graph createGraph(String className)用于生成参数 className 字符串指定的类的对象。这里就用到了反射机制，首先通过语句 Class. forName(className);获取 className 字符串指定的类的 Class 对象，并将其赋值给 classObj，然后通过 classObj. newInstance();来创建 Class 对象对应的类的实例（也就是参数 className 指定类名的类的实例）。这里需要注意一点的是，newInstance()方法调用的是 Class 对象对应的类的默认的构造函数，即无参构造函数，所以该类一定要有默认构造函数，否则会

发生异常。

在 main 方法中通过调用 graphFactory. createGraph(className)；的方法动态生成参数 className 字符串指定类的对象，然后调用该对象的 get-Name()方法获得该类的名称，并在屏幕上输出。这段程序的运行结果如图 10-26 所示。

```
circle
triangle
rectangle
```

图 10-26　程序
的运行结果 17

本例是利用 Java 的反射机制实现简单工厂模式的经典实例。其中使用 Class 对象的 newInstance()方法创建指定对象的实例是本程序的核心。我们发现，程序在编译时不必指定类的名称而是在程序运行时动态指定类的名称去生成类的对象，这样代码会更加简洁，同时也更加利于程序的维护和扩展。

10.8.2　经典面试题解析

【面试题 1】反射机制的基本概念

简述什么是反射机制，反射机制提供了什么功能？哪里用到反射机制？

1. 考查的知识点

❑ 反射的基本概念

2. 问题分析

在高级语言中，允许改变程序结构或变量类型的语言称为动态语言，例如 Perl、Python、Ruby 等就是动态语言，而像 C、C++、Java 这类语言在程序编译时就确定了程序的结构和变量的类型，因此不是动态语言。尽管如此，Java 还是为开发者提供了一个非常有用的与动态相关的机制——反射（Reflection）。运用反射机制可以在运行时加载和使用编译期间未知的类型。也就是说，Java 程序可以加载在运行时才得知类名的 class，并生成其对象实体，或访问其属性，或唤起其成员方法。通俗点讲，所谓 Java 的反射机制，就是在 Java 程序运行时动态地加载并使用在编译期并不知道的类。

Java 的反射机制功能十分强大，首先反射机制可以动态获取一个类的信息，包括该类的属性和方法，这个功能可应用于对 class 文件进行反编译。其次，反射机制也可以通过类型的名称动态生成对象，并调用对象中的方法。因为有些时候无法在编译阶段得知一个类的信息，而在程序运行时又需要构造出该类的实例，这个时候反射机制就能派上用场。另外，一些经典的设计模式也可以基于 Java 的反射机制实现，例如简单工厂模式等。除此之外，很多框架都用到反射机制，例如 Hibernate、Struts 都是用反射机制实现的。

3. 答案

见分析。

【面试题 2】简述反射机制的优缺点

1. 考查的知识点

❑ 反射的基本概念

2. 问题分析

反射是 Java 中一个十分重要而有用的机制。它给 Java 提供了运行时获取一个类实例的可能，只要传递一个类的全包名路径，就能通过反射机制获取对应的类实例，并通过该实例调用其方法和属性。因此反射机制大大提高了系统的灵活性和可扩展性。

反射在一些开源框架中得到了广泛的应用，例如，Spring、Struts、Hibnerate、MyBatics 等都广泛地应用了反射机制。

但是事物都有正反两个方面，反射机制也存在着一些缺点。例如，反射机制会对系统的性能造成影响，因为反射机制是一种解释操作，它是在程序运行时才告诉 Java 虚拟机去加载某些类，而一般情况下，运行的所有的程序在编译期就已经把类加载了。

另外，反射机制破坏了类的封装性，可以通过反射获取这个类的私有方法和属性，从而导致安全性相对降低。

3. 答案

优点：可以在运行时获取一个类的实例，大大提高了系统的灵活性和可扩展性。

缺点：性能较差，安全性不高，破坏了类的封装性。

10.9 关键字

10.9.1 知识点梳理

知识点梳理的教学视频请扫描二维码 10-17 获取。

二维码 10-17

在前面的面试题中已经提到了 Java 中的关键字。在 Java 中一共有 50 个关键字，参见表 10-1。其实更确切地讲，Java 中的有效关键字为 48 个，而 goto 和 const 一般称为保留字（Reserved Word），这两个保留字都没有实际的意义，不能在 Java 中使用。除此之外，Java 还提供了 3 个直接量（Literal），分别是 true、false 和 null。Java 的标识符的命名既不能使用上述提供的 50 个关键字，也不能使用这 3 个直接量。

在 Java 的面试中，一些平时可能忽略的关键字有可能成为考试的目标，因为这些看似"边边沿沿"的知识点恰恰可以反映出一个求职者对 Java 细节的掌握程度。更重要的是，有的关键字虽然在平时写程序时不太容易碰到，但是在实际的应用开发以及一些经典的开源程序中会被频繁地使用（例如 instanceof、volatile 等），所以掌握这些关键字也是工作中必备的常识性知识，应当对此予以重视。本节中结合一些常见的面试题对一些关键字进行讲解。

10.9.2 经典面试题解析

【面试题 1】常识性问题

（1）在 Java 语言中下面可以用作变量名的是（　　　）

（A）1X　　　（B）animal　　　（C）extends　　　（D）true

1. 考查的知识点

❑ Java 中的关键字和直接量

2. 问题分析

Java 中的关键字都是有其特殊含义的，因此不能作为变量名使用。所以选项 C 不正确。除了关键字外，Java 中还提供了 3 个直接量 true、false 和 null，这 3 个直接量也不能作为变量名使用，因此选项 D 也不正确。另外，变量名作为 Java 中的标识符也是有其命名规则的。Java 语言的标识符必须以字母、下划线（_）或者美元符（$）开头，后面可以跟任意个数的字母、数字、下划线或美元符。此处所说的字母并不限于英文字母，它甚至可以是中文字符或日文字符等。需要注意的是，标识符中不能包含空格符。所以选项 A 显然不正确，因为它是以数字开头的。

3. 答案

（B）

（2）下列选项中哪个不是 Java 语言中的关键字（　　　）

（A）public　　　　（B）main　　　（C）static　　　（D）class

1. 考查的知识点

❑ Java 中的关键字

2. 问题分析

读者一定要牢记 Java 中的关键字，也就是表 10-1 的内容。如果熟记了 Java 中的关键字，这道题目便迎刃而解，答案是 B。

其实要记住这些关键字并不难，可以把这些关键字分门别类地加以归纳，这样只要记住几个大类即可，凡是属于这些类的标识符就是关键字，其余的标识符就不是关键字。可以按照如下方法分类：

1）包、类、接口定义相关的。

class，interface，package，extends，implements，import，abstract。

2）基本数据类型。

int，float，double，char，long，enum，void，byte，short，boolean。

3）Java 语句控制符。

if，while，else，for，break，case，continue，default，do，return，switch，synchronized。

4）类型、变量、方法修饰符。

final，native，private，protected，public，static，volatile，strictfp，transient。

5）异常处理相关的。

try，throw，throws，catch，finally。

6）类引用。

this，super。

7）运算符。

new，assert，instanceof。

8）保留字。

goto，const。

按照上述分类方法，很容易就能判断出 main 不是关键字。虽然 main 是 Java 程序的入口方法，但是它只是一个方法名而已，并不是关键字，仍然可以将 main 作为一般的标识符使用，例如，将 main 作为变量名使用。

3. 答案

（B）

特别提示

这两道面试题虽然普通，但可以给我们如下启示：

1）应当重视变量名的命名规则。在平常写代码时经常会用简单的 i、j、k 作为变量名，这些变量名作为一般的临时变量名尚可（例如循环语句的临时变量），但是如果当作一个有意义的局部变量或成员变量就显得太低级了，还是应该遵循 Java 的变量命名规则，起一个富有意义的变量名。Java 普通成员变量多以字母 m 开头，静态成员变量多以字母 s 开头，常量多用大写字母命名，局部变量可用"驼峰"命名法。

> 2) 看似熟悉的东西其实可能会产生误解。main 作为主方法的入口是大家所熟识的，但是其实 main 并不是一个关键字，可以用 main 为一个变量命名。类似的这些似是而非的细节点应予以重视。

【面试题 2】 简述 final、finally 和 finalize 的区别

1. 考查的知识点

❑ final、finally 和 finalize 的含义和区别

2. 问题分析

final、finally 和 finalize 是三个看上去很相似的关键字，很容易被混淆，但是它们的含义却不尽相同。

（1）final

final 这个关键字可用来修饰类的属性、方法的参数、方法以及类本身。final 修饰属性时表示该属性不可变；final 修饰方法时表示该方法不可被覆盖；final 修饰类时表示该类不可被继承。下面分别进行介绍。

当使用 final 修饰属性（变量、对象）时，必须对属性（变量、对象）进行初始化。如果 final 修饰的变量是基本数据类型，则一旦该变量被初始化就不能被赋予新值，例如：

```
final int a = 6;
a = 7;                      //错误,a 声明为 final,因此不能被赋予新值
```

如果 final 修饰的是一个引用类型的对象，则这里指的不可变是指该引用所引用的地址不能改变，并不表示该引用对象的内容本身不能发生改变。例如：

```
final String str= "Hello";
str = str + "World!";       //错误,因为 str 此时要试图指向一个新的字符串
```

上面这段程序中，字符串 str 最初指向字符串常量 "Hello"，接下来试图执行 str = str + "World!"；将字符串 "Hello" 与字符串 "World!" 进行连接，并用 str 指向形成的新的字符串（由于字符串类型是不可变类型，所以 str 指向的字符串本身内容不能被修改）。但是由于 str 开始被声明为 final，所以会发生编译错误。

```
final StringBuffer str = new StringBuffer( "Hello" );
str. append( " World!" );      //没有问题,str 指向的对象内容可以发生改变
```

再如上面这段代码，虽然 str 也被声明为 final，但是它指向的对象是 StringBuffer 类型的对象，其内容可以被修改，所以通过 append 方法修改 StringBuffer 里面字符串的内容是可以的。

通过上面两个实例就能更加直观地理解当使用 final 修饰引用型变量时，它只能指向初始时指向的那个对象，而指向对象的内容可以被修改。

当使用 final 修饰方法的参数时则表示该参数在方法内部不能被修改，它有点类似于 C++ 中用 const 修饰函数的形参。

当使用 final 修饰方法时，该方法不能被子类覆盖重写，但是该方法在子类中仍然可以被使用。与此同时，在 Java 中用 final 修饰的函数也被称为内联函数。这个内联函数类似于 C++ 的内联函数，它并不是必需的，而是在编译时告诉编译器这个函数可以作为内联函数编译。至于最终编译器如何处理则由编译器自己决定。内联函数的优势在于当调用该函数时，系统会直

接将方法主体插入调用处，从而省去了方法调用的环境，提升了程序的执行效率。

当一个类被 final 修饰时，该类不能被继承，因此该类的所有方法也就不能被覆盖并重写。需要注意的是，抽象类（abstract class）和接口（interface）不能用 final 修饰，因为定义的抽象类和接口就是用来被继承和实现的。

（2）finally

在前面的面试题中已经讲到，finally 这个关键字只有在异常处理时才会出现，它通常与 try、catch 合用，并自带一个语句块。不管 try 块中的代码是否发生异常，也不管哪一个 catch 块得到执行，finally 块最终总是会被执行到，所以 finally 块中的代码常被用来执行资源回收、文件流关闭等操作。请看下面这段代码示例：

```
try {
    cursor = mContext. getContentResolver( ). query(uri , null , null , null , null );
    if( cursor != null) {
        cursor. moveToFirst( );
        //do something
    }
} catch( Exception e) {
    e. printStatckTrace( );
} finally {
    if( cursor != null) {
        cursor. close( );
    }
}
```

上面这段代码是一段 Android 程序，在 try 块中通过 ContentResolver 从 ContentProvider 中得到数据库中的数据，并将查询结果的记录保存在 cursor 中，然后通过 cursor 读取这些数据并进行某些操作。但是 ContentResolver 的操作可能会抛出异常，因此这里用 catch 捕获这个异常，如果发生异常则会输出该异常的信息。但是这还是不够的，因为还需要将打开的 cursor 关闭，否则会导致 cursor leak。但是由于 ContentResolver 操作可能会发生异常，因此为了确保 cursor. close( ); 被调用，将这段程序写在 finally 块中。这样程序无论是否发生异常都会执行到 cursor. close( ); ，从而避免了 cursor leak 的发生。

（3）finalize

finalize 是 Object 类的一个方法。在垃圾回收机制执行的时候会调用被回收对象的 finalize 方法。因为 finalize 是 Object 类的方法，所以 Java 中任何类都可以覆盖这个方法，并在该方法中清理该对象所占用的资源。

因为 Java 中增加了垃圾回收机制，所以可以省去人们手动释放对象内存空间的麻烦，在很大程度上避免了内存泄漏的发生。那为什么还要有 finalize 方法呢？这是因为，有时在撤销一个对象时还需要对一些非 Java 资源进行处理，例如关闭文件句柄等。这就需要在对象被撤销之前保证这些资源被释放。为了处理这种情形，Java 提供了这种所谓收尾机制，使用收尾机制可以在一个对象将要被垃圾回收程序释放时调用到该对象的 finalize 方法，从而清理一些非 Java 的资源。

在使用 finalize 时需要特别注意一点，不要认为 finalize 方法一定会被执行。垃圾回收机制何时调用对象的 finalize 方法对程序完全是透明的，当系统中资源充足时，垃圾回收机制可能并不会得到执行。因此如果想要保证某一时刻某个类中打开的资源一定被清理，就不要把这个操作放在这个类的 finalize 方法中执行，因为并不能确定该方法什么时候被执行，是否会被执行。

3. 答案

见分析。

【面试题 3】简述 static 的作用

1. 考查的知识点

❑ static 关键字的作用

2. 问题分析

在 Java 中 static 关键字有 4 种使用场景，下面分别进行介绍。

（1）static 成员变量

在类中一个成员变量可用 static 关键字来修饰，这样的成员变量称为 static 成员变量，或静态成员变量。而没有用 static 关键字修饰的成员变量称为非静态成员变量。

静态成员变量是属于类的，也就是说，该成员变量并不属于某个对象，即使有多个该类的对象实例，静态成员变量也只有一个。只要静态成员变量所在的类被加载，这个静态成员变量就会被分配内存空间。因此在引用该静态成员变量时，通常不需要生成该类的对象，而是通过类名直接引用。引用的方法是"类名 . 静态变量名"。当然仍然可以通过"对象名 . 静态变量名"的方式引用该静态成员变量。相对应的非静态成员变量则属于对象而非类，只有在内存中构建该类对象时，非静态成员变量才被分配内存空间。

（2）static 成员方法

Java 中也支持用 static 关键字修饰的成员方法，即静态成员方法。与此相对应的没有用 static 修饰的成员方法称为非静态成员方法。

与静态成员变量类似，静态成员方法是类方法，它属于类本身而不属于某个对象。因此静态成员方法不需要创建对象就可以被调用，而非静态成员方法则需要通过对象来调用。

特别需要注意的是，在静态成员方法中不能使用 this、super 关键字，也不能调用非静态成员方法，同时不能引用非静态成员变量。这个道理是显而易见的，因为静态成员方法属于类而不属于某个对象，而 this、super 都是对象的引用，非静态成员方法和成员变量也都属于对象。所以当某个静态成员方法被调用时，该类的对象可能还没有被创建，那么在静态成员方法中调用对象属性的方法或成员变量显然是不合适的。即使该类的对象已经被创建，也是无法确定它究竟是调用哪个对象的方法，或是哪个对象中的成员变量的。所以在这里特别强调这一点。

（3）static 代码块

static 代码块又称为静态代码块，或静态初始化器。它是在类中独立于成员函数的代码块。static 代码块不需要程序主动调用，在 JVM 加载类时系统会执行 static 代码块，因此在 static 代码块中可以做一些类成员变量的初始化工作。如果一个类中有多个 static 代码块，JVM 将会按顺序依次执行。需要注意的是，所有的 static 代码块只能在 JVM 加载类时被执行一次。

（4）static 内部类

在 Java 中还支持用 static 修饰的内部类，称为静态内部类。静态成员内部类的特点主要是它本身是类相关的内部类，所以它可以不依赖于外部类实例而被实例化。静态内部类不能访问其外部类的实例成员（包括普通的成员变量和方法），只能访问外部类的类成员（包括静态成员变量和静态方法）。即使是静态内部类的实例方法（非静态成员方法）也不能访问其外部类的实例成员。有关静态内部类的相关内容，将在后面章节中有更详细的介绍。

3. 答案

见分析。

【面试题 4】 简述 volatile 的作用

1. 考查的知识点

❑ volatile 关键字的作用

2. 问题分析

本题的教学视频请扫描二维码 10-18 获取。

要理解 volatile 关键字的作用，首先要了解 Java 的内存机制。Java 内存模型 二维码 10-18
规定，每个线程都有自己的工作内存，它不同于计算机的主存，而更像是一种
高速缓存。线程中对变量的所有操作都必须先在工作内存中进行，然后同步到计算机的主存
中。理论上线程的工作内存中变量的值应当与主存中该变量的值保持一致，同时工作内存与主
存对于程序也都是透明的。

工作内存机制的好处在于每个线程都有自己独立的缓存，可以更加方便高效地从工作内存
中读取数据。但是事情总有两方面，工作内存机制对于多线程程序也存在一些风险。下面给出
两个程序片段：

```
boolean stop;
//线程 1
stop = false;
while( !stop) {
    doSomething( );
}


//线程 2
stop = true;
```

上面这两个程序片段分别运行在两个线程之中，线程 1 通过判断 boolean 型变量 stop 是否
等于 false 决定是否要执行 while 循环，从而执行 doSomething( )，线程 2 则是对 stop 变量赋值为
true，从而企图停止线程 1 中的 while 循环。这样变量 stop 就是两个线程中共享的资源。这两段
程序看似没什么问题，但是存在一个隐患。

前面已经讲到，在 Java 中线程中对变量的所有操作都必须先在工作内存中进行，然后同
步到计算机的主存中。所以上面两线程中的 stop 变量也都是先在各自线程的工作内存中修改，
然后同步到主存中。但是有这样一种特殊的场景：线程 2 将 stop 置为 true，系统还没来得及将
stop 同步到主存中，此时线程 1 得到执行权，在线程 1 中 stop 为自己工作内存中的值，所以仍
然是 false，所以 while 循环继续执行而不会被停止。因此这种情形下，通过线程 2 中断线程 1
中 while 循环的企图是不能立即生效的。

如何解决这样的困局呢？可以使用 volatile 关键字来解决。volatile 关键字可以用来修饰变
量，它的作用主要有两个：①使用 volatile 关键字会强制将修改的值立即写入主存；②当某个
线程修改 volatile 修饰的变量时，会使该变量在任何线程中暂时无效，迫使它从主存中直接读
取该值。这样一来上面提到的问题就迎刃而解了。只要将变量 stop 用 volatile 关键字修饰，当
线程 2 对变量 stop 赋值时，stop 会立即被写入主存，而线程 1 中读取 stop 时发现 stop 无效，所
以会从主存中读取，并拷贝到自己的工作线程中，这样线程 2 对 stop 的赋值在线程 1 中就会立

即生效了。这就是所谓的 volatile 保证了操作的可见性。

在理解 volatile 关键字时需要特别注意与线程的互斥和同步相区分。volatile 关键字只能保证所修饰的变量在一个线程中的每一步操作在另一个线程中是可见的，但是并不能保证对所修饰的变量操作具有原子性。例如，在一个线程中对一个用 volatile 修饰了的变量进行一组修改，这里只能保证每次对变量值的修改被同步到主存中并在其他线程中立即可见，但是并不能保证在这组修改过程中线程不被中断。因此 volatile 并不能完全替代 synchornized 对线程做互斥。有关线程的同步与互斥的相关知识，在后面的章节中会有更为详尽的介绍。此外，使用 volatile 关键字还会阻止编译器对代码的优化，在一定程度上会降低程序的执行效率，所以在使用 volatile 关键字时也要考虑这方面的影响。

3. 答案

见分析。

【面试题 5】 简述 instanceof 的作用

1. 考查的知识点

❑ instanceof 关键字的作用

2. 问题分析

instanceof 关键字的作用是判断一个对象是否是某一个类（或者接口、抽象类、父类）的实例。它的使用方法是 result = A instanceof B，其中 A 为某个对象的引用，B 为某个类的类名（或者接口名、抽象类名、父类名）。其运算结果 result 为一个 boolean 型返回值，如果 A 是 B 的一个实例，则返回 true；如果 A 不是 B 的一个实例，或者 A 为 null，则返回 false。请看下面这个示例程序：

```java
public class instanceofTest implements A {
    public static void main(String[] args) {
        String str = "This is a string";
        instanceofTest obj = new instanceofTest();
        System.out.println(str instanceof String);
        System.out.println(str instanceof Object);
        System.out.println(obj instanceof A);
    }
}

interface A {
}
```

在这段程序中创建了两个对象，一个是 str 指向的字符串，另一个是 instanceofTest 类的一个实例 obj。然后通过 instanceof 关键字对这两个对象的所属类进行判断。

因为 str 指向一个字符串，所以 str instanceof String 的返回值为 true；

因为在 Java 中任何类都是 Object 类的子类，所以 str instanceof Object 的返回值也为 true。

因为类 instanceofTest 实现了接口 A（虽然 A 中什么也没有定义），所以 obj instanceof A 的返回值也为 true。

该程序的运行结果如图 10-27 所示。

图 10-27　程序的
运行结果 18

3. 答案

见分析。

 10.10 输入/输出

10.10.1 知识点梳理

二维码 10-19

知识点梳理的教学视频请扫描二维码 10-19 获取。

Java 的输入/输出（I/O）机制是一套比较复杂的体系，并且在 Java 程序开发中具有重要的作用。Java 的 I/O 体系通过 java.io 包里定义的类和接口来支持。其中"流"是整个 I/O 体系的核心。在 java.io 包中包含了两种类型的流，分别为输入流（Input Stream）和输出流（Output Stream），通过这两种流来实现文件的输入输出操作。如果按照处理数据类型划分，又可将流划分为字节流和字符流，如果按照流的角色划分，又可将流划分为节点流和处理流，这些内容在后面的面试题中都会有所涉及。

File 类也是 Java 的 I/O 体系中一个重要的类。File 类定义在 java.io 包下，它表示那些与平台无关的文件和目录。如果要在程序中操作一个文件或一个目录就可以使用 File 类。File 类理解起来可能有些抽象，初学者往往弄不清 File 类究竟是什么。其实只要简单地把 File 类理解为"文件或目录"即可。也就是说，系统中的某个文件或者某个目录都可以抽象成一个 File 类的对象。通过这个对象可以获取到这个文件或这个文件目录的一些信息。

除此之外，本节中还会涉及一些对象序列化的内容。因为如果要将内存中的对象固化到磁盘中或以数据流的形式在网络中传输，就要用到 Java 的序列化机制，所以 Java 的序列化与 Java 的 I/O 机制是密不可分的，因此将此内容与 Java 的输入/输出机制放到一起来介绍。

10.10.2 经典面试题解析

【面试题 1】编写程序实现判断 D:\根目录下是否有后缀名为 .jpg 的文件，如果有则输出该文件名称

1. 考查的知识点

□ File 类的应用

□ 文件过滤器

2. 问题分析

二维码 10-20

本题的教学视频请扫描二维码 10-20 获取。

在前面的知识点梳理中已经讲到，可以简单地将 File 类理解为"文件或目录"，即系统中的某个文件或者某个目录都可以抽象成一个 File 类的对象，所以凡是牵扯到文件、文件名、文件目录等的问题，应当首先想到使用 File 类来解决。

File 类提供了丰富的访问文件和目录的方法，其常用方法见表 10-5。

表 10-5　File 类的常用方法

方 法 名	返回类型	方法说明
getName( )	String	获取文件名称
canRead( )	boolean	判断 File 是否可读，可读返回 true
canWrite( )	boolean	判断 File 是否可写，可写返回 true

(续)

方 法 名	返回类型	方 法 说 明
exists( )	boolean	判断 File 是否存在，存在返回 true
length( )	long	获取 File 长度
getAbsolutePath( )	String	获取 File 绝对路径
getParent( )	String	获取 File 父目录
isFile( )	boolean	判断 File 是否是文件，是文件返回 true
isDirectory( )	boolean	判断 File 是否是目录，是目录返回 true
isHidden( )	boolean	判断 File 是否是隐藏文件，是返回 true
lastModified( )	long	获取文件最后修改时间，时间是从 1970 年午夜至最后修改时刻的毫秒数
mkdir( )	boolean	创建目录，如果创建成功则返回 true，如果目录存在则不创建，并返回 false
list( )	String[ ]	返回目录下的所有文件名
listFiles( )	File[ ]	返回目录下的全部文件对象
list(FilenameFilter filter)	String[ ]	返回目录下的所有文件名（filter 用于指定过滤文件的类型）
listFiles(FileFilter filter)	File[ ]	返回目录下的所有文件对象（filter 用于指定过滤文件的类型）

需要注意的是，File 类可以新建、删除、重命名一个文件或一个目录，但是 File 类本身不可以读写文件的内容。要读写文件的内容，需要使用 I/O 流，在后面的题目中会讲到。

对于本题，首先可以通过 File 的构造方法获取 D:\目录，并将其抽象称为一个 File 类的实例，然后通过 File 类的 listFiles( )方法列出 D:\目录下的全部文件（或者目录）。listFiles( )方法的返回值类型为 File[ ]，也就是一个 File 类型的数组，因此可以通过 File 数组中每个对象获取 D:\目录下每个文件的信息，从而判断该文件是不是 .jpg 文件。最简单的方法就是通过调用 File 类型对象的 getName( )方法获取该文件的文件名，然后判断该文件名是否以 .jpg 作为后缀名即可。下面是示例程序：

```java
public class FileTest {
    public static void main(String[] args) {
        //通过 File 类的构造方法生成 D:\目录的 File 对象
        File file = new File("D:\\");
        //获取该目录下所有文件或者文件夹的 File 数组
        File[] fileArray = file.listFiles();

        //遍历该 File 数组,得到每一个 File 对象,然后判断
        for (File f : fileArray) {
            if (f.isFile()) {
                //判断是否以 .jpg 结尾
                if (f.getName().endsWith(".jpg")) {
                    //输出该文件名称
                    System.out.println(f.getName());
                }
            }
```

```
            }
        }
    }
```

当然也可以使用 File 类的 list( )方法直接列出 D:\目录下的所有文件和目录的名字，然后判断其后缀是否为 .jpg。但是如果 D:\目录下存在一个名为 XXX.jpg 的文件夹，则将会把该文件夹的名字也搜索出来，这其实并不是我们想要的。所以针对本题，这里还是推荐使用示例程序的解法，因为它可以通过 File.isFile( )方法来判断 File 对象指代的是否是一个文件。

其实本题还有一种更好的解法就是使用文件过滤器。细心的读者可能已经注意到，在表 10-5 中列出了方法 listFiles(FileFilter filter)，该方法的参数是 FileFilter 类型的对象，可以通过该参数指定过滤文件的条件，这样 listFiles 就可以只列出符合该条件的文件的 File 对象。

FilcFiltcr 其实是一个接口，需要使用者自己定义一个类来实现这个接口，从而指定文件的过滤条件。具体来说，需要自定义一个类来实现接口中的 boolean accept(File filePath)方法。该方法将依次对 File 指定目录下的文件及文件夹进行迭代，每个文件或文件夹都作为 accept 的参数传入，如果该文件或文件夹符合 accept 中规定的条件，即 accept 返回 true，则 listFilest 方法的返回值中将会包含该文件或文件夹对应的 File 类型的对象。对于本题，也可以用下面这段程序实现：

```
public class FileTest {
    public static void main(String[ ] args) {
        //通过 File 类的构造方法生成 D:\目录的 File 对象
        File file = new File("D:\\");
        JpgFileFilter filter = new JpgFileFilter ( );
        File[ ] fileArray = file.listFiles(filter);
        for (File f : fileArray) {
            System.out.println(f.getName( ));
        }
    }
}
class JpgFileFilter implements FileFilter {
    public boolean accept(File pathname) {
        //如果该 File 对象是一个文件,并且该文件的文件名以 .jpg 为后缀则返回 true
        if (pathname.isFile( )&&pathname.getName( ).endsWith(".jpg")) {
            return true;
        }
        return false;
    }
}
```

在上面这段程序中，定义了一个类 JpgFileFilter，它实现了 FileFilter 接口。在方法 accept 中定义对文件过滤的条件。这里需要判断参数 pathname 指代的 File 对象是否是文件，如果是文件并且以 ".jpg" 为后缀，则返回 true，否则返回 false。这样在调用 file.listFiles(filter)后会返回所有符合条件的文件 File 对象所构成的数组，然后通过一个 for 循环将这些文件的名字打印出来。

当然也可以使用 File.list（FilenameFilter filter）方法对 .jpg 文件进行过滤，但是 FilenameFilter 只能过滤文件名，而无法区分名为 XXX.jpg 的文件夹。所以针对本题，这里更推荐使用示例程序的解法。

解法一与解法二的不同在于，解法一是先通过 File.listFiles() 方法列出 File 指定目录下的所有文件或文件夹，然后通过一个 for 循环过滤出符合预期条件的文件。而解法二则是直接通过 File.listFiles（FileFilter filter）方法列出 filter 过滤器指定类型的文件，然后通过一个 for 循环直接将这些文件名输出。

3. 答案

见分析。

【面试题 2】编写程序实现判断 D:\目录下（包括全部子目录）是否有后缀名为 .jpg 的文件，如果有则输出该文件名称

1. 考查的知识点

☐ File 类的应用

☐ 文件过滤器

☐ 递归算法设计

2. 问题分析

本题的教学视频请扫描二维码 10-21 获取。

二维码 10-21

本题是上一题的"升级版"，因为本题不但要判断 D:\根目录下是否有 .jpg 文件，还要判断 D:\根目录下所有子目录下是否有 .jpg 文件，所以问题更复杂一些。

很自然地能够想到仅仅用上一题的解法是不能满足要求的，因为无论 File.listFiles() 还是 File.listFiles（FileFilter filter）都只能列出 File 指定的一级目录下的文件或目录，而不能检索其子目录。

那要怎样解决这个问题呢？因为方法 listFiles 返回的是 File 类型的数组，其每个数组成员都是一个 File 类型的对象，而 File 类型的对象既可以指代一个文件也可以指代一个目录，所以可以判断每个 File 对象是否是目录，如果是目录就继续调用 listFiles 方法在该子目录下查找。因为调用 listFiles 方法在子目录中查找 .jpg 文件的过程与在外层目录下查找 .jpg 文件的过程是一样的，所以可以设计一个递归算法来实现。示例程序如下：

```java
public class FileTest {
    public static void main(String[] args) {
        //通过 File 类的构造方法生成 D:\目录的 File 对象
        File file = new File("D:\\");

        //获取该目录下所有文件或者文件夹的 File 数组
        File[] fileArray = file.listFiles();

        FileTest ft = new FileTest();

        //调用递归方法 listJpgFiles 查找 D:\下的所有 jpg 文件
        ft.listJpgFiles(fileArray);
    }
    public void listJpgFiles(File[] fileArray) {
```

```
        if (fileArray = = null) return;
          for (File f : fileArray) {
            if (f.isFile()) {
              //判断是否以.jpg结尾
              if (f.getName().endsWith(".jpg")) {
                  //输出该文件名称
                  System.out.println(f.getName());
              }
            }
          if (f.isDirectory()) {
              //如果f是目录,则递归调用 listJpgFiles
              //在f指代的目录下继续搜索
              listJpgFiles(f.listFiles());
          }
        }
        return;
      }
    }
```

在上面这段程序中,首先使用 File.listFiles()获取 D:\根目录下的所有文件或目录的 File 对象,然后通过 FileTest 类的对象 ft 调用 FileTest 类中的方法 listJpgFiles 找出 D:\目录(包含所有子目录)中的.jpg文件。

方法 listJpgFiles 是一个递归方法,里面通过一个 for 循环检索 File 指代的这一级目录下的所有文件和子目录,当发现某个文件的文件名以 ".jpg" 结尾时,则认为该文件是一个 jpg 文件并输出文件名;当发现检索到一个目录时,则递归地调用 listJpgFiles 方法,并以 f.listFiles()的返回值(即 File[]对象)作为参数,继续在该子目录下查找 jpg 文件。

3. 答案

见分析。

4. 实战演练

本题的源代码见云盘中 source\10-1\,读者可以获取源代码编译并运行程序。已知 D:\目录下.jpg文件的摆放位置如图 10-28 所示,该程序的运行结果如图 10-29 所示。

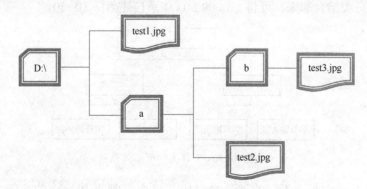

图 10-28 D:\目录下 jpg 文件及子目录的结构

test3.jpg
test2.jpg
test1.jpg

图 10-29　程序的运行结果 19

如图 10-28 所示，在 D:\根目录下有一个 test1. jpg 文件，同时有一个文件夹 a，在文件夹 a 中有一个 test2. jpg 文件，还有一个文件夹 b，在文件夹 b 中有一个 test3. jpg 文件。程序可将这三个 jpg 文件都搜索出来。

【面试题 3】 简述 Java 的 I/O 流的分类

1. 考查的知识点

❑ I/O 流的概念

2. 问题分析

Java 的 I/O 流是实现数据输入输出的基础，通过流可以方便地对数据进行输入输出操作。按照不同的分类方式，可将流划分为不同类型，具体划分如下。

（1）按照流的方向划分

输入流：可将数据从外部设备（文件、磁盘、网络等）读到内存中。

输出流：可将内存中的数据写到外部设备（文件、磁盘、网络等）中。

（2）按照处理数据类型划分

字节流：以字节为单位的流，可操作的最小数据单元为 8bits 的字节。字节流包含两个抽象基类——InputStream（输入流）和 OutputStream（输出流），不同输入输出源的字节流类型都是派生自这两个基类。

字符流：以字符为单位的流，可操作的最小数据单元为 16 bits 的字符。字符流包含两个抽象基类——Reader（输入流）和 Writer（输出流），不同输入输出源的字符流类型都是派生自这两个基类。

（3）按照流的角色划分

节点流：它是从/向某个特定 IO 设备读取/写入数据的流，处于数据处理的下层，因此也被称为低级流。

处理流：用于对一个已存在的流进行封装，一般用于包装节点流。因此处理流通常也被称为高级流。

如果将上述分类结合起来，可将 Java 的 I/O 体系描述为图 10-30。

图 10-30　I/O 流的框架体系

不同的流在 Java 中都有不同的类与之对应，每个类都有其特殊的功能。通过这些类可以方便地实现流的各种操作。图 10-31 中总结了 I/O 流体系的 Java 类及继承关系，供读者

参考。

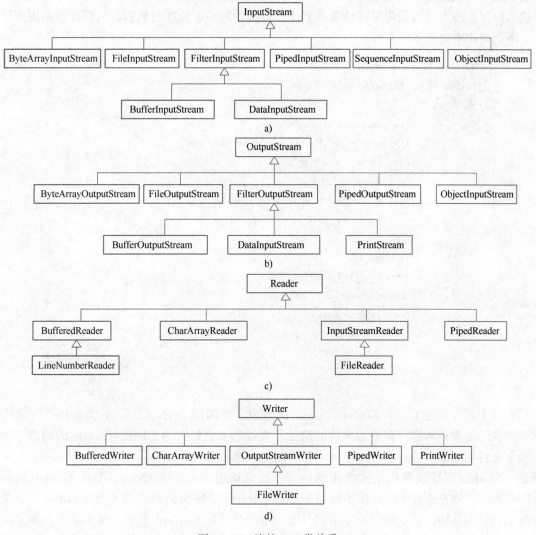

图 10-31 流的 Java 类关系

a) 字节输入流 b) 字节输出流 c) 字符输入流 d) 字符输出流

3. 答案

见分析。

【面试题 4】编写一段程序可以在屏幕上打印出这段程序的源代码

1. 考查的知识点

❑ FileInputStream 的具体应用

2. 问题分析

这一题表面上看读者可能会觉得有些不可思议，如何编写一段程序打印出自己的代码呢？但是仔细想一下就会发现，其实只要将该程序源文件中的内容读到内存中，然后将其输出到屏幕上就可以实现这个目标了。

要对磁盘上的文件进行读取最常用的方法就是使用 FileInputStream 类，它是一种字节输入流，可将磁盘中的文件读到内存中。可以通过 read(byte[] buffer)方法将外部文件的数据读到指定的 byte[]类型的数组 buffer 中。由于 buffer 的长度是有限的，很难一次将文件中的内容全部读入内存，所以可以采用循环读取的方法，每次读取一定长度的数据，然后直接输出到屏幕上。下面给出本题的示例程序：

```java
public class FileInputOutputStreamTest {
    public static void main(String[] args) {
        try {
            FileInputStream in = new
            FileInputStream("E：\\FileInputOutputStreamTest.java");
            byte[] buf = new byte[1024];
            int hasRead = 0;
            while ((hasRead = in.read(buf))>0) {
                System.out.print(new String(buf, 0, hasRead));
            }
            in.close();
        } catch (FileNotFoundException e) {
            e.printStackTrace();
        } catch (IOException e) {
            e.printStackTrace();
        }
    }
}
```

程序中首先创建了一个 FileInputStream 的对象，再调用 FileInputStream 类的构造方法生成这个对象时需要传入这段程序源文件的路径及文件名，这是因为 FileInputStream 的构造方法需要指定文件的来源，通过打开一个实际文件的链接来创建一个 FileInputStream 的实例。接下来通过一个 while 循环读取指定文件中的内容。这里调用了 FileInputStream 类中的 read(byte[] buffer)方法，该方法可从输入流中将最多 buffer.length 个字节的数据读入数组 buffer 中。该方法的返回值为从输入流中读取的字节的长度，用一个变量 hasRead 来记录这个长度，如果读取数据的长度大于 0，则将本次读取的内容通过 System.out.print()方法输出到屏幕上；一旦读取数据的长度等于 0，则说明输入流中的数据已被读完，也就是文件已被读完，因此循环结束。通过上述操作，可以将源代码的内容完整地输出到屏幕上。最后还要通过调用 in.close()关闭这个输入流，以保证文件信息的安全。

这里需要注意一点，由于 I/O 流操作的实现中可能会抛出一些 I/O 异常，所以需要将这些 I/O 函数的调用放在 try 块中，否则编译时会报错。另外，这里将 in.close()放在了 try 块中，其实可将它放在 finally 块中执行，这样会更加稳妥。

3. 答案

见分析。

4. 实战演练

本题的源代码见云盘中 source\10-2\，读者可以获取源代码编译并运行程序。代码的运行结果如图 10-32 所示。

```
import java.io.*;
public class FileInputOutputStreamTest{
    public static void main(String[] args) {
        try {
            FileInputStream in = new
            FileInputStream("E:\\FileInputOutputStreamTest.java");
            byte[] buf = new byte[1024];
            int hasRead = 0;
            while ((hasRead = in.read(buf))>0) {
                System.out.print(new String(buf, 0, hasRead));
            }
            in.close();
        } catch (FileNotFoundException e) {
            e.printStackTrace();
        } catch (IOException e) {
            e.printStackTrace();
        }
    }
}
```

图 10-32　程序的运行结果 20

【面试题 5】 什么是对象的序列化和反序列化

二维码 10-22

1. 考查的知识点

❑ 对象的序列化和反序列化

2. 问题分析

本题的教学视频请扫描二维码 10-22 获取。

在实际应用中，通常保存到磁盘中的数据都是文档、程序的源文件等静态的文件数据，在网络中传输的数据也都是一定编码格式的数据流。如果希望将一个 Java 的对象保存到磁盘中，或者将客户端的一个 Java 的对象通过网络传送到服务器端该如何实现呢？

在计算机中数据都是以二进制码的形式存储在磁盘中的，同时数据也都是以二进制流的形式在网络中传输的，Java 的对象也不例外。可以通过序列化机制将 Java 对象转换为字节序列，并将这些字节序列保存到磁盘中或通过网络传输。因此序列化机制使得对象可以脱离程序的运行而独立存在。

Java 的序列化机制包括两个内容，一是对象的序列化，即前面提到的将一个 Java 对象写入 I/O 流中；另一个则是与之相对应的对象的反序列化，即从 I/O 流中恢复该 Java 对象，以提供给程序使用。图 10-33 描述了 Java 对象序列化和反序列化的过程和作用。

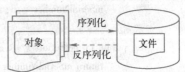

图 10-33　对象的序列化与反序列化

在 Java 中如果一个类实现了 Serializable 接口，则表明该类的对象是可序列化的。需要注意的是，Serializable 接口只是一个标记接口，实现该接口无须实现任何方法，它只表示实现该接口的类的对象可被序列化。

使用 Serializable 实现对象的序列化只需要两步就可以完成：

1）使用一个节点流（一般是输出流，例如 FileOutputStream）对象构建一个处理流 ObjectOutputStream 对象。

2）调用 ObjectOutputStream 对象的 writeObject(object) 方法将对象 object 序列化，并输出到 ObjectOutputStream 对象指定的流中。

下面通过实例来理解 Java 对象的序列化：

```
public class SerializableTest {
    public static void main(String[] args) {
```

```
                    SerialNumber a = new SerialNumber(0);
                    SerialNumber b = new SerialNumber(1);
                    ObjectOutputStream oos = null;
                    try {
                        //使用节点流 FileOutputStream 对象生成处理流对象
                        oos =
                            new ObjectOutputStream(new FileOutputStream("a.txt"));
                        oos.writeObject(a);    //将对象 a 序列化并输出到 a.txt 文件中
                        oos.writeObject(b);    //将对象 b 序列化并输出到 a.txt 文件中
                    } catch (IOException e) {
                        e.printStackTrace();
                    } finally {
                        try {
                            if (oos != null) {
                                oos.close();
                            }
                        } catch (IOException e) {
                            e.printStackTrace();
                        }
                    }
                }

            class SerialNumber implements Serializable {
                int    mSerialNumber;
                SerialNumber (int n) {
                    mSerialNumber = n;
                }
                public int getSerial() {
                    return mSerialNumber;
                }
            }
        }
```

上面这段程序中定义了一个类 SerialNumber，该类实现了接口 Serializable，所以这个类的实例可被序列化。在该类中定义了一个成员变量 mSerialNumber 用来记录每个对象的序列号，这个变量在对象初始化时被赋值。

在测试程序中首先初始化了 SerialNumber 类的两个对象 a 和 b，并将 a 的 mSerialNumber 成员初始化为 0，将 b 的 mSerialNumber 成员初始化为 1。然后创建一个 ObjectOutputStream 对象，该对象是以一个文件输出流 FileOutputStream 为基础建立的，该文件输出流关联了一个磁盘上的文件 a.txt，也就是说，最终会将对象序列化后的二进制码输出到该文件中。接下来使用 ObjectOutputStream 的 writeObject 方法分别将对象 a 和 b 进行序列化，并输出到文件 a.txt 中。

通过上面这段程序可将内存中的对象 a 和 b 进行序列化，并将序列化后的二进制码保存到文件 a.txt 中。

将对象 a 和 b 保存到文件中就实现了对象脱离程序的运行而独立存在的目的。这样不同时刻、不同进程，甚至不同的计算机都可以通过对文件中保存的对象进行反序列化而恢复出对象本身，从而实现了对象信息的固化和传递。

反序列化的过程与序列化的过程正好相反，也是通过两步来完成：

1）使用一个节点流（一般是输入流，例如 FileInputStream）对象构建一个处理流 ObjectInputStream 对象。

2）调用 ObjectInputStream 对象的 readObject( )方法读取流中的对象，该方法会返回一个 Object 类型的对象，可将该对象强制类型转换成其真实的类型。

下面通过实例来理解 Java 对象的反序列化：

```
public class DeserializableTest {
    public static void main(String[ ] args) {
        SerialNumber a;
        SerialNumber b;
        ObjectInputStream ois = null;
        try {
            ois = new ObjectInputStream(new FileInputStream("a.txt"));
            a = (SerialNumber)ois.readObject();
            b = (SerialNumber)ois.readObject();
            System.out.println(a.getSerial());
            System.out.println(b.getSerial());
        } catch (Exception e) {
            e.printStackTrace();
        } finally {
            try {
                if (ois != null) {
                    ois.close();
                }
            } catch (IOException e) {
                e.printStackTrace();
            }
        }
    }
}
```

在上面这段测试程序中首先使用输入流 FileInputStream 对象创建了一个 ObjectInputStream 类对象，该输入流对象关联磁盘当前目录下的 a.txt 文件。然后通过调用 ObjectInputStream 类对象的 readObject( )方法将文件 a.txt 中的二进制码进行反序列化并将生成的对象读取出来。在测试程序中顺序调用了两次 readObject( )方法，因此可按照序列化的顺序将对象二进制码逐一反序列化，并得到相应的对象实例。由于在前面的程序中将 mSerialNumber 为 0 的对象先进行序列化并保存到文件中，再将 mSerialNumber 为 1 的对象进行序列化并保存到文件中，所以按照对象序列化的先后次序，反序列化时最先读出的是 mSerialNumber 为 0 的对象（引用 a 指向该对象），然后读出 mSerialNumber 为 1 的对象（引用 b 指向该对象）。这段程序会将对象 a 和 b 中的 mSerialNumber 成员输出，程序的运行结果如图 10-34 所示。

图 10-34　程序的运行结果 21

需要指出的是，反序列化过程中读取的是固化了的 Java 对象的数据而不是 Java 类，所以在进行反序列化操作时必须提供该 Java 对象所属类的 class 文件，否则程序将会抛出 ClassNot-FoundException 异常。如图 10-35 所示。

```
java.lang.ClassNotFoundException: SerialNumber
        at java.net.URLClassLoader$1.run(Unknown Source)
        at java.net.URLClassLoader$1.run(Unknown Source)
        at java.security.AccessController.doPrivileged(Native Method)
        at java.net.URLClassLoader.findClass(Unknown Source)
        at java.lang.ClassLoader.loadClass(Unknown Source)
        at sun.misc.Launcher$AppClassLoader.loadClass(Unknown Source)
        at java.lang.ClassLoader.loadClass(Unknown Source)
        at java.lang.Class.forName0(Native Method)
        at java.lang.Class.forName(Unknown Source)
        at java.io.ObjectInputStream.resolveClass(Unknown Source)
        at java.io.ObjectInputStream.readNonProxyDesc(Unknown Source)
        at java.io.ObjectInputStream.readClassDesc(Unknown Source)
        at java.io.ObjectInputStream.readOrdinaryObject(Unknown Source)
        at java.io.ObjectInputStream.readObject0(Unknown Source)
        at java.io.ObjectInputStream.readObject(Unknown Source)
        at DeserializableTest.main(DeserializableTest.java:10)
```

图 10-35 抛出 ClassNotFoundException 异常

另外除了前面所述的序列化机制之外，Java 还提供了外部序列化机制。外部序列化与前面所述的序列化主要区别在于，序列化时一个类所实现的 Serializable 接口只是一个标记接口，开发人员不需要编写任何代码就可以实现对象的序列化，也就是说，Java 已经具有了对序列化的内建支持。而外部序列化时，一个类要实现 Externalizbale 接口，Externalizbale 接口的定义如下：

```
public interface Externalizable extends Serializable{
    void readExternal(ObjectInput in);
    void writeExternal(ObjectOut out);
}
```

Externalizbale 接口中的读写方法必须由开发人员自己实现，也就是说，需要开发者自己完成读取和写出的工作。因此外部序列化要比普通的序列化编程更复杂一些，但是由于把控制权交给了开发人员，使得程序可以更好地客制化，灵活性更强。

3. 答案

见分析。

【面试题 6】简述什么是序列化版本

1. 考查的知识点

☐ 序列化版本的概念

2. 问题分析

前面已经讲到，在进行对象反序列化时需要提供该类的 class 对象，但是在实际的项目开发中一个类的定义会随着代码的维护和升级而发生改变，因此对应的 class 文件也会发生改变，这样就会产生一个反序列化的兼容性问题。请看下面这个例子：

```
class SerialNumber implements Serializable {
    int   mSerialNumber;
    SerialNumber ( int n ) {
```

```
            mSerialNumber = n;
        }
        public int getSerial( ) {
            return mSerialNumber;
        }
        public void setSerial(int serialNumber) {
            mSerialNumber = serialNumber;
        }
    }
}
```

这段代码中定义了一个 SerialNumber 类。该类是在上一题中定义的 SerialNumber 类的基础上增加了一个 setSerial(int serialNumber)方法，这样该类的定义显得更加完整。将该类编译并生成新的字节码文件 SerialNumber. class（注意不要进行对象的序列化而重新生成 a. txt，只是重新编译 SerialNumber 类）。但是如果仍然使用之前保存对象的序列化文件 a. txt 进行对象的反序列化（执行 java DeserializableTest 命令），就会报出图 10-36 所示的错误。

图 10-36　执行 java DeserializableTest 报出的异常

如图 10-36 所示，出错的异常提示为：流中的 class serialVersionUID = −562 041 629 610 546 318，而本地 class 的 serialVersionUID = −5 858 403 347 612 910 435，所以产生了不兼容。这是因为修改了 SerialNumber 类，并重新编译生成了 class 文件，这时 JVM 会根据新类的相关信息计算出该类的 serialVersionUID = −5 858 403 347 612 910 435。而反序列化时之前那个类的 serialVersionUID 为 −562 041 629 610 546 318，即序列化版本与当前的 class 不兼容，所以会产生上述异常。

要解决上述序列化版本不兼容的问题，可以在定义类时为序列化类提供一个 private static final 的 serialVersionUID 属性，该属性值用于表示该类的序列化版本。只要确保当前 class 中的 serialVersionUID 属性与反序列化对象所属类的 serialVersionUID 一致，该对象就可以被正确地反序列化。可以按照下面的方式定义 SerialNumber 这个类：

```
class SerialNumber implements Serializable {
    int    mSerialNumber;
    private static final long serialVersionUID = 123L;    //定义序列化版本号
    SerialNumber (int n) {
        mSerialNumber = n;
    }
    public void setSerial(int serialNumber) {
```

```
            mSerialNumber = serialNumber;
        }

    public int getSerial( ) {
        return mSerialNumber;
        }

    }
```

在定义类 SerialNumber 时可以显式地添加一个 private static final 的属性 serialVersionUID，然后对其任意赋予一个值，这个值便是这个可序列化类的版本号。由于这个成员变量是 static final 的，因此它属于这个类本身而不属于该类的某个对象。这样再次编译这个类，生成的 class 文件中就带有了这个序列化版本信息。通过这种方法可以解决序列化版本的兼容问题。

可以通过下面的实验来验证这种方法的有效性：

首先调用 SerializableTest. java 中的 main 方法，生成 SerialNumber 类的两个对象 a 和 b，并对这两个对象进行序列化，然后将序列化后的二进制码保存到文件 a. txt 中。请注意，此时的 SerialNumber 类中已定义了类属性 serialVersionUID 并赋了初值。

然后再次修改 SerialNumber 类（例如增加一个新的方法）并编译该类，生成新的字节码文件 SerialNumber. class。由于此时 SerialNumber 类中已包含了 serialVersionUID 信息，因此 class 文件中也会包含该信息。

执行反序列化程序 DeserializableTest 对 a 和 b 两个对象进行反序列化，并分别输出对象 a 和 b 的 mSerialNumber 域。最终输出的结果如图 10-37 所示。

图 10-37　程序的运行结果 22

这说明虽然 SerialNumber 类被修改，但是由于该类中显式地定义了 serialVersionUID 属性且没有发生变化，所以序列化版本并不发生改变，因此原先序列化的对象流仍然可以被正常地反序列化。

通过上面的例子可以看出，在定义一个可序列化类的时候最好显式地定义 serialVersionUID，否则只要该类发生修改就可能导致对象反序列化的版本不兼容。

3. 答案

见分析。

拓展性思考

——serialVersionUID 的局限

有的读者可能会有这样的疑惑：如果一个类发生改变而 serialVersionUID 属性一直不变化会不会有问题？这样的话 serialVersionUID 还有什么用？

这是一个很好的问题，先来看下面这个例子：

```
class SerialNumber implements Serializable {
    String  mSerialNumber;
    private static final long serialVersionUID = 123L;
    SerialNumber (String  n) {
        mSerialNumber = n;
```

```
        }
        public void setSerial(String  serialNumber) {
            mSerialNumber = serialNumber;
        }
        public String  getSerial() {
            return mSerialNumber;
        }
    }
```

继续前面那个例子，这次修改了 SerialNumber 类的 mSerialNumber 属性，将其改为 String 类型，同时修改了 setSerial 方法的参数类型以及 getSerial 方法的返回值类型。重新编译这个类并生成字节码文件 SerialNumber. class（注意不要进行对象的序列化而重新生成 a. txt）。然后仍然使用之前保存对象的序列化文件 a. txt 进行对象的反序列化（执行 java DeserializableTest 命令），结果会报出图 10-38 所示的错误。

```
java.io.InvalidClassException: SerialNumber; incompatible types for field mSeria
lNumber
        at java.io.ObjectStreamClass.matchFields(Unknown Source)
        at java.io.ObjectStreamClass.getReflector(Unknown Source)
        at java.io.ObjectStreamClass.initNonProxy(Unknown Source)
        at java.io.ObjectInputStream.readNonProxyDesc(Unknown Source)
        at java.io.ObjectInputStream.readClassDesc(Unknown Source)
        at java.io.ObjectInputStream.readOrdinaryObject(Unknown Source)
        at java.io.ObjectInputStream.readObject0(Unknown Source)
        at java.io.ObjectInputStream.readObject(Unknown Source)
        at DeserializableTest.main(DeserializableTest.java:10)
```

图 10-38　执行 java DeserializableTest 报出的异常

虽然对象流中的 serialVersionUID 和本地 SerialNumber 类的 serialVersionUID 是相同的（都是 123L），但是仍然会发生不兼容的错误。这是为什么？

这是因为对象流中的对象和新类中包含同名的属性（mSerialNumber），但是属性类型却不同（对象流中还是 int 类型，而本地新类中已改为 String 类型），因此反序列化失败。

所以在这种情形下，即便 serialVersionUID 属性保持不变，反序列化仍然会失败。对于这种对类的修改确实会导致该类反序列化失败的情形，这时应该为该类重新分配一个 serialVersionUID。那么哪些对类的修改不会影响对象的反序列化？哪些会导致对象的反序列化失败呢？这里总结如下：

1）如果对一个类的修改仅限于方法，则反序列化将不受影响。例如，最开始在 SerialNumber 类中增加了一个 setSerial(int serialNumber)方法，这时只要确保 serialVersionUID 不变就不影响对象的反序列化。

2）如果修改类时只修改了静态属性或瞬态属性，则反序列化不受影响。

3）如果对象流中对象比新类中包含更多的属性，则多出来的属性值将被忽略，反序列化不受影响。

4）如果新类比对象流中的对象包含更多的属性，则反序列化不受影响。

5）如果对象流中的对象和新类中包含同名的属性，但是属性的类型不同，则反序列化会失败（就像上面举的这个例子），所以这时应当更新 serialVersionUID 属性值，同时对对象重新进行序列化。

第 11 章 面向对象

Java 语言是纯粹的面向对象程序设计语言，因此面向对象是 Java 语言的核心和灵魂，任何一个 Java 程序都要使用面向对象的设计思想来构建。同时，面向对象的知识点繁多，理论性较强，也是各大公司笔试面试考查的重点，所以希望读者对本章的内容予以重视。

本章围绕 Java 的面向对象的内容展开讨论，内容涉及类和对象、继承、多态、构造方法、内部类等，同时结合一些经典的常见的面试题进行讲解。

11.1 基本概念

二维码 11-1

11.1.1 知识点梳理

知识点梳理的教学视频请扫描二维码 11-1 获取。

在面向对象程序设计中，类和对象是两个最基本的概念。类是一批对象的抽象，是各个对象共性的总结和提炼。对象则是某个类的具体实例化，因此对象才是程序中参与各种事务处理的主体。

Java 语言提供了对创建类和创建对象的语法支持。下面是 Java 语言定义类的语法格式：

```
[类修饰符] class 类名
{
    构造方法
    属性
    方法
    ……
}
```

1）类修饰符：对于外部类可以使用 public、final 或者省略修饰符修饰，内部类还可使用 protected 和 private 修饰。

2）类名：描述一个类具体特征的名字，只要是合法的标识符即可，但是为了程序具有更好的可读性和可维护性，建议按照标准的类命名规则给类起名字。

3）构造方法：用于创建一个类的实例的方法，构造方法必须与类名相同，不能有返回值，可以重载。

4）属性：定义该类或该类实例中所包含的数据。

5）方法：用于定义该类或该类实例的行为。

定义属性的格式为

```
[修饰符] 属性类型 属性名 [ =初始值];
```

1）修饰符：修饰符可以省略，也可以是 public、protected、private、static、final。其中 public、protected、private 为该属性的访问权限，最多只能出现其中的一个，它可以与 static、final 组合起来修饰属性。修饰符 static 修饰的成员属性表示它属于这个类共有，而不属于该类的某个对象。修饰符 final 修饰的成员属性为常量属性，其值不可改变。

2）属性类型：可以是 Java 支持的任意基本数据类型或者引用类型。

3）属性名：描述一个属性特征的名字，只要是合法的标识符即可。

定义方法的语法格式为

[修饰符] 方法返回值类型 方法名(形参列表)

1）修饰符：修饰符可以省略，也可以是 public、protected、private、static、final、abstract。其中 public、protected、private 为该方法的访问权限，最多只能出现其中的一个。abstract 表示该方法为抽象方法，在该类中没有实现，需要在其子类中实现。而 final 表示该方法为最终方法，不能在子类中覆盖，所以 abstract 和 final 只能出现其中之一，不能同时出现。修饰符 static 修饰的方法表示它属于这个类共有，而不属于该类的某个对象。所以 static 修饰的方法中只能调用 static 的方法和 static 的成员，而不能调用非 static 的方法或非 static 的成员。

2）方法返回值类型：可以是 Java 支持的任意基本数据类型或者引用类型。

3）方法名：描述该方法的功能特征的名字。

11.1.2 经典面试题解析

【面试题 1】 简述面向对象与面向过程的区别

1. 考查的知识点
☐ 面向对象的概念
☐ 面向对象与面向过程的区别

2. 问题分析

面向过程的程序设计方法是一种结构化的程序设计方法。它是以过程为中心，按照一定的顺序和步骤，自顶向下逐步求精的一种程序设计方法。在进行面向过程的程序设计时，通常会将问题按照功能划分为一个一个的子模块，一个模块可以独立完成一个功能，模块之间是调用和被调用的关系。每个子模块还可以根据其功能和问题的规模继续划分为更小的子模块。这样程序一级一级地自上而下地顺序执行，最终解决整个问题。

C 语言就是一种典型的面向过程的程序设计语言。在进行 C 程序设计时，最核心的内容就是设计每个函数，其实一个完整的 C 程序说到底就是从 main 函数开始，逐级调用一个一个的子函数而构成的程序。每个子函数都可以实现一个特定的功能，而一个子函数也可以由多个规模更小、功能更单一的子函数构成。所以面向过程的程序设计方法更适合于功能相对简单、处理流程相对清晰的软件程序开发。图 11-1 描述了面向过程的程序设计方法。

图 11-1　面向过程的程序设计方法

如图 11-1 所示，面向过程的程序设计就是自顶向下逐步求精的过程，通过对各个子功能的实现来构建程序整体的功能。

面向对象的编程思想是一种以事物为中心的编程思想。这种编程思想模拟了客观世界事物的真实存在形式，用更加符合常规的思维方式来处理客观世界的问题。在面向对象的程序设计中，将事物的共性抽象为类，并在类中封装了该类自身的属性，定义了该类自身行为的方法。而在运行的程序中，则要通过类的具体化实例，即对象，来实现某个具体的功能。同时，对象与对象之间可以通过消息进行通信，这样可以利用多个对象共同完成一件事情。所以面向对象的程序设计方法更适合于一些功能强大、结构和流程相对复杂的软件系统开发。图 11-2 描述了面向对象的程序设计方法。

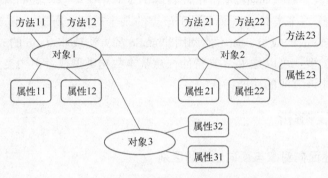

图 11-2　面向对象的程序设计方法

如图 11-2 所示，面向对象的程序设计的主要任务就是设计一个个类，继而实例化成一个个对象，然后通过对象自身的属性和方法以及对象之间的交互来实现软件的功能。

3. 答案

见分析。

【面试题 2】简述面向对象的基本特征

1. 考查的知识点

❏ 面向对象的基本特征

2. 问题分析

本题的教学视频请扫描二维码 11-2 获取。

二维码 11-2

面向对象的基本特征包括：抽象、继承、封装和多态。

（1）抽象

抽象是面向对象的重要特征之一。所谓抽象就是将某类事物的共性抽离出来，构成这类事物共有特性的集合，即类。抽象包括两个方面，一是过程抽象，二是数据抽象。举例来说，下面定义了一个 animal 类：

```
public class Animal {
    public int weight;
    public int age;
    public int gender;
    public void eat() {System. out. println("eat...");}
    public void sleep() {System. out. println("sleep...");}
}
```

Animal 类是动物类，这里将动物的一些基本共性抽象出来，例如，每个动物都有自己的体重 weight、年龄 age 以及性别 gender。另外，任何动物都会睡觉 sleep( ) 和吃饭 eat( )。所以将这些动物的共性抽象出来就组成了 Animal 类，其他个体动物类型（例如，猫、狗）都可以从 Animal 类中派生出来。这里 sleep( ) 和 eat( ) 方法的定义属于过程抽象，age 等属性的定义属于数据抽象。

（2）继承

继承是指一个新类继承了原始类的特性。在这对继承关系中，新类称为原始类的派生类，或子类，原始类称为新类的基类，或父类。在类的继承关系中，子类可以从其父类中继承方法和属性以实现代码的复用。同时子类也可以修改继承来的方法或增加新的方法，以便更加符合子类的需求。如果定义一个 cat 类，就可以从 Animal 类继承。

```
class cat extends Animal {
    public void catchMouse( ) { System. out. println("catch mouse..");}
}
```

由于 cat 类继承自 Animal 类，所以 Animal 类中的一些属性和方法可以被 cat 类复用（是否能被复用具体要看属性和方法的访问权限），这也是继承的优点所在。另外，子类中也可以增加新的方法，例如，cat 类中增加了 catchMouse( ) 方法，这是 cat 类的特性，因为只有猫才会捉老鼠，所以该方法不应定义在 Animal 类中。通过继承可实现一定程度上的代码复用。

（3）封装

封装是指一个类将自己的数据和一些方法的实现细节进行隐藏，只暴露出一些开放的接口供外界访问。封装是类对自身数据和内部行为的一种保护措施，增加了代码的安全性和可靠性。

例如，在前面 cat 类的定义中将 catchMouse( ) 定义为 public 访问权限，这样就可以在类的外部直接通过 cat 对象访问这个方法（即 catchMouse( ) 是开放的接口供外界访问），而在 catchMouse( ) 方法中还可能调用一些其他的方法，这些方法可能就不适合作为对外开放的接口使用，所以可以把它们定义为 private 访问权限，这样就实现了对方法的隐藏，也就是对外界透明，而暴露出去的接口只有 catchMouse( )。

（4）多态

多态是指允许不同类的对象对同一消息做出自己不同的响应。多态性语言具有灵活、抽象、行为共享、代码共享等优势，在程序设计开发及设计模式中应用非常广泛。一般认为，面向对象的多态存在两种形式，一是运行时多态，二是编译时多态。但有些书认为编译时多态（函数重载或运算符重载）不应属于多态范畴，因为它不存在动态绑定。笔者对此观点更为认同。

3. 答案

见分析。

11.2 继承

11.2.1 知识点梳理

知识点梳理的教学视频请扫描二维码 11-3 获取。

二维码 11-3

继承是面向对象的四大特征之一。之所以要支持类的继承，主要是为了实现软件的复用，子类可以继承并复用父类的属性和方法，从而可以节约软件的开发成本。

Java 中的继承是通过 extends 关键字实现的。被继承的类称为父类，实现继承的类称为子类。在 Java 中每个子类只能有一个直接父类，所以 Java 不支持多继承。可以通过下面这个例子来理解 Java 中类的继承：

```
public class Animal {
    public int weight;
    public int age;
    public int gender;
    public void eat() {System.out.println("eat...");}
    public void sleep() {System.out.println("sleep...");}
}
class Fish extends Animal {
    public void swim() {System.out.println("swim...");}
}
class Bird extends Animal {
    public void fly() {System.out.println("fly...");}
}
```

在上面的例子中，类 Animal 作为父类定义了动物的最基本的属性：weight（重量）、age（年龄）、gender（性别），以及动物的最基本的行为：eat（吃饭）、sleep（睡觉）。这些属性和行为是所有动物共有的，所以把它们定义到父类中。

接下来定义的子类 Fish 和 Bird 都继承自 Animal，所以在 Fish 类和 Bird 类中都可以直接使用父类的属性和方法而不需要重复定义，这样便实现了代码的复用。但是对于 Fish 类和 Bird 类也有其自有的特殊行为，例如，Fish 类中定义了游泳的方法 swim()，Bird 类中定义了飞翔的方法 fly()，这些方法都要定义在子类中，如果定义在 Animal 类中是不合适的。

在 Java 类继承中，还有几个问题需要注意。

1. 访问控制符

Java 提供了三种访问控制符：private、protected、public 分别代表三种访问控制级别。如果不加任何访问控制符，则表示默认的访问控制级别 default。所以 Java 的访问控制级别共有四种。

前面已经讲到，类中的属性和方法都可以用上述的访问控制符来修饰。这些访问控制符不但限定了成员变量和方法在本类中的访问权限，同时在类的继承中也发挥着作用。

总结起来，各个访问控制符在不同范围内的控制级别见表 11-1。

表 11-1　访问控制级别

	private	default	protected	public
同一个类中	OK	OK	OK	OK
同一个包中		OK	OK	OK
子类中			OK	OK
全局范围				OK

private 访问控制权限：如果一个类的成员变量或方法使用 private 访问控制符修饰，则该成员变量或方法只能在该类的内部被访问，其他类都不能访问。所以 private 访问控制权限是最

严苛的访问控制权限，一般情况下，类中的成员变量（属性）多用 private 来修饰，这样可以达到隐藏类属性的目的，更好地实现类的封装。

default 访问控制权限：default 访问控制权限又称为包级访问控制权限。顾名思义，default 访问控制级别的成员变量或方法不但可以在类的内部被访问，还可以被同包中的其他类访问。如果类中的成员变量或方法，或者一个顶级类不使用任何访问控制符修饰，则它就是默认访问控制权限，或称作包级访问控制权限。

protected 访问控制权限：protected 访问控制权限又称为子类访问控制权限。从表 11-1 中不难看出，使用 protected 修饰的成员或方法，不但可以在同一个类的内部被访问，也可以被同包的其他类访问，同时还可以被不同包中的子类访问。因此 protected 访问控制权限要比 default 访问控制权限更加宽松。

public 访问控制权限：public 访问控制权限是最宽松的访问控制级别。它不但可以修饰类中的成员和方法，也可以修饰类。如果一个类中的成员或方法使用 public 修饰，则这些成员或方法就可以被所有类访问，不管访问类和被访问类是否处于同一包中，或者是否具有父子关系。

综上所述，对于继承关系来说，如果子类和父类处于同一个包内，则子类可继承父类中的 public、protected 和 default 访问权限的成员和方法；如果子类和父类不在同一包内，则子类只能继承父类中的 public、protected 访问权限的成员和方法。

2. 成员和方法的覆盖

虽然子类继承父类多是为了复用父类的属性和方法，但有时父类的某个方法的实现不符合子类的要求，这时就需要子类覆盖父类的方法。

Java 中子类包含与父类同名方法的现象叫作方法的重写，也称为方法的覆盖，即子类中的方法覆盖了其父类中的同名方法。覆盖了父类中同名方法的子类的对象在调用这个同名的方法时，一定是调用的子类中的那个方法，而不是父类中的方法。方法的覆盖是面向对象中多态的实现基础。

同样，成员变量也存在这种覆盖的关系。当子类中的成员变量与父类中定义的成员变量同名时，子类的成员变量也会覆盖父类的成员变量。覆盖了父类中同名成员变量的子类对象在调用这个成员变量时，一定调用的是子类的那个成员变量，而不是父类的同名成员变量。

3. 通过 super 引用访问父类的属性和方法

在某些情况下，子类覆盖父类的某个方法也并非"那么彻底"。请看下面这个例子：

```java
public class Test {
    static public void main(String[] args) {
        Chinese p1 = new Chinese();
        American p2 = new American();
        Indian p3 = new Indian();
        p1.eat();
        p2.eat();
        p3.eat();
    }
}

class People {
```

```
        public void eat( ) {
            System. out. print("Eat food ");
        }
    }


class Chinese extends People {
    public void eat( ) {
        super. eat( );
        System. out. println("using chopsticks");
    }
}


class American extends People {
    public void eat( ) {
        super. eat( );
        System. out. println("using knife and fork");
    }
}


class Indian extends People {
    public void eat( ) {
        super. eat( );
        System. out. println("using hand");
    }
}
```

在上面的例子中，父类 People 定义了一个方法 eat( )表示吃饭，这个动作是人类共有的，并不存在个体的差异，所以将其定义在父类中。子类 Chinese、American、Indian 分别扩展自 People 类，表示中国人、美国人、印度人。对于这三个国家的人，吃饭是他们共有的行为，所以不存在差异，但是三国人吃饭的工具却各有不同，中国人吃饭要用筷子，美国人吃饭用刀叉，印度人则直接用手抓饭吃，所以在 Chinese、American、Indian 这三个类中对 eat 这个方法要分别定义，但同时又可复用其公共父类 People 的 eat 方法，即三个子类中的 eat 即包含父类中的 eat 动作，又各自有自己的定制。这种情况下，就需要在子类的方法中调用父类被覆盖的方法。如上面的代码所示，可以使用 super 引用作为调用者来调用父类中被覆盖的实例方法。

在 Java 中，super 是一个关键字，表示该类的直接父类对象的引用。在上述代码中，各个子类中的 super 都表示其父类 People 的对象的引用。由此可见，super 只能在类的对象中被引用，所以它不能出现在 static 修饰的方法中。

11. 2. 2　经典面试题解析

【面试题 1】什么是继承？Java 继承有哪些特性？

1. 考查的知识点

❏ Java 继承的特性

2. 问题分析

正如知识点梳理中介绍的那样，继承是面向对象的一个非常重要的特性，是面向对象程序设计中实现代码复用的一个重要手段。在继承过程中，子类可以继承并复用父类的属性和方法，从而可以节约软件的开发成本，提高开发效率。

Java 语言是一种典型的面向对象程序设计语言，因此 Java 也支持类的继承。Java 的继承有以下几个特性：

1）不支持多重继承。与 C++不同，Java 语言不支持多重继承，在 Java 中一个子类至多有一个父类，但是 Java 可以通过实现多个接口来达到多重继承的目的。

2）继承的权限问题。对于继承关系来说，如果子类和父类处于同一个包内，则子类可继承父类中的 public、protected 和 default 访问权限的成员和方法；如果子类和父类不在同一包内，则子类只能继承父类中的 public、protected 访问权限的成员和方法。

3）成员变量和方法存在覆盖关系。子类中定义的成员变量或方法与父类中的成员变量或方法同名时，子类中的成员变量或方法将覆盖父类中的成员变量或方法，此时不会发生继承。

3. 答案

继承是面向对象的一个重要特性，通过继承实现代码的复用。Java 继承的主要特性包括：①不支持多重继承，可实现多个接口；②子类只能继承父类的非私有成员变量和方法；③子类可覆盖父类的成员变量和方法。

特别提示

Java 的继承中最显著的特点就是 Java 不支持多重继承，只能单继承，但可以实现多个接口。这是 Java 继承与 C++继承的最显著区别。在答题时这个点一定要答到。

【面试题 2】 简述继承与组合的区别

1. 考查的知识点
□ 继承与组合的区别

2. 问题分析

继承和组合都是实现代码复用的重要手段，但是两者存在本质的区别。

对于继承来说，父类是其所有子类共性的抽象，而子类则是其父类的某种特例，因此也有人说在继承中子类和父类的关系是一种 "is-a" 的关系，就像在知识点梳理中举出的例子那样 "Chinese is a People" "American is a People"。另外，在继承关系中，虽然一个子类的对象中包含其父类的对象，但这种包含是隐式的。

组合则是另一种形式的代码复用。所谓组合是指在一个新类中嵌入一个旧类的对象，从而重复利用已有类的功能。通常情况下，新类作为整体类而存在，旧类作为局部类存在，新类和旧类之间存在整体和部分的关系。所以也有人说在组合中新类和旧类的关系是一种 "has-a" 的关系。另外，在新类的对象中包含旧类的对象，这种包含是显式的。

关于继承和组合的区别，可以通过下面这段示例代码理解：

```
public class Vehicle {
    ……
}
```

```
class Bus extends Vehicle {
    Wheel mWheel = new Wheel();
    public void run() {
        //定义 bus 开动的方法,调用 mWheel 的 rotation 方法
        mWheel.rotation();
    }
}


class Wheel {
    public void rotation() {
        ......
    }
}
```

上面这段代码只是一段示意代码,是为了说明组合和继承的区别。Vehicle 是交通工具类,而 Bus 只是交通工具的一种,所以 Bus 和 Vehicle 之间是"is-a"的关系,因此将 Bus 作为 Vehicle 的派生类扩展出来是比较合理的。

Wheel 表示车轮类,它显然只是 Bus 的一部分,所以 Bus 和 Wheel 类之间应该是一种"has-a"的关系,在 Bus 类中不需要再定义有关车轮的其他属性,也不需要定义描述车轮转动的 rotation 方法,而是直接复用 Wheel 类的 rotation 方法。假如还要定义一个 Car 类,则仍然可以复用 Wheel 类作为其属性,而不是再重新定义。上述这个实例的 UML 类图如图 11-3 所示。

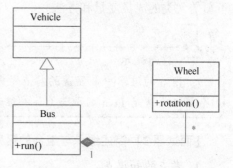

图 11-3 组合实例的 UML 类图

虽然继承可以很好地实现代码的复用,但是继承本身存在先天的不足。其最大的缺点就是破坏了类的封装特性。由于在访问权限允许的前提下,子类可以直接访问父类的属性和方法,这样就造成了子类和父类之间的深度耦合,这种情况并不利于代码的维护和扩展。所以除非两个类之间存在明确的"is-a"关系,否则不应轻易使用继承,通过实现接口和使用组合的方式同样可以达到实现多态和代码复用的目的。

3. 答案

继承和组合都是实现代码复用的方式,继承的子类与父类之间是一种"is-a"的关系,组合的新类和旧类之间是一种"has-a"的关系。

在实际应用中尽量少用继承,因为它可能造成子类和父类之间的深度耦合,从而使代码变得臃肿而不利于维护,建议更多地使用组合的方式实现代码复用。

【面试题 3】简述 overload 和 override 的区别

1. 考查的知识点
❑ 方法的覆盖
❑ 方法的重载

2. 问题分析

此题有些老生常谈,但是仍然常被考到,所以在此加以总结。

overload 和 override 是两个不同的概念。overload 的意思是重载，是指一个类中定义了多个同名的函数，并依靠函数的参数个数或参数的类型进行区分。由于在程序的编译过程中，编译器会根据调用函数的参数类型及参数个数匹配到具体调用的是哪一个函数，所以函数的重载技术也被称为编译时多态（但也有些人认为函数的重载不应属于多态范畴）。

在使用函数重载时请牢记，同名的函数只能通过参数的不同加以区分，即通过不同的参数个数、不同的参数类型或者参数顺序来区分不同的函数，不能通过函数的访问权限、函数的返回值类型以及函数抛出的异常类型等信息来区分同名函数。

override 的意思是覆盖，在前面的知识点梳理中已经讲到，子类包含与父类同名方法的现象叫作方法的覆盖。覆盖了父类中同名方法的子类的对象在调用这个同名的方法时，一定是调用的子类中的那个方法，而不是父类中的方法，因此方法的覆盖是实现多态的基础。

在子类覆盖父类的方法时，应注意以下几点：

1）子类的方法名、形参列表要与父类中被覆盖的方法一致。

2）子类方法返回值类型应当与被覆盖的父类方法返回值类型相同。

3）子类方法声明抛出的异常类应当与父类方法声明抛出的异常类相同。

4）子类方法的访问权限应该比父类中被覆盖方法的访问权限更大或相等。

5）父类中的 private 访问权限的方法在子类中不能被覆盖，因为该方法在子类中是不可见的。

6）覆盖方法和被覆盖方法要么都是类方法（static 方法），要么都是实例方法（非 static 方法），不能一个是类方法，一个是实例方法。

如果违背了以上的覆盖原则，则程序编译时会报错。

3. 答案

overload 的意思是重载，是指在同一个类中定义了多个同名的函数，依靠函数的参数个数或参数的类型进行区分的一项技术。override 的意思覆盖，是指子类通过重写父类中的同名方法覆盖父类中的方法，覆盖是实现多态的基础。

【面试题 4】程序改错

请判断下面的这段程序是否正确，如果正确请写出程序的执行结果，如果有错误，请改正。

```java
public class OverrideTest {
    int func1() {
        System.out.println("func1, in OverrideTest");
        return 1;
    }
    void func2(int a, String b) {
        System.out.println("func2, in OverrideTest");
    }
    void func3() throws IOException {
        IOException e = new IOException();
        throw e;
    }
    void func4() {
        System.out.println("func4, in OverrideTest");
```

```
            }
        private void func5( ) {
            System. out. println( "func5, in OverrideTest" );
        }
    }


    class SubOverrideTest extends OverrideTest {
        short func1( ) {
            System. out. println( "func1, in SubOverrideTest" );
            return 1;
        }
        void func2( short a, String b) {
            System. out. println( "func2, in SubOverrideTest" );
        }
        void func3( ) throws IllegalAccessExceptionException{
            System. out. println( "func3, in SubOverrideTest" );
            IllegalAccessException e = new IllegalAccessException( );
            throw e;
        }
        private void func4( ) {
            System. out. println( "func4, in SubOverrideTest" );
        }
        void func5( ) {
            System. out. println( "func5, in SubOverrideTest" );
        }
    }
```

1. 考查的知识点

❏ 方法的覆盖

❏ 方法的重载

二维码 11-4

2. 问题分析

本题的教学视频请扫描二维码 11-4 获取。

本题旨在综合考查方法的覆盖与方法的重载，因此有一定难度，应当予以重视。

首先子类 SubOverrideTest 中定义的方法 func1( ) 与父类中的同名方法具有相同的参数列表（其实都没有参数），所以这里试图通过 SubOverrideTest 类中的 func1( ) 覆盖 OverrideTest 类中的 func1( )。但是前面一题中已经讲到对于方法的覆盖，子类方法返回值类型应当与被覆盖的父类方法返回值类型相等，但是这里子类中的 func1( ) 返回值为 short，而父类中的 func1( ) 返回值为 int，不符合要求，因此会出现编译错误。

子类 SubOverrideTest 中定义的方法 func2(short a, String b) 与其父类中定义的 func2(int a, String b)参数列表不同，所以这里不是覆盖，而是函数的重载，也就是说，子类 SubOverrideTest 会继承父类的 fun2，同时在子类中又定义了一个 func2 实现函数的重载。所以 func2 没有问题。

子类 SubOverrideTest 中定义的方法 func3( ) 与父类中的同名方法具有相同的参数列表（都没有参数），所以这里试图通过 SubOverrideTest 类中的 func3( )覆盖 OverrideTest 类中的 func3( )。

但是前面已经讲到对于方法的覆盖，子类方法声明抛出的异常类应当与父类方法声明抛出的异常类相同，而这里 SubOverrideTest 类中的 func3() 抛出的异常是 IllegalAccessExceptionException，与父类中抛出的异常 IOException 不一致，因此会导致编译错误。

　　与 func3 相同，子类中的 func4 也是试图覆盖父类中的 func4，但是前面已经讲到对于方法的覆盖，子类方法的访问权限应该比父类中被覆盖方法的访问权限更大或相等，而这里子类中的 func4 是 private 访问权限，父类中的 func4 是 default 访问权限，因此会导致编译错误。

　　对于 func5，父类中的 func5 本身是 private 访问权限，它不能被子类继承，因此子类中定义的 func5 就是一个普通的方法，不属于方法覆盖，也不属于函数重载。所以 func5 没有问题。

　　可将上述代码修改如下：

```
public class OverrideTest {
    int func1() {
        System.out.println("func1, in OverrideTest");
        return 1;
    }
    void func2(int a, String b) {
        System.out.println("func2, in OverrideTest");
    }
    void func3() throws IOException {
        IOException e = new IOException();
        throw e;
    }
    void func4() {
        System.out.println("func4, in OverrideTest");
    }
    private void func5() {
        System.out.println("func5, in OverrideTest");
    }
}
class SubOverrideTest extends OverrideTest {
    int func1() {                               //修改 func1 的返回值类型为 int
        System.out.println("func1, in SubOverrideTest");
        return 1;
    }
    void func2(short a, String b) {
        System.out.println("func2, in OverrideTest");
    }
    void func3() throwsIOException {            //修改 func3 的抛出异常的类型
        System.out.println("func3, in OverrideTest");
        IOException e = new IOException ();
        throw e;
    }
```

```
        public void func4( )                  //修改 func4 的访问权限
            System. out. println( "func4, in OverrideTest" );
        }
        void func5( ) {
            System. out. println( "func5, in OverrideTest" );
        }
    }
```

3. 答案

见分析。

【面试题 5】 如何获取父类的类名？如何获取当前运行类的类名？

1. 考查的知识点
❏ getClass( )方法
❏ 反射机制

2. 问题分析

在第 10 章中已经讲过反射机制的相关知识，Java 中任何类都继承自 Object 类，而在 Object 类中定义了一个方法 getClass( )，该方法的功能是返回该对象运行时所属类对应的 Class 对象，然后通过调用 Class 对象的 getName( )方法获取该类的类名。请看下面这段代码：

```
    public class Chlid{
        void printClassName( ) {
            System. out. println( this. getClass( ). getName( ));
        }
        static public void main( String[ ] args) {
            Child a = new Child( );
            a. printClassName( );
        }
    }
```

上述代码中，在 Child 类内部定义了一个方法 printClassName( )，在里面通过 this. getClass( ). getName( )获取当前运行类的名字，也就是 "Child"，并将该类名输出到屏幕上。

那么怎样获取父类的类名呢？假如 Child 类的直接父类是 Father，能否通过 Child 的对象得到其父类的类名？很多读者可能会得出下面的答案：

```
    class Father {
    }
    public class Child extends Father {
        void printClassName( ) {
            System. out. println( super. getClass( ). getName( ));
        }
        static public void main( String[ ] args) {
            Child a = new Child ( );
            a. printClassName( );
        }
    }
```

上述代码中，在 Child 类中的方法 printClassName( ) 里企图使用 super 引用调用其父类对象的 getClass( ). getName( ) 方法来获取其父类的名字。但是这段程序的运行结果仍为"Child"，而不是"Father"。这是什么原因呢？

这是因为虽然 Object 类中定义了 getClass( ) 方法，并且其子类都可以继承该方法，但是这个方法在 Object 类中被定义为 final，所以子类不能覆盖该方法。因此无论是 this. getClass( ) 还是 super. getClass( ) 最终调用的都是 Object 类中的 getClass( ) 方法。而 Object 类中的 getClass( ) 方法的作用就是获取当前运行时类，所以上述两段代码都只能输出当前运行类的类名，或不能得到其父类的类名。

可以通过 Java 的反射机制中的 getSuperclass( ) 方法获取当前运行类的父类 Class 对象，再通过 getName( ) 方法得到类名。请看下面的代码：

```java
class Father {
}
public class Child extends Father {
    void printClassName( ) {
        System. out. println( this. getClass( ). getSuperclass( ). getName( ) );
    }
    static public void main( String[ ] args) {
        Child a = new Child ( );
        a. printClassName( );
    }
}
```

运行上述代码会在屏幕上输出 Father，即 Child 类的父类的名字。

3. 答案

通过 this. getClass( ). getName( ) 获取当前运行类的名字。

通过 this. getClass( ). getSuperclass( ). getName( ) 获取当前运行类的父类的名字。

特别提示

本题中涉及一个重要的知识点：final 修饰的方法不能被其子类方法覆盖。关于 final 关键字，请牢记以下三点：

1) final 修饰属性时表示该属性不可变。

2) final 修饰方法时表示该方法不可被覆盖。

3) final 修饰类时表示该类不可被继承。

请回顾本书 10.9 关键字的相关内容。

11.3　构造方法

11.3.1　知识点梳理

知识点梳理的教学视频请扫描二维码 11-5 获取。

二维码 11-5

在 Java 中构造方法也叫作构造函数或构造器，它是一种用于创建类实例的特殊方法，构造方法的用途就是在创建对象时执行对象的初始化操作。

当对一个对象进行初始化时，系统会默认地为对象中的属性进行初始化，初始化的原则是：数值类型的属性默认初始化为 0，boolean 类型的属性初始化为 false，引用类型的属性初始化为 null。但是如果要将这些属性初始化为其他的值，就需要通过构造函数来实现。

在 Java 中一个类里面至少包含一个构造方法。所以如果程序中没有显式地为一个类定义构造方法，则系统会为这个类提供一个无参的构造方法，这个构造方法函数体为空，不做任何操作。但是一旦程序中显式地定义了一个构造方法（无论是带参数的还是不带参数的），那么系统将不再提供默认的构造方法。

定义构造方法时需要注意以下几点：

1）构造方法必须与类名一致。

2）构造方法不能有返回类型，void 也不行。

3）构造方法可以重载，即在同一个类中可以定义多个构造方法，通过参数列表的不同来区分不同的构造函数。

4）在一个构造方法中可以通过 this(x,x) 的形式调用另一个重载的构造方法，使用 this 调用另一个重载的构造函数只能在构造方法中使用，而且必须作为构造方法执行体的第一条语句。

5）在子类的构造方法中可以通过 super(x,x) 的形式调用父类的构造方法，使用 super 调用父类的构造方法也必须出现在子类构造方法执行体的第一行，因此在构造方法中 this 调用和 super 调用不能同时出现。

构造方法历来都是 Java 面试的一个重点，关于这部分的其他详细内容，将在面试题中深入讲解。

11.3.2 经典面试题解析

【面试题 1】构造函数能否被继承？能否被重载？

1. 考查的知识点

☐ 构造函数的基本概念

☐ 构造函数的重载

2. 问题分析

构造函数是不能被继承的，也就是说，子类不能获得父类的构造函数。在前面的知识点梳理中已经讲到，一个类里面至少包含一个构造方法，即使不显式地定义一个构造函数，系统也会为该类生成一个默认的无参构造函数。这就说明，子类是无法继承父类的构造函数的，必须在自身的类中单独定义。

但有些时候子类构造函数中需要调用父类的构造函数，以便初始化父类的对象（子类中是包含父类对象的），这时就需要使用 super 引用来调用父类的构造函数。请看下面这个例子：

```java
public class Base {
    public Base(int a) {
        System.out.println("Constructor in Base, parameter a = " + a);
    }
    public static void main(String[] args) {
        new Sub();
```

```
        }
    }

class Sub extends Base {
    public Sub() {
        super(1);
        System. out. println("Constructor in Sub");
    }
}
```

如上述这段代码，子类的构造方法中通过 super(1) 调用了父类的构造方法，所以在 main
方法中创建子类的对象时，首先会调用父类的构造方法，然后调用子类的构造方法。上述代码
的运行结果如图 11-4 所示。

这里需要注意一点，由于子类的对象中本身包含父类的对象，所以在构造子类对象时一定
会构造父类对象，所以父类的构造方法一定会被调用。如果不显式地用 super() 调用父类的构
造方法，系统也会隐式地调用父类的无参构造方法。这一点在后面的题目中会有说明。

其次，构造函数是可以被重载的。正如知识点梳理中所讲的，同一个类中可以定义多个构
造方法，通过参数列表的不同来区分不同的构造函数。同时可以通过 this(x,x) 的形式调用另
一个重载的构造方法。请看下面这个例子：

```
public class Base {
    public Base(int a) {
        this();
        System. out. println("Constructor in   Base, parameter a = " + a);
    }
    public Base() {
        System. out. println("Constructor in   Base, no parameter");
    }
    public static void main(String[ ] args) {
        new Base(1);
    }
}
```

在上面的代码中，带参的构造函数 Base(int a) 中第一行通过 this() 调用 Base 类的无参构
造函数，所以在 main 方法中通过 new Base(1) 构造 Base 类的对象时，会直接调用无参的构造
函数。上述代码的运行结果如图 11-5 所示。

```
Constructor in Base, parameter a = 1
Constructor in Sub
```

图 11-4　程序的运行结果 1

```
Constructor in   Base, no parameter
Constructor in   Base, parameter a = 1
```

图 11-5　程序的运行结果 2

3. 答案

1）子类不能继承父类的构造方法，但可以通过 super 引用调用父类的构造方法。

2）构造方法可以被重载，同时在构造方法中可通过 this 调用其他构造方法。

【面试题 2】 下面的代码是否正确？如果有误请改正

```
//程序一:
public class Base {
    public Base(int a) {
        System.out.println("Constructor in Base, parameter a = " + a);
    }
    public static void main(String[] args) {
        new Base();
    }
}
//程序二:
public class Base {
    public Base(int a) {
        System.out.println("Constructor in Base, parameter a = " + a);
    }
}
class Sub extends Base {
    public Sub() {
        System.out.println("Constructor in Sub");
    }
}
```

1. 考查的知识点

❑ 默认构造函数

❑ 子类调用父类的构造函数

2. 问题分析

二维码 11-6

本题的教学视频请扫描二维码 11-6 获取。

程序一存在着明显的错误。在前面的知识点梳理中已经讲到，在 Java 的类中，一旦显式地定义了一个构造方法（无论是带参数的还是不带参数的），那么系统将不再提供默认的构造方法。在基类 Base 中已经显式地定义了带参的构造方法 Base(int a)，所以系统将不再提供默认的构造方法。而在 main 方法中是试图通过无参的构造方法 Base() 来创建一个对象，这会导致编译的错误，因为系统此时找不到无参的构造方法。

有两种方法修改程序一：一是增加定义一个无参的构造方法；二是使用带一个整型参数的构造方法 Base(int a) 来生成 Base 类的对象。然而出于对类的完整性设计考虑，建议采用第一种方法，即增加定义一个无参的构造方法。其实只要一个类中显式地定义了带参的构造方法，就要考虑是否也要定义无参的构造方法。

程序二也存在着明显的错误。在上一题中讲到构造方法不能被继承，但是在子类的构造方法中可以通过 super 引用来调用父类的构造方法。其实如果在子类的构造方法中既没有显式地使用 super 调用父类的构造方法，也没有使用 this 调用其他重载的构造方法，系统则会在执行子类的构造方法之前，隐式地调用父类的无参的构造方法。也就是说，上面的程序二等价于下面的这段程序：

```
public class Base {
    public Base( int a) {
        System. out. println("Constructor in  Base, parameter a = " + a);
    }
}
class Sub extends Base {
    public Sub( ) {
        super( );      //用父类的无参的构造方法
        System. out. println("Constructor in   Sub");
    }
}
```

因为基类 Base 中没有定义无参的构造方法，而子类的构造方法中却调用的是基类的无参的构造方法，这会导致编译的错误。

同样有两种方法修改程序二：一是在基类中增加定义一个无参的构造方法；二是在子类的构造方法中通过 super 引用调用基类中定义的带参的构造方法。

需要注意一点的是，如果子类的构造方法中有 this 调用的重载的构造方法，则在执行子类的构造方法时不会隐式地调用父类的无参的构造方法。这是因为在构造方法中 this 和 super 调用不能同时存在。但是父类的构造方法一定会被调用，它一定会在子类的某个其他构造方法中显式或者隐式地被调用到。

3. 答案

见分析。

【面试题 3】 简述静态块、非静态块和构造函数的初始化顺序

1. 考查的知识点

❑ Java 程序的初始化顺序

2. 问题分析

为了更加清晰地理解 Java 程序初始化的顺序，下面通过一个具体的实例加以分析和说明：

```
class A {
    static {
        System. out. println("Static init A. ");
    }
    {
        System. out. println("Instance init A. ");
    }
    A( ) {
        System. out. println("Constructor A. ");
    }
}

class B extends A {
    static {
        System. out. println("Static init B. ");
    }
```

```
        {
            System. out. println("Instance init B.");
        }
        B() {
            System. out. println("Constructor B.");
        }
    }
public class Main {
    static {
        System. out. println("Static init Main.");
    }
    {
        System. out. println("Instance init Main.");
    }
    public Main() {
        System. out. println("Constructor Main.");
    }
    public static void main(String[] args) {
        B b = new B();
    }
}
```

在上述代码中定义了 3 个类，其中类 A 是父类，类 B 是类 A 的子类，还有一个 Main 类包含程序的入口方法（main 方法）。在类 A 和类 B 中都分别定义了静态初始化块、非静态初始化块以及构造方法，里面输出各自的操作。在 Main 类中定义了静态初始化块、非静态初始化块以及 main 方法，在 main 方法中实例化了类 B 的一个对象。

上述代码的运行结果如图 11-6 所示。

从程序的运行结果可以看出，首先执行 Main 类的静态初始化块中的代码，然后分别执行类 A 和类 B 的静态初始化块中的代码，最后执行类 A 和类 B 的非静态初始化块中的代码和构造方法。总结起来，它们的执行顺序是：父类的静态初始化块–>子类的静态初始化块–>父类的初始化块–>父类的构造函数–>子类的初始化块–>子类的构造函数。

```
Static init Main.
Static init A.
Static init B.
Instance init A.
Constructor A.
Instance init B.
Constructor B.
```

图 11-6 程序的运行结果 3

其实这个执行顺序也很容易理解。因为静态初始化块是在类加载时就执行的，主要是为了初始化类中的 static 成员，所以肯定会最早得到执行。而对于类的加载，都是要先加载父类再加载子类，因为子类要从父类中派生并复用父类的代码，所以父类的静态初始化块一定先于子类的静态初始化块得到执行。在构造对象时，如果对象的类存在继承关系，一定是先构造父类的对象再构造子类的对象，因此总是先执行父类的构造方法，再执行子类的构造方法（上一题中已经讲过，可通过 super() 方法显式地调用父类的构造方法，或者由系统隐式地调用父类的构造方法。）。另外，对于非静态的初始化块，它也是在初始化类对象时才会被调用的，而且它会优先于该类的构造方法执行。所以知道了上述原理，就不难理解静态块、非静态块和构造函数的初始化顺序。

另外还有几点需要注意：

1）在上述代码中 Main 类并没有实例化任何对象，系统只会将 Main 类加载到内存中，所以 Main 类中的非静态初始化块没有得到执行。

2）一个类的静态初始化块只会在该类被加载到内存时执行一次，无论构造多少个该类的对象，该类的静态初始化块也只执行一次。例如，如果将代码中的 main 方法定义如下：

```
public static void main(String[ ] args) {
        B b = new B();
        A a = new A();
}
```

该程序的运行结果如图 11-7 所示。

从程序的运行结果可以看出，当生成类 A 的对象时，不再执行类 A 的静态初始化块中的代码，而是直接执行其非静态初始化块和构造方法。

3）静态初始化块主要用于初始化类的静态成员变量，也可以执行初始化代码。

4）非静态初始化块可以针对多个重载构造函数进行代码复用。

3. 答案

见分析。

```
Static init Main.
Static init A.
Static init B.
Instance init A.
Constructor A.
Instance init B.
Constructor B.
Instance init A.
Constructor A.
```

图 11-7　程序的运行结果 4

11.4　抽象类和接口

11.4.1　知识点梳理

知识点梳理的教学视频请扫描二维码 11-7 获取。

二维码 11-7

使用关键字 abstract 修饰的类称为抽象类，使用关键字 abstract 修饰的方法称为抽象方法。与一般的类不同，抽象类不能被实例化，也就是说，不能使用 new 关键字调用一个抽象类的构造方法来实例化一个对象。**抽象类中的构造方法主要用于被其子类调用。**与一般的方法不同，抽象方法不能有方法体，它只是一个方法的定义，该方法要在该抽象类的子类中实现。需要注意的一点是，含有抽象方法的类只能被定义成抽象类。

请看下面这个抽象类的例子：

```
public abstract class graph {
    String color;
    public graph() {}
    public graph(String color) {this.color = color;}
    public abstract double calArea();      //抽象方法,计算图形的面积,不能有方法体
    public abstract void print();          //抽象方法,打印图形,不能有方法体
    public void setColor(String color) {
        this.color = color;
    }
    public String getColor() {
```

```
                return color;
            }
    }

class circle extends graph{
    double radius;
    public circle( double r,String color) {
        super( color);
        radius = r;
    }
    public doublecalArea( ){        //子类不是抽象类,所以必须实现继承的抽象方法
        return 3.14 * radius * radius;
    }
    public void print( ) {          //子类不是抽象类,所以必须实现继承的抽象方法
        System. out. println( "Print circle, the color is "
                + color +" the area is " + calArea( ));
    }
}
```

在上面的代码中定义了一个抽象类 graph。因为该类表示一个图形类,但是并不指代是哪一种图形,所以计算图形面积的方法 calArea( ) 和打印图形的方法 print( ) 只能定义成抽象方法,需要在 graph 派生出的子类中具体实现。属性 color 和方法 setColor( )、getColor( ) 都是图形的通用属性和方法,所以可以在抽象基类 graph 中定义出来。

类 circle 是 graph 的子类,表示圆形类,所以它不是抽象类。在 circle 中定义了圆的半径,因为半径是圆特有的属性,所以不放在 graph 类中定义。另外,在 circle 类中还需要实现从父类中继承的抽象方法,即 calArea( )方法和 print( )方法。

从上面的讲解中可以知道,抽象类是一种从多个类型中抽象出来的模板。就像 graph 是从 circle、triangle 等多种图形类中抽象出来的一样,任何图形都可以计算面积,也都可以在屏幕上打印出来,但是不同图形计算面积和打印等具体的操作又各不相同,所以把它们定义为抽象方法。即便在 graph 类中也定义了任何图形都适用的属性 color 和方法 setColor( )、getColor( ),但是因为该类中存在抽象方法,所以 graph 这个类也必须定义为抽象类。

如果将这种抽象做得更加彻底一些,即在 graph 类中只定义抽象方法,而不定义那些类似 setColor( )、getColor( ) 的具体方法,则这将形成一种特殊的抽象类,称之为接口。

接口的定义与类的定义不同,它不使用 class 关键字而是使用 interface 关键字。接口的定义形式如下:

```
[修饰符] interface 接口名 extends 父接口 1,父接口 2,… {
        0 到多个常量定义…
        0 到多个抽象方法定义…
}
```

在接口中不能包含构造方法和初始化块,包含的属性只能是常量,同时定义的方法也必须是抽象方法。同时在接口中也可以包含内部类、内部接口和枚举类的定义。

有关抽象类和接口的内容是十分丰富的,后续通过面试题再进一步理解。

11.4.2　经典面试题解析

【面试题 1】常识性问题

下列的关键字中可以用来修饰接口中属性的是（　　　）

（A）static　　　（B）private　　　（C）synchronized　　　（D）protected

1. 考查的知识点

❑ 接口中变量的定义

2. 问题分析

接口中定义的是多个类共同的公共行为规范，凡是实现某个接口的类，必须要实现该接口中定义的全部方法。因此接口里的所有方法都是 public 访问权限的，所有属性都必须是 public static final 的，所以可排出选项 B、选项 D。synchronized 关键字是用来修饰同步方法或同步块的，所以也不是答案。正确答案是 A。

接口中定义属性时系统会默认为其添加 static、final 两个修饰符。因此，在接口中定义属性时，无论是否显式地定义 public、static、final 修饰符，接口中的属性总是用 public、static、final 这三个修饰符来修饰。与此同时，接口中不能包含构造方法和初始化块，因此接口中定义的属性要在定义时指定默认值。

3. 答案

（A）

【面试题 2】简述抽象类与接口的相同点与差别

1. 考查的知识点

❑ 抽象类与接口的基本概念

2. 问题分析

二维码 11-8

本题的教学视频请扫描二维码 11-8 获取。

在前面的知识点梳理中已经介绍了抽象类与接口的概念。使用关键字 abstract 修饰的类称为抽象类，使用关键字 abstract 修饰的方法称为抽象方法。抽象方法不能有方法体，只能有方法的定义。而抽象类不能被实例化，抽象类中的构造方法主要用于被其子类调用。如果一个类中包含了抽象方法，那么这个类必须被定义为抽象类。

接口本质上也是一种抽象类，只不过接口的定义不是通过关键字 class，而是通过关键字 interface。另外，接口中不能包含构造方法和初始化块，包含的属性只能是常量，同时定义的方法也必须是抽象方法（在接口中定义的抽象方法系统自动为其增加 abstract 修饰符，所以不必显式添加）。同时在接口中也可以包含内部类、内部接口和枚举类的定义。

总结起来，接口与抽象类有以下相同点：

1) 抽象类与接口都不能被实例化，它们都位于继承树的顶端，都是用于被其他类实现和继承的。

2) 抽象类与接口都可以包含抽象方法，而实现接口或继承抽象类的普通子类都必须实现这些抽象方法。

与此同时，接口和抽象类也存在着很大的差别，具体表现为：

（1）语法层面上

1) 接口的定义中只能包含抽象方法，而不能包含已经提供实现的方法；抽象类中既可以包含抽象方法，也可以包含普通方法，甚至抽象类完全可以只包含普通的方法。

2）接口里不能定义静态方法，而抽象类中可以定义静态方法。

3）接口里只能定义静态常量属性，不能定义普通属性，而抽象类中既可以定义普通属性，也可以定义静态常量属性。

4）接口里不能定义构造方法，而抽象类中可以定义构造方法。但是抽象类中的构造方法不是用于创建对象的，而是为了让其子类调用这些构造方法来完成属于抽象类的初始化操作。

5）接口里不能包含初始化块，而抽象类中可以包含初始化块。

6）抽象类中的抽象方法的访问类型可以是 public、protected，但接口中的抽象方法只能是 public 类型的，并且默认为 public abstract 类型。

7）抽象类和接口中都可以包含静态成员变量，抽象类中的静态成员变量的访问类型可以任意，但接口中定义的变量只能是 public static final 类型，并且默认为 public static final 类型。

8）一个类最多只能包含一个直接父类，包括抽象类，但是一个类可以实现多个接口。

（2）设计层面上

接口是一种规范或者叫作契约，规定了实现者必须向外提供哪些服务。而抽象类则是系统中多个子类的公共父类，它更多体现的是一种设计模板，未实现的抽象方法需要其子类进一步完善。

3. 答案

见分析。

拓展性思考

——抽象类和接口在设计层面上的区别

前面已经从概念上阐述了抽象类和接口在设计层面上的区别。这里进一步解释一下这个区别。举例来说，有三个类：飞机、战斗机、鸟，这三个类之间是什么关系呢？首先飞机是一个笼统的概念，它可以抽象出任何种类飞机的基本特性，所以可以定义成一个抽象类，那么战斗机就是飞机这个抽象类的一个子类。鸟和飞机是不同类型的事物，所以它们之间不可能有继承关系。但是鸟和飞机之间有一个共性，那就是都会飞，所以可以把"飞"这个行为抽象成一个接口，飞机和鸟这两个类依据自身的需要实现这个接口。

从上面的举例中不难看出，抽象类是对一系列看上去不同但本质相同的事物的抽象，也就是同类的抽象，它是一种类的模板。就像从战斗机、直升机、民用客机等不同种类飞机的共性中抽象出飞机这个类。而接口是对行为的抽象，而这种行为可以跨越不同类型的事物而存在。就像"飞"这个行为，飞机可以实现它，鸟可以实现它，蝴蝶、风筝等都可以实现它。

【面试题 3】Java 抽象类可以实现接口吗？它们需要实现所有的方法吗？

1. 考查的知识点

❏ 抽象类与接口的基本概念

2. 问题分析

与普通的类一样，抽象类也可以实现接口。实现接口的方法同样是使用 implements 关键字。对于普通类来说，如果一个类实现了一个接口，那么该类必须实现该接口所定义的全部方法。而抽象类则不然。因为抽象类不能被实例化，所以抽象类不需要实现接口的所有方法。

那么用抽象类实现接口有什么用处呢？一个很重要的用途就是在抽象类中只实现接口中的通用方法，而对于接口中的一些特殊方法可交由抽象类的子类具体实现。这样抽象类在接口和具体子类之间充当了一个中间层，这样可以避免子类直接实现接口而必须实现每一个方法所产生的负担。

3. 答案

抽象类可以实现接口，但不需要实现所有的方法。

【面试题 4】Java 抽象类可以是 final 的吗？

1. 考查的知识点

❑ 抽象类与接口的基本概念

2. 问题分析

在知识点梳理中已经提到，Java 中的抽象类是不能被实例化的，只有继承了该抽象类的普通类才能够被实例化，所以抽象类的存在意义就在于被继承。但是如果一个类被声明为 final，则这个类将不能被继承。因此 Java 中的抽象类不能是 final 的，如果将一个抽象类声明为 final 将会阻止该类被继承，这与"抽象类的存在意义就在于被继承"是相互矛盾的。其实在 Java 中 abstract 和 final 本身就是互斥的，两者同时作用于一个类时将会产生编译的错误。

3. 答案

Java 中的抽象类不可以是 final 的。

特别提示

　　本题的核心就是考查"final 和 abstract 这两个关键字是属于互斥的，不能同时存在"这个知识点。因此还可以就此知识点延伸出其他题目，例如，接口中的方法能否被声明为 final？答案是不可以，因为接口中的方法默认都是 public abstract 类型，所以不可以声明为 final。但是接口中的属性默认是 public static final 类型的，属性不存在是不是 abstract 类型。在每做一题时最好能够举一反三，这样才能得到更多的收获。

11.5　内部类

11.5.1　知识点梳理

知识点梳理的教学视频请扫描二维码 11-9 获取。

二维码 11-9

顾名思义，所谓内部类就是定义在一个类内部的类，所以内部类有时也被称为嵌套类。相应地，包含内部类的类也被称为外部类。

根据内部类定义的位置不同划分，又可将内部类分为成员内部类、局部内部类和匿名内部类。

1. 成员内部类

成员内部类是一种与类的属性和方法相似的类成员。成员内部类分为两种，一种称为静态成员内部类，另一种称为非静态成员内部类。下面分别介绍。

非静态成员内部类是一种最为常见的内部类。它是一种不使用 static 关键字修饰的内部类，并且具有以下特性：

1）就像类中的方法一样，在非静态成员内部类里可以直接访问其外部类的 private 成员。

2）包含非静态成员内部类的类编译后生成两个 class 文件，其文件名的命名规则是

> OuterClassName. java
> OuterClassName $ InnerClassName. java

3）在非静态成员内部类的方法中访问某个变量，该变量的查找顺序是：①该方法的局部变量→②该方法所在的内部类变量→③该内部类所在外部类中的变量。

静态成员内部类是使用 static 修饰的成员内部类。静态成员内部类是类相关的内部类，它属于整个外部类，而不属于外部类的某个对象。所以有时静态成员内部类也被称为类内部类。静态成员内部类具有以下特征：

1）静态成员内部类不能访问其外部类的实例成员（非 static 成员），只能访问外部类的类成员（static 成员）。即使是静态成员内部类的实例方法（非 static 方法）也不能访问其外部类的实例成员。

2）外部类不能直接访问静态成员内部类的成员，但可以通过静态成员内部类的类名进行访问，也可以通过静态成员内部类的对象进行访问。

3）接口里定义的内部类只能是静态成员内部类。

2. 局部内部类

如果把一个内部类定义在方法中，则这个内部类就是一个局部内部类。局部内部类仅在该方法中有效，而不能在外部类以外的地方使用。因此局部内部类不能使用访问控制符（public、protected、private）修饰，也不能使用 static 修饰。

3. 匿名内部类

顾名思义，匿名内部类就是一种没有显式定义名字的内部类。匿名内部类适用于那种只需要使用一次的类。在创建匿名内部类时会同时创建一个该类的对象，并且该匿名内部类不能被重复使用。定义匿名内部类的格式如下：

```
new 父类构造方法(参数列表)|实现接口() {
    //内部类的实现
}
```

从匿名内部类的定义语法格式可以看出，由于匿名内部类本身无类名，所以它必须继承一个父类或实现一个接口，并且最多只能继承一个父类或实现一个接口。同时，在定义匿名内部类时应当注意两点：

1）由于匿名内部类无类名，所以匿名内部类中不能定义构造方法，但是可以定义实例初始化块以完成一些初始化的动作。

2）由于在定义匿名内部类时会同时创建该类的一个对象，所以匿名内部类不能是抽象类。

以上对 Java 中的内部类进行了简要的介绍。接下来将通过一些经典的题目对内部类进行更深入的探讨。

11.5.2 经典面试题解析

【面试题 1】 常识性问题

下面内部类的定义中正确的是（   ）

```
public class OuterClass {
    private int mA = 1;
        //定义一个内部类

}
```

（A）

```
class InnerClass {
    public static int getA( ) {return mA;}

}
```

（B）

```
class InnerClass {
    static int getA( ) {return mA;}

}
```

（C）

```
private class InnerClass {
    int getA( ) {return mA;}

}
```

（D）

```
static class InnerClass {
    int getA( ) {return mA;}

}
```

（E）

```
abstract class InnerClass {
    public abstract int getA( );

}
```

1. 考查的知识点

□ 内部类的基本概念

2. 问题分析

本题的教学视频请扫描二维码 11–10 获取。

二维码 11–10

在前面的知识点梳理中已经讲到：成员内部类分为非静态成员内部类和静态成员内部类。对于静态成员内部类，它不能访问其外部类的实例成员（包括普通的非 static 的成员变量和方法），同时外部类也不能直接访问静态成员内部类的成员。所以选项 D 明显是错误的，因为定义的内部类为静态成员内部类，而其中 getA( ) 方法却直接访问了其外部类 OuterClass 的非静态成员 mA，这会导致编译错误。对于非静态成员内部类，它可以直接访问其外部类的成员变量和方法，同时，非静态成员内部类必须与一个实例绑定在一起，在非静态成员内部类的内部不可以定义静态成员变量和方法。因此选项 A、选项 B 也是错误的。正确的选项是 C 和 E。

这里需要注意一点的是，内部类可以用 private、protected 等修饰符修饰，也可以是一个抽象类。

3. 答案

（C）（E）

【面试题 2】 简述 Static Nested Class 与 Inner Class 的区别

1. 考查的知识点
☐ 成员内部类的基本概念

2. 问题分析

在前面的知识点梳理中已经详细介绍了内部类的概念。在 Java 中包含三种内部类：成员内部类、局部内部类和匿名内部类。而从类的属性划分，又可将成员内部类分为非静态成员内部类和静态成员内部类。在本题中，Static Nested Class 可以理解为静态成员内部类，Inner Class 可以理解为普通的非静态成员内部类。

Static Nested Class 的直译叫作静态嵌套类，其实这是 C++的一种表述，在 Java 中一般特指静态成员内部类。静态成员内部类的特点主要是它本身是类相关的内部类，所以它可以不依赖于外部类实例而被实例化。静态成员内部类不能访问其外部类的实例成员（包括普通的成员变量和方法），只能访问外部类的类成员（包括静态成员变量和静态方法）。即使是静态成员内部类的实例方法也不能访问其外部类的实例成员。同时外部类不能直接访问静态成员内部类的成员，但可以通过静态成员内部类的类名进行访问，也可以通过静态成员内部类的对象进行访问。

相比而言，非静态成员内部类是对象相关的内部类。因为在非静态成员内部类的对象中保存了一个它寄存的外部类对象的引用，所以在非静态成员内部类里可以直接访问其外部类的成员变量和方法。与此同时，非静态成员内部类必须与一个实例绑定在一起。在非静态成员内部类的内部不可以定义静态成员变量和静态方法。只有在外部类被实例化后，非静态成员内部类才能被实例化。

可以通过下面这个例子来进一步理解静态成员内部类与非静态成员内部类的差别：

```java
public class Outer {
    public int mA = 1;
    private int mB = 2;
    public class Inner {
        void info() {
            System.out.println("Outer's mA = " + mA);
            System.out.println("Outer's mB = " + mB);
        }
    }
    public void info() {
        new Inner().info();
    }

    public static void main(String[] args) {
        new Outer().info();
    }
}
```

在上面这段程序中定义了一个外部类 Outer，在类 Outer 中定义了两个成员变量 mA 和 mB，其中 mA 为 public 成员，mB 为 private 成员。类 Inner 是定义在 Outer 内部的非静态成员内部类，在 Inner 内部定义了一个方法 info()，其作用是访问外部类 Outer 的成员变量 mA 和 mB，并打印出这两个变量值。

这段程序的运行结果如图 11-8 所示。

```
Outer's mA = 1
Outer's mB = 2
```

图 11-8 程序的运行结果 5

因为内部类 Inner 是非静态成员内部类，所以它可以访问其外部类的成员变量，包括 private 的成员变量。同时也应当注意到，在调用内部类方法 info 时，必须首先生成一个外部类的实例，然后通过调用外部类的方法 info 再生成内部类的实例，并调用内部类的方法 info。这个流程是必需的，因为只有在外部类被实例化后，非静态成员内部类才能被实例化。

3. 答案

Static Nested Class 是静态成员内部类，Inner Class 是一般的非静态成员内部类。静态成员内部类是类相关的内部类，它不能访问其外部类的实例成员，只能访问其外部类的类成员。非静态成员内部类是对象相关的内部类，因为在非静态成员内部类的对象中保存了一个它寄存的外部类对象的引用，所以在非静态成员内部类里可以直接访问其外部类的成员变量和方法。

【面试题 3】什么是匿名内部类？使用匿名内部类需要注意什么？

1. 考查的知识点

❑ 匿名内部类的基本概念

2. 问题分析

前面已经讲到，匿名内部类就是一种没有显式定义名字的内部类。匿名内部类适用于那种只需要使用一次的类。在创建匿名内部类时会同时创建一个该类的对象，并且该匿名内部类不能被重复使用。那么匿名内部类的使用场景是什么呢？请看下面这段程序：

```java
class mainActivity extends Activity {
    View mButton;
    ......
    public void onCreate( Bundle saveInsanceState) {
        super. onCreate( saveInsanceState) ;
        ......
        mButton. setOnClickListener( new Listener( )) ;
        ......
    }

    class Listener implements View. OnClickListener {
        public void onClick( View v) {
            // 响应控件的 onClick 事件
        }

    }
}
```

这是一段 Android 界面程序的伪代码，程序中定义了一个 mainActivity 类，并在该类中定义了一个 View 类型成员 mButton，也就是界面上的一个按钮。在该类的 onCreate 方法中为 mButton 控件注册一个 onClick 事件的 Listener，这样当点击这个 button 时系统就可以响应这个事件而执行相应的一段代码。这里定义了一个 Listener 内部类作为这个监听器类，该类实现了 View. OnClickListener 接口，在类中实现了 onClick 方法以接收点击事件并对该事件做出响应。

在注册 onClick 事件的 Listener 时生成了一个 Listener 类的实例，并将它作为 setOnClickListener 方法的参数传入，这样就完成了注册。

但是这样的写法其实并不十分完美。因为对于一个界面程序，每个控件的 onClick 响应所做的事情一般都不相同。例如，界面上有三个按钮，点击第一个按钮进入下一个界面，点击第二个按钮向数据库中保存一条数据，点击第三个按钮则退出该应用。如果按照上述方法就要定义三个 Listener 类并为三个按钮注册三个 onClick 事件的监听器，代码如下：

```
class mainActivity extends Activity {
    view mButton1;
    view mButton2;
    view mButton3;
    ……

    public void onCreate(Bundle saveInsanceState) {
        super. onCreate(saveInsanceState);
        ……
        mButton1. setOnClickListener(new Listener1());
        mButton2. setOnClickListener(new Listener2());
        mButton3. setOnClickListener(new Listener3());
        ……
    }

    class Listener1 implements View. OnClickListener {
        public void onClick(View v) {
            // 响应控件 mButton1 的 onClick 事件
            // 进入下一个界面
        }

    }
    class Listener2 implements View. OnClickListener {
        public void onClick(View v) {
            // 响应控件 mButton2 的 onClick 事件
            // 向数据库中保存一条数据
        }

    }
    class Listener3 implements View. OnClickListener {
        public void onClick(View v) {
            // 响应控件 mButton3 的 onClick 事件
            // 退出该应用
        }
    }
}
```

其实对于 Listener1、Listener2、Listener3 这三个监听器类在整个程序中用且仅用一次，所以如果按上述代码中的做法分别定义三个内部类其实并没有什么意义，反而显得代码冗余且易读性差。这时推荐使用匿名内部类，因为匿名内部类恰恰适用于那种只需要使用一次的类。使用匿名内部类会使得代码更加简洁且可读性更强，代码如下：

```
class mainActivity extends Activity {
    view mButton1;
    view mButton2;
    view mButton3;
    ……

    public void onCreate( Bundle saveInsanceState) {
        super. onCreate( saveInsanceState);
            ……
        mButton1. setOnClickListener( new View. OnClickListener( ) {
            @ Override
            public void onClick( View v) {
                // 响应控件 mButton1 的 onClick 事件
                // 进入下一个界面
            }
        });
        mButton2. setOnClickListener( new View. OnClickListener( ) {
            @ Override
            public void onClick( View v) {
                // 响应控件 mButton2 的 onClick 事件
                // 向数据库中保存一条数据
            }
        });
        mButton3. setOnClickListener( new View. OnClickListener( ) {
            @ Override
            public void onClick( View v) {
                // 响应控件 mButton3 的 onClick 事件
                // 退出该应用
            }
        });
            ……
    }
}
```

综上所述，满足以下几个条件时推荐使用匿名内部类：

1）只用到该类的一个实例。例如，上述代码中的 Listener1、Listener2、Listener3。

2）该类在定义后会马上被用到。

3）该类非常小（Java 官方文档推荐是在 4 行代码以下）。

4）给类命名并不会使代码更容易被理解。例如，上述代码中的 Listener1、Listener2、Listener3 本身会导致程序可读性降低。

同时根据《Java 编程思想》的阐述，在使用匿名内部类时，要记住以下几个原则：

1）匿名内部类不能有构造方法。

2）匿名内部类不能定义任何静态成员、方法和类。

3）匿名内部类不能是 public、protected、private、static。

4）只能创建匿名内部类的一个实例。

5）一个匿名内部类一定是在 new 的后面，用其隐含实现一个接口或实现一个类。

6）因为匿名内部类为局部内部类，所以局部内部类的所有限制都对其生效。

3. 答案

见分析。

第12章 多 线 程

Java 的多线程问题是一个很重要的知识点，在实际工作中也经常会遇到，特别是在 Java 网络编程、Java 后台开发以及手机应用开发中，几乎离不开 Java 多线程的编程，所以 Java 多线程历来是 Java 面试中考查的一个重点。

本章将结合 Java 多线程问题展开讨论，并对一些经典的常见的面试题进行讲解，希望对读者有所帮助。

12.1 线程的基础

12.1.1 知识点梳理

二维码 12-1

知识点梳理的教学视频请扫描二维码 12-1 获取。

1. 线程与进程

当一个程序进入内存中运行起来它就变为一个进程。因此，进程就是一个处于运行状态的程序。同时进程具有独立功能，进程是程序中系统进行资源分配和调度的独立单位。

线程是进程的组成部分。通常情况下，一个进程可拥有多个线程，而一个线程只能拥有一个父进程。线程可以拥有自己的堆栈、自己的程序计数器及自己的局部变量，但是线程不能拥有系统资源，它与其父进程的其他线程共享进程中的全部资源。

线程是进程的执行单元，当进程被初始化之后，主线程就会被创建。同时如果有需要，还可以在程序执行过程中创建出其他线程，这些线程之间也是相互独立的，并且在同一进程中并发执行。因此一个进程中可以包含多个线程，但是至少要包含一个线程，即主线程。

2. Java 中的线程

Java 中使用 Thread 类表示一个线程。所有的线程对象都必须是 Thread 或其子类的对象。Thread 类中的 run 方法是该线程的执行代码。下面通过一个实例来认识线程：

```java
public class Test extends Thread{
    public void run() {
        for( int i=0; i<100; i++) {
            System. out. println( getName( ) + " " + i);
        }
    }
    public static void main( String[ ] args) {
        Thread t1 = new Test( );
        Thread t2 = new Test( );
        t1. start( );
        t2. start( );
    }
}
```

在上面这段程序中，定义了一个 Test 类，它继承自 Thread 类，并在 Test 类中重写了 run 方法。在 main 方法中创建了 Test 类的两个实例 t1 和 t2，然后分别调用 Test 类的 start 方法开启线程。在这里 start 方法是 Thread 类的一个方法，通过调用线程对象的 start 方法可以启动该线程，当处理器执行该线程时，会调用 Thread 类中的 run 函数。

该线程的执行内容非常简单，就是打印 0~99 之间的 100 个数字，并在该数字前面输出对应的线程名。那么该程序的运行结果是什么呢？

如图 12-1 所示，Thread-1 和 Thread-0 无规律地交替执行，并且 Thread-1 和 Thread-0 中输出的数字是分别顺序递增的，但两线程之间并无交叉。即 Thread-1 中的数字输出为 24、25、26、…，Thread-0 中的数字输出为 84、85、86、87、88、…。通过上面的运行结果可以总结出线程运行的几个特点：

```
Thread-1 24
Thread-1 25
Thread-0 84
Thread-0 85
Thread-0 86
Thread-0 87
Thread-0 88
Thread-1 26
Thread-1 27
```

图 12-1　程序的运行结果 1

1）同一进程下的不同线程的调度不由程序控制。虽然先执行了 t1. start ( )；后执行了 t2. start ( )；，但是 Thread-0 和 Thread-1 的执行是交替的，这是由于线程的执行是抢占式的，当前运行的线程在任何时刻都可能被挂起，以便将处理器让渡给其他线程使用。

2）线程独享自己的堆栈程序计数器和局部变量。在两个线程实例 t1（Thread-0）和 t2（Thread-1）中分别定义了局部变量 i，并在循环中打印出 i 的累加值。但是两个 i 值分属两个不同的线程对象，所以各自的 i 值是不同的。

3）两个线程将并发执行。从程序的执行结果不难看出，两个线程 Thread-1 和 Thread-0 是共同向前推进的，并没有先执行完一个线程再执行另一个。这说明同一进程中的多个线程可并发执行，其本质是宏观上并行，微观上串行。

以上简要介绍了进程与线程的概念以及 Java 中线程的使用。下面通过面试题进一步加深对这一部分的理解。

12.1.2　经典面试题解析

【面试题 1】 简述什么是线程？进程和线程有什么区别？

1. *考查的知识点*

☐ 线程的概念

☐ 线程和进程的区别

2. *问题分析*

前面的知识点梳理中讲到，线程是进程的执行单元，它是操作系统能够进行运算调度的最小单位。线程之间也是相互独立里的，在同一进程中线程可并发执行。进程是一个处于运行状态的程序，具有独立的功能。进程是程序中系统进行资源分配和调度的独立单位。

一个进程可拥有多个线程，而一个线程只能拥有一个父进程。线程可以拥有自己的堆栈、自己的程序计数器及自己的局部变量，但是线程不能拥有系统资源，它与其父进程的其他线程共享进程中的全部资源，这其中包括进程的代码段、数据段、堆空间以及一些进程级的资源（例如，打开的文件等）。

3. 答案

解答此题关键要答出以下 3 点：

1）线程是进程的执行单元，线程是操作系统能够进行运算调度的最小单位。

2）线程和进程的关系是"多对一"的关系，即一个进程可拥有多个线程，而一个线程只能拥有一个父进程。

3）关于线程独享和共享的资源：线程可独享自己的堆栈、程序计数器和局部变量；但线程必须与其父进程的其他线程共享代码段、数据段、堆空间等系统资源。

【面试题 2】Java 中多线程有几种实现方法？启动一个线程是用 run 还是 start？

1. 考查的知识点

❑ Java 中多线程实现方法

❑ run 方法和 start 方法

2. 问题分析

在 Java 中有三种方法实现多线程。第一种方法是使用 Thread 类或者使用一个派生自 Thread 类的类构建一个线程，就如上面知识点梳理中给出的代码一样。第二种方法是实现 Runnable 接口来构建一个线程。例如下面这段代码：

```java
public class Test implements Runnable{
    public void run( ) {
        for( int i=0; i<100; i++) {
        System. out. println
                    (Thread. currentThread( ). getName( ) + " " + i);
        }
    }
    public static void main(String[ ] args) {
        Test tt = new Test( );
        Thread thrd = new Thread( tt, "thread-1");
        thrd. start( );
    }
}
```

在上面这段代码中，类 Test 实现了 Runnable 接口，所以要在该类内部实现 run 方法。与 Thread 类相似，run 方法是该线程的执行代码。

在执行该线程时仍然要创建一个线程对象 thrd，只不过要将一个实现了 Runnable 接口的类 Test 的对象 tt 作为 Thread 类构造方法的参数传入，以构建线程对象 thrd。构造方法 Thread 的第二个参数用来指定该线程的名字，通过 Thread. currentThread( ). getName( ) 可获取当前线程的名字。

在真实的项目开发中，推荐使用实现 Runnable 接口的方法进行多线程编程。这是因为 Java 中不支持多继承，即一个子类只能从一个父类中派生，如果一个类继承自 Thread 类，那么它就没办法继承其他类，这对于较复杂的程序开发是不利的。所以可以将该类实现 Runnable 接口，这样它既可以实现一个线程的功能，又可以更好地复用其他类的属性和方法。

还有一种实现多线程的方法是实现 Callable 接口来构建一个线程，这个知识点在下一题中再详细介绍。

启动一个线程必须调用 Thread 类的 start( ) 方法，使该线程处于就绪状态，这样该线程就可以被处理器调度。run( ) 方法是一个线程所关联的执行代码，无论是派生自 Thread 类的线程类，还是实现 Runnable 接口的类，都必须实现 run( ) 方法，run 方法是该线程的执行代码。

3. 答案

见分析。

【面试题 3】 简述 **Java** 中 **Runnable** 和 **Callable** 有什么不同？

1. 考查的知识点

❑ Runnable 和 Callable 的区别

2. 问题分析

本题的教学视频请扫描二维码 12-2 获取。

二维码 12-2

在上一题中已经详细介绍了 Runnable 接口。一个类实现了 Runnable 接口就可以构建出一个线程。但是使用 Runnable 构建线程的方法也存在一定的局限性，例如，Runnable 接口的 run 方法只能提供一系列操作，而不能有结果返回，如果希望在执行完线程之后得到一个返回值，Runnable 就无能为力了。

Callable 要比 Runnable 功能更强大，先来看一下 Callable 的定义：

```
public interface Callable<V> {
/ **
    * Computes a result, or throws an exception if unable to do so.
    *
    * @ return computed result
    * @ throws Exception if unable to compute a result
 */
    V call( ) throws Exception;
}
```

从 Callable 的定义可以看出，Callable 接口是一个泛型接口，它定义的 call( ) 方法类似于 Runnable 的 run( ) 方法，是线程所关联的执行代码。但是与 run( ) 方法不同的是，call( ) 方法具有返回值，并且泛型接口的参数 V 指定了 call( ) 方法的返回值类型。同时，如果 call( ) 方法得不到返回值将会抛出一个异常，而在 Runnable 的 run( ) 方法中不能抛出异常。

那么如何获得 call( ) 方法的返回值呢？可以通过 Future 接口来获取。Future 接口定义了一组对 Runnable 或者 Callable 任务的执行结果进行取消、查询、获取结果、设置结果等操作。其中 get 方法用于获取 call( ) 的返回值，它会发生阻塞，直到 call( ) 返回结果。**请看下面这段代码：**

```
public class Test {
  public static void main(String[ ] args) {
        Callable<String> callable = new Callable<String>( ) {
            public String call( ) throws Exception {
                Thread. sleep(5000);
                return "call( ) end";
            }
        };
```

```
FutureTask<String> future = new FutureTask<String>(callable);
new Thread(future).start();
try {
    System.out.println(future.get());
} catch (InterruptedException e) {
    e.printStackTrace();
} catch (ExecutionException e) {
    e.printStackTrace();
}
}
}
```

上面这段程序通过 future. get( ) 获取 call( ) 方法的返回值。由于 call( ) 方法本身是一个耗时操作，要 sleep 5 s 的时间，所以在执行 future. get( ) 的时候主线程会发生阻塞，直到 call( ) 执行完毕。

FutureTask 本身实现了 Future 和 Runnable 两个接口，所以既可以把 FutureTask 的实例传入 Thread 中，在一个新的线程中执行，同时又可以从 FutureTask 中通过 get 方法获取到任务的返回结果。因此在程序中，通过 FutureTask 的实例包装了 Callable 的实例，这样就可以通过一个 Thread 对象在新线程中执行 call( ) 方法，同时又可以通过 get 方法获取到 call( ) 的返回值。

总之，Callable 的 call( ) 方法可以返回结果并抛出异常，而 Runnable 的 run( ) 方法没有这些功能。

3. 答案

见分析。

拓展性思考

——应用 Callable 与同步调用函数的差异

细心的读者可能会有这样的疑问：“既然在执行 future. get( ) 的时候主线程会发生阻塞，那么这样的线程调用与直接同步调用函数还有什么差异呢？”。通过题目中给出的这个例子也可看出，在通过 future. get( ) 获取 call( ) 的返回值时，由于 call 方法中会 sleep 5 s，所以在执行 future. get( ) 的时候主线程会被阻塞而什么都不做，等待 call( ) 执行完并得到返回值。但是这与直接调用函数获取返回值还是有本质区别的。因为 call( ) 方法是运行在其他线程里的，在这个过程中主线程并没有被阻塞，还是可以做其他事情的，除非执行 future. get( ) 去获取 call( ) 的返回值时主线程才会被阻塞。所以当调用了 Thread. start( ) 方法启动 Callable 线程后主线程可以执行别的工作，当需要 call( ) 的返回值时再去调用 future. get( ) 获取，此时 call( ) 方法可能早已执行完毕，这样就可以既确保耗时操作在工作线程中完成而不阻挡主线程，又可以得到线程执行结果的返回值。而直接调用函数获取返回值是一个同步操作，该函数本身就是运行在主线程中，所以一旦函数中有耗时操作，必然会阻挡主线程。

12.2 线程的状态及控制

12.2.1 知识点梳理

知识点梳理的教学视频请扫描二维码 12-3 获取。

二维码 12-3

1. 线程的状态

一个线程被创建后就进入了线程的生命周期。在线程的生命周期中，共包括新建（New）、就绪（Runnable）、运行（Running）、阻塞（Blocked）和死亡（Dead）这五种状态。当线程启动以后，CPU 需要在多个线程之间切换，所以线程也会随之在运行、阻塞、就绪这几种状态之间切换。线程的状态转换如图 12-2 所示。

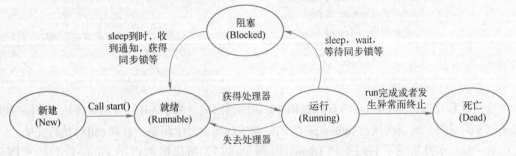

图 12-2　线程的状态转换

当使用 new 关键字创建一个线程对象后，该线程就处于新建状态。此时的线程就是一个在堆中分配了内存的静态的对象，线程的执行体（run 方法的代码）不会被执行。

当调用了线程对象的 start（）方法后，该线程就处于就绪状态。此时该线程并没有开始运行，而是处于可运行池中，Java 虚拟机会为该线程创建方法调用栈和程序计数器。至于该线程何时才能运行，要取决于 JVM 的调度。

一旦处于就绪状态的线程获得 CPU 开始运行，该线程就进入运行状态。线程运行时会执行 run 方法的代码。对于抢占式策略的操作系统，系统会为每个可执行的线程分配一个时间片，当该时间片用尽后，系统会剥夺该线程所占有的处理器资源，从而让其他线程获得占有 CPU 而运行的机会。此时该线程会从运行态转为就绪态。

当一个正在运行的线程遇到如下情况时，线程会从运行态转为阻塞态：

1）线程调用 sleep、join 等方法。

2）线程调用了一个阻塞式 IO 方法。

3）线程试图获得一个同步监视器，但是该监视器正在被其他线程持有。

4）线程在等待某个 notify 通知。

5）程序调用了线程的 suspend 方法将该线程挂起。

当线程被阻塞后，其他线程就有机会获得 CPU 资源而被执行。当上述导致线程被阻塞的因素解除后，线程会回到就绪状态等待处理机调度而被执行。

当一个线程执行结束后，该线程进入死亡状态。有以下 3 种方式可结束一个线程：

1）run 方法执行完毕。

2）线程抛出一个异常或错误，而该异常或错误未被捕获。

3）调用线程的 stop 方法结束该线程。

2. 线程的控制

Thread 类中提供了一些控制线程的方法，通过这些方法可以轻松地控制一个线程的执行和运行状态，以达到程序的预期效果。

（1）join 方法

如果线程 A 调用了线程 B 的 join 方法，线程 A 将被阻塞，等待线程 B 执行完毕后线程 A 才

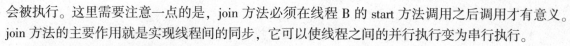

会被执行。这里需要注意一点的是，join 方法必须在线程 B 的 start 方法调用之后调用才有意义。join 方法的主要作用就是实现线程间的同步，它可以使线程之间的并行执行变为串行执行。

join 方法有以下 3 种重载形式。

1）join( )：等待被 join 的线程执行完成。

2）join(long millis)：等待被 join 的线程的时间为 millis 毫秒，如果该线程在 millis 毫秒内未结束，则不再等待。

3）join(long millis, int nanos)：等待被 join 的线程的时间最长为 millis 毫秒加上 nanos 微秒。

（2）sleep 方法

当线程 A 调用了 sleep 方法，则线程 A 将被阻塞，直到指定睡眠的时间到达后，线程 A 才会重新被唤起，进入就绪状态。

sleep 方法有以下 2 种重载形式。

1）sleep(long millis)：让当前正在执行的线程暂停 millis 毫秒，该线程进入阻塞状态。

2）sleep(long mills, long nanos)：让当前正在执行的线程暂停 millis 毫秒加上 nanos 微秒。

（3）yield 方法

当线程 A 调用了 yield 方法，它可以暂时放弃处理器，但是线程 A 不会被阻塞，而是进入就绪状态。

3. 设置线程的优先级

每个线程都有自己的优先级，默认情况下线程的优先级都与创建该线程的父线程的优先级相同。同时 Thread 类提供了 setPriority(int priority) 和 getPriority( ) 方法设置和返回指定线程的优先级。参数 priority 是一个整型数据，用以指定线程的优先级。priority 的取值范围是 1~10，也可以使用 Thread 类提供的三个静态常量设置线程的优先级。

1）MAX_PRIORITY：最高优先级，其值为 10。

2）MIN_PRIORITY：最低优先级，其值为 1。

3）NORM_PRIORITY：普通优先级，其值为 5。

12.2.2　经典面试题解析

【面试题 1】简述 sleep 方法和 wait 方法的区别，sleep 方法和 yield 方法的区别

1. 考查的知识点

❑ sleep、wait、yield 方法

2. 问题分析

本题的教学视频请扫描二维码 12-4 获取。

二维码 12-4

sleep 方法是 Thread 类的一个静态方法，其作用是使运行中的线程暂时停止指定的毫秒数，从而该线程进入阻塞状态并让出处理器，将执行的机会让给其他线程。但是这个过程中监控状态始终保持，当 sleep 的时间到了之后线程会自动恢复。

wait 是 Object 类的方法，它是用来实现线程同步的。当调用某个对象的 wait 方法后，当前线程会被阻塞并释放同步锁，直到其他线程调用了该对象的 notify 方法或者 notifyAll 方法来唤醒该线程。所以 wait 方法和 notify（或 notifyAll）应当成对出现以保证线程间的协调运行。

yield 方法容易与 sleep 方法混淆，请务必牢记，yield 的作用是让当前的线程暂停，但不会像 sleep 那样阻塞该线程，而是使该线程进入就绪状态。总结起来，yield 方法与 sleep 方法的

主要的区别在于：

1）sleep 方法暂停当前线程后，会给其他线程执行机会而不会考虑其他线程的优先级。但是 yield 方法只会给优先级相同或者优先级更高的线程执行机会。

2）sleep 方法执行后线程会进入阻塞状态，而执行了 yield 方法后，当前线程会进入就绪状态。

3）由于 sleep 方法的声明抛出了 InterruptedException 异常，所以在调用 sleep 方法时需要 catch 该异常或抛出该异常，而 yield 方法没有声明抛出异常。

4）sleep 方法比 yield 方法具有更好的可移植性。

3. 答案

见分析。

【面试题 2】简述 Java 中为什么不建议使用 stop 和 suspend 方法终止线程

1. 考查的知识点

❑ stop 方法和 suspend 方法的缺点

2. 问题分析

在 Java 中可以使用 stop 方法停止一个线程，使该线程进入死亡状态。但是使用这种方法结束一个线程是不安全的，在编写程序时应当禁止使用这种方法。

之所以说 stop 方法是线程不安全的，是因为一旦调用了 Thread. stop( )方法，工作线程将抛出一个 ThreadDeath 的异常，这会导致 run 方法结束执行，而且结束的点是不可控的，也就是说，它可能执行到 run 方法的任何一个位置就突然终止了。同时它还会释放掉该线程所持有的锁，这样其他因为请求该锁对象而被阻塞的线程就会获得锁对象而继续执行下去。一般情况下，加锁的目的是保护数据的一致性，然而如果在调用 Thread. stop( )后线程立即终止，那么被保护数据就有可能出现不一致的情况（数据的状态不可预知）。同时，该线程所持有的锁突然被释放，其他线程获得同步锁后可以进入临界区使用这些被破坏的数据，这将有可能导致一些很奇怪的应用程序错误发生，而且这种错误非常难以 debug。所以在这里再次重申，不要试图用 stop 方法结束一个线程。

suspend 方法可以阻塞一个线程，然而该线程虽然被阻塞，但它仍然持有之前获得的锁，这样其他任何线程都不能访问相同锁对象保护的资源，除非被阻塞的线程被重新恢复。如果此时只有一个线程能够恢复这个被 suspend 的线程，但前提是先要访问被该线程锁定的临界资源，这样便产生了死锁。所以在编写程序时，应尽量避免使用 suspend，如确实需要阻塞一个线程的运行，最好使用 wait 方法，这样既可以阻塞掉当前正在执行的线程，同时又使得该线程不至于陷入死锁。

3. 答案

stop 方法是线程不安全的，可能产生不可预料的结果；suspend 方法可能导致死锁。

【面试题 3】如何终止一个线程

1. 考查的知识点

❑ stop 方法和 suspend 方法的缺点

❑ 终止一个线程的方法

2. 问题分析

本题的教学视频请扫描二维码 12-5 获取。

二维码 12-5

上一题中已经讲到在 Java 中不推荐使用 stop 方法和 suspend 方法终止一个线程, 因为那是不安全的, 那么要怎样终止一个线程呢?

方法一: 使用退出标志。

正常情况下, 当 Thread 或 Runnable 类的 run 方法执行完毕后该线程即可结束, 但是有些情况下 run 方法可能永远都不会停止, 例如, 在服务端程序中使用线程监听客户端请求, 或者执行其他需要循环处理的任务。这时如果希望有机会终止该线程, 可将执行的任务放在一个循环中 (例如 while 循环), 并设置一个 boolean 型的循环结束的标志。如果想使 while 循环在某一特定条件下退出, 就可以通过设置这个标志为 true 或 false 来控制 while 循环是否退出。这样将线程结束的控制逻辑与线程本身逻辑结合在一起, 可以保证线程安全可控地结束。请看下面这个例子:

```java
public class test {
    public static volatile boolean exit = false;
    public static void main(String[] args) {
        new Thread() {
            public void run() {
                System.out.println("thread start...");
                while (!exit) {        //死循环,正常情况下是不会停止的
                    try {
                        Thread.sleep(1000);
                    } catch (InterruptedException e) {
                        e.printStackTrace();
                    }
                    System.out.println("thread run");
                }
                System.out.println("thread end...");
            };
        }.start();
        new Thread() {                 //在另一个线程中终止上面这个线程
            public void run() {
                try {
                    Thread.sleep(1000 * 5);
                } catch (InterruptedException e) {
                    e.printStackTrace();
                }
                exit = true;           //5s 后更改退出标志的值
            };
        }.start();
    }
}
```

在上面这段程序中的 main 方法里创建了两个线程, 第一个线程的 run 方法中有一个 while 循环, 该循环通过 boolean 型变量 exit 控制其是否结束。因为变量 exit 的初始值为 false, 所以如果不修改该变量, 第一个线程中的 run 方法将不会停止, 也就是说, 第一个线程将永远不会

终止，并且每隔 1 s 在屏幕上打印出一条 "thread run" 字符串。

第二个线程的作用是通过修改变量 exit 来终止第一个线程。在第二个线程的 run 方法中首先将线程阻塞 5 s，然后将 exit 置为 true。因为变量 exit 是同一进程中两个线程共享的变量，所以可以通过修改 exit 的值来控制第一个线程的执行。当变量 exit 被置为 true，第一个线程的 while 循环就可以终止，所以 run 方法就能执行完毕，从而安全退出第一个线程。

注意，boolean 型变量 exit 被声明为 volatile，在第 10 章中已经讲到，volatile 会保证变量在一个线程中的每一步操作在另一个线程中都是可见的，所以这样可以确保将 exit 置为 true 后可以安全退出第一个线程。

上面这段程序的运行结果如图 12-3 所示。

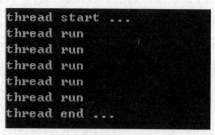

方法二：使用 interrupt 方法。

使用退出线程标志的方法终止一个线程存在一定的局限性，主要的限制就是这种方法只对运行中的线程起作用，如果该线程被阻塞（例如，调用了 Thread.join() 方法或者 Thread.sleep() 方法等）而处于不可运行的状态时，则退出线程标志的方法将不会起作用。

图 12-3 程序的运行结果 2

在这种情况下，可以使用 Thread 提供的 interrupt() 方法终止一个线程。因为该方法虽然不会中断一个正在运行的线程，但是它可以使一个被阻塞的线程抛出一个中断异常，从而使线程提前结束阻塞状态，然后通过 catch 块捕获该异常，从而安全地结束该线程。请看下面这个例子：

```
public class test {
    public static void main(String[] args)    throws InterruptedException {
        Thread thread = newThread() {
            public void run() {
                System.out.println("thread start ...");
                try {
                    Thread.sleep(1000 * 10);    //该线程阻塞 10s
                } catch (InterruptedException e) {
                    e.printStackTrace();
                }
                System.out.println("thread end ...");

            }

        };
        thread.start();
        Thread.sleep(1000);
        thread.interrupt();                     //抛出一个中断信号,这样线程就可以退出阻塞的状态
    }
}
```

在上面这段程序中的 main 方法里创建了一个线程，在该线程的 run 方法中调用 sleep 函数将该线程阻塞 10 s。然后调用 Thread 类的 start 方法启动该线程，该线程刚刚被启动就进入阻塞状态。主线程等待 1 s 后调用 thread.interrupt() 抛出一个中断信号，这样被阻塞的该线程 thread

就会提前退出阻塞状态，不需要等待 10 s 线程 thread 就会被提前终止。上面这段程序的运行结果如图 12-4 所示。

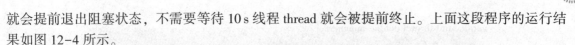

图 12-4 程序的运行结果 3

因为在 run 方法中的 catch 块里调用了 e. printStackTrace( )，所以当阻塞的线程捕获到这个中断信号后会在屏幕上输出发生 InterruptedException 时的 stack trace 信息。

上述方法主要针对当前线程调用了 Thread. join( ) 或者 Thread. sleep( ) 等方法而被阻塞时终止该线程。如果一个线程被 I/O 阻塞，则无法通过 thread. interrupt( ) 抛出一个中断信号而离开阻塞状态。这时可推而广之，触发一个与当前 I/O 阻塞相关的异常，使其退出 I/O 阻塞，然后通过 catch 块捕获该异常，从而安全地结束该线程。

3. 答案

有两种方法，当一个线程处于运行状态时，可通过设置退出标志的方法安全结束该线程；当一个线程被阻塞而无法正常运行时，可以抛出一个异常使其退出阻塞状态，并 catch 住该异常从而安全结束该线程。

12. 3 线程的同步

12. 3. 1 知识点梳理

知识点梳理的教学视频请扫描二维码 12-6 获取。

二维码 12-6

当多条并发线程访问同一资源（临界资源）时，可能会有一些意想不到的错误出现，这就是所谓的代码不具备线程安全。最经典的例子就是"账户存取现金"的问题。如果对用来保存账户余额的变量 balance 不做任何保护，任何线程都可以去修改它，那将很容易造成变量 balance 的混乱，从而导致程序出现不可预期的结果。

下面通过一个实例来认识线程安全问题：

```java
public class Account{
    private double mBalance;
    public Account( double balance) {
        mBalance = balance;
    }
    public double getBalance( ) {
        return mBalance;
    }
    public void setBalance( double balance) {
        mBalance = balance;
    }
}
```

```java
        public void draw (double amount) {
            if (mBalance >= amount) {
                System. out. println
                    (Thread. currentThread( ). getName( ) + " Take the money " + amount);
                try {
                    Thread. sleep( 1000) ;
                } catch (InterruptedException e) {
                    e. printStackTrace( ) ;
                }

                mBalance -= amount;
                System. out. println
                    (Thread. currentThread( ). getName( ) + " Balance is " + mBalance);
            } else {
                System. out. println
                    (Thread. currentThread( ). getName( ) + "Gredit is running low");
            }
        }
    }

public class DrawThread extends Thread {
    private Account mAccount;
    private double mAmount;
    public DrawThread(String threadName, Account act, double amount) {
        super( threadName) ;
        mAccount = act;
        mAmount = amount;
    }

    public void run( ) {
        mAccount. draw( mAmount) ;
    }



    public static void main( String[ ] args) {
        Account at = new Account(1000. 0) ;   //创建一个 1000 元的账户
        //创建一个线程,取 850.5 元
        DrawThread dt1 = new DrawThread( "draw-thread-1" , at, 850. 5) ;
        //创建一个线程,取 900 元
        DrawThread dt2 = new DrawThread( "draw-thread-2" , at, 900) ;
        dt1. start( ) ;
        dt2. start( ) ;
    }
}
```

上面这段程序中定义了两个类，Account 类为一个账户类，里面包含 double 类型的成员 mBalance，表示当前账户的余额。draw（double amount）方法用来从当前账户中取钱。该方法的逻辑很简单，当要支取的款额 amount 不大于当前账户余额 mBalance 时，做 mBalance -= amount;操作，并输出取款后的账户余额。当要支取的款额 amount 大于当前账户余额 mBalance 时，表示余额不足，则提示用户取款失败。

Draw Thread 类继承自 Thread 类，该类可构建一个线程用来提取账户中的余额。该类中有两个成员，mAccount 为指定的账户对象，mAmount 为要提取的钱数金额。在该线程类的 run( ) 方法中执行 Account 类的 draw 方法，从指定的账户 mAccount 中提取 mAmount 的金额。

在 main 方法中创建了一个包含有 1000 元的账户 at，并创建了两个线程 dt1 和 dt2 分别从该账户中取款 850.5 元和 900 元，正常的情况下取款一次后就不可能再取第二次了，因为无论取款 850.5 元还是 900 元，取款后账户的余额都不够下一次的取款额。但是执行了上述程序后，其结果如图 12-5 所示。

```
draw-thread-2 Take the money 900.0
draw-thread-1 Take the money 850.5
draw-thread-2 Balance is 100.0
draw-thread-1 Balance is -750.5
```

图 12-5　程序的运行结果 4

从程序的运行结果来看，当线程 1 最后从账户中提取 850.5 元后，账户余额变为-750 元，这显然不符合正常逻辑。导致出现这种错误的原因就是在 Account 类中执行 draw 方法对余额变量 mBalance 进行操作是非线程安全的。当线程 2 执行 at 账户对象的 draw 方法时，线程会被 sleep 1 s 的时间，此时该线程将进入阻塞状态，处理器空闲出来，JVM 会调度线程 1 执行 at 账户对象的 draw 方法。因为 mBalance 变量此时并没有被线程 2 修改，所以线程 1 可以通过 if（mBalance >= amount）的判断条件而进入。所以接下来就会对账户余额变量 mBalance 做两次 mBalance -= amount;操作，第一次从账户中扣除 900.0 元，余额变为 100.0 元，第二次继续从该账户中扣除 850.5 元，余额变为-750.5 元。

从上面这个例子中不难看出，当并发执行的线程同时去修改相同的资源（临界资源）时，应当做线程的同步保护，否则就极易出现上述这种状态混乱的错误。

有的读者可能会有疑问：程序中使用了 sleep 方法将程序阻塞，因此会出现两个线程不同步的 bug，如果没有使用 sleep 方法应该就不会有这类问题了吧？如果将 sleep（1000）;这条语句去掉则会发现执行结果是符合预期的。但是这并不能说明去掉 sleep 语句就是线程安全的。因为在对变量 mBalance 操作时不能避免一些耗时操作，在抢占式操作系统中，一旦出现较为耗时的操作，系统无法保证当前运行的线程不被阻塞而其他线程不被执行。所以还是要通过一些方法对线程进行同步保护才能避免上述问题的发生。

因此在进行多线程程序开发时，要特别注意线程安全的问题。最常见的线程保护措施有：synchronized 同步代码块、同步方法以及 Lock 同步锁。

方法一：同步代码块。

同步代码块的语法格式如下：

```
synchronized(obj) {
    //需要同步的代码块
}
```

参数 obj 是一个引用类型的对象，也就是同步监视器。同步监视器 obj 可以是任何引用类型的对象，线程在开始执行同步代码块之前必须先获得对同步监视器的锁定。任何时刻只能有一条线程获得对同步监视器的锁定，当同步代码块执行完毕后，该线程自然释放对该同步监视器的锁定。

方法二：同步方法。

所谓同步方法就是使用关键字 synchronized 来修饰某个方法。与同步代码块不同的是，使用同步方法不需要显式地指定同步监视器，即 obj 对象，因为同步方法中默认的同步监视器是 this，也就是该对象本身。

方法三：同步锁。

JDK1.5 之后，Java 又提供了同步锁机制。使用同步锁机制对临界资源保护时需要定义一个 Lock 类型的对象，通常使用 Lock 的子类 ReentrantLock（可重入锁）的对象来进行加锁和释放锁的操作。使用同步锁机制的语法格式如下：

```
private final ReentrantLock lock = new ReentrantLock();
lock.lock();            //加锁
try{
    // 访问临界资源,需要保证线程安全的代码
}
finally {
    lock.unlock();   //释放锁
}
```

可以看到，访问临界资源的代码被放到了 try 块中，释放锁的操作被放到了 finally 块中。虽然这不是必需的，但是还是建议使用 try…finally…块来确保同步锁一定会被释放，以避免死锁的发生。

关于线程同步、线程安全等更多的内容将结合后续的面试题进行深入讲解。

12.3.2 经典面试题解析

【面试题1】账户存取现金问题

知识点梳理中的账户存取现金程序显然是线程不安全，请将其修改成为线程安全的程序。

1. 考查的知识点

❏ 线程同步的方法

2. 问题分析

从知识点梳理中得知，之所以上述程序是线程不安全的，原因在于并发的线程（线程1和线程2）可以同时修改临界资源 mBalnace 变量而未加任何保护措施。解决的方法是使用同步方法对 draw 方法加以保护，或者使用 synchronized 同步代码块或 Lock 同步锁对需要保证线程安全的代码块（临界区）加以保护。参考代码如下。

使用同步方法：

```
public class Account{
    private double mBalance;
    // 此处省略构造方法及其他方法 …
    public synchronized void draw (double amount) {   //定义同步方法 draw
```

```
            if ( mBalance >= amount) {
                System. out. println
                    ( Thread. currentThread( ). getName( ) + " Take the money " + amount) ;
                try {
                    Thread. sleep( 1000) ;
                } catch ( InterruptedException e) {
                    e. printStackTrace( ) ;
                }
                mBalance -= amount;
                System. out. println
                    ( Thread. currentThread( ). getName( ) + " Balance is " + mBalance) ;
            } else {
                System. out. println
                    ( Thread. currentThread( ). getName( ) + " Gredit is running low") ;
            }
        }
    }
}
```

使用 synchronized 同步代码块：

```
public class Account{
    private double mBalance;
    // 此处省略构造方法及其他方法…
    public void draw ( double amount) {
        synchronized( this) {        //将该账户对象本身作为同步监视器
            if ( mBalance >= amount) {
                System. out. println
                ( Thread. currentThread( ). getName( ) + " Take the money " + amount) ;
                try {
                    Thread. sleep( 1000) ;
                } catch ( InterruptedException e) {
                    e. printStackTrace( ) ;
                }
                mBalance -= amount;
                System. out. println
                    ( Thread. currentThread( ). getName( ) + " Balance is " + mBalance) ;
            } else {
                System. out. println
                    ( Thread. currentThread( ). getName( ) + " Gredit is running low") ;
            }
        }
    }
}
```

使用 Lock 同步锁：

```
public class Account{
    private double mBalance;
```

```
            // 此处省略构造方法及其他方法 …
        private final ReentrantLock lock = new ReentrantLock ( ) ; //定义锁
            public void draw ( double amount ) {
                lock. lock ( ) ;    //加锁
                try {
                    if ( mBalance >= amount ) {
                    System. out. println
                        ( Thread. currentThread ( ) . getName ( ) + " Take the money " + amount ) ;
                    try {
                        Thread. sleep ( 1000 ) ;
                    } catch ( InterruptedException e ) {
                        e. printStackTrace ( ) ;
                    }
                    mBalance -= amount ;
                    System. out. println
                        ( Thread. currentThread ( ) . getName ( ) + " Balance is " + mBalance ) ;
                    } else {
                    System. out. println
                        ( Thread. currentThread ( ) . getName ( ) + " Gredit is running low" ) ;
                    }
                }
            finally {
                lock. unlock ( ) ;    //释放锁
            }
        }
    }
```

经过修改之后，程序的运行结果如图 12-6 所示。

```
draw-thread-1 Take the money 850.5
draw-thread-1 Balance is 149.5
draw-thread-2 Gredit is running low
```

图 12-6   程序改进后的运行结果

3. 答案

见分析。

【面试题 2】简述 synchronized 和 Lock 的区别

1. 考查的知识点

☐ synchronized 和 Lock 的区别

2. 问题分析

如知识点梳理中叙述，Java 语言中提供了两种同步机制：synchronized 和 Lock。虽然这两种机制都能有效地对线程临界区进行保护，但是二者存在着很大的区别。

（1）锁机制不同

synchronized 使用的是 Object 对象，即同步监视器的 notify、wait、notifyAll 调度机制来保证

线程同步和协调执行。而使用 Lock 对象保证线程同步时，系统提供了一个 Condition 类来保持线程间的协调，系统中不存在隐式的同步监视器对象，因此不能使用 notify、wait、notifyAll 等方法来进行线程的调度。

此外，synchronized 获得锁和释放锁都是在一个块结构中，当获得多个锁时，它们必须以相反的顺序释放。同时 synchronized 支持自动解锁，因此不会出现因为锁没有被释放而导致的死锁发生。Lock 机制则需要程序显式地释放锁，否则可能会导致死锁的发生。

（2）用法不同

使用 synchronized 进行线程同步时，synchronized 可加在方法上，也可以加在特定的代码块上，而同步监视器必须是 Object 类的对象，即必须是引用类型的对象。Lock 机制需要显式地指定加锁的起始位置和终止位置。synchronized 的锁定是托管给 JVM 执行，而 Lock 的锁定是通过代码实现的。

（3）性能不同

在资源竞争不是很激烈的情况下，synchronized 的性能要优于 Lock 的性能（例如，可重入锁 ReentrantLock），但是在资源竞争很激烈的情况下，synchronized 的性能会下降得非常快，而 Lock 的性能则变化不大。所以应当结合实际的应用场景选择使用 synchronized 安全机制或 Lock 安全机制。

与此同时，Lock 还提供了 synchronized 所没有的其他功能。例如，用于非块结构的 tryLock()方法、获取可中断锁的 lockInterruptibly()方法、获取超时失效锁的 tryLock(long TimeUnit)方法等。其功能更加强大，使用更加灵活。

3. 答案

见分析。

> **特别提示**
>
> 除了上面所述的 synchronized 和 Lock 的区别，还应当了解：
> 1）Lock 的功能更加强大，Lock 能完成 synchronized 实现的所有功能。
> 2）在很多数据结构和框架的设计中，在实现线程同步时多采用 Lock 而非 synchronized。

12.4　线程协调机制

12.4.1　知识点梳理

二维码 12-7

知识点梳理的教学视频请扫描二维码 12-7 获取。

线程协调机制也是各大公司面试题中考查的重点。许多公司在招聘 Java 开发工程师时，一个基本要求就是掌握多线程开发，这里面就会涉及很多线程协调通信的知识。

在上一节中已经讲到了 Java 线程的同步问题，对于并发程序访问临界区产生的线程不安全问题，可以通过同步块、同步方法，或者加同步锁的方式对临界区进行保护，以避免多线程修改临界区而产生的数据不一致问题。但是单纯的线程同步并不能解决多线程编程的所有问题，比如图 12-7 所示的这个应用场景，就需要用到线程协调机制。

如图 12-7 所示是一个典型的生产者-消费者模型。生产者线程主要负责生产产品，并将生产出来的产品存放到仓库里，消费者线程负责从仓库中提取产品，并进行产品的消费。图中标注出 5 个生产者线程和 3 个消费者线程，这 8 个线程并发地执行，随机访问仓库这个临界资源，因此就会产生上一节中介绍的线程安全问题。所以，无论生产者线程还是消费者线程，当它们访问仓库这个临界资源时都要做临界资源的保护。

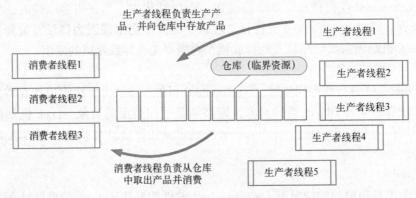

图 12-7 生产者–消费者模型

但是仅仅做线程保护是不够的，因为还存在另一个问题就是仓库资源的有限性问题。因为仓库中不可能存放无限多个产品，所以当仓库已满时，生产者线程就不能再向仓库中存放产品。相反，如果仓库中此时是空置的，消费者线程也无法从仓库中取出产品。所以这里就需要建立一种协调机制来保证各个线程之间的协调运行。具体来说就是，当仓库已满时（或者空间不足时），生产者线程要暂时阻塞，释放保护临界资源（仓库）的同步锁，这样消费者线程就有可能获得同步锁，并从仓库中取出产品。当消费者取出产品后应当及时释放同步锁并通知各个生产者"仓库中已有空间"，这样生产者就有机会再向仓库中存放产品。当仓库已空时（或剩余产品不足时），消费者线程要暂时阻塞，并释放同步锁，这样生产者线程就有可能获得同步锁，并向仓库中存放产品。当生产者向仓库中存放了产品后，应当及时释放同步锁并通知各个消费者"仓库中已有产品"，这样消费者就有机会从仓库中取出产品了。由于线程的调度是随机的，程序无法准确控制线程的轮转执行，所以就需要这样一套完备的线程通信机制来维护各线程之间协调执行。

Java 中提供了 4 种线程通信机制，以实现上述功能。

1）wait( )/notify( ) 方法

2）await( )/signal( ) 方法

3）BlockingQueue 阻塞队列方法

4）PipedInputStream/PipedOutputStream 方法

1. wait( )/notify( ) 方法

wait( )/nofity( ) 方法是 Object 类的两个方法，必须由同步监视器对象来调用。调用 wait( ) 方法可导致当前线程暂停，进入阻塞状态，并释放同步监视器。当其他线程调用该同步监视器的 notify( ) 方法或 notifyAll( ) 方法时，阻塞在该同步监视器上的线程会被唤起。如果调用的是 notify( ) 方法，则阻塞在该同步监视器上的所有线程只会被任意唤醒其中一个，其他线程仍处于阻塞状态而无法执行。所以如果一个同步监视器上被阻塞有多个线程，则应当使用 notifyAll( ) 方法。

2. await( )/signal( ) 方法

在 JDK5.0 之后，Java 提供了更加健壮 await( ) 和 signal( ) 方法用来做线程控制。它们的功能和 wait( )/nofity( ) 基本相同，所以可以取代 wait( )/nofity( )。同时，await( ) 和 signal( ) 方法

与新引入的锁定机制 Lock 直接挂钩，因此具有更大的灵活性。通过在 Lock 对象上调用 new-Condition( ) 方法，将条件变量和一个锁对象进行绑定，进而控制并发程序访问竞争资源的安全。

3. BlockingQueue 阻塞队列方法

BlockingQueue 是 JDK5.0 的新增内容。在 BlockingQueue 内部实现了同步队列，因此不需要程序额外地做判断和控制。它可以在生成队列时指定其容量的大小，并通过 put( ) 和 take( ) 方法向队列中添加和删除对象。

put( ) 方法：向队列中添加对象，容量达到最大时，自动阻塞。

take( ) 方法：从队列中删除对象，当容量为 0 时，自动阻塞。

4. PipedInputStream / PipedOutputStream 方法

如果线程之间需要交互更多的信息，可以使用 PipedInputStream/PipedOutputStream 方法进行线程间的通信。

以上简要地介绍了一下线程间协调运行的控制策略，下面结合具体面试题进一步理解。

12.4.2 经典面试题解析

【面试题】生产者-消费者问题

如图 12-7 所示为一个生产者-消费者模型，请用 Java 代码模拟该模型。

1. 考查的知识点

❑ 生产者-消费者模型的实现

2. 问题分析

本题的教学视频请扫描二维码 12-8 获取。

二维码 12-8

在知识点梳理中已经介绍了生产者-消费者模型。很显然，在生产者-消费者模型中，至少需要 3 个类，分别是：

1) 生产者。它应该是一个线程，用来产生对象（产品），并向仓库中存放产生的对象（产品）。

2) 消费者。它应该是一个线程，用来从仓库中取出对象（产品）。

3) 仓库。用来存储对象，它的资源应该是有限的。

下面先给出参考代码，然后结合代码具体分析：

```java
public class Storage
{

    //仓库最大存储量
    private final int MAX_SIZE = 50;

    //存储产品的容器,此处设定为50
    private LinkedList<Object> list = new LinkedList<Object>( );

    //生产 num 个产品
    public void produce( int num)
    {
        synchronized (list)
```

```
        {
            //如果仓库剩余容量不足
            while (list. size( ) + num > MAX_SIZE)
            {
                System. out. println("要生产:" + num + " 仓库剩余空间:"
                        +(MAX_SIZE - list. size( )) + "不能执行生产任务!");
                try
                {
                    //生产阻塞
                    list. wait( );
                }
                catch (InterruptedException e)
                {
                    e. printStackTrace( );
                }
            }

            //生产条件满足,可以生产 num 个产品
            for (int i = 1; i <= num; ++i)
            {
                list. add(new Object( ));
            }

            System. out. println("已经生产产品数:" + num + " 仓库剩余空间:" + (MAX_SIZE
            - list. size( ))) ;
            list. notifyAll( );
        }
    }

    //消费 num 个产品
    public void consume(int num)
    {
        synchronized (list)
        {
            //仓库存储量不足消费
            while (list. size( ) < num)
            {
                System. out. println("要消费产品:" + num + " 仓储量为:"  + list. size( ) + " 不
                能执行消费任务!");
                try
                {
                    //消费阻塞
                    list. wait( );
                }
```

```
                catch（InterruptedException e）
                {
                    e. printStackTrace（）；
                }
            }

            //消费条件满足情况下,可以消费 num 个产品
            for（int i = 1；i <= num；++i）
            {
                list. remove（）；
            }

            System. out. println（"已经消费产品数:" + num + " 仓储量为:" + list. size（））；

            list. notifyAll（）；
        }
    }
}
public class Producer extends Thread
{
    //每次生产的产品数量
    private int num；

    //所在放置的仓库
    private Storage storage；

    //构造函数,设置仓库
    public Producer（Storage storage）
    {
        this. storage = storage；
    }

    //线程 run 函数
    public void run（）
    {
        produce（num）；
    }

    //调用仓库 Storage 的生产函数
    public void produce（int num）
    {
        storage. produce（num）；
    }
    public void setNum（int num）
```

```
        {
            this. num = num;
        }
    }

public class Consumer extends Thread
{
    //每次消费的产品数量
    private int num;

    //所在放置的仓库
    private Storage storage;

    //构造函数,设置仓库
    public Consumer( Storage storage)
    {
        this. storage = storage;
    }

    //线程 run 函数
    public void run( )
    {
        consume( num);
    }

    //调用仓库 Storage 的消费函数
    public void consume( int num)
    {
        storage. consume( num);
    }

    public void setNum( int num)
    {
        this. num = num;
    }
}
```

在上述的代码中，类 Storage 是一个仓库类，在该类中定义了一个 LinkedList<Object> list 对象，用来存储生产者生成的对象（产品）。因为 list 本身是动态容器，其长度理论上可以很大，所以要对 list 做长度的限制，这样仓库中的资源才是有限的。MAX_SIZE 为规定的 list 长度，可以理解为仓库的容量，这里定为 50 个。也就是说，该仓库最多盛放 50 个对象（产品）。在类 Storage 中，方法 produce(int num) 和 consume(int num) 是核心的两个方法，分别用来生产一个产品和消费一个产品。这两个方法最终会被生产者线程和消费者线程调用执行。

produce(int num) 方法的作用是生产 num 个产品。在对 list 进行操作时要用同步块 synchro-nized (list) { … } 加以保护，这样同一时刻只能有一个线程可以进入同步块，以避免 list 被修改混乱。在向 list 添加对象时，要判断 list 的当前长度加上 num 是否超过了 MAX_SIZE，如果超长，则说明仓库剩余空间不足，需要调用 list. wait( )；将生产者线程阻塞在 list 上。一旦该生产者线程被 wait 阻塞，它将释放同步监视器，其他的线程（可能是生产者线程，也可能是消费者线程）将有机会获得同步监视器而进入临界区。如果 list 的当前长度加上 num 没有超过 MAX_SIZE，则说明当前仓库中还有足够的空间放置 num 个产品，此时将会生成 num 个对象并放到 list 中。最后在 produce 方法执行结束时，还要执行 notifyAll( )方法唤起 wait 在 list 上的所有线程，这是因为程序无法预知在执行 produce 方法时有多少线程（可能是生产者线程，也可能是消费者线程）已被 wait 在 list 上了，所以当 produce 方法执行结束时，需要统一提醒其他线程，以便 wait 在 list 上的线程有机会进行后续的操作。

consume(int num)方法的作用是从仓库中取出 num 个产品并消费，该方法的实现与 produce 方法的实现类似，只是判断条件不同，这里不再赘述。

Producer 类和 Consumer 类是两个分别继承自 Thread 的类，分别是生产者线程和消费者线程。在这两个类中都定义了一个 Storage 类的成员对象，该对象表示该线程所要操作的仓库实例，对于生产者–消费者模型，这两个线程中的 Storage 类对象必须是同一个，这样才能模拟出生产者、消费者线程并发访问同一个临界资源。在这两个类中都定义了 run( )方法，当对应的线程被执行时，run( )方法将被执行。对于 Producer 类，其 run 方法是调用 Storage 类成员对象的 produce 方法，用来生产产品；对于 Consumer 类，其 run 方法是调用 Storage 类成员对象的 consume 方法，用来取出和消费产品。

3. 实战演练

本题完整的源代码及测试程序见云盘中 source/12-1/，读者可以编译调试该程序。为了使程序正常运行，在代码中定义了一个 Test 类，用来创建仓库类对象以及生产者、消费者线程，参考代码如下：

```
public class Test
{
    public static void main( String[ ] args )
    {
        // 仓库对象
        Storage storage = newStorage( );

        // 生产者对象
        Producer p1 = newProducer( storage );
        Producer p2 = newProducer( storage );
        Producer p3 = newProducer( storage );
        Producer p4 = newProducer( storage );
        Producer p5 = newProducer( storage );

        // 消费者对象
        Consumer c1 = newConsumer( storage );
        Consumer c2 = newConsumer( storage );
        Consumer c3 = newConsumer( storage );
```

```
            // 设置生产者产品生产数量
            p1.setNum(10);
            p2.setNum(20);
            p3.setNum(30);
            p4.setNum(10);
            p5.setNum(10);

            // 设置消费者产品消费数量
            c1.setNum(30);
            c2.setNum(10);
            c3.setNum(40);

            // 线程开始执行
            c1.start();
            c2.start();
            c3.start();
            p1.start();
            p2.start();
            p3.start();
            p4.start();
            p5.start();
        }
    }
```

代码中创建了 1 个 Storage 类对象、5 个生产者线程、3 个消费者线程，然后同时启动线程，这 8 个线程并发执行，协同进行生产和消费的动作。

程序的运行结果如图 12-8 所示。

```
要消费产品:10 仓储量为:0 不能执行消费任务!
已经生产产品数:10 仓库剩余空间:40
要消费产品:30 仓储量为:10 不能执行消费任务!
已经消费产品数:10 仓储量为:0
已经生产产品数:10 仓库剩余空间:40
已经生产产品数:10 仓库剩余空间:30
已经生产产品数:30 仓库剩余空间:0
已经消费产品数:30 仓储量为:20
已经生产产品数:20 仓库剩余空间:10
已经消费产品数:40 仓储量为:0
```

图 12-8　程序的运行结果 5

注意：由于是多线程并发执行，所以程序的运行结果是不固定的。

拓展性思考

——为什么 produce(int num) 方法和 consume(int num) 方法要定义在 Storage 类中？

细心的读者可能会有这样的疑问——为什么要把 produce(int num) 方法和 consume(int

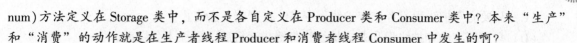

num）方法定义在 Storage 类中，而不是各自定义在 Producer 类和 Consumer 类中？本来"生产"和"消费"的动作就是在生产者线程 Producer 和消费者线程 Consumer 中发生的啊？

　　这样的设计主要是出于程序架构的考虑。对于生产者线程和消费者线程来说，它们的职责就是"生产出产品放到仓库中"和"从仓库中取出产品并消费"，其实它们并不关心如何将产品放入仓库中，如何从仓库中取出产品，仓库资源是否要加同步监视器，当仓库资源不足时如何进行多线程之间的协同作业等，这些逻辑完全可以抽离出来放在 Storage 类中完成。另外，线程同步的方法很多（同步方法、同步块、同步锁等），线程间协调运行的策略也很多（wait/notify 方法、await( )/signal( ) 方法、阻塞队列方法等），如果将线程同步与通信的机制分散到 Producer 类和 Consumer 类中，一旦这些机制改造升级，需要同时修改到 Producer 和 Consumer 两个线程类，如果仅定义在 Storage 类中，则只需要修改两个方法。所以从代码维护成本的角度看，produce(int num) 方法和 consume(int num) 方法定义在 Storage 类中更好。

12.5　守护线程

12.5.1　知识点梳理

二维码 12-9

　　知识点的教学视频请扫描二维码 12-9 获取。

　　Java 提供了两种类型的线程，一种叫作用户线程（User Thread），另一种叫作守护线程（Daemon Thread）。我们平时创建使用的普通线程就是用户线程，在前面的章节中已有详细的介绍。守护线程又称为后台线程或服务线程，它是一种特殊的线程，主要用来在后台为用户线程提供服务。

　　守护线程与用户线程并无太大区别，唯一的不同在于守护线程依赖于用户线程的执行状态。具体来说，当一个程序中的所有用户线程都执行完毕后 JVM 会退出，此时守护线程无论是否已被执行完都会被"杀死"。相反，如果一个程序中还存在未执行完的用户线程，则 JVM 不会退出，守护线程也将继续执行。这一点并不难理解，守护线程本质上就是非守护线程的"管家"，当程序中的非守护线程都执行完毕后，守护线程的使命也就完成了（不再需要守护线程的服务），所以自然可以被终止运行。

　　一个经典的守护线程的例子就是 JVM 中的垃圾回收器。当 JVM 运行时，垃圾回收器就会一直运行，它实时监控和管理着系统中可被回收的资源。但是当 JVM 退出后，系统中不再有资源管理和回收的需求，所以垃圾回收器会被终止运行。

　　在 Java 中可以将一个普通线程设置为守护线程，设置的方法极其简单，就是在执行线程的 start( ) 方法前调用该线程对象的 setDaemon(true) 方法，即可将该线程设置为守护线程。注意这里传递的参数一定是 true 才能设置为守护线程，如果传递的参数为 false，则是将该线程设置为用户线程。

　　有关守护线程的更多内容，下面结合具体面试题进一步讲解。

12.5.2　经典面试题解析

【面试题 1】常识性问题

（1）关于守护线程，下列说法正确的是（　　）

（A）所有的守护线程终止，即使存在非守护线程，进程运行也将终止

（B）所有非守护线程终止，即使存在守护线程，进程运行也将终止

（C）只要有守护线程或者非守护线程存在，进程就不会终止

（D）只有所有的守护线程和非守护线程都终止运行后，进程才会终止

1. 考查的知识点

❑ 守护线程的基本概念

2. 问题分析

在知识点梳理中已经讲到，守护线程依赖于用户线程的执行状态。当一个程序的所有用户线程都终止后，JVM 退出，此时守护线程的存在将不再有意义，所以守护线程也将会被终止。如果一个程序中还存在着任何一个用户线程没有执行完，JVM 都不会退出，因此守护线程也不会终止。所以 JVM 的退出与否不取决于守护线程，而是受用户线程的控制。所有的非守护线程都终止，则 JVM 退出，进程终止，此时守护线程会被强制"杀死"。

3. 答案

（B）

（2）关于守护线程。下列说法正确的是（   ）

（A）守护线程的优先级高于用户线程

（B）Daemon 线程中产生的新线程也是 Daemon 线程

（C）Daemon 进程 folk 出来的进程也是 Daemon 进程

（D）可以把正在运行的常规线程设置为守护线程

1. 考查的知识点

❑ 守护线程的基本概念

2. 问题分析

在 Java 中，守护线程具有较低的优先级。所以选项 A 不正确。守护线程中产生的新线程也是守护线程，这一点与守护进程不同，守护进程 fork() 出来的子进程不再是守护进程。所以选项 B 正确，选项 C 不正确。另外，在 Java 中可以将一个普通线程设置为守护线程，方法是在执行线程的 start() 方法前调用该线程对象的 setDaemon(true) 方法。也就是说，不能把正在运行的常规线程设置为守护线程，而是要在该线程运行之前去做设置，否则会抛出一个 IllegalThreadStateException 异常。

3. 答案

（B）

【面试题 2】分析下面这段程序的输出结果

```
class TestRunnable implements Runnable{
    public void run(){
        try{
        Thread. sleep(1000);        //守护线程阻塞 1 s 后运行
        System. out. println("Running in daemon…");
        } catch(InterruptedException e){
            e. printStackTrace();
        }

    }

}
```

```
public class DaemonTest {
    public static void main(String[ ] args) throws InterruptedException
    {
        Runnable tr = newTestRunnable();
        Thread thread = newThread(tr);
        thread.setDaemon(true);              //设置守护线程
        thread.start();                      //开始执行分进程
    }
}
```

1. 考查的知识点

❑ 守护线程的执行

2. 问题分析

本题的教学视频请扫描二维码 12-10 获取。

二维码 12-10

在上面这段程序中定义了一个类 TestRunnable，它实现了 Runnable 接口，因此可以在一个线程中执行。在该类的 run 方法中先调用 sleep 方法将该线程阻塞 1 s，然后在屏幕上输出字符串 "Running in daemon…"。

DaemonTest 类中定义了 main 方法。在 main 方法中通过 TestRunnable 的实例生成了一个 Thread 类的对象 thread，然后将其设置为守护线程，最后调用 start() 方法执行该线程。

通读下来有些读者会认为该程序的输出结果是在屏幕上输出字符串 "Running in daemon…"，但是运行此程序会发现，执行该程序时屏幕上没有任何输出结果。这是为什么？

回答这个问题需要我们对守护线程的执行特性有一个比较深入的理解。在前面的知识点梳理中已经讲到：当一个程序中的所有用户线程都执行完毕后 JVM 会退出，此时守护线程无论是否已被执行完都会被 "杀死"。所以当把线程 thread 设置为守护线程并执行时，它的生存状态就取决于当前程序中的用户线程（非守护线程）。而此时该程序中的用户线程只有一个主线程，并且主线程中没有耗时操作，会很快执行完。因此当 main 方法执行完后，该程序中就没有用户线程在执行了，此时 JVM 会退出，进程终止，守护线程也就没有了存在的意义而被终止。而在守护线程的 run 方法中先执行 sleep 方法将该守护线程阻塞 1 s，所以该守护线程会被暂停，这样它还没有等到被处理器重新唤起并执行就被终止了，所以该程序执行时没有结果输出。如果不将线程 thread 设置为守护线程，则该线程就是一个普通的用户线程，此时该线程的 run 方法一定会得到执行。

通过上面这个例子我们应该理解：守护线程存在的意义就是为其他非守护线程服务的，当其他非守护线程都执行完毕后，守护线程自然也就完成了它的使命而被终止。**因此，将一个线程设为守护线程是有条件的，不应将一些必要的操作流程（非服务流程）放在守护线程中执行。**

3. 答案

见分析。

第 13 章 Java 容器

如果一个类是专门用来存储其他类的对象，则这个类称为容器类，也叫作集合类。Java 中有一个容器类的类库，其用途是保存对象或者保存对象的引用。

Java 中的容器类主要从两个不同的接口（Collection 和 Map）派生出来，这两个不同的接口定义了不同的对象存储方式。

1）Collection：定义独立元素的序列。

2）Map：定义成对的键值对（Key-Value），一个 Map 不能包含重复的键（Key）。

Java 中容器类的基本架构如图 13-1 所示。

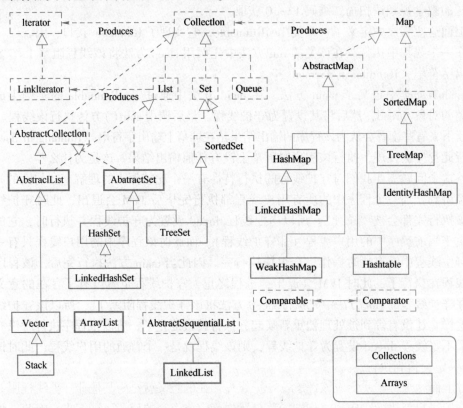

图 13-1　容器类的基本架构

从图 13-1 可以看出，Java 容器类的内容繁多，类之间关系复杂，因此本章不可能对所有的类或接口都进行详细说明，而只是对笔试面试中常考的知识点以及实际工作中常用的容器类进行总结归纳，希望能对读者的面试以及实际的工作有所帮助。

13.1 Collection 和 Iterator

13.1.1 知识点梳理

知识点梳理的教学视频请扫描二维码 13-1 获取。

二维码 13-1

1. Collection 接口

Collection 接口是一类用于实现保存单一元素的数据结构的接口。Collection 接口是容器类的根接口之一，它有 3 个子接口：List、Set 和 Queue。

1）List 代表元素有序的、可重复的集合。

2）Set 代表元素无序的、不可重复的集合。

3）Queue 代表队列集合，它是一种特殊的线性表，只允许在表的前端删除元素，在表的后端插入元素。

可以通过下面这段代码理解 Collection 接口的三个子接口 List、Set 和 Queue。

List 接口代码示例：

```java
package test;
import java.util.ArrayList;
import java.util.Iterator;
import java.util.List;
public class ListExample {
public static void main(String[] args) {
        List list = new ArrayList();          // ArrayList 实现了 List 接口
        list.add(10);                          // 依次添加元素,自动封装为整型
        list.add(7);
        list.add(6);
        list.add(6);
        Iterator iterator = list.iterator();   // 调用迭代器循环遍历 list
        while(iterator.hasNext()) {
            Object obj = iterator.next();
            System.out.print(obj + " ");
        }
    }
}
```

程序的运行结果如图 13-2 所示。

```
10 7 6 6
```

图 13-2　程序的运行结果 1

Set 接口代码示例：

```java
import java.util.HashSet;
import java.util.Iterator;
import java.util.Set;

public class SetExample {
public static void main(String[] args) {
        Set set = new HashSet();               // 创建 HashSet 对象 set,HashSet 实现了 Set 接口
        set.add(10);                           // 调用 add 方法,添加元素,自动封装为整型
        set.add(7);
```

```
        set. add(6);
        set. add(6);
        Iterator iterator = set. iterator();        // 调用迭代器循环遍历 set
        while(iterator. hasNext()) {
            Object obj = iterator. next();
            System. out. print(obj + " ");
        }
    }
}
```

程序的运行结果如图 13-3 所示。

```
6 7 10
```

图 13-3   程序的运行结果 2

Queue 接口代码示例：

```
import java. util. Iterator;
import java. util. LinkedList;
import java. util. Queue;

public class QueueExample {

    public static void main(String[] args) {
        Queue queue = new LinkedList();      //LinkedList 间接实现了 Queue 接口
        queue. offer(10);                          // 向队列中添加一个元素,不建议用 add,会报出异常
        queue. offer(7);
        queue. offer(6);
        queue. offer(6);
        Iterator iterator = queue. iterator();
        while(iterator. hasNext()) {
            Object obj = iterator. next();
            System. out. print(obj + " ");        //输出队列中的元素
        }
        System. out. println();
        //返回队头元素,并在队列中删除该元素
        System. out. println("poll = "+queue. poll());
        //返回队头元素,但不删除该元素
        System. out. println("peek = "+queue. peek());
    }
}
```

程序的运行结果如图 13-4 所示。

从上述代码的运行结果可知，List 在元素输出时保证了与元素添加时的顺序一致，不进行排序，并允许元素重复，这一点类似于一个线性表（数组或链表）。Set 表示一个无序的不可重复的集合，从代码运行结果可

```
10 7 6 6
poll=10
peek=7
```

图 13-4   程序的
运行结果 3

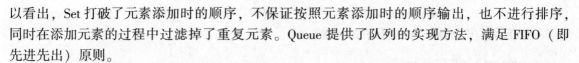

以看出，Set 打破了元素添加时的顺序，不保证按照元素添加时的顺序输出，也不进行排序，同时在添加元素的过程中过滤掉了重复元素。Queue 提供了队列的实现方法，满足 FIFO（即先进先出）原则。

2. Iterator 接口

Iterator 直译为迭代器，它可以在不知道容器中元素类型的情况下遍历容器中的元素。可参照 Set、List、Queue 代码示例中 Iterator 迭代器的使用方法来理解 Iterator 的用法。

本节围绕 Collection 和 Iterator 接口展开讨论，对笔试面试中经常出现的题目和重点知识点进行讲解。

13.1.2　经典面试题解析

【面试题 1】常识性问题

（1）以下哪些实现或继承了 Collection 接口（　　　　）

（A）ArrayList

（B）HashMap

（C）Iterator

（D）HashTable

1. 考查的知识点

❑ Collection 接口，Map 接口，Iterator 接口

二维码 13-2

2. 问题分析

本题的教学视频请扫描二维码 13-2 获取。

本题是一道基础题目，重点考查容器的 3 个接口 Collection 接口、Map 接口、Iterator 接口及其派生类。

参照图 13-1 容器类基本架构图可知，Java 的容器类主要由 Collection 和 Map 这两个接口派生而成，ArrayList 继承了 AbstractList，AbstractList 实现了 List 接口，而 List 接口是 Collection 接口的子接口。所以选项 A 正确。

HashMap、HashTable、TreeMap 都是 AbstractMap 的子类，而 AbstractMap 实现了 Map 接口，属于 Map 接口的子类系列，所以选项 B、选项 D 错误。

Iterator 接口是迭代器，主要用于遍历 Collection 接口容器内的元素。它不是 Collection 接口的子接口，所以选项 C 错误。

3. 答案

（A）

┌───┐
　　特别提示

　　对于这类考查复杂类继承关系的题目，没有必要死记硬背，而是应当提纲挈领地找到类之间继承的规律和特点。

　　Collection 接口：有 3 个子接口 List、Set 和 Queue，用于存储独立元素序列。所以一般带有 List、Set 名字的类都继承自 Collection。

　　Map 接口：表示成对的键值对对象，一般带有 Map、Table 名字的类都继承自 Map。

　　Iterator：它是迭代器，用来遍历容器中的元素，不属于 Collection 和 Map 接口体系。
└───┘

（2）list 是一个 ArrayList 的对象，下列哪个选项的代码填到//todo 处，可以在 Iterator 遍历的过程中正确并安全删除 list 中保存的对象？（   ）

```
Iterator it = list. iterator( );
int index = 0;
while (it. hasNext( ))
{
    Object obj = it. next( );
    if (needDo(obj))                //needDo 返回 boolean 值，为处理对象函数
    {
        //todo
    }
    index++;
}
```

（A）list. remove(obj)；

（B）it. remove( )；

（C）list. remove(index)；

（D）list. remove(obj, index)；

1. 考查的知识点

❏ Iterator 的方法调用

❏ 容器类的方法调用

2. 问题分析

二维码 13-3

本题的教学视频请扫描二维码 13-3 获取。

本题有一些难度，在分析本题的答案之前，需要先了解一下 ArrayList 和 Iterator 迭代器的相关知识。

ArrayList 从父类 AbstractList 继承了属性值 modCount，该属性用于记录从结构上修改 Array-List 的次数。每次容器元素被修改（add/remove）时，都会执行 modCount+1 操作来记录 Array-List 的修改次数，所以属性值 modCount 会一直增大。

与此同时，父类 AbstractList 也实现了 iterator( )方法，调用该方法会返回一个实现了 Iterator 接口的内部类 Itr 的实例。在类 Itr 中有一个属性 expectedModCount，该属性初始化为 modCount 的值，在类 Itr 中执行 next( )或 remove( )方法时，都会自动检测 modCount 和 expect-edModCount 的值是否相等，如果不相等，则会抛出异常 ConcurrentModificationException（该机制称为快速失效机制 fail-fast）。而 Itr 提供的 remove( )方法在删除元素后会同步修改 expected-ModCount 的值，所以，使用迭代器的 remove( )方法是安全的。

回到本题，来看一下题目中给出的这段程序。首先已知 list 是一个 ArrayList 的对象，而且作为一个容器里面保存了数据。在代码中，通过

```
Iterator it = list. iterator( );
```

这条语句获取了遍历 list 的迭代器对象 it。然后进入一个 while 循环中，该循环的条件是 it. hasNext( )，也就是说，该循环是通过这个迭代器 it 来遍历 list 容器中的元素。在 while 循环体中只做了一件事，就是删除 list 中的元素。上面已经讲到，要删除容器中的元素可以直接调用 ArrayList 的 remove 方法进行删除操作，也可以通过迭代器 Iterator 的 remove 方法删除。但是

由于整个 while 循环都是通过迭代器 it 来遍历 list 的，所以在执行 it. next( ) 操作时，都会检测 modCount 和 expectedModCount 是否相等，如果不相等，则会抛出异常。因此这就限定了//todo 处的操作必须使用 Iterator 的 remove 方法，这样才能保证每次删除容器中的元素后 modCount 和 expectedModCount 能被同步修改，从而在遍历 list 元素时不发生异常。

综上所述，在//todo 处只能调用 it. remove( )；，答案为 B。

3. 答案

（B）

（3）关于 Collection 和 Collections 描述正确的是（ ）

（A）Collection 是 java. util 下的类，它包含有各种有关容器操作的静态方法

（B）Collections 是 java. util 下的接口，它是各种容器结构的父接口

（C）Collection 是 java. util 下的接口，它是各种容器结构的父接口

（D）Collections 是 java. util 下的类，它包含有各种有关容器操作的静态方法

1. 考查的知识点

❑ Collection 的基本认识

❑ Collection 类和 Collections 类的区分

2. 问题分析

二维码 13-4

本题的教学视频请扫描二维码 13-4 获取。

本题是关于 Collection 接口和 Collections 类的基础题目，读者应当对各自的使用场景有明确的认识，避免发生混淆。

Collection 是一类用于实现保存单一元素的数据结构的接口。Collection 接口是容器类的根接口之一，是各类容器结构的父接口。它的包结构是 java. util. Collection，它是接口而不是类。所以选项 A 错误，选项 C 正确。

Collections 是一个集合或者容器操作的工具类。它是一个实现类，不是一个接口。通过解读它的源代码可知，它是一个工具类，它的方法都是静态方法，用于操作各个容器类。它的包结构是 java. util. Collections。所以选项 B 错误，选项 D 正确。

3. 答案

（C）（D）

> **特别提示**
>
> Java 的类命名有这样一个特点，如果一个类名后带 s，基本都是辅助的工具类，比如容器的辅助工具类 Collections、数组的辅助工具类 Arrays、对象工具类 Objects，它们的方法都是静态方法。

【面试题 2】简述 Collection 与 Collections 的区别

1. 考查的知识点

❑ Collection 接口的基本概念

❑ Collections 类的基本概念

2. 问题分析

在常识性问题第（3）题中已对 Collection 接口和 Collections 类做了简单介绍，这两个类是本质不同的两个类，本题对这两个类进行更加深入的总结和介绍。

（1）Collection 接口

Collection 接口是容器类的顶层接口之一，它的子接口主要有 List 和 Set，所有实现了 List 或 Set 接口的容器类，如 ArrayList、LinkedList、HashSet 和 TreeSet 等，同时也实现了 Collection 接口。Collection 接口定义了这些容器类操作容器元素的基本方法，比如向某个容器添加元素、删除元素、遍历元素等。

Collection 接口的基本方法如下。

boolean add(Object o)：向容器中加入一个对象的引用。

void clear()：删除容器中所有的对象，即不再持有这些对象的引用。

boolean isEmpty()：判断容器是否为空。

boolean contains(Object o)：判断容器中是否持有特定对象（参数 o 指定的对象）的引用。

Iterartor iterator()：返回一个 Iterator 对象，可以用来遍历容器中的元素。

boolean remove(Object o)：从容器中删除一个对象的引用。

int size()：返回容器中元素的数目。

Object[] toArray()：返回一个数组，该数组中包括容器中的所有元素。

关于 Collection 接口的使用方法，可参考下面这段代码：

```java
import java.util.ArrayList;
import java.util.Collection;
import java.util.Iterator;
public class CollectionExample {
    public static void main(String[] args) {
        Collection<String> col = new ArrayList<String>();
        //创建一个 ArrayList 对象,实现了 List 接口,List 是 Collection 的子接口
        col.add("A");                    //调用 Collection 接口的 add()方法,在 col 对象中加入元素"A"
        System.out.println(col.size());              //调用 size()方法,返回容器中元素数目 1
        System.out.println(col.isEmpty());        //返回容器是否空
        col.clear();                     //调用 Collection 接口的 clear()方法,清空容器的所有元素
        System.out.println(col.size());              //调用 size()方法,返回元素数目,为 0
        col.add("B");                    //重新加入新的元素"B"
        col.add("C");                    //添加元素"C"
        //判断容器中是否含有元素 A,因没有元素"A",返回 false
        boolean b1 = col.contains("A");
        boolean b2 = col.remove("B");    //删除容器中的元素"B",删除成功返回 true
        System.out.println(b2);          //输出结果为 true
        Iterator<String> iterator = col.iterator();
        //调用 iterator()方法,对容器进行遍历
        while (iterator.hasNext()) {
            System.out.println(iterator.next());     //容器中只有一个元素,返回元素"C"
        }
    }
}
```

在上述的代码中，创建了一个 ArrayList 对象 col。由于 ArrayList 类本身实现了 Collection 接口，所以可以通过对象 col 调用 Collection 接口的 add()、size()、isEmpty()、clear()等方法实

现在 ArrayList 容器中进行增加元素、删除元素、非空判断、元素清空等操作。上述代码的运行结果如图 13-5 所示。

图 13-5　程序的
运行结果 4

（2）Collections 类

Collections 是一个容器框架的工具类，该工具类中的方法都是静态方法，可通过类名直接调用。通过这些方法可对容器中的元素进行排序、查找、求最大值等辅助操作，因此 Collections 是容器类最重要的辅助工具类。

Collections 类中提供了很多容器处理的静态方法，这里总结几个常用的方法：

```
public static <T extends Comparable<? super T>>  void sort(List<T> list)
public static <T> void sort(List<T> list, Comparator<? super T> c)
```

sort 方法的功能是对 list 对象中存储的元素进行排序操作，它有两个重载函数。

第一个函数：对 List 对象 list 中的元素进行排序，容器 list 中的元素必须实现 Comparable 接口，并重写 Comparable 接口的 compareTo( )方法，这样元素之间才可以进行比较。

第二个函数：对 List 对象 list 中的元素进行排序，该方法的第二个参数是一个实现了 Comparator 接口的比较器类，该比较器类重写了 Comparator 接口的 compare( )方法。

```
public static void shuffle(List<? > list)
```

对集合 list 的内容进行随机排序。

```
public static <T> int binarySearch(List<? extends Comparable<? super T>> list, T key)
public static <T> int binarySearch(List<? extends T> list, T key, Comparator<? super T> c)
```

binarySearch 方法是二分查找指定容器中的元素，并返回查找元素的索引，它有两个重载函数。

第一个函数：在 List 对象 list 中查找元素 key。使用此方法时，容器 list 中的元素必须要实现 Comparable 接口，并重写 Comparable 接口的 compareTo( )方法，这样元素之间才可以进行比较。

第二个函数：在 List 对象 list 中查找元素 key，该函数第三个参数是一个实现了 Comparator 接口的比较器类，该类重写 Comparator 接口的 compare( )方法，实现了两个不同元素之间具体的比较规则。

需要注意的是，应用 binarySearch 方法对 list 中的元素进行查找的前提是 list 中的元素必须按值有序，这个有序就是按照 compareTo 方法规定的比较大小的原则进行排序的结果。

```
public static <T extends Object & Comparable<? super T>> T max(Collection<? extends T> coll)
```

该代码返回容器内元素的最大值。

```
public static <T extends Object & Comparable<? super T>> T min(Collection<? extends T> coll)
```

该代码返回容器内元素的最小值。

```
public static int indexOfSubList(List<? > source, List<? > target)
```

该代码返回子序列 target 在序列 source 中首次出现位置的索引。

关于 Collections 类的使用，可以用下列示例代码进一步学习：

```java
import java.util.ArrayList;
import java.util.Collections;
import java.util.List;
public class CollectionsExample {
    public static void main(String[] args) {
        List<Employer> list = new ArrayList<Employer>();
        Employer employer1 = new Employer();
        Employer employer2 = new Employer();
        Employer employer3 = new Employer();       //创建了三个 Employer 对象
        employer1.setName("peter");                 //设置对象的姓名属性
        employer1.setAge(27);                       //设置对象的年龄属性
        employer2.setName("henry");
        employer2.setAge(25);
        employer3.setName("tom");
        employer3.setAge(31);
        list.add(employer1);                        //将三个对象加入 list 容器中
        list.add(employer2);
        list.add(employer3);
        Collections.sort(list);                     //调用 Collections 的 sort 方法进行排序
        System.out.println(list);                   //输出排序后的结果
        Collections.shuffle(list);                  //对容器进行随机排序
        System.out.println(list);                   //输出随机排序后的结果
        Collections.sort(list);                     //再次调用 Collections 的 sort 方法进行排序
        int index = Collections.binarySearch(list, employer3);
                                                    //在 list 中查找对象 employer3,返回索引位置
        System.out.println("the index is " + index);
    }
}

class Employer implements Comparable<Employer> {
                                //Employer 类,实现了 Comparable 接口,实现 compareTo()方法,
                                //在该方法中编写排序规则

    private String name;
    private Integer age;
        public void setName(String name) {
            this.name = name;
    }
        public Integer getAge() {
            return age;
    }
        public void setAge(Integer age) {
            this.age = age;
    }
        public String toString() {
```

```
                    return "name is " +name+" age is " +age;
            }


        public int compareTo( Employer a) {
            return this. age. compareTo( a. getAge( ));        //按照年龄进行升序排序

        }

    }
```

从上述代码可以看出, Collections 类有排序、查找等方法可被直接调用, 参数传递 list 对象, list 中的元素类 Employer 类必须实现 Comparable 接口, 这样才能使用 sort 方法和 binarySearch 方法对其进行排序和查找操作。代码中在 Comparable 接口定义的 compareTo 方法里指定排序的规则, 程序中实现的是按照年龄的升序进行排序。

上述程序的运行结果如图 13-6 所示。

```
[name is henry age is 25, name is peter age is 27, name is tom age is 31]
[name is henry age is 25, name is tom age is 31, name is peter age is 27]
the index is 2
```

图 13-6   程序的运行结果 5

从上述运行结果可以看出, 第一行中输出了按年龄升序排序后的结果, 第二行中输出按年龄随机排序后的结果, 第三行中输出了对象 employer3 在 list 中的索引。因为在执行 binarySearch 方法之前又对 list 再次进行了排序, 所以此时对象 employer3 在 list 中位于最后的位置, 因此 index 值为 2。

3. 答案

见分析。

特别提示

从上面的代码中可以发现, 在执行 binarySearch( ) 方法之前需要调用 list. sort( ) 方法对 list 进行排序。这是因为 binarySearch( ) 方法的使用前提是 list 中的元素必须有序, 这个有序就是按照 compareTo 方法规定的比较大小的原则进行排序的结果。如果在执行 binarySearch( ) 方法之前没有对 list 中的元素进行排序, 则有可能找不到要搜索的结果。

13. 2   HashSet 和 TreeSet

13. 2. 1   知识点梳理

知识点梳理的教学视频请扫描二维码 13-5 获取。

二维码 13-5

HashSet 和 TreeSet 是 Set 接口的两个最重要的实现类, 在 Set 容器类中得到广泛使用。其中 TreeSet 是 Set 的子接口 SortedSet 的实现类。

1. HashSet

HashSet 是 java. util 包中的类, 实现了 Set 接口, 封装了 HashMap, 元素是通过 HashMap 来保存的。

关于 HashSet 有以下几点需要补充说明:

1）HashSet 中的元素可以是 null，但只能有一个 null（因为实现了 Set 接口，所以不允许有重复的值）。

2）HashSet 是非线程安全的。

3）插入 HashSet 中的对象不保证与插入的顺序一致，元素的排列顺序可能改变。

4）向 HashSet 中添加新的对象时，HashSet 类会进行重复对象元素判断：判断添加对象和容器内已有对象是否重复，如果重复则不添加，如果不重复则添加。

2. TreeSet

TreeSet 是 java.util 包中的类，也实现了 Set 接口，因此 TreeSet 中同样不能有重复元素。TreeSet 封装了 TreeMap，所以是一个有序的容器，容器内的元素是排好序的。

关于 TreeSet，有以下几点需要补充说明：

1）TreeSet 中的元素是一个有序的集合（在插入元素时会进行排序），不允许放入 null 值。

2）TreeSet 是非线程安全的。

3）向 TreeSet 中添加新的对象时，TreeSet 会将添加对象和已有对象进行比较，存在重复对象则不进行添加，不存在重复对象的情况下，新插入对象和已有对象根据比较结果排序再进行存储。

有关 HashSet 和 TreeSet 的内容，下面结合面试题进一步讲解。

13.2.2 经典面试题解析

【面试题 1】常识性问题

（1）HashSet 子类依靠（　　　）方法区分重复元素。

（A）toString( )，equals( )

（B）clone( )，equals( )

（C）hashCode( )，equals( )

（D）getClass( )，clone( )

1. 考查的知识点

❑ HashSet 的元素相等判断方法

2. 问题分析

本题的教学视频请扫描二维码 13-6 获取。

二维码 13-6

在知识点梳理部分已经提到，HashSet 实现了 Set 接口，所以不能存储重复元素。在向 HashSet 中添加元素时会调用 HashSet 的 boolean add(E e) 方法，在该方法中，HashSet 会首先判断所要添加的元素是否与容器内已存在的元素有重复，如果没有重复则添加该元素并返回 true，否则不添加元素并返回 false。

那么如何判断所要添加的元素是否与容器内已存在的元素有重复呢？

在 HashSet 内部，HashSet 封装了 HashMap，在调用 add( ) 方法时，实际上是调用了 HashMap 的 put( ) 方法添加元素，代码如下：

```
public boolean add(E e) {
    return map.put(e, PRESENT) = = null;
}
```

如上述代码所示，其中添加的元素 e 就是 HashMap 的 key（put 方法的第一个参数）。

HashMap 的 put( ) 方法首先会调用元素 e 的 hashCode( ) 得到其在 HashMap 中的索引，如果在该索引位置上已存在其他元素（即两个元素的 hashCode( ) 返回值相等），则再调用 e 的 equals( ) 方法判断该索引位置上的元素是否与要添加的元素 e 相等。只有上述两个条件都满足，才能确认该 HashMap 中已经包含元素 e。

总之，如果要准确判断 HashSet 中两个对象重复与否，需要 hashCode( ) 和 equals( ) 这两个方法共同来确定，即如果 hashCode( ) 返回值相等并且 equals( ) 返回 true，则判定两个对象重复，只要任一条件不满足，则判定两个对象不重复。

因此本题只能选择 C。

toString( )：返回对象的字符串表示方法；

clone( )：克隆当前对象；

getClass( )：返回对象的所属类；这些都属于错误答案。

3. 答案

（C）

拓展性思考

——深度解读 HashMap. put( ) 方法

对于本题，要想判断 HashSet 中两个对象是否重复，需要判断两个对象的 hashCode( ) 是否相等，如果相等，再通过对象的 equals( ) 方法来判断是否为 true，只有二者都满足才能确认两个对象重复。

如果读者想更深一步地了解 HashSet 中的 HashMap. put( ) 方法是如何实现添加元素功能的，可以参看下面这段代码：

```java
public V put(K key, V value) {
    if (key == null)
        return putForNullKey(value);
    int hash = hash(key.hashCode());
    int i = indexFor(hash, table.length);
    for(Entry<K,V> e = table[i]; e != null; e = e.next) {
        Object k;
        if(e.hash == hash && ((k = e.key) == key || key.equals(k))) {
            V oldValue = e.value;
            e.value = value;
            e.recordAccess(this);
            return oldValue;
        }
    }
    modCount++;
    addEntry(hash,key, value, i);
    return null;
}
```

上述代码是 HashMap. put( ) 方法的源代码。通过代码的描述能够看出，这里向 HashSet 中添加的元素实际上就是 HashMap 中的 key，而不是 value。代码中首先获取对象 key 的 hash 值，然后以此 hash 值得到 key 在 HashMap 中的索引。因为 HashMap 本质上是一个数组+

链表+红黑树的数据结构，所以在同一个索引 i 下可能存在多个元素，因此这里通过一个循环遍历该索引 i 下的每一个元素。如果发现要添加到 HashMap 中的元素 key 与该索引上的某个元素重复（hash 值相等并且 equals 返回值为 true），则用新的 value 覆盖掉旧的 value，并返回 old-Value，这样调用它的 HashSet. add( )方法则返回 false，表示添加元素不成功；如果发现要添加到 HashMap 中的元素 key 与该索引上的任何元素都不重复，则把（key，value）键值对插入该索引下，然后返回 null，这样调用它的 HashSet. add( )方法则返回 true，表示添加元素成功。有关 HashMap 的更详细的介绍可以参看本章后续小节。

（2）如下代码的执行结果是（　　　　）

```java
public class SetSize {
    public static void main(String[ ] args) {
        Set<Short> set = new HashSet <Short>( );        //①
        for(short i = 0; i < 10; i++) {
            set. add(i);                                 //②
            set. remove(i-1);                            //③  //④
        }
        System. out. println(set. size( ));
    }
}
```

（A）0　　　　　（B）10　　　　　（C）1　　　　　（D）报出异常

1. 考查的知识点

❑ HashSet 的基本方法

❑ 类型的转换

2. 问题分析

本题的教学视频请扫描二维码 13-7 获取。

这道题目是一个迷惑性相当大的题目，主要考查 HashSet 方法的基本调用，同时里面有一个陷阱，就是数值类型运算的类型转换问题。

HashSet 的常用方法总结如下。

1）add（E e）：返回 boolean 型值，其功能是在 HashSet 中添加指定元素 e。

二维码 13-7

说明：添加元素 e 时 HashSet 类先进行重复元素判断：如果要添加的元素和已有元素重复，则添加不成功，返回 false；否则添加元素 e，返回 true。

2）remove（Object o）：返回 boolean 型值，其功能是从 HashSet 中移除指定元素 o。

说明：如果元素 o 不包含在 HashSet 中，则未删除任何元素，返回 false；否则，删除元素 o，返回 true。

对于本题，下面分析代码①②③④处的执行情况。

① 这句代码创建了一个 Short 类型的 HashSet 对象。

② 调用 add( )方法向 HashSet 中插入元素。因为这里插入的是 short 类型的值，而 add( )方法的参数是引用类型 Short，所以 short 类型的参数会自动装箱成其包装类 Short 类型。

③ 调用 remove(i-1)，i 为 short 型，1 为 int 类型，因为 short、byte 型在进行数字运算时，会自动转换为 int，所以 i-1 返回一个 int 类型值。

④ 执行 set. remove(i-1)时，i-1 会自动装箱为 Integer 对象。虽然一个 Short 类型对象和一个 Integer 类型对象的值可能相等，但是它们的类型不同，所以比较时认为对象不重复。因此这里的 remove 操作其实都不成功，因为 HashSet 中不存在元素 i-1，所以没有删除任何对象，同时编译器不报错。

综上所述，该段代码的实质是，set 中加入了 10 个元素，每一个都成功添加没有被删除，所以输出大小结果为 10。

3. 答案

（B）

特别提示

对于泛型集合 HashSet <E> 的 add 和 remove 方法，add( ) 方法传递的参数类型一定要和 Set 中定义的类型一致，否则会报编译错误，但是 remove( ) 方法的参数类型是 Object，所以可以接受任何类型，不会报编译错误。

【思考】如果本题中的 Short 改为 Integer，结果是什么？

【分析】当为整型时，remove 只有第一次执行时失败（因为 set 中没有 - 1），其他执行都成功删除元素，所以最后的输出结果为 1。

（3）如下代码的执行结果是（　　　　）

```java
public class A
{
    public boolean equals(Object b) { return true;}
    public static void main(String args[])
    {
        Set set = new HashSet();
        set. add(new A());
        set. add(new A());
        set. add(new A());
        System. out. println(set. size());
    }
}
```

（A）1　　　　　　（B）3　　　　　（C）编译时错误　　　　　（D）运行时错误

1. 考查的知识点

❏ HashSet 的基本原理

2. 问题分析

本题的教学视频请扫描二维码 13-8 获取。

这道题还是考查 HashSet 类对重复元素的判断方法。HashSet 中不会出现重复元素，在前面的面试题中已经总结了 HashSet 判断重复元素主要取决于 hashCode( ) 和 equals( ) 这两个方法。

回到本题代码，class A 重写了 equals( ) 方法，该方法直接返回 true，表示在任何情况下 equals( ) 都认为值相等。但代码中没有对 hashCode 方法进行重

二维码 13-8

写，那么 hashCode（）方法就直接继承了 Object 类的 hashCode（）方法。Object 类中的 hashCode（）方法是计算该对象在内存中的地址，而代码中调用 new A（）创建三个对象，三个对象的内存地址不同，所以 hashCode（）返回值必然不相同，因此三个类 A 的对象被判定为三个不同的对象。

在 main 方法中，创建了一个 HashSet 对象 set，并调用 add 方法向 set 中加入类 A 的三个对象。因为三个对象被判定为不同对象，所以三次添加都是成功的，set. size（）的值为 3。

3. 答案

（B）

特别提示

1）对本题的代码进行修改，增加 hashCode 函数，如果如下代码：

```
public int hashCode( ) {
    return 1;
}
```

输出结果为多少？

2）如果将 return 1 改为 return 0，则最后输出结果又为多少？

```
public int hashCode( ) {
    return 0;
}
```

答案：输出 set. size（）都为 1，因为不同对象 hashCode（）返回值都相等，同时不同对象的 euqals（）返回值均为 true，所以第二次和第三次添加的类 A 的对象都会被判定为重复而添加失败。

【面试题 2】Set 接口的实现类

Set 接口的实现类有哪些？HashSet、TreeSet 和 LinkedHashSet 的区别是什么？TreeSet 如何保证有序序列？

1. 考查的知识点

❏ Set 接口的实现类

❏ 各个实现类的区别

2. 问题分析

本题是一道面试的真题，主要考查的是 Set 接口的实现类。

（1）Set 接口的主要实现类

Set 接口的主要实现类包括 HashSet、TreeSet、LinkedHashSet、AbstractSet 等。

HashSet 是 java. util 包中的类，它只能存储不重复的对象。HashSet 类实现了 Iterable<E>、Set<E>等接口，底层使用 HashMap 来保存数据，子类有 LinkedHashSet 等。

TreeSet 是 AbstractSet 的子类，是一个有序的集合，TreeSet 是基于 TreeMap 来实现。

LinkedHashSet 类是 HashSet 的子类，它的元素也是唯一的，LinkedHashSet 是基于 HashMap 和双向链表的实现类。

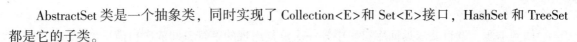

AbstractSet 类是一个抽象类，同时实现了 Collection<E>和 Set<E>接口，HashSet 和 TreeSet 都是它的子类。

可用图 13-7 来描述 HashSet、TreeSet、LinkedHashSet、AbstractSet 这 4 个类之间的继承关系。

（2）HashSet、TreeSet 和 LinkedHashSet 之间的主要区别

1）HashSet 是基于哈希表 HashMap 来实现的，它包含的是不保证有序的不重复的元素。

2）TreeSet 是基于 TreeMap 来实现的，而 TreeMap 基于红黑树算法实现，红黑树是一种平衡的排序二叉树，它包含的是有序且不重复的元素。TreeSet 支持两种排序方式：自然排序和定制排序。

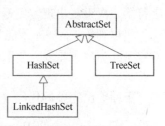

图 13-7　HashSet、TreeSet、
LinkedHashSet、AbstractSet
四个类之间的继承关系

3）LinkedHashSet 继承自 HashSet，与 HashSet 相比，它底层是用双向链表实现，用链表记录数据，实现了按照插入的顺序有序，也就是说，遍历序和插入序是一致的。LinkedHashSet 在迭代访问 Set 中全部元素时性能会比 HashSet 好，但插入元素时性能不如 HashSet。

（3）TreeSet 保证有序的方式

TreeSet 底层数据结构是一种自平衡的二叉树，即红黑树，红黑树保证了元素的有序性，无论按照前序、中序、后序都可以有序地读取集合中的元素，也就是说，按照红黑树的结点进行存储和取出数据。

3．答案

见分析。

┌───┐
特别提示

题目中所说的 HashSet 中元素的无序和 LinkedHashSet 中元素按照插入的顺序有序是指向容器中插入元素的顺序是否与遍历顺序一致。例如，向一个 HashSet 中顺序插入元素 1、2、3，而遍历 HashSet 时访问元素的顺序就不一定是 1、2、3 了，这叫作不保证遍历序和插入序一致。而 TreeSet 中元素的有序是指元素按照 CompareTo(Object obj) 方法来比较元素之间大小关系后的顺序进行的排序，它与按照插入的顺序有序不是一个概念，应当区分开来。
└───┘

【面试题 3】输出在字符串中第一次重复出现的字符

给定一个字符串 mystring，确保字符串中存在重复字符，请编写一个高效的算法，返回第一次重复出现的字符。

1．考查的知识点

❑ 利用 HashSet 过滤重复元素的特性实现算法

2．问题分析

本题的教学视频请扫描二维码 13-9 获取。

二维码 13-9

首先题目中提到"确保字符串中存在重复字符，返回第一次重复出现的字符"。这说明本题与重复元素处理有关，自然可以联想到 Set 接口及其实现类。

其次，题目要求"编写一个高效的算法"，这样就不能简单地采用循环遍历字符串中字符的方法查找，而要用到比较高效的查询算法，比如哈希算法等。结合这两个提示，HashSet 是

一个比较好的选择。

回到本题，题目要求返回字符串中第一次重复出现的字符，即依次扫描每个字符，当某个字符第一次重复出现，则返回该字符。

可以利用 HashSet 不能放入重复元素的特性依次将字符串中的每个字符加入一个 HashSet 对象中，当出现重复元素时，add 方法会返回 false，该元素即为该字符串中第一次重复出现的字符。

下面给出完整的代码（其中 getFirstRepeat( ) 方法实现了返回第一个重复字符的功能）：

```java
import java.util.HashSet;
public class GetRepeatExample {
    public static void main(String[] args) {
        String new string = "helloworld";          //初始化字符串
        char c = getFirstRepeat(newstring);
        System.out.println("the first character is " + c);
    }
    public static char getFirstRepeat(String mystring) {
        //该函数实现了在一个存在重复元素的字符串 mystring 中找到第一个重复字符
        HashSet set = new HashSet();                //创建一个 HashSet 的对象 set
        int length = mystring.length();             //求字符串 mystring 的长度
        char[] a = mystring.toCharArray();          //将 String 类型转化为 char 类型数组
        for(int i = 0; i < length; i++) {
            boolean b = set.add(a[i]);              //向 HashSet 中插入字符
            if(!b) {                                //如果 b 为 false,则说明插入的字符在 HashSet 中已存在
                return a[i];                        //返回该字符
            }
        }
        return '0';                                 //如果没有重复字符,则返回字符'0'
    }
}
```

程序的运行结果如图 13-8 所示。

图 13-8　程序的运行结果 6

3. 答案

见分析。

拓展性思考

——泛型集合与抑制编译警告

如果使用的是 JDK5.0 及以后的版本，在编译上面这段程序时会报出如图 13-9 所示的警告。

图 13-9　编译时的警告

这是因为在 JDK5.0 及以后的版本中引入了泛型集合，因此在定义集合类对象时建议指定集合元素的类型，例如

HashSet<Character> set = new HashSet< Character >( );

这样就不会报出警告了。不过不指定集合元素的类型本身也不是错误，只是警告（Warning）而已。

如果一定要定义非泛型集合（比如版本较早的程序），又不想被编译器报出警告，还可以使用抑制编辑警告@ SuppressWarnings 注释（Annotation），只要在定义该方法前加上@ SuppressWarnings("unchecked")即可。

```java
@ SuppressWarnings("unchecked")          //抑制编译警告注释
public static char getFirstRepeat(String mystring) {
    //该函数实现了在一个存在重复元素的字符串 mystring 中找到第一个重复字符
        HashSet set = new HashSet( );          //创建一个 HashSet 的对象 set
        int length = mystring. length( );      //求字符串 mystring 的长度
        char[ ] a = mystring. toCharArray( ); //将 String 类型转化为 char 类型数组
        for( int i = 0;i < length;i++) {
            boolean b = set. add(a[i]);        //向 HashSet 中插入字符
                if(!b) {                       //如果 b 为 false,则说明插入的字符在 HashSet 中已存在
                return a[i];                   //返回该字符
                }
        }
        return '0';                            //如果没有重复字符,则返回字符'0'
}
```

13.3　ArrayList、Vector 和 LinkedList

13.3.1　知识点梳理

知识点梳理的教学视频请扫描二维码 13-10 获取。

List 是用于存放多个元素的容器，它允许有重复的元素，并保证元素之间的先后顺序。List 有 3 个主要的实现类：ArrayList、Vector 和 LinkedList。

1. ArrayList

ArrayList 类又称为动态数组，该容器类实现了列表的相关操作。ArrayList 的内部数据结构由数组实现，因此可对容器内元素实现快速随机访问。但因为在 ArrayList 中插入或删除一个元素需要移动其他元素，所以不适合在插入和删除操作频繁的场景下使用 ArrayList。与此同时，ArrayList 的容量可以随着元素的增

二维码 13-10

加而自动增加，所以不用担心 ArrayList 容量不足的问题。另外 ArrayList 是非线程安全的。

ArrayList 的部分常用方法总结如下。

❑ 添加元素

boolean add(E e)：将指定的元素 e 添加到此列表的尾部。

void add(int index, E element)：将指定的元素 element 插入此列表中的指定位置 index。

boolean addAll(Collection<? extends E> c)：将该 Collection 中的所有元素添加到此列表的尾部。

boolean addAll(int index, Collection<? extends E> c)：从指定的位置 index 开始，将指定 Collection 中的所有元素插入此列表中。

❑ 删除元素

E remove(int index)：移除此列表中指定位置 index 上的元素。

boolean remove(Object o)：移除此列表中首次出现的指定元素 o（如果存在的话）。

void clear( )：移除此列表中的所有元素。

❑ 查找元素

boolean contains(Object o)：如果此列表中包含指定的元素 o，则返回 true。

E get(int index)：返回此列表中指定位置 index 上的元素。

int indexOf(Object o)：返回此列表中首次出现的指定元素 o 的索引，或如果此列表不包含元素 o，则返回 -1。

boolean isEmpty( )：如果此列表中没有元素，则返回 true，否则返回 false。

int lastIndexOf(Object o)：返回此列表中最后一次出现指定元素 o 的索引，如果此列表不包含则返回 -1。

❑ 其他方法

E set(int index, E element)：用指定的元素 element 替代此列表中指定位置 index 上的元素。注意它与 void add（ int index, E element）方法的区别：add 方法是添加一个元素，原来 index 位置上的元素要向后移动；而 set 方法是将原来 index 位置上的元素替换为 element。

int size( )：返回此列表中的元素数。

Object[ ] toArray( )：按适当顺序（从第一个元素到最后一个元素）返回包含此列表中所有元素构成的数组。

2. Vector

Vector 类又称为向量类，也实现了类似动态数组的功能，内部数据结构也由数组实现。与 ArrayList 不同的是，Vector 是线程安全的，它的方法都是同步方法，所以访问效率低于 ArrayList。另外 Vector 是非泛型集合，可以往其中随意插入不同类的对象，不需要考虑类型和预先选定向量的容量，可方便地进行查找等操作。当然也可以使用 Vector 的泛型取代非泛型类型（例如 Vectort<String>）。

Vector 的部分常用方法总结如下。

❑ 添加元素

public synchronized boolean add(E e)：在最后位置新增元素 e。

public void add(int index, E element)：在具体的索引位置 index 上添加元素 element，因为该函数内部调用了同步方法 synchronized void insertElementAt( )，所以该方法依然是同步的。

public synchronized boolean addAll(Collection<? extends E> c)：将一个容器 c 的所有元素添

加到向量的尾部。

❑ 删除元素

public boolean remove(Object o)：删除元素 o，方法内部调用了另一个同步方法 public synchronized boolean removeElement(Object obj)，所以该方法依然是同步的。

public synchronized void removeElementAt(int index)：删除指定位置的元素。

❑ 查找元素

public synchronized E elementAt(int index)：查找指定位置的元素。

❑ 其他方法

public synchronized E get(int index)：获取指定位置 index 的元素。

public synchronized E set(int index, E element)：用指定的元素 element 替代 Vector 中指定位置 index 上的元素。

对比 Vector 和 ArrayList 的主要方法，可以发现：Vector 的方法与 ArrayList 的方法的主要差异是增加了 synchronized 关键字，这样保证了执行的线程安全，但也势必会影响 Vector 的性能。所以在不要求线程安全的场景中，推荐使用性能更好的 ArrayList。

除此之外，LinkedList 也是 List 的一个重要实现类。它的内部数据结构由链表结构实现，并且是非线程安全的，适合数据的动态插入和删除，插入和删除元素时不需要对数据进行移动，所以插入、删除效率较高，但随机访问速度较慢。通过上述 ArrayList 和 Vector 的方法可以类比地学习 LinkedList 的方法，所以在此不再详述，读者可以参考其他相关书籍进行学习。

13.3.2　经典面试题解析

【面试题 1】常识性问题

（1）关于 ArrayList，以下说法错误的是（　　　）

（A）ArrayList 是容量可变的集合

（B）ArrayList 是线程安全的集合

（C）ArrayList 的元素是有序的

（D）ArrayList 可以存储重复的元素

1. 考查的知识点

❑ ArrayList 的数据结构

2. 问题分析

本题的教学视频请扫描二维码 13-11 获取。

在知识点梳理中已经讲到 ArrayList 内部由数组结构实现，可理解为动态数组。当数组长度不够时，它会复制当前数组到一个新的长度更大的数组中，所以 ArrayList 是一个容量可变的集合，可以动态地增长，因此选项 A 是正确的。

二维码 13-11

ArrayList 中的操作不是线程安全的，它对应的线程安全的类是 Vector，所以选项 B 错误。

ArrayList 实现了 List 接口，其中的元素必然是有序的（这里所说的有序指的是按照插入的顺序有序排列，而非按照元素大小排序），并且可以存储重复元素，所以选项 C、选项 D 正确。

3. 答案

（B）

（2）ArrayList list = new ArrayList(20)；在创建 list 时扩充容量几次（　　　）

（A）0　　　　　　（B）1　　　　　　（C）2　　　　　　（D）3

1. 考查的知识点

❑ ArrayList 的构造函数

❑ ArrayList 容量动态增长

❑ ArrayList 的内部数组扩容

2. 问题分析

本题的教学视频请扫描二维码 13-12 获取。

本题是考查 ArrayList 的内部数组扩容规则，通过本题，可以掌握 ArrayList 的两个重要知识点：

1）ArrayList 的内部数组扩容规则。

2）ArrayList 的 3 个构造函数。

二维码 13-12

ArrayList 类又称为动态数组，内部数据结构由数组实现，数组的容量可以自动增长，当数组容量不足以存放新增元素时，需要进行数组的扩容，扩容的基本策略如下：每次向数组中添加元素时，要检查添加元素后的容量是否超过当前数组的长度，如果没有超过，则添加该元素，不做其他操作；如果超过，则数组就会进行自动扩容，每次扩充原容量的 1.5 倍。

另外 ArrayList 提供了 3 个构造函数：

1）无参构造函数。

```
public ArrayList()
```

在 JDK1.8 之前，系统默认初始化一个容量为 10 的 Object 数组。在 JDK 1.8 之后，系统会初始化一个空的 Object 数组，并且不设置容量的初始值。当使用 add() 方法添加第一个元素时，数组默认初始化容量为 10。

2）构造一个指定初始容量的列表。

```
public ArrayList( int initialCapacity)
```

带参构造函数，参数 initialCapacity 指定了数组的初始化容量，构造一个容量为 initialCapacity 的 Object 数组。

3）构造一个包含指定 collection 元素的列表。

```
public ArrayList( Collection<? extends E> c)
```

另一个带参构造函数，构造的 ArrayList 的容量和参数 Collection 容器的容量相同，元素对象为 Collection 中的元素。

对于本题而言，在创建 list 时调用了上述第二个构造函数，它只代表创建初始容量为 20 的 ArrayList，所以不存在容量扩充，扩充次数 0。

3. 答案

（A）

（3）关于 ArrayList 和 LinkedList 的描述，下面说法中错误的是（　　　）

（A）LinkedList 和 ArrayList 都实现了 List 接口，LinkedList 也实现了 Queue 接口

（B）ArrayList 是可改变大小的数组，而 LinkedList 是双向链接对列

（C）LinkedList 不支持高效的随机元素访问

（D）在 LinkedList 的中间插入或删除一个元素意味着这个列表中剩余的元素都会被移动；而在 ArrayList 的中间插入或删除一个元素的开销是固定的

1. 考查的知识点

❑ ArrayList 和 LinkedList 的区别

2. 问题分析

本题的教学视频请扫描二维码 13-13 获取。

本题也是一个基础类题目，考查 ArrayList 和 LinkedList 的区别，同样的题目也可能出现在简答题中，所以应当予以重视。

二维码 13-13

首先 LinkedList 和 ArrayList 都实现了 List 接口，同时 LinkedList 也实现 Deque 接口，这样能将 LinkedList 当作双端队列使用。Deque 接口的定义如下：

```
public interface Deque<E> extends Queue<E>
```

Deque 继承 Queue 接口，所以 LinkedList 也实现了 Queue 接口，因此选项 A 正确。

另外，ArrayList 是可改变大小的数组，底层由数组实现，能够自动扩容。LinkedList 是双向链接队列，底层由链表来实现。所以选项 B 正确。

ArrayList 是基于数组结构实现的，数组具备高速随机访问的特点，所以 ArrayList 支持高效的随机元素访问。LinkedList 是基于链表结构实现的，如果想返回某个位置的元素，必须从前往后遍历链表，所以 LinkedList 不支持高效的随机访问。所以选项 C 正确。

LinkedList 是链式存储结构，所以插入和删除元素效率较高，因为不需要移动元素。而 ArrayList 是数组存储结构，所以插入和删除操作都会引起后续元素移动，而且在容量不足时还存在扩容的问题，选项 D 的说法正好相反。

3. 答案

（D）

【面试题 2】简述 ArrayList 和 Vector 的区别

1. 考查的知识点

❑ ArrayList 的基本特征

❑ Vector 的基本特征

2. 问题分析

在前面的知识点梳理中已经讲到，ArrayList 和 Vector 都是 List 的主要实现类，内部数据结构都用数组来实现，都允许对元素快速随机访问，这也是 ArrayList 和 Vector 的共同点。除此之外，ArrayList 和 Vector 也存在很多区别，总结起来有以下几点。

1）线程安全：Vector 类是线程安全的，大部分方法都是同步的，而 ArrayList 是非线程安全的。所以 Vector 有较大的系统开销，ArrayList 在性能上优于 Vector。

2）容量扩展机制：当需要扩容时，ArrayList 和 Vector 都可以进行自动容量扩展。ArrayList 扩展后数组的大小为原数组长度的 1.5 倍，同时 ArrayList 可以用构造函数指定数组容量的大小。对于 Vector，当它的扩容因子大于 0 时，新数组长度为原数组长度+扩容因子，否则扩展后的数组的大小为原数组的 2 倍。

3）类成员属性：ArrayList 有 2 个属性，即存储数据的数组 elementData、存储记录元素个数的 size。Vector 有 3 个属性，即存储数据的数组 elementData、存储记录元素个数的 size，同时还有扩展数组大小的扩展因子 capacityIncrement。

3. 答案

见分析。

【面试题 3】 编程实现去除一个 Vector 容器中的重复元素

1. 考查的知识点
   ❑ Vector 的基本方法
   ❑ 容器类的基础知识

2. 问题分析

本题的教学视频请扫描二维码 13-14 获取。

解决本题有两个思路: 一个是用 Vector 类自己的方法去实现, 考查面试者
对 Vector 类方法的熟悉程度和运用能力; 另一个思路是用其他容器类来作为辅
助去掉重复元素, 考查面试者灵活应用容器类解决问题的能力。

二维码 13-14

方法一: 新建一个 Vector 对象 newVector, 遍历原 Vector 对象 vector, 取出
它的每个元素, 依次插入 newVector 中, 在插入元素之前调用 Vector 类的
contains(Object o)方法来判断该元素是否包含在 newVector 中, 如果不包含就插入该元素, 如
果包含则不插入, 这样就能保证去掉了重复元素。

代码实现如下:

```
public static Vector<String> getUnique1( Vector<String> vector) {
    Vector<String> newVector = new Vector<String>( );      //新建对象
    for ( int i=0;i<vector. size( );i++) {
        String c = vector. get(i);              //依次取出原 vector 中每个元素
        if(!newVector. contains(c)) {           //判断 c 是否在 newVector 中
            newVector. add(c);                  //当没有重复元素时,插入元素 c
        }
    }
    return   newVector;
}
```

方法二: 既然要去掉重复元素, 可以考虑使用能够过滤掉重复元素的 Collection 接口的其
他实现类作为辅助类来帮助完成, 例如前面讲到的 HashSet 类。因为 HashSet 中不能包含重复
元素, 所以可以将 Vector 传入 HashSet 对象中去除重复元素。HashSet 中有一个构造函数 public
HashSet(Collection<? extends E> c), 可以将 Collection 实现类的对象作为参数传入, 通过传参
的对象构造一个 HashSet 对象。

代码实现如下:

```
public static Vector<String> getUnique2( Vector<String> vector) {
    HashSet<String> hs = new HashSet<String>( vector);
                                        //用 vector 对象初始化 HashSet
    Vector<String> newVector=new Vector<String>( );
    newVector. addAll(hs);              //调用 vector 的方法 addAll( )将 HashSet 传入
    return   newVector;
}
```

3. 答案

见分析。

4. 实战演练

本题的源代码见云盘中 source\13-1\，读者可以获取源代码编译并运行程序。在测试程序中首先向 vector1 中添加字符串，其中包含重复的字符串"abc"，然后分别调用 getUnique1 和 getUnique2 对 vector1 中的重复元素进行过滤，并生成 vector2 和 vector3，最后把结果输出。

程序的运行结果如图 13-10 所示。

```
vector1:
abc
abc
def
vector2:
abc
def
vector3:
abc
def
```

图 13-10　程序的运行结果 7

13.4　HashMap 和 Hashtable

13.4.1　知识点梳理

知识点梳理的教学视频请扫描二维码 13-15 获取。

HashMap 和 Hashtable 是 Map 接口的主要实现类，下面分别介绍。

1. HashMap 类

❏ HashMap 的概念和特点

二维码 13-15

HashMap 又称为哈希表，它是根据键 key 的 hashCode 值来存储数据的。它存储的是键值对（key-value）映射，具有快速定位的特点。HashMap 继承于 AbstractMap，实现了 Map 等接口。它的实现是不同步的，因此不是线程安全的。它的 key、value 都可以为 null，而 key 最多只能出现一个 null。同时 HashMap 中的映射不是有序的（存储序不等于插入序）。

❏ HashMap 的数据结构

HashMap 的数据结构是由数组+链表+红黑树来实现的。HashMap 底层是一个数组 Entry[] table，数组中的每个元素 Entry 都是一个单项链表的引用，从 JDK1.8 开始，当链表长度大于 8 时，链表会调整为红黑树结构，如图 13-11 所示。

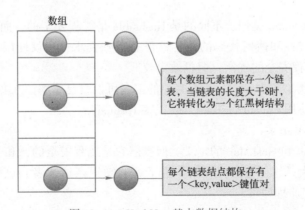

数组

每个数组元素都保存一个链表，当链表的长度大于8时，它将转化为一个红黑树结构

每个链表结点都保存有一个<key,value>键值对

图 13-11　HashMap 基本数据结构

❏ HashMap 对象的两个重要属性和扩容

HashMap 对象有两个重要的属性：初始容量和加载因子。初始容量是指 HashMap 在创建

时的容量，加载因子是 HashMap 在其容量自动增加之前可以达到多满的一种尺度。HashMap 的初始容量默认值为 16，默认加载因子是 0.75，当 HashMap 中的元素数目超出加载因子与当前容量的乘积时，则要对该 HashMap 进行扩容操作，扩容后数组大小为当前的 2 倍。

❑ HashMap 的冲突管理

HashMap 采用"hash 算法"来决定每个元素的存储位置，当添加新的元素时，系统会调用 hashCode()方法得到一个 hashCode 值，再根据这个 hashCode 值决定这个元素在 HashMap 中的存储位置。当不同的对象的 hashCode 值相同时，就出现了冲突，HashMap 采用链地址法，即用单链表将所有冲突的元素链接起来，通过这种方法来进行冲突管理。当链表的元素个数大于 8 时，会自动转为红黑树结构，这样会提升查询性能，把顺序搜索链表记录的时间复杂度从 O(n)提高到 O(logn)。

❑ HashMap 的主要方法

(1) 添加元素

public V put(K key, V value)：向 HashMap 中插入结点<key, value>，若 key 已经存在，则覆盖相同 key 的结点。

public void putAll(Map<? extends K, ? extends V> m)：将指定的 map m 中的<key, value>插入 HashMap 中。

(2) 删除元素

public V remove(Object key)：移除 key 指定的键值对<key, value>。

(3) 查找元素

public V get(Object key)：返回键 key 对应的值 value。

final Entry<K,V> getEntry(Object key)：根据键 key 查找键值对。

public boolean containsKey(Object key)：判断是否包含键 key 指定的键值对。

public boolean containsValue(Object value)：判断是否包含 value 对应的键值对。

(4) 其他方法

public int size()：返回哈希表中键值对个数。

public Set<Map. Entry<K,V>> entrySet()：返回一个键值对集合。

2. Hashtable 类

Hashtable 类与 HashMap 类似，不同的是 Hashtable 是线程安全的，而且属于遗留类。需要注意的是，如果对同步性和遗留代码的兼容性没有特殊要求，建议使用 HashMap 类，这是因为 Hashtable 虽然有线程安全的优点，但是效率较低。

Hashtable 的方法类似于 HashMap，有兴趣的读者可以自己了解。在实际应用中如果需要线程安全的场景，推荐使用 ConcurrentHashMap 代替 Hashtable。

3. ConcurrentHashMap 类

ConcurrentHashMap 和 HashMap 的定义类似，但它是线程安全的，和 Hashtable 相比更加细化，而且性能优势更大。这部分内容可以作为了解的知识点请读者自己学习，重点掌握 ConcurrentHashMap 的加锁原理即可。

13.4.2 经典面试题解析

【面试题 1】常识性问题

(1) 关于 HashMap 和 Hashtable，以下说法错误的是(   )

（A）Hashtable 允许 null 值作为 key 和 value，而 HashMap 不能

（B）HashMap 不是线程安全的，Hashtable 线程安全

（C）HashMap 支持 fast-fail，Hashtable 用 Iterator 遍历支持 fast-fail，用 Enumeration 遍历不支持 fast-fail

（D）HashMap 和 Hashtable 都使用键/值形式保存数据

1. 考查的知识点

❑ HashMap 和 Hashtable 的主要区别

2. 问题分析

本题的教学视频请扫描二维码 13-16 获取。

关于 HashMap 和 Hashtable 的区别，是笔试面试的常考题目之一，考查方式包括选择题和简答题等出题形式。

由本节知识点梳理部分可知，HashMap 和 Hashtable 是 Map 接口的两个重要实现类，HashMap 是 Hashtable 的轻量级实现。HashMap 是非线程安全的，HashMap 的键（key）和值（value）都支持 null。Hashtable 是线程安全的，Hashtable 键（key）和值（value）都不支持 null。所以选项 A 错误，选项 B 正确。

二维码 13-16

关于 fail-fast（快速失败）机制，HashMap 使用 Iterator 进行遍历，Iterator 迭代器支持 fail-fast（快速失败）机制；而 Hashtable 用 Iterator 遍历时支持 fast-fail，但是用 Enumerationr 遍历时不支持 fast-fail。所以选项 C 正确。

HashMap 和 Hashtable 都使用键/值形式保存数据。所以选项 D 正确。

3. 答案

（A）

> **特别提示**
>
> 这里简单地解释一下快速失效机制（fail - fast）：
>
> 快速失效机制 fail - fast 是 Java 容器中的一种错误检测机制。当使用迭代器迭代容器类的过程中，如果同时该容器在结构上发生改变，就有可能触发 fail - fast，抛出 ConcurrentModificationException 异常。这种机制一般仅用于检测 bug。
>
> 举例：在前面的章节中也已经讲到，当使用 Iterator 迭代容器类 ArrayList 时，在循环迭代过程中每次调用 ArrayList 的 remove() 方法删除元素，让容器结构发生了改变，就可能引起快速失效机制，从而抛出 ConcurrentModificationException 异常。

拓展性思考

——HashMap 和 Hashtable 的区别总结

关于 HashMap 和 Hashtable 的主要区别，在上面的题目中已经有所提及，这里通过表 13-1 进一步总结。

表 13-1 **HashMap** 和 **Hashtable** 的主要区别

	Hashtable	HashMap

并发操作	使用同步机制
	实际应用程序中，仅仅是 Hashtable 本身的同步并不能保证程序在并发操作下的正确性，需要高层次的并发保护
	下面的代码试图在 key 所对应的 value 值等于 x 的情况下修改 value 为 x+1
	{
	　value = hashTable. get(key) ;
	　if(value. intValue( )= = x) {
	　　hashTable. put(key, newInteger(value. intValue( )+1)) ;
	　}
	}
	如两个线程同时执行以上代码，可能放入的不是 x+1，而是 x+2
		没有同步机制，需要使用者自己进行并发访问控制

数据遍历的方式	Iterator 和 Enumeration	Iterator
是否支持 fast-fail	用 Iterator 遍历，支持 fast-fail 用 Enumeration，不支持 fast-fail	支持 fast-fail
是否接受值为 null 的 Key 或 Value	不接受	接受

根据 hash 值计算数组下标的算法	当数组长度较小，并且 Key 的 hash 值低位数值分散不均匀时，不同的 hash 值计算得到相同下标值的概率较高
	hash = key. hashCode( ) ;
	index =(hash&0x7FFFFFFF) % tab. length;
		优于 hashtable，通过对 Key 的 hash 做移位运算和位的与运算，使其能更广泛地分散到数组的不同位置
		hash =$hash$ (k) ;
		index = indexFor(hash, table. length) ;
		static int hash(Object x) {
		　int h = x. hashCode( ) ;
		　h += ~ (h << 9) ;
		　h ^= (h >>> 14) ;
		　h += (h << 4) ;
		　h ^= (h >>> 10) ;
		　return h ;
		}
		static int indexFor(int h, int length) {
		　return h & (length-1) ;
		}

Entry 数组的长度	默认初始长度为 11 初始化时可以指定 initial capacity	默认初始长度为 16 长度始终保持 2 的 n 次方 初始化时可以指定 initial capacity，若不是 2 的次方，HashMap 将选取第一个大于 initial capacity 的 2 的 n 次方值作为其初始长度
LoadFactor 负荷因子	0.75	
负荷超过（loadFactor * 数组长度）时，内部数据的调整方式	扩展数组：2 * 原数组长度+1	扩展数组：原数组长度 * 2
	两者都会重新根据 Key 的 hash 值计算其在数组中的新位置，重新放置。算法相似，时间、空间效率相同	

（2）关于 **HashMap** 的实现机制，下面哪些描述是正确的（　　　）

（A）HashMap 中 key-value 当成一个整体进行处理，系统总是根据数组的坐标来获得 key-value 的存储位置

（B）在 HashMap 中，如果 key 的 hash 值相同，HashMap 将会出错

（C）HashMap 基于哈希表的 Map 接口的实现，允许使用 null 值和 null 键

（D）HashMap 每次容量的扩增都是以 2 的倍数来增加

（E）HashMap 能够保证其中元素的顺序

1. 考查的知识点

❑ HashMap 的数据结构和实现机制

2. 问题分析

本题的教学视频请扫描二维码 13-17 获取。

本题考查 HashMap 的基本数据结构和实现机制，是 HashMap 的基础知识题。

通过本节知识梳理部分可知，HashMap 的数据结构是由数组+链表+红黑树
来存储数据，即它是数组和链表的结合体，当一个链表上的元素个数大于 8 时，
改为红黑树结构。

二维码 13-17

HashMap 中 key-value 当成一个整体进行处理，系统总是根据 Hash 算法获
得 key-value 的存储位置，并不是通过数组的坐标来获得 key-value 的存储位置，所以选项 A
错误。

关于 HashMap 冲突管理，当两个键 Key 的 hash 值相同，则发生 hash 冲突，但不会报错，
而是用链表+红黑树的方式解决 hash 冲突，当 hash 冲突时，检测该位置上存储的每一个 key 是
否和新存入的记录的 key 相等，如果相等，就替换存储的键值对，如果不相等，则继续增加一
个 key 的值，将这个结点连接到当前 key 的链表中，所以选项 B 错误。

HashMap 是基于哈希表 Map 接口的实现，key 不允许重复，但可以为 null，且只能有一个
null，value 可以重复，也可以为 null，所以选项 C 正确。

关于 HashMap 的扩容机制在本节知识梳理环节也已经讲解过，HashMap 的容量是 2 的 n 次
方，即 2 的倍数，而且每次扩容都是扩容前容量的 2 倍，并不是以 2 的倍数增加，所以选项
D 错误。

HashMap 的数据是无序的，不能保证其中元素的顺序。能保证元素顺序的是 List 接口的实
现类，比如 ArrayList 等，所以选项 E 错误。

3. 答案

（C）

（3）以下 Java 程序源代码，执行后的结果是（　　　）

```
HashMap<String,String> map=new HashMap<String,String>();
map. put("name",null);
map. put("name","zhang");
map. put("name","lucy");
map. put("null","lucy");
System. out. println(map. size());
```

（A）0　　　（B）报出异常　　　（C）1　　　（D）2　　　（E）3　　　（F）4

1. 考查的知识点

❑ HashMap 的冲突管理

2. 问题分析

本题的教学视频请扫描二维码 13-18 获取。

向 HashMap 中添加键值对元素时，会先调用该键值对的 key 的 hashCode( ) 方法计算出 hashCode 值，再用 hashCode 值来确定该键值对在底层数组中的存储位置。如果发现相应存储位置为空，则将该键值对直接存储在这个位置上；如果不为空，即发生了 hash 冲突，则采用链地址法比较该位置链表或者红黑树结点上存储的每一个 key 是否和新存入键值对的 key 相等，如果相等，则替换该 key 对应的 value 值，如果都不相等，则新增加一个键值对，并链接到该链表中或者存储在红黑树的相应位置结点上。

回到本题，基于上述知识点的分析，因为前三条 map. put( ) 语句中的 key 值相等（都是字符串 "name"），所以只做 value 的替换。最后一条语句中 key 的值变为 null，与前三条语句中的 key 值不同，hashCode 值也不同，所以存入新的键值对，这样 map 中的元素为 2 个。正确答案为 D。

3. 答案

（D）

【面试题 2】 HashMap 为什么要引入红黑树结构

从 JDK1. 8 开始，HashMap 为什么要引入红黑树结构？

1. 考查的知识点

❑ HashMap 的红黑树结构

2. 问题分析

这道题目是目前 HashMap 笔试面试中考查频率最高的题目之一，几乎是逢考必有的题目，所以读者一定要引起重视。

HashMap 采用数组和链表相结合的数据结构，底层是一个数组，每个数组元素都是一个链表结构，链表的每个结点就是 HashMap 中的每个元素（键值对）。当要向 HashMap 中添加一个键值对时，会先调用该键值对的 key 的 hashCode( ) 方法计算出 hashCode 值，从而得到该元素在数组中的下标。如果数组在该位置上已保存有元素（已存在一个链表），则说明发生了冲突（不同的 key 值对应了同一个 hash 值，所以映射的数组下标也相同），接下来就要按照 HashMap 冲突管理算法进行处理。

HashMap 采用链地址法，即用单链表将所有冲突的元素链接起来，通过这种方法来进行冲突管理。但是这个链表并不会无限地增长，当链表中元素个数大于 8 时，这个链表会自动转为红黑树结构。之所以引入红黑树结构是因为在链表中查找每个元素的时间复杂度都是 O(n)，而在红黑树中查找元素的时间复杂度为 O(logn)，这样当 HashMap 中元素量较多并产生了大量 Hash 冲突时，红黑树的快速增删改查的特点能提高 HashMap 的性能。

红黑树（Red Black Tree）是一种自平衡二叉查找树，它是在 1972 年由 Rudolf Bayer 发明的。红黑树用红色和黑色来标记结点，并且有以下三个特点：

1）根和叶子结点都是黑色的。

2）从每个叶子到根的所有路径上不能有两个连续的红色结点。

3）从任一结点到它所能到达的叶子结点的所有简单路径都包含相同数目的黑色结点。

以上三个特性保证了红黑树比其他的二叉查找树有更好的结点查找稳定性、查找效率和增删结点时的效率。

鉴于以上原因，引入了红黑树来解决 HashMap 的哈希冲突效率等问题。

3. 答案
见分析。

特别提示

问题：红黑树结构这么好，为什么在元素个数小于 8 时还要用链表，而不直接使用红黑树？

回答：当元素数目较少时，链表的效率更高，而红黑树的实现和调整都更复杂，反而会影响整体性能。

第14章 软件工程与设计模式

软件工程已成为计算机学科的一个重要分支，主要研究系统性、规范化、过程化的开发和维护软件的理论方法。随着软件行业不断发展，越来越多的 IT 企业对软件自身的开发流程、代码版本控制以及后期维护都给予了更多的重视，因此软件工程相关知识逐渐成为近年 IT 笔试面试重要的考查点之一，其中描述从需求分析到软件开发全过程的 UML（Unified Modeling Language，统一建模语言）更是重中之重。

与此同时，设计模式近年成为 Java 笔试面试考查的又一大热点。设计模式（Design Pattern）是一套被反复使用、得到大家公认、经过分类编目的、代码设计经验的总结。设计模式是软件工程的基石，在很多系统中得到验证，完美地解决了工程中的复杂问题，保证了代码的复用和可靠性，目前有 23 种公认的设计模式，在 Java 笔试和面试中，设计模式的题目层出不穷，其中单例模式、工厂模式、观察者模式、适配器模式是重点考查内容。

本章重点总结软件工程与设计模式的知识点，并通过一些题目进一步分析与讲解，希望能对读者有所帮助。

14.1 UML

14.1.1 知识点梳理

知识点梳理的教学视频请扫描二维码 14-1 获取。

二维码 14-1

UML 是一种定义良好、功能强大的可视化标准建模语言，支持面向对象的分析与设计，对系统的静态结构和动态行为进行建模。

UML 主要由 3 个基本块组成：事物（Things）、关系（Relationships）和图（Diagrams）。细分下去又包括 4 种事物、4 种关系、10 种基本的关系图，这个 4+4+10 是需要掌握的重点。

1. 事物

定义：事物是 UML 模型中代表性成分的抽象。

事物包括 4 种：结构事物（Structural Things）、行为事物（Behavioral Things）、分组事物（Grouping Things）和注释事物（Annotational Things）。

结构事物：UML 模型中的静态元素，常见的有 6 个结构事务。

类（Class）：具有相同属性、方法的一组对象的集合。

组件（Component）：组件是系统中物理的、可替代的部件，例如，Java Bean。

接口（Interface）：类或者组件对外的、可见的操作。一个类可实现一个或多个接口。

用例（Use Case）：定义了用户和系统之间的交互。

结点（Node）：代表存在的一个物理元素、一个可计算的资源，比如数据库服务器等。

协作（Collaboration）：定义了交互的操作，表示一些角色和其他元素一起工作，提供一些合作的动作。

行为事物：UML 模型中的动态元素，包括 2 个部分。

交互（Interaction）：一组对象之间进行消息交换动作。消息通常用一个箭头表示。

状态机（State Machine）：状态机由若干对象的不同状态组成。一个事件到来触发一个状态的转换。

　　分组事物：目前只有一种分组事物，即包（Package），分组事物可以看成一个"盒子"。

　　注释事物：UML 模型的解释部分，比如注解，它主要描述事物的基本情况。

2. 关系

定义：UML 中的关系是将事物联系在一起的方式。

UML 有 4 种关系：依赖关系、关联关系（组合关系、聚合关系）、泛化关系和实现关系。

在 UML 中不同关系的图示不同，如图 14-1 所示。

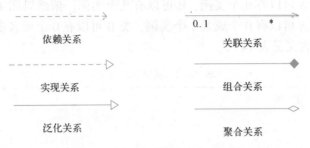

图 14-1　关系图示

　　下面根据图 14-1 不同的图示依次对各种关系进行讲解。

　　依赖关系（Dependency）：两个事物之间的语义关系，一个事物发生变化会影响另一个事物。

　　依赖关系就是一个类的实现需要另一个类的协助，其中一个类的变化将影响另外一个类，它是一种使用的关系。假设类 A 依赖类 B，则类 A 中使用了类 B，但这种使用是临时使用或者局部使用，在代码中具体体现为以下 3 种情况：

　　1）类 B 为类 A 方法中的局部变量。

　　2）类 B 为类 A 方法的参数。

　　3）类 A 调用类 B 的静态方法。

　　UML 图中使用一条带有箭头的虚线指向被依赖的类，如图 14-2 所示。

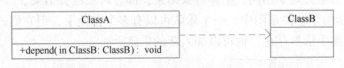

图 14-2　依赖关系图

　　关联关系（Association）：描述类与类之间连接的关系，它使一个类知道了另一个类的属性和方法。关联关系在 UML 图中用实线的箭头表示，如图 14-3 所示。关联可以是单向的，也可以是双向的。单向关联表示只有一个类知道另外一个类的公共属性和方法。双向关联表示两个类都知道彼此的公共属性和方法。使用单箭头表示单向关联，使用双箭头或不使用箭头表示双向关联，一般不建议使用双向关联。

　　关联关系比依赖关系更强，它不存在依赖关系的临时性或偶然性，一般是长期性的关系。若类 A 和类 B 是关联关系，在代码中具体体现为类 B 是类 A 的属性。

　　关联关系中最重要的概念是关联的多重度，什么是关联的多重度呢？

　　关联的多重度是一个类的实例可以和另一个类的多少个实例相关联。例如，有公司经理和员工这两个类，类实例之间的关系是 1 对 0..＊ 的关系，即 1 个经理可以领导 0 个或多个员工。

图 14-3 关联关系图

关联有两个端点，每个端点可以有一个基数，每个基数都代表不同的含义，具体含义见表 14-1。

假设有 A 和 B 两个类存在关联关系，则可在类 A 和 B 两个端点处都标注多重度数字，表示在这个关联关系中 A 可以有几个实例，B 可以有几个实例。依然以图 14-3 为例，它表示在这个关联关系中，类 A 可以有 0 个或者 1 个实例，类 B 可以有 0 个或者多个实例。

常见的多重度及含义见表 14-1。

表 14-1　关联的多重度

多 重 度	含 义
0..1	0 或 1 个实例
*	对实例的数目没有限制，0 个或者多个
1	只能有一个实例
1..*	至少有一个实例，1 个或多个

关联关系有两个特例。

1）聚合关系：描述整体和部分间的结构关系。

2）组合关系：同样描述的是整体和部分的结构关系。

聚合关系和组合关系的方块箭头部分指向整体一端。这两个关系的含义有相近之处，但它们也有明显的区别。

聚合关系和组合关系的区别在于：聚合关系中，部分可以独立于整体存在，部分和整体的生命周期并不相同，是互相独立的。聚合的整体和部分之间的关联强度没有组合那么强，组合关系中部分和整体的生命周期相同，整体对象结束，部分对象也会结束。

如图 14-4 所示的聚合关系图中，一个乐队可以有多个吉他手，但它们的生命周期并不同，乐队不存在了，吉他手依然存在，他可以加入新的乐队。

图 14-4　类的聚合关系

如图 14-5 所示的组合关系图中，Person（人）这个类和 Brain（大脑）这个类是共存亡的，生命周期相同，人不存在了，大脑也就不存在了，这是组合关系。

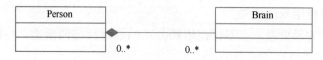

图 14-5　类的组合关系

泛化关系（Generalization）：一般和特殊的关系，表现在代码上就是父类和子类的继承关系。如图 14-6 所示。

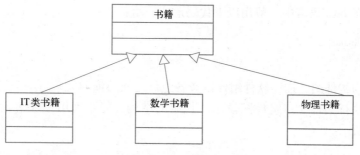

图 14-6　类的泛化关系

实现关系（Realization）：类之间的语义关系，一个类指定了另一个类的所有行为的定义，但不具体实现。在代码上体现为接口和实现它们的类之间的关系，如图 14-7 所示。

图 14-7　类的实现关系

3. 模型图

UML 的常见模型图有 10 种：用例图、类图、对象图、包图、组件图、部署图、状态图、活动图、序列图和协作图。

（1）类图

类图是描述系统所包含的类、类的结构以及类之间关系的 UML 图。如图 14-8 所示。

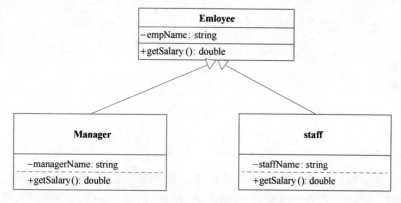

图 14-8　类图

（2）对象图

对象图描述一组对象及其相互的关系，图 14-9 是类图的一个具体实例。

（3）包图

包图描述包的基本构成，即描述系统的分层结构。UML 包图如图 14-10 所示。

图 14-9　对象图　　　　　　　　　图 14-10　包图

对于包图，在 Java 语言中一般用以下代码形式表示：

Package Business；

（4）组件图

组件图也称为构件图，描述软件组件以及各组件之间的依赖关系。一个组件可以是一个二进制文件或者可执行文件等。组件图显示了代码的结构，能帮助用户理解最终的软件系统结构，如图 14-11 所示。

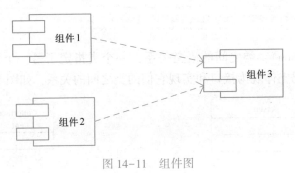

图 14-11　组件图

（5）部署图

部署图描述系统中软硬件的物理体系结构，如图 14-12 所示是一个典型的部署图。

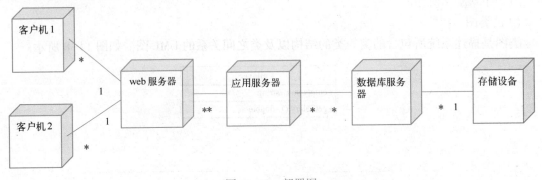

图 14-12　部署图

（6）用例图

用例图是一种从用户（参与者）的角度出发，描述系统的功能，展示系统内外用户之间的关系的模型图，它描述了用户的需求。如图 14-13 所示。

用例图是笔试面试考查的重点之一，需要掌握用例图中的重点知识（2 个概念、3 个关系）。

参与者：是与当前系统、子系统或者类发生交互的外部用户、进程或者其他系统。参与者可以是人、另一个计算机系统或者进程。图 14-13 中项目经理和工程师就是参与者。

用例：用例是可见的一个系统功能，和参与者之间进行消息的交换。图 14-13 所示项目管理就是一个用例。

关系：用例之间存在着包含（Include）、扩展（Extend）和泛化（Generalization）等关系。

包含关系：当两个或多个用例中共用一组相同的动作，可以抽象共同的动作称为基用例，基用例并非一个完整的用例。所以包含关系中的基用例必须和子用例一起使用才够完整，子用例也必然被执行。在用例图中使用带箭头的虚线表示包含关系（在线上标注<<include>>），箭

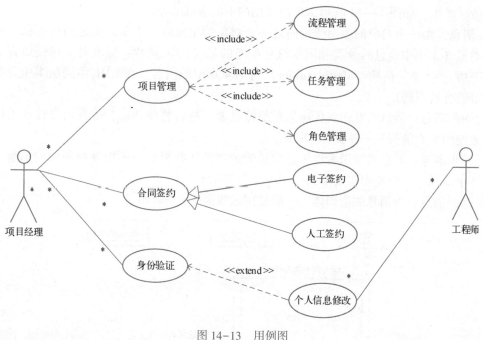

图 14-13 用例图

头从基用例指向子用例。如图 14-13 所示，项目管理这个基用例中包含流程管理、任务管理和角色管理这三个子用例。

扩展关系：扩展关系里有基用例和扩展用例。有两种情况要用到扩展关系：

1）扩展用例是可选的行为。

2）只在特定条件下才执行的分支。

在扩展关系中，基用例是一个完整的用例，即使没有扩展用例的参与，也可以完成一个完整的功能。使用带箭头的虚线表示扩展关系（在线上标注<<extend>>），箭头从扩展用例指向基用例。如图 14-13 所示用例图中，个人信息修改用例是身份验证用例的一个可选的行为，进行身份验证不一定要个人信息修改，这就是一个典型的扩展关系。

泛化关系：是一种继承关系，子用例将继承基用例的所有行为。泛化关系在用例图中使用空心的箭头表示，箭头方向从子用例指向基用例。

包含关系、扩展关系和泛化关系的区别如下：

1）包含关系侧重表示被包含用例提供服务的间接性，但一定会被执行。

2）扩展关系侧重表示扩展用例被触发的不确定性，也就是不一定会执行。

3）泛化关系侧重表达了用例之间的互斥性，同时泛化关系中子用例对用户提供的是直接服务。

（7）序列图

序列图又叫顺序图，描述对象之间动态的交互关系，重点在于强调消息传递的时间顺序，是描述系统的动态视图，序列图如图 14-14 所示。

序列图将交互关系表示为一个二维图，纵向为时间轴，横向显示了交互中的各个对象的角色。序列图中用到的主要元素有以下几个。

1）对象：表示参与交互的实体，每个对象都带有一个生命线。如图 14-14 所示，用户、系统菜单、数据库表都是对象。

2）生命线：每个角色都有一列生命线，生命线表示对象的存在，从对象创建时开始，到对象销毁时结束。如图 14-14 所示，生命线用向下的虚线表示。

3）消息：由一个对象的生命线指向另一个对象的生命线，表示对象之间的通信。消息有不同的类型（本书中消息的分类和图形符号参考的是《UML 精粹：标准对象建模语言简明指南（第三版）》[美]福勒（Martin Fowler）著第 4 章中的内容。在 UML 不同版本中分类及图形符号可能有所不同）。

4）同步消息：消息的发送者传递消息给接收者，然后暂停活动，等待消息接收者回应消息，一般使用实心箭头——表示同步消息。

5）异步消息：消息的发送者将消息发送给消息的接收者后，不用等待回应的消息，即可开始另一个活动。一般使用实线箭头——>表示异步消息。

6）返回消息：为消息的返回体，一般使用虚线箭头<--表示。

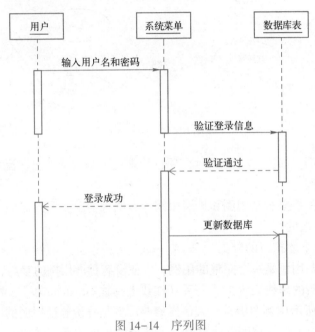

图 14-14　序列图

（8）协作图

协作图描述对象之间的合作关系，更侧重强调参与交互的各个对象的结构信息。协作图由对象、消息和链组成。

对象：代表协作图中交互的主体。

消息：表示对象间交互的信息。

链：用来在协作图中关联对象。

如图 14-15 所示，主界面、学生分数模块都是对象。带有编号的内容，如请求基本信息等就是消息。对象之间的不带任何箭头的实线就是链。

（9）状态图

状态图描述类的对象可能的各种状态、各状态之间的转移条件，以及从状态到状态的控制流，如图 14-16 所示为状态图示例。

（10）活动图

活动图描述了系统中各种活动的工作流程，强调先后顺序。应用活动图有利于识别系统中的并行活动。如图 14-17 所示为修改密码的活动图。

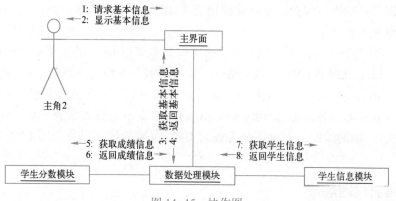

图 14-15 协作图

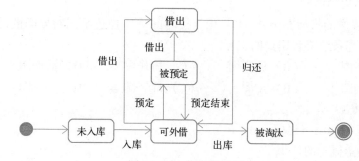

图 14-16 状态图示例

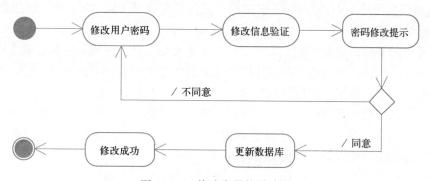

图 14-17 修改密码的活动图

最后，将 UML 图进行归纳总结，见表 14-2。

表 14-2 UML 基本关系图

类 型	包 含	含 义
静态图	类图、对象图、包图	静态模型
行为图	状态图、活动图	动态模型和对象之间的交互关系
用例图	用例图	描述外部参与者与系统用例的交互
交互图	序列图、协作图	对象之间的交互关系
实现图	组件图、部署图	描述软硬件物理结构

如果从应用角度思考，从系统的需求开始，第一步是建立静态模型，静态模型以用例图、类图、部署图、包图、对象图、组件图构造系统，然后建立动态模型，动态模型包括序列图、

协作图、状态图、活动图。因此，标准建模语言 UML 的主要内容也可以归纳为静态建模机制和动态建模机制两大类。

UML 的内容较多且相对抽象，为了内容的完整，本节把 UML 的主要知识点进行了归纳总结。总体而言，以上梳理了 UML 的核心要点：4 种事物、4 种关系以及 10 种基本的关系图。读者在掌握这些知识点时不应当死记硬背，而是要在理解的基础上灵活掌握，最好能够与实际的项目开发结合在一起。各大 IT 公司考查 UML 的目的也不是仅仅考查一些 UML 基本的概念或者具体某个 UML 图的绘制，重点还是考查对 UML 内涵的理解以及应用 UML 辅助开发建模的能力。

14.1.2　经典面试题解析

【面试题 1】常识性问题

（1）在 UML 提供的模型图中，（Ⅰ）用于按时间顺序描述不同对象间的交互情况，（Ⅱ）用于描述系统与外部系统或者用户的交互。

Ⅰ：（A）状态图　　　　（B）序列图　　　　（C）协作图　　　　（D）活动图

Ⅱ：（A）用例图　　　　（B）类图　　　　　（C）部署图　　　　（D）对象图

1. 考查的知识点

☐ UML 静态建模和动态建模

☐ 各个图形基本概念的认识

2. 问题分析

10 种基本模型图是 UML 考查的重中之重，任何只要涉及 UML 的题目一般都会考查 UML 图形及对图形的认识。

第一问考查的是动态建模机制。题干中有两个重要提示点：时间顺序和对象交互，时间顺序是序列图的唯一特征。序列图又叫顺序图，描述对象之间动态的交互关系，重点在于强调消息传递的时间顺序。所以第一问应该选择 B。

第二问考查静态建模机制。涉及外部系统或者用户之间交互的只有用例图满足条件，用例图是从用户（参与者）的角度出发，描述系统的功能，展示系统内外用户之间的关系，主要描述的是用户的需求。所以第二问的答案为 A。

3. 答案

（B）（A）

（2）某大型互联网公司准备开发一个线上工作交付系统，希望能准确地表现用户与系统的复杂交互过程，应该采用 UML 的（　　　）图进行交互过程的建模。

（A）对象图　　　（B）类图　　　（C）序列图　　　（D）部署图

1. 考查的知识点

☐ 交互过程建模的 UML 图

2. 问题分析

在知识梳理环节已经对各种模型图的作用进行了详细的描述。这里进行一个简单的回顾。

对象图：描述一组对象及其相互的关系，是类图的一个具体实例，属于静态模型，与用户无关，同时也不涉及交互过程。

类图：描述系统所包含的类、类的结构以及类之间关系的 UML 图，也属于静态模型，主要描述类的组成，和用户与系统的交互过程无关。

序列图：又叫顺序图，描述对象之间动态的交互关系，重点在于强调消息传递的时间顺序，是描述系统的动态视图。

部署图：描述系统中软硬件的物理体系结构。部署图也与交互过程无关。

回到本题，题干要求准确表现用户与系统的复杂交互过程。与交互过程有关的模型图主要有序列图和协作图。选项里只有序列图，描述对象之间动态的交互关系，重点强调对象间消息传递的时间顺序。序列图能准确表现用户与系统复杂的交互过程，所以本题选择 C。

3. 答案

（C）

（3）公司为了开发联网处理平台制作了 UML 序列图，对此图的理解正确的是(　　　)

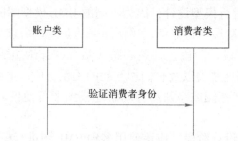

① 账户类发消息给消费者类　　　　　　② 消费者类发消息给账户类

③ 账户类调用消费者类中的验证关系　　④ 消费者类调用账户类中的验证关系

（A）②，④　　　　（B）②，③　　　　（C）①，④　　　　（D）①，③

1. 考查的知识点

❏ 序列图的基础知识

2. 问题分析

本题主要考查序列图的基础知识。序列图是一组对象和对象之间收发的消息，侧重于按时间顺序对控制流建立模型。

对于序列图的主要元素，在知识梳理环节都已经进行过详细的介绍。其中主要的一个概念是消息，消息是从一个对象的生命线指向另一个对象的生命线，表示对象之间的通信。

关于序列图，还需要进一步了解的知识有消息的发送和方法的调用，这里简单做一个总结。消息的发送在序列图中表示为一条从消息的源对象指向消息的目标对象的箭头。

方法调用在序列图里面也用消息来表示，由源对象调用目标对象的方法。

所以从图上明显可以看出，账户类发消息给消费者类，因为箭头指向的方向就是消息的传递方向。同时对于方法的调用，箭头指向哪个对象就表示调用哪个对象中的方法，因此这里表示的是消费者类调用账户类中的验证关系。所以本题的正确选项为 D。

3. 答案

（D）

【面试题 2】 系统模型设计阶段的 UML 图

公司正在设计一个全球路演系统，在系统模型设计阶段，项目组有人提出用多种 UML 图进行模型设计，也有人提出尽量少用多种图形设计静态和动态模型，请问哪种提法正确？为什么？

1. 考查的知识点

❏ UML 基本图形的认识

2. 问题分析

UML 模型中有 10 种 UML 的基本图形，每种图形都有其作用和应用场景，无论是静态图形还是动态图形，都只是在一定的特殊场景下表达了不同侧面的需要。所以只有互相结合地使用这些 UML 图形，才能对系统的需求和交互进行全面而准确的描述。

公司设计的全球路演系统一般具有比较复杂的功能模块和业务流程，能实现和不同用户的交互。同时在不同的阶段，系统信息应该有不同的状态。在系统模型设计阶段，必须进行详细而全面的考虑，对各个涉及的用户、类、对象、用例，各个模块的协作，各个功能之间的顺序流程等都必须考虑完善，对整个项目的进展过程、状态转换等也必须有完整的设计，否则工程进行到后期时可能会出现项目结果和项目需求的偏差，甚至出现很多意想不到的问题。所以应该选用多种 UML 图对系统进行模型设计，因为不同的 UML 模型图的侧重面不同。

具体而言，在需求分析阶段，最好使用用例图来捕获用户需求，描述系统外部角色及其对系统（用例）的功能要求。设计阶段主要关心路演系统的详细组成要素（如抽象、类和对象等）和运行机制，需要识别这些类以及它们相互间的关系，所以最好使用 UML 类图、对象图、组件图等来描述。而 UML 状态图或序列图等动态建模图形可使模块之间交互处理的通信更加清楚明了。

综上所述，在系统模型设计阶段，应该使用多种 UML 图进行模型设计。

3. 答案

见分析。

【面试题 3】 设计一个点餐系统的用例图

某互联网游戏企业，因为公司职员过于忙碌而经常误餐，公司内部为解决此问题，着手开发一个网上点餐平台，公司职员可以通过内部网络登录平台点餐。

二维码 14-2

公司的职员可以在任何时刻查看每日的餐单。

公司职员需要先注册为平台客户，登录后客户可以订餐，按照自己偏好制定每日套餐然后预约，平台客户可以生成支付单，在特殊情况下，可以覆盖订餐。

餐厅职员负责进行备餐，请求送餐。

送餐员，记录送餐信息和结账。

公司原有一个报销系统，平台用户可以注册餐费报销，注册了餐费报销的平台客户，餐厅职员生成付费请求发送给报销系统。

平台采用 Java 框架开发完成，项目组用 UML 进行建模，请绘制 UML 顶层用例图。

1. 考查的知识点

❑ 识别参与者的能力，绘制用例图。

2. 问题分析

本题的教学视频请扫描二维码 14-2 获取。

用例图是用例建模的一个重要产物，是描述系统与其他外部系统以及用户之间交互的图形。构建用例图时应当遵循以下步骤：

1）识别参与者。

2）确定参与者与用例，以及用例与用例之间的关系。

3）绘图。

下面按照上述步骤对本题进行分析。

第一步：识别参与者。

本题中与系统交互的参与者包括：公司的职员、平台客户、餐厅职员和送餐员、报销系统。

第二步：确定参与者与用例，以及用例与用例之间的关系。

公司的职员：查看每日餐单、注册为平台客户、登录。注册为平台客户和登录两个用例之间是扩展关系（Extend），因为注册为平台客户不一定要完成登录这个动作，登录是一个可选的行为。

平台客户：订餐、偏好制定、预约或覆盖预约。偏好制定和预约或覆盖预约存在扩展关系，因为预约或覆盖预约是可选的行为。

餐厅职员：备餐、请求送餐。

送餐员：记录送餐信息，结账。

报销系统：结账。

第三步：绘图。

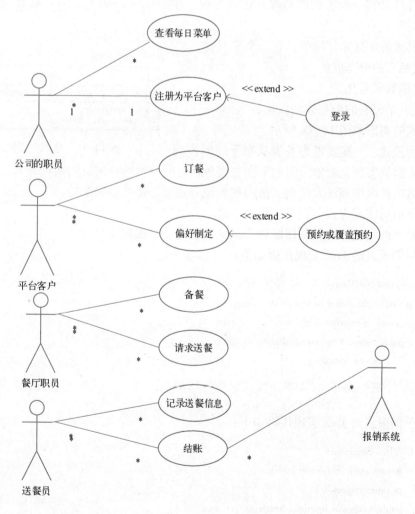

3. 答案

见分析。

特别提示

　　在参加 UML 的笔试或者面试时，经常会遇到绘制用例图的情况，在 UML 图形中一定要掌握类图、用例图、序列图和活动图这四类图形的绘制，对它们的使用方法要熟练掌握，因为这四类图形考查的概率最大。

14.2　单例模式

14.2.1　知识点梳理

　　知识点梳理的教学视频请扫描二维码 14-3 获取。

　　单例模式（Singleton）是一种常用的设计模式，它是创建型模式的一种，适用于一个类有且只有一个实例的情况，也就是说，单例模式确保了某个类只有一个实例（对象）存在。

二维码 14-3

　　对单例模式的定义非常简单，有三个要素：

　　1）定义私有的静态成员。

　　2）构造函数私有化。

　　3）提供一个公有的静态方法以构造实例。

　　单例模式的类图如图 14-18 所示。

Singleton
–singleton：Singleton = new Singleton()
–Singleton()   +getSingleton()：Singleton

图 14-18　单例模式的类图

　　对于单例模式，一定要考虑并发状态下的同步问题，单例模式根据实例化对象时间的不同在实现代码时分为两种主流的实现方式，一种叫作饿汉式单例，另一种叫作懒汉式单例，这两种实现方式都是多线程安全的。

　　饿汉式单例的实现方式：在单例类被加载时，就实例化一个对象。

　　懒汉式单例的实现方式：调用取得实例的方法时才会实例化对象。

　　饿汉式单例模式的 Java 实现代码如下：

```java
public class Singleton{
private static Singleton instance=new Singleton();
    private Singleton(){}
    public static Singleton getInstance(){
        return instance;
    }
}
```

　　懒汉式单例模式的 Java 实现代码如下：

```java
public class Singleton{
    private static Singleton instance;
    private Singleton(){}
    public staticsynchronized Singleton getInstance(){
        if(instance==null){
            instance=new Singleton();
        }
```

```
        return instance;
    }
}
```

在 Java 中，因为饿汉式实现方案天生线程安全，而懒汉式需要加 synchronized 关键字，影响了性能，所以饿汉式单例性能要优于懒汉式单例。

单例模式的优点如下：

1）避免了频繁地创建和销毁对象，减少了系统开销。

2）节省了内存空间，在内存中只有一个对象。

3）提供了一个全局访问点。

单例模式的适用场景如下：

1）针对某些需要频繁创建对象又频繁销毁对象的类。

2）需要经常用到对象，但创建时消耗大量资源。

3）针对确实只能创建一个对象的情况，比如某些核心交易类，只允许保持一个对象。

14.2.2 经典面试题解析

单例模式可以说是设计模式中非常重要但又非常简单的一种设计模式，笔试面试中经常会考查到，主要的题型是问答题。题目会从不同的侧面考查面试者对单例模式的认知程度，主要的考查方向有：

❑ 单例模式的代码实现

❑ 单例模式的优点和适用场景

❑ 单例模式的两种实现方式的对比

❑ 单例模式中 getInstance( )方法的代码编写

❑ Java 类库中单例类的列举

【面试题 1】 编写一个延迟加载的单例模式代码

1. 考查的知识点

❑ 单例模式两种实现形式的区别

2. 问题分析

在知识梳理环节已经介绍，单例模式主要有两种实现方式：饿汉式和懒汉式，两种实现方式是有区别的。饿汉式是在加载类时就创建了类的一个对象；而懒汉式则是在调用实例方法 getInstance( )才会创建一个对象。

回到本题，本题题干中延迟加载的含义就是延迟实例化，或者叫延迟创建对象，即把对象的创建延迟到使用时才调用方法创建，而不是类加载时创建，这道题目的本质就是考查懒汉式单例模式的代码实现。

延迟加载的单例模式需要考虑多线程安全，所以要使用 synchronized 关键字修饰 getInstance( )方法以保证线程安全。代码如下：

```
public class   Singleton{
    private static Singleton instance;
    private Singleton( ){ }                         //私有构造函数
    public static synchronized Singleton getInstance( ){   //在方法中才创建实例
```

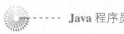

```
                    if( instance = = null) {
                        instance = new Singleton( ) ;
                    }
                return instance;
                }
            }
```

3. 答案

见分析。

【面试题 2】 懒汉式单例模式的优劣

单例模式的懒汉式实现方式，为保证多线程安全，一般的实现方法是在 getInstance( ) 方法前加上 synchronized 关键字，保证线程安全即可，请问这种方法的坏处是什么？有没有改进的方案？请写出改进方案的实现代码。

1. 考查的知识点
☐ 单例模式的懒汉式方案的改进
☐ 如何保障线程安全
☐ 双重检查加锁

二维码 14-4

2. 问题分析

本题的教学视频请扫描二维码 14-4 获取。

这是一道非常经典的试题，它是对懒汉式的单例模式进行考查。首先需要认识懒汉式模式的优缺点，其次还要考虑在多线程下能否改进目前的实现方法。

（1）懒汉式单例模式的缺点

从多线程的角度，懒汉式单例模式是不安全的，所以为了保障线程安全，一般的实现方式是在实例创建的方法 getInstance( ) 前加 synchronized 保障线程安全，即：

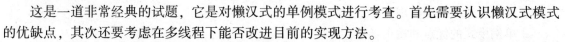

public static synchronized Singleton getInstance( ) { }

这种实现方案虽然简单，但是缺点也比较明显：这种实现方式降低了整个实例化的性能。那么有没有改进的方案呢？

（2）懒汉式单例模式改进方案的基本思路

不要在 getInstance( ) 方法上进行同步，而是在方法内部进行同步。具体操作如下：

1）进入方法后先检查实例是否已经存在，如果不存在则进入同步块；如果存在则直接返回该实例。

2）如果进入了同步块，则再次检查实例是否存在，如果不存在，就在同步块中创建实例；如果存在则直接返回该实例。

这种方法因为要经过两次"检查"，所以被称为"双重检查加锁机制"，这种方案既能实现线程安全，又能最大限度地减少性能影响。

（3）双重检查加锁机制的实现代码

```
public class   Singleton_new {
    private volatile static Singleton_new instance = null;
    private Singleton_new( ) { }
    public static Singleton_new getInstance( ) {          //不进行整体方法的同步
```

```
            if( instance = = null) {                        //进行第一次检查,实例是否存在
                synchronized( Singleton_new. class) {
                    if( instance = = null) {                //进行第二次检查
                        instance = new Singleton_new( );   //创建实例
                    }
                }
            }
        return instance;
        }
    }
```

需要注意的是,双重检查加锁机制用到一个关键字 volatile,这个关键字的含义已在本书第 10 章中有过讨论,用 volatile 关键字修饰的变量不会被本地线程缓存,即变量的读写直接操作共享内存,这样可以保证多个线程正确使用该变量。

3. 答案

见分析。

14.3 工厂模式

14.3.1 知识点梳理

二维码 14-5

知识点梳理的教学视频请扫描二维码 14-5 获取。

工厂模式比较抽象,下面通过一个比较生动的案例讲解,逐步引出工厂模式的基本概念和基本原理。

场景描述

某城市气候宜人,盛产水果,尤其盛产苹果(Apple)和香蕉(Banana),很多年来,各家果农都是自己负责苹果或香蕉的采摘、包装、销售,每个果农都要自备生产包装的设备,大家不能复用这些设备产出水果,因此生产效率非常低下。

有一个老总看到这个情况,决定投资建立了一家水果工厂(SimpleFactory),统一负责生产这些苹果或香蕉(Product),各家果农只要负责提供自己的苹果(ProductA)或者香蕉(ProductB),工厂负责根据果农的指定生产具体的水果(采摘、包装、销售等),因此生产流程效率大大提高,这就是简单工厂模式。

随着生产规模的不断扩大,一个工厂一套设备生产苹果和香蕉已经不能满足公司的业务需求,所以公司的销售给老总建议,如果把苹果和香蕉的生产线分开生产效率会更高。原因有两点:一是两条生产线互不干扰进度,二是将来可方便增补其他水果的生产线从而扩展业务。于是老总将原来的水果工厂进一步抽象整合,成立了一个水果公司集团(AbstractFactory),集团管理两家工厂,一家苹果厂(ConcreteFactoryA),一家香蕉厂(ConcreteFactoryB),集团只制定统一的规章制度,由这两家厂具体生产产品,一家生产苹果,一家生产香蕉,这就是工厂方法模式。

水果公司集团的经营良好,发展规模越来越大,集团全方位发展,产品也开始不再单一,而是向多个产品线(产品族)发展。原来的苹果厂不再单一地生产苹果,它开始生产苹果脯等深加工产品。香蕉厂也同样生产香蕉干等产品,这就形成了所谓的抽象工厂模式。

通过上面这个例子,可以引出以下工厂模式的概念。

基本概念

工厂模式一般分为 3 类：

1）简单工厂模式（Simple Factory）。

2）工厂方法模式（Factory Method）。

3）抽象工厂模式（Abstract Factory）。

这三个模式从前到后，依次逐步抽象化。

简单工厂模式

1. 定义

它是工厂模式中最简单的一种，专门定义一个类来负责创建其他类的实例，同时被创建的实例具有共同的父类。

简单工厂模式包括 3 个主要的角色。

简单工厂类（SimpleFactory）：只包含创建产品的静态方法。

抽象产品父类（Product）：简单工厂类中生产的产品接口，声明了产品的抽象方法。

具体产品子类（ProductA 或 ProductB）：具体产品的实现。

2. UML 图

简单工厂模式的 UML 图如图 14-19 所示。

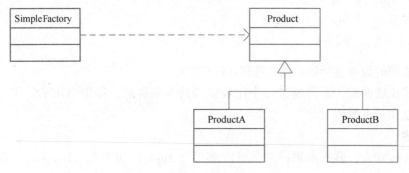

图 14-19　简单工厂模式的 UML 图

3. 代码示例

以本节开头场景描述中的水果生产的实例来编写代码，这个实例中各个类对应简单工厂的角色如下。

1）简单工厂类：SimpleFactory→FruitFactory。

类 FruitFactory 对应 SimpleFactory，它用来统一生产苹果或香蕉（包装、销售等），工厂中有一个静态方法 CreateFruit()，就相当于一套流水线设备，可以根据提供的水果类型来生产不同的水果（Apple 或者 Banana）。

2）抽象产品父类：Product→Fruit。

水果接口类，统一定义苹果类和香蕉类的处理方法。

3）具体产品子类（ProductA 或 ProductB）：ProductA→Apple，ProductB→Banana。

简单工厂模式的实例代码如下：

```
class FruitFactory{                    //简单工厂类
    public static Fruit createFruit(String pType){
                                //静态方法,根据传入的参数来指定要实例化哪一种产品
```

```
                Fruit fruit = null;
                if("A". equals(pType))
                    fruit = new Apple();          //如果参数等于"A"则实例化苹果对象
                else if("B". equals(pType))
                    fruit = new Banana();          //如果参数等于"B"则实例化香蕉对象
                return fruit;
            }
        }


    abstract class Fruit {
        //抽象产品父类,它规定了水果的处理方法
        public  Fruit(){}
        public abstract void operateFruit();    //声明水果的处理方法
    }


    class Apple extends Fruit {
        //具体产品类——苹果类
         public void operateFruit() {
            //实现苹果的具体处理方法,这里只是打印出一个字符串标志这是一个苹果
            System. out. println("this is an Apple");
        }
    }


    class Banana extends Fruit {
        //具体产品类——香蕉类
        public void operateFruit() {
            //实现香蕉的具体处理方法,这里只是打印出一个字符串标志这是一个香蕉
            System. out. println("this is a Banana");
        }
    }


    public class SimpleFactoryExample {
        public static void main(String[ ] args) {
            Fruit newP = null;
            newP = FruitFactory. createFruit("A");          //调用工厂方法,生产一个苹果
            newP. operateFruit();
            newP = FruitFactory. createFruit("B");          //调用工厂方法,生产一个香蕉
            newP. operateFruit();
        }
    }
```

程序的运行结果如图 14-20 所示。

从上面代码可以看出,简单工厂模式会专门创建一个工厂类 FruitFactory,并用一个方法 createFruit()根据传递参数的不同创建不同类型的实例。这里要注意一点,在 FruitFactory 中创

建对象的类型可以不同（可以是苹果或者香蕉），但都应当属于同一个父类（抽象产品父类 Fruit）的子类。类 FruitFactory 就是一个简单的工厂，将创建对象（苹果或香蕉）的工作单独负责下来，使得外界调用统一的方法 createFruit() 即可完成不同对象创建（生产苹果或香蕉）。

```
this is an Apple
this is a Banana
```

图 14-20　程序的运行结果 1

工厂方法模式

1. 定义

工厂方法模式是对简单工厂模式的改进，它去掉了简单工厂模式中工厂方法（例如，createFruit() 这个方法）的静态属性，使得该方法能够被子类继承，将简单工厂模式中在静态工厂方法中集中创建对象的操作转移到各子类中完成，从而减轻了父类方法的负担。

工厂方法模式包括 4 个主要的角色。

抽象工厂类（AbstractFactory）：工厂方法模式的核心，是具体工厂类必须实现的接口或者必须继承的抽象父类。

具体工厂类（ConcreteFactoryA 或者 ConcreteFactoryB）：由具体的类来实现，用于创建工厂类的对象，它必须实现抽象工厂的方法。

抽象产品类（Product）：具体产品继承的抽象父类或者实现的接口，定义了产品类的方法。

具体产品类（ProductA 或 ProductB）：具体工厂类产生的对象就是具体产品类的对象。

2. UML 图

工厂方法模式的 UML 图如图 14-21 所示。

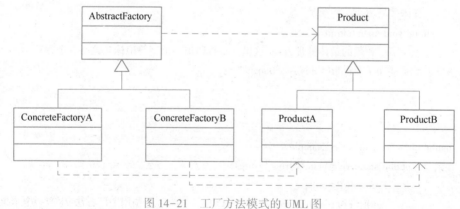

图 14-21　工厂方法模式的 UML 图

3. 代码示例

仍以本节开头场景描述中的水果生产的实例来编写代码，这个实例中各个类对应工厂方法模式中的角色如下。

1）抽象工厂：AbstractFactory→FruitCompany。

FruitCompany 类是实例中描述的水果公司类，该类相当于工厂方法模式中的抽象工厂 AbstractFactory，它只用来制定规章制度（生产水果的方法），实际的生产都交给下面的具体工厂去做。

2）具体工厂：ConcreteFactoryA→AppleFactory，ConcreteFactoryB→BananaFactory。

AppleFactory 类和 BananaFactory 类分别表示苹果工厂类和香蕉工厂类，它们都要继承自抽象工厂类 FruitCompany，苹果工厂按照水果公司的要求生产苹果；香蕉工厂按照水果公司的要求生产香蕉。

3）抽象产品：Product→Fruit。

水果接口类，统一定义苹果和香蕉的处理方法。

4）具体产品：ProductA→Apple，ProductB→Banana。

工厂方法模式的实例代码如下：

```
//抽象工厂类
abstract class FruitCompany {                //水果公司类,这是一个抽象工厂
    public abstract Fruit createFruit();     //声明一个统一的水果生产方法
}
//具体苹果工厂类
class AppleFactory extends FruitCompany {    //苹果工厂,具体负责生产苹果
    public Fruit createFruit() {             //实现抽象工厂的对象创建的方法
    Fruit Fruit = new Apple();
        return Fruit;
    }
}
//具体香蕉工厂类
class BananaFactory extends FruitCompany {   //香蕉工厂,具体生产香蕉
    public Fruit createFruit() {             //实现抽象工厂的对象创建的方法
    Fruit Fruit = new Banana();
        return Fruit;
    }
}


//抽象产品类
abstract class Fruit {
    public   Fruit() {}
    public abstract void operateFruit();     //声明水果处理的方法
}


//具体产品类,苹果
class Apple extends Fruit {
    public void operateFruit() {
    //实现苹果的具体处理方法,这里只是打印出一个字符串标志这是一个苹果对象
    System. out. println("this is an Apple");
    }
}


//具体产品类,香蕉
class Banana extends Fruit {
```

```
        public void operateFruit( ) {
            //实现香蕉的具体处理方法,这里只是打印出一个字符串标志这是一个香蕉对象
            System. out. println(" this is a Banana") ;
        }
    }


    //测试用例
    public class FactoryMethodExample {
        public static void main(String[ ] args) {
            FruitCompany af1 = new AppleFactory( );           //建立苹果工厂对象
            Fruit newp1 = af1. createFruit( ) ;               //苹果工厂生产苹果
            newp1. operateFruit( ) ;
            FruitCompany af2 = new BananaFactory( );          //建立香蕉工厂对象
            newp1 = af2. createFruit( ) ;                     //香蕉工厂生产香蕉
            newp1. operateFruit( ) ;
        }
    }
```

程序的运行结果如图 14-22 所示。

从上面代码可以看出,工厂方法模式对简单工厂模式进行了改进,不是用一个工厂类来生产对象,而是用不同的具体工厂子类 AppleFactory 或 BananaFactory 来生产不同的对象。

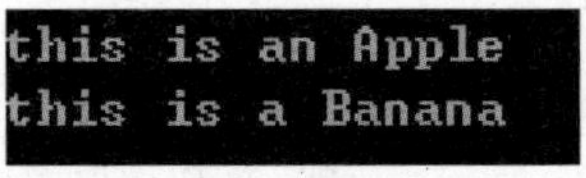

```
this is an Apple
this is a Banana
```

图 14-22　程序的运行结果 2

抽象工厂模式

1. 定义

抽象工厂模式又是工厂方法模式的升级版本。它的主要思想:提供了一个创建一系列相关或者相互依赖对象的接口。它和工厂方法模式的区别:抽象工厂模式针对的是有多个产品(称为产品族)的创建模式(苹果厂生产苹果、苹果脯;香蕉厂生产香蕉、香蕉干);而工厂方法针对的只是一种产品的创建模式(苹果厂生产苹果;香蕉厂生产香蕉)。抽象工厂模式中的抽象工厂接口里有多个工厂方法。

抽象工厂模式包括以下主要角色。

抽象工厂类(AbstractFactory):模式的核心,是具体工厂类必须实现的接口或者必须继承的抽象父类。

具体工厂类(ConcreteFactoryA 或者 ConcreteFactoryB):由具体的类来实现,用于创建工厂类的对象,它必须实现抽象工厂的方法。

抽象产品(AbstractProductA 和 AbstractProductB):具体产品继承的父类或者实现的接口,在 Java 中由抽象类或者接口实现。

具体产品(ProductA * 或 ProductB *):具体工厂类产生的对象就是具体产品类的对象。每一个抽象产品都可以有多个具体产品实现类或者继承子类,称为产品族。

2. UML 图

抽象工厂模式的 UML 图如图 14-23 所示。

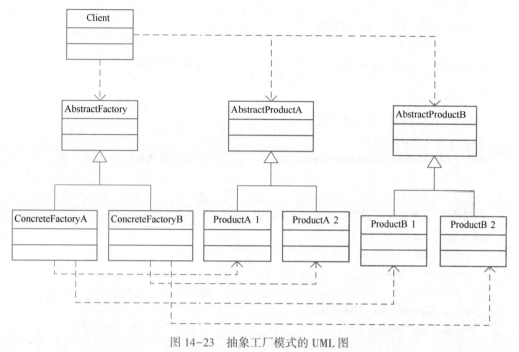

图 14-23 抽象工厂模式的 UML 图

3. 代码示例

仍以本节开头场景描述中的水果生产的实例来编写代码，这个实例中各个类对应抽象工厂模式中的角色如下。

1）抽象工厂类：AbstractFactory→FruitGroup。

成立一个水果集团（FruitGroup），该集团就相当于工厂方法模式中的抽象工厂，它的作用只用来制定规章制度（生产水果的方法），实际的生产都交给下面的具体工厂去做，下属多个工厂，有苹果厂、香蕉厂等。

2）具体工厂类：ConcreteFactoryA→AppleFactory；ConcreteFactoryB→BananaFactory。

AppleFactory 类和 BananaFactory 类分别表示苹果工厂类和香蕉工厂类，它们都要实现抽象工厂 FruitGroup，苹果工厂按照水果集团的要求生产苹果及苹果脯；香蕉工厂生产按照水果集团的要求生产香蕉和香蕉干。

3）抽象产品类：AbstractProductA→Fruit；AbstractProductB→DriedFruit。

Furit 类和 DriedFruit 类分别为水果和水果脯类的抽象父类，具体产品类要继承这两个类。

4）具体产品：ProductA1→Apple，ProductA2→Banana；ProductB1→DriedApple，ProductB2→DriedBanana。

根据以上分析，可以生成如下抽象工厂模式的代码：

```
//抽象工厂,成立一个水果集团类,生产水果和果脯
abstract class FruitGroup {
    public abstract Fruit createFruit();              //生产水果的方法
    public abstract DriedFruit createDriedFruit();    //生产果脯的方法
}
```

```java
//抽象产品类,水果产品的抽象类
abstract class Fruit {
    public abstract void operateProduct();          //定义抽象方法
}


//抽象产品类,果脯产品的抽象类
abstract class DriedFruit {
    public abstract void operateProduct();          //定义抽象方法
}


//具体工厂(苹果工厂,苹果工厂生产系列产品,包括苹果和苹果脯)
class AppleFactory extends FruitGroup {
    public Fruit createFruit() {
        return new Apple();
    }
    public DriedFruit createDriedFruit() {
        return new DriedApple();
    }
}

//具体工厂(香蕉工厂,香蕉工厂生产系列产品,包括香蕉和香蕉干)
class BananaFactory extends FruitGroup {
    public Fruit createFruit() {
        return new Banana();
    }
    public DriedFruit createDriedFruit() {
        return new DriedBanana();
    }
}


//具体产品类(苹果类,生产苹果)
class Apple extends Fruit {
    public void operateProduct() {
        //实现苹果的具体处理方法,这里只是打印出一个字符串标志这是一个苹果对象
        System.out.println("this is an Apple");
    }
}


//具体产品类(香蕉类,生产香蕉)
class Banana extends Fruit {
    public void operateProduct() {
```

```
            //实现香蕉的具体处理方法,这里只是打印出一个字符串标志这是一个香蕉对象
            System. out. println( "this is a Banana" );
        }
    }



    //具体产品类(苹果脯类,生产苹果脯)
    class DriedApple extends DriedFruit {
        public void operateProduct( ) {
            //实现苹果脯的具体处理方法,这里只是打印出一个字符串标志这是一个苹果脯对象
            System. out. println( "this is a DriedApple" );
        }
    }


    //具体产品类(香蕉干类,生产香蕉干)
    class DriedBanana extends DriedFruit {
        public void operateProduct( ) {
            //实现香蕉干的具体处理方法,这里只是打印出一个字符串标志这是一个香蕉干对象
            System. out. println( "this is a DriedBanana" );
        }
    }
    //测试用例
    public class AbstractFactoryExample {
        public static void main( String[ ] args)    {
            FruitGroup af1 = new   AppleFactory( );              //初始化一个苹果厂

            Fruit newp1 = af1. createFruit( );                   //苹果厂生产苹果
            DriedFruit newp2 = af1. createDriedFruit( );         //苹果厂生产苹果脯
            newp1. operateProduct( )
            newp2. operateProduct( );
            FruitGroup af2 = new BananaFactory( );              //初始化一个香蕉厂
            newp1 = af2. createFruit( );                         //香蕉厂生产香蕉
            newp2 = af2. createDriedFruit( );                    //香蕉厂生产香蕉干
            newp1. operateProduct( );
            ncwp2. operateProduct( );


        }
    }
```

程序的运行结果如图 14-24 所示。

从上面代码及其运行结果可以看出,抽象工厂是一个
超级工厂,它生产了多种产品而不只是一种产品(例如,
苹果工厂既可以生产苹果也可以生产苹果脯),因此它解
决了工厂方法模式下一个工厂只能生产一种产品的局限问

```
this is an Apple
this is a DriedApple
this is a banana
this is a DriedBanana
```

图 14-24   程序的运行结果 3

题。抽象工厂模式隔离了具体类的生成，所有的具体工厂都实现了抽象工厂中定义的公共接口，因此只需要改变具体工厂的代码，就能改变某个工厂的行为。

14.3.2 经典面试题解析

【面试题1】 简述工厂方法模式和抽象工厂模式的区别

1. 考查的知识点
- 工厂模式的基本原理
- 工厂方法模式和抽象工厂模式的区别

2. 问题分析

工厂方法模式是工厂模式的一种，它是对简单工厂模式的改进。在简单工厂模式中，工厂类集中了所有实例（产品）的创建逻辑，但这样做违背开放封闭原则，如果需要添加新产品就不得不修改工厂类的逻辑，这样会造成工厂逻辑过于复杂。工厂方法模式解决了这个问题，它定义的抽象工厂类（抽象类或者接口）负责声明创建对象的公共接口，而具体的对象创建工作交由子类负责完成。因此在工厂方法模式中新增具体产品类型只需新增代码即可，不需要修改已有的代码。

抽象工厂模式则是在工厂方法模式的基础上增加了"产品族"的概念。抽象工厂模式针对的是多个产品等级结构。

总之，工厂方法模式和抽象工厂模式的主要区别见表 14-3。

表 14-3　工厂方法模式和抽象工厂模式的主要区别

	工厂方法模式	抽象工厂模式
面向的产品等级	面向一个产品等级结构	面向多个产品等级结构
抽象产品类	一个抽象产品类	多个抽象产品类
具体产品类	一个抽象产品类可以派生出多个具体产品类	每个抽象产品类都可以派生出多个具体产品类
具体产品实例	每个具体工厂类只能创建一个具体产品类的实例	每个具体工厂类可以创建多个具体产品类的实例

3. 答案

见分析。

【面试题2】 工厂模式的优缺点

请简述每一种工厂模式的优缺点。

1. 考查的知识点
- 工厂模式的优缺点

2. 问题分析

简单工厂模式的优缺点如下。

优点：简单工厂类功能统一，使得外界从创建具体对象中分离出来，不用负责具体创建哪个类的对象，只要调用方法，由简单工厂统一创建即可。

缺点：简单工厂类中集中了所有要创建的对象，如果需要添加新的创建对象类型，就必须改变简单工厂类的代码，这将违背开放封闭原则。这种情况在工厂方法模式中得到了部分解决。

工厂方法模式的优缺点如下。

优点：解决了简单工厂模式中静态工厂方法在新增对象类型分支时需要修改方法代码的问题。在工厂方法模式中新增对象类型只需新增代码即可，不需要修改已有的代码，这样遵循了开放封闭原则，即对扩展开放，对修改封闭的原则。

缺点：每增加一个产品类型，相应地也要增加一个子工厂，加大了额外的开发量。

抽象工厂模式的优缺点如下。

优点：抽象工厂模式既具有工厂方法模式的上述优点，同时又解决了工厂方法模式一个具体工厂只能创建一类产品的局限，抽象工厂模式中每个工厂可以创建多种类型的产品（产品族）。同时，如果需要生产新的产品（不新增产品族），只需要扩展该产品对应的具体工厂和该产品的具体实现类，不需要改变抽象工厂类和抽象产品类。

缺点：抽象工厂最大的缺点是产品族难以扩展。假如产品族中需要增加一个新的产品，则几乎所有的工厂类都需要进行修改。所以使用抽象工厂模式时对产品等级结构的划分是非常重要的。

3. 答案

见分析。

14.4　观察者模式

14.4.1　知识点梳理

知识点梳理的教学视频请扫描二维码 14-6 获取。

1. 定义

二维码 14-6

观察者模式定义了一种一对多的依赖关系，其主要思想是让多个观察者对象同时监听某一个主题对象，当主题对象状态发生变化时，通知所有观察者对象，让它们自动更新自己。

观察者模式的主要组成部分包括以下几类。

1）抽象主题角色：提供了一系列接口，可以增加和删除观察者角色，也可以将自身的变化通知观察者角色。

2）抽象观察者角色：为具体观察者提供一个接口，当主题有变更通知时更新观察者自己。

3）具体主题角色：实现了抽象主题角色，当主题状态发生改变时，给所有登记的观察者发出通知。

4）具体观察者角色：实现抽象观察者的接口，接收具体主题对象的通知并更新自己的状态。

观察者模式 UML 图如图 14-25 所示，Subject 为抽象主题角色，Observer 为抽象观察者角色，ConcreteSubject 为具体主题角色，ConcreteObserver 为具体观察者角色。

2. UML 图

如图 14-25 所示，抽象观察者角色 Observer 定义了一个接口，接口中声明了观察者的方法。ConcreteObserver 类是具体观察者角色，它实现了观察者接口中的方法。Subject 是观察者订阅的主题角色，是抽象主题角色，在接口中声明了对观察者增加或删除等方法。Concrete-Subject 具体主题角色，实现了抽象主题角色中的方法。

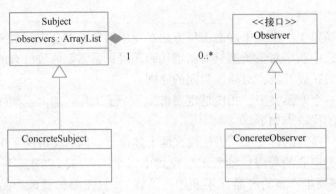

图 14-25 观察者模式的 UML 图

3. 代码示例

```java
import java.util.ArrayList;
import java.util.List;

//抽象观察者角色,定义一个接口,接口中声明了观察者的方法
interface Observer {
    public void update(String str);
}
//具体观察者角色类,实现抽象观察者接口
class ConcreteObserver implements Observer {
    private String  observerstr;
    public void update(String str) {
        observerstr = str;
        System.out.println("观察者的状态为:" + observerstr);
    }

}
//抽象主题角色,接口中声明了观察者添加或移除的方法
interface Subject {
    public void addObserver(Observer observer);      //添加观察者
    public void removeObserver(Observer observer);   //删除观察者
    public void notifyObserver(String str);          //通知观察者

}

//具体主题角色,实现主题接口,具体实现抽象主题的方法,对观察者进行增删改
class ConcreteSubject implements Subject {
    private List<Observer> list = new ArrayList<Observer>();
    public void addObserver(Observer observer) {
        list.add(observer);
    }
    public void removeObserver(Observer observer) {
        list.remove(observer);
    }
```

```
        public void notifyObserver(String str) {
            for( Observer observer:list) {
                observer. update( str) ;
            }
        }
    }


    //观察者模式测试代码
    public class TestObserverMethod {
        public? static? void? main( String[ ]? args)? {??
            Subject sj = new ConcreteSubject( ) ;              //生成主题对象
            Observer ob1 = new ConcreteObserver( ) ;           //第一个观察者
            Observer ob2 = new ConcreteObserver( ) ;           //第二个观察者
            sj. addObserver( ob1) ;                            //调入观察者加入方法
            sj. addObserver( ob2) ;                            //调入观察者加入方法
            sj. notifyObserver( "开始观察") ;                   //通知观察者更新观察的状态
        }
    }
```

程序的运行结果如图 14-26 所示。

上面这段代码可以形象地描述观察者模式的使用方法。在代码中定义了两个接口：Observer 和 Subject 分别代表抽象观察者角色和抽象主题角色。在 Observer 接口中声明了抽象方法 update，该方法用于接收主题角色的通知，并更新自身的状态。在 Subject 接口中声明了抽象方法 addObserver、removeObserver、notifyObserver，分别用于添加观察者、删除观察者和通知观察者。与之对应的是具体观察者角色 ConcreteObserver 和具体主题角色 ConcreteSubject。在这两个类中分别实现了对应接口中声明的抽象方法。这样就构成了观察者模式的四个基本要素。

观察者的状态为：开始观察
观察者的状态为：开始观察

图 14-26　程序的运行结果 4

在测试类 TestObserverMethod 中，首先实例化了一个具体主题对象 ConcreteSubject，然后为这个主题对象加入了两个观察者 ob1 和 ob2。这样主题对象和各个观察者对象之间就构成了一种一对多的依赖关系，这种依赖关系体现在主题对象在发生某种变化时可以及时地把这种变化通知给观察者，在上述代码中就是通过调用 notifyObserver 方法来实现这个功能的。在 notifyObserver 方法中会循环遍历注册到 sj 对象中的每个观察者，并调用它们的 update 方法，用来通知观察者，观察者在得到通知后可对自身的状态进行更新。

从图 14-26 程序运行结果可以看出，当调用了对象 sj 的 notifyObserver 方法，两个观察者 ob1 和 ob2 都接收到了通知，并更新了状态。

观察者模式的现实应用场景非常广泛。一个典型的观察者模式的应用场景是 Android 架构中的 ContentObserver 类。使用 ContentObserver 可以监听某个 URI 对应的数据变化，从而及时地对这些数据的变化做出响应（例如，动态地更新界面）。

14.4.2 经典面试题解析

【面试题 1】 观察者模式的优点

1. 考查的知识点
❑ 观察者模式的概念
❑ 观察者模式的优点

2. 问题分析

在本节知识点梳理中已经介绍了观察者模式，观察者模式（Observer）定义了一种一对多的依赖关系，让多个观察者对象同时监听某一个主题对象，当主题对象状态发生变化时，通知所有观察者对象，让它们自动更新自己。

观察者模式的优点如下：

1）观察者模式在具体观察者和具体主题对象之间建立松耦合，主题对象只知道一个具体观察者的列表，但不知道任何一个具体的观察者属于哪一个具体的类，只知道每个观察者都实现了一个共同的抽象接口。

2）实现了广播通信，主题对象可以向所有注册的观察者发送通知。

3）观察者模式符合"开放-封闭"原则。

如果在此题目的基础上进一步扩展，还应当掌握观察者模式的缺点是什么。

1）观察者模式的广播通信是简单的遍历，当主题对象有大量观察者时，效率会比较低。

2）如果主题和观察者之间存在循环依赖，可能会触发循环调用而导致系统崩溃。

3）观察者模式没有相应的机制让观察者知道所观察的目标对象是怎么发生变化的，而仅仅只是知道观察目标发生了变化。

3. 答案
见分析。

【面试题 2】 观察者模式的使用场景

1. 考查的知识点
❑ 观察者模式的基本原理
❑ 观察者模式的使用场景

2. 问题分析

观察者模式的特点：定义了对象之间的一对多关系。多个观察者监听同一个主题对象，当该主题对象的状态发生改变时，会通知所有的观察者对象。

基于上述特点，可以归纳总结出观察者模式主要的应用场景：

1）当一个对象的改变会引起其他一个或多个对象的改变，但具体改变的对象的数量是动态的，此时可以使用观察者模式，并且通过观察者模式能大大降低对象之间的耦合度。

2）一个系统中有两个模块，其中一个模块依赖另一个模块，将这些模块封装成对象，使得它们可以独立进行改变，但同时能保持互相依赖的关系。

3）一个对象需要将自己的更新通知给其他对象而不需要知道其他对象的细节。

3. 答案
见分析。

14.5 适配器模式

14.5.1 知识点梳理

知识点梳理的教学视频请扫描二维码 14-7 获取。

二维码 14-7

1. 定义

适配器模式（Adapter）：将一个类的接口转换为所需要的另一个接口，适配器模式让原本接口不兼容的类可以互相交互。简言之，当希望使用一个已有的类但是其接口并不符合需求时就可以使用适配器模式进行适配（接口转换）。

适配器模式的主要组成部分包括以下几类。

1）需要适配的类 Adaptee：需要进行接口转换的类。

2）适配器类 Adapter：包装需要适配的类 Adaptee，将原接口转换为目标接口。

3）目标接口 Target：最终要转换的接口，目标可以是具体或抽象的类，也可以是接口。

2. UML 图

适配器模式的 UML 图如图 14-27 所示。

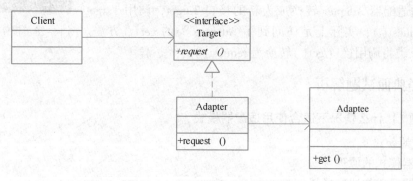

图 14-27 适配器模式的 UML 图

3. 代码示例

```
//定义一个目标接口
interface Target {
    public void request();
}
//定义适配器类,用来包装原接口,直接关联需要适配的类 Adaptee
class Adapter implements Target {
    private Adaptee adaptee;
    public Adapter(Adaptee adaptee) {
        this.adaptee = adaptee;
    }
    public void request() {
        //调用了需要适配的类的方法,完成转换
        adaptee.get();
```

```
            }
        }
    //需要适配的类 Adaptee
    class Adaptee {
        public void get() {
            system. out. println("这是被适配的类");
        }
    }
    //测试代码
    public class TestAdapter {
        public? static? void? main(String[ ]? args)?? {??
            Target target=new Adapter(new Adaptee());      //通过适配类产生目标接口
            target. request();                 //目标接口方法中调用了被适配的类的方法,完成了转换
        }
    }
```

程序的运行结果如图 14-28 所示。

　根据以上代码和程序运行结果可以看出，需要适配的类 Adaptee 通过适配器 Adapter 转换成为新的接口 Target，调用 Target 中的方法 request()，实际上是访问到了 Adaptee 类的 get() 方法。通过 Adapter 类将调用接口 get() 转换为 request()。

这是被适配的类

图 14-28　程序的运行结果 5

14.5.2　经典面试题解析

【面试题 1】什么情况下适合使用适配器模式

1. 考查的知识点
□ 适配器模式的原理
□ 适配器模式的适应场景

2. 问题分析

适配器模式在设计模式考题中出现的概率非常高，其使用范围也非常广，读者应当很好地掌握它的原理并了解其适用的场景。

适配器模式一般不会在系统设计阶段使用到，而是会在计划修改已经存在的某个系统的接口时使用到。适配器模式的作用是将一组接口转换为客户需要的另一组接口。适配器模式的适用场景如下：

1）当前系统需要使用其他组件，但目前系统的接口和其他组件的接口不兼容，又不希望修改当前系统的源代码，这种情况下可使用适配器作为中间层进行接口的转换。

2）需要建立一个可重复使用的类，此类用于和其他一些彼此没有太大关联的类（包括将来可能新增的类）一起工作，这时就可能会用到适配器模式进行接口转换以实现其他类与这个可重复使用类之间的通信。

3）系统需要统一的输出接口，但输入端的类型不可预知。

第 1）种场景能保证给系统进行功能扩展，使用新的组件或者扩展新的功能，同时又不修改当前系统的接口。

第 2）种场景可以使开发者复用已经存在的类去匹配新的类的接口。

第 3）种场景保证了统一的输出接口，不用管输入的类型，可以实现不兼容的接口转换。

最后需要提醒的是，适配器模式也存在一些自身的缺点。因为适配器模式主要还是在系统后期的扩展及修改时使用，所以如果过多地使用适配器会让系统产生混乱，不易进行维护。经常出现的情况是系统调用的是 A 接口，但其内部被适配成了 B 接口的实现，这样出现问题难以定位，增大了代码维护的成本。

3. 答案

见分析。

【面试题 2】Java 类库中的适配器模式

在 Java 类库中，哪些类的实现用到了适配器模式，举例一二？

1. 考查的知识点

❏ 适配器模式的基本原理

❏ Java 类库的实现方式

2. 问题分析

适配器模式把一个类的接口转换为客户端所期待的另一种接口，从而使接口不同的类能够一起工作。

在 Java 类库中，Java IO 库大量用到了适配器模式。

例如，Java 的 IO 流有字符流和字节流，字节流和字符流类的相互转换就用到了适配器模式。比如字节流类 InputStream 和 OutputStream，字符流类 Reader 和 Writer，中间通过 InputStreamReader 和 OutputStreamReader 实现两种类的适配。对照适配器模式的架构模型，InputStreamReader 和 OutputStreamReader 就是适配器类（Adapter），InputStream 和 OutputStream 就是需要适配的类（Adaptee），Reader 和 Writer 抽象类就是目标接口（Target）。这是 Java 类库中适配器模式的典型应用之一。

除此之外，StringReader 类将 String 接口适配成了 Reader 类型的接口，这也是另一个适配器的典型应用。

3. 答案

见分析。

第15章 数据结构与算法

数据结构和算法是学习编程绕不过去的内容，因为它是程序员必备的基本功。虽然 Java 中数据结构和算法并不像 C++中那样重要，毕竟 Java 开发更多关注的是类的设计和程序的架构，但是也不乏一些公司在 Java 面试笔试中考查数据结构和算法的内容。所以出于内容完整性及实用性的考虑，本书仍花一定篇幅介绍数据结构与算法的相关内容，这里主要以一些知名企业近些年来 Java 笔试题作为参考，总结出一些经典的题目，并给予深入的解读和分析，希望对读者有所帮助和启发。

15.1 线性结构

【面试题1】 用 Java 实现一个单链表

1. 考查的知识点

❏ Java 链表的实现

2. 问题分析

本题的教学视频请扫描二维码 15-1 获取。

链表是最基本的线性数据结构，在程序设计中经常使用。链表的特点是逻辑上连续，但是其每个结点在内存中的地址却不一定连续，所以链表的结点之间必须通过指针来"联结"。链表在内存中的存储形式如图 15-1 所示。

二维码 15-1

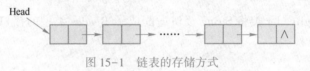

图 15-1　链表的存储方式

从图 15-1 中可以看到，链表中结点与结点之间靠指针联结在一起。但是 Java 中没有指针的概念，要怎样实现结点的联结呢？在第 10 章中已经讲到，虽然 Java 名义上去掉了指针，但是 Java 中有引用的概念，也就是说，任何一个非基本类型的对象都是引用类型，都需要一个变量来引用它，所以可以利用引用来实现结点之间的联结，它的本质与指针是一样的。

在 Java 语言中可以如下定义一个链表的结点类：

```
class Node {
    Node next = null;              //指针域,指向下一个结点
    int data;                      //数据域,一个整型变量
    public Node(int d) {data = d;} //构造方法
}
```

如上述代码，Node 为一个链表的结点类，与 C++中定义一个链表结点类似，它里面包含一个数据域和一个指针域。不同之处在于，指针域中定义的 next 并不是一个指针类型的变量，而是一个 Node 类型的引用变量，但它的本质还是一个指针，可以指向下一个 Node 类型的结点。另外，在 Node 类中还定义了一个构造方法，用来初始化结点对象。同时 next 初始化为

null，这样在生成一个链表结点时，默认其指针域为 null，可作为链表的最后一个结点插入链表中。上述代码定义的链表结点中可存放一个整型的数据元素。

接下来定义链表类。在链表类中不但要包含链表的数据，还要包含操作链表的方法，这样才符合面向对象程序设计的思想。对于数据部分，可以在链表类中定义一个 Node 类型的链表头引用（或者叫作头指针），通过这个头指针可以访问到链表中的每一个结点。对于操作部分，可以定义链表的各种操作方法，例如，向链表中插入元素、从链表中删除元素等，可以根据实际需要定义不同的方法。为了方便起见，这里只定义了向链表中插入元素、从链表中删除元素、遍历链表打印出链表中的每个元素，以及计算链表长度这 4 个方法，代码如下：

```
public class MyLinkList {
    //链表的头结点，它是链表类的成员
    Node head = null;
    //向链表中插入元素
    public void addNode(int e) {
        //向链表中添加一个结点，这里只指定结点中的数据，并作为参数传入
        Node n = new Node(e);        //创建链表结点，并为结点数据域赋值
        if (head == null) {
            //链表中还没有任何结点
            //用 head 引用指向第一个结点
            head = n;
            return;
        }
        Node tmp = head;
        while (tmp. next != null) {
            //tmp 指向链表最后一个结点
            tmp = tmp. next;
        }
        tmp. next = n;                //插入新的结点
    }
    //删除链表中第 index 个元素
    public boolean removeNode(int index) {
        if (index < 1 || index > length()) {
            return false;            //非法删除结点,返回 false
        }
        if (index == 1) {
            head = head. next;        //如果要删除第一个元素，则只需将 head. next 赋值给 head
            return true;
        }
        Node preNode = head;         //如果要删除后面的元素,preNode 指向删除结点的前一个结点
        Node curNode = preNode. next;    // curNode 指向要删除的结点

        for (int i =2;  i<index; i++) {
            preNode = curNode;            //循环到指定的位置
            curNode = curNode. next;
```

```
            }
                preNode. next = curNode. next;          //将 curNode 指向的结点删除
                return true;
        }


        //遍历并打印出链表中的内容
        public void printLinkList( ) {
                Node tmp = head;
                while ( tmp != null) {
                        //循环遍历链表中的每个结点并打印其数据域内容
                        System. out. print( tmp. data + " ");
                        tmp = tmp. next;
                }
        }


        //计算链表的长度
        public int length( ) {
                Node tmp = head;
                int length = 0;
                while( tmp != null) {
                        length++;
                        tmp = tmp. next;
                }
                return length;
        }
}
```

上述代码中定义了一个 MyLinkList 类实现了一个单链表。其中成员变量 head 是一个 Node 类型的引用变量，它用来指向这个链表的头结点。该类中定义的方法包括以下几个。

1) public void addNode(int e)：向链表中插入元素 e，这里参数 e 是一个整型变量，它将最终保存到链表结点的数据域中。

2) public boolean removeNode(int index)：删除链表中第 index 个元素，如果删除成功返回 true，如果删除失败（例如 index 指定越界）则返回 false。

3) public void printLinkList( )：遍历链表并打印出链表中的内容。

4) public int length( )：计算并返回该链表的长度（包含结点的个数）。

通过上述方法可以实现一个单链表的基本操作。

3. 实战演练

本题完整的源代码及测试程序见云盘中 source/15-1/，读者可以编译调试该程序。在测试程序中首先创建了一个空链表 list，然后使用 addNode 方法向 list 中添加元素 1、2、3、4、5、6，再使用 removeNode 方法删除链表中第 2、1、4 三个结点，程序的运行结果如图 15-2 所示。

执行程序过程中链表的状态如下。

► 添加元素后链表状态：1，2，3，4，5，6。

► 删除第 2 个结点后链表状态：1，3，4，5，6。

3 4 5

图 15-2　程序的运行结果 1

▶ 删除第 1 个结点后链表状态：3，4，5，6。

▶ 删除第 4 个结点后链表状态：3，4，5。

【面试题 2】 从链表中删除重复元素

1. 考查的知识点

❑ Java 链表的操作

2. 问题分析

本题的教学视频请扫描二维码 15-2 获取。

这是一道经典的链表结构面试题，一般情况下最先想到的解决方法就是利用二重循环遍历整个链表。其中外层循环控制遍历链表中的每一个结点，内层循环负责删除外层循环遍历到结点后面所有的与该结点数据域相同的结点，这样就可以实现删除链表中重复结点的目的。

二维码 15-2

但是上述算法的时间复杂度为 $O(n^2)$，算法的效率明显不高。有没有更加高效的算法呢？我们应当充分利用 Java 丰富的类库资源作为解决问题的工具，而不应局限在最原始的方法中。第 13 章中介绍了 Java 的容器类，其中 13.2 节中的面试题 3 介绍了利用 HashSet 查找字符串中第一次重复出现的字符的方法，这个算法可以给我们带来启发。可以利用下面这个算法解决该题目的问题：

```
public void removeDuplecateElem( ) {
    HashSet set = new HashSet( );
    Node tmp = head;
    Node pre = null;
    while ( tmp != null) {
        if ( set. add( tmp. data) ) {
            //成功添加元素到 Hashset 中
            pre = tmp;
            tmp = tmp. next;
        } else {
            //添加失败说明该元素已存在
            pre. next = tmp. next;
            tmp = pre. next;
        }
    }
}
```

函数 removeDuplecateElem( )仍然是 MyLinkList 类中的一个方法，其作用是删除该链表中的重复元素结点。首先在堆内存上创建了一个 HashSet 对象 set，然后循环将以 head 为头结点的链表中的每个结点的数据域元素 data 插入这个 set 中。由于 HashSet 中的元素是不能重复的，如果插入的元素与 set 中已存在的元素有重复，则插入不成功，返回 false，因此可以利用 HashSet 的这一特性来解决此题。当 set. add(tmp. data) 返回值为 true 时，说明 tmp. data 与 set 中的元素没有重复，因此引用 pre 和 tmp 都向后移动一个结点位置；当 set. add(tmp. data) 返回值为 false 时，说明 tmp. data 与 set 中的元素有重复，所以通过语句 pre. next = tmp. next；和 tmp =pre. next；将 tmp 指向的那个结点从链表中删除。

应用 HashSet 方法删除链表中重复元素的时间复杂度是多少呢？首先在 HashSet 中插入一

个元素和查找一个元素的时间复杂度都为 O(1)，这是由 HashSet 的特性确定的。另外，还需要对链表进行一次循环遍历，以判断链表中每个结点的元素是否有重复并删除重复的结点，这个时间复杂度为 O(n)，因此这个算法整体的时间复杂度为 O(n)，它的效率要远高于传统的二重循环的方法。

3. 实战演练

本题完整的源代码及测试程序见云盘中 source/15-2/，读者可以编译调试该程序。在测试程序中首先创建了一个空链表 list，接着使用 addNode 方法向 list 中添加元素 1、2、3、4、5、3、6、6，然后打印出该链表中的所有元素。再调用 removeDuple-cateElem( )方法删除链表中的重复元素，然后打印出该链表中的所有元素。程序的运行结果如图 15-3 所示。

图 15-3 程序的运行结果 2

【面试题 3】 实现链表的反转

1. 考查的知识点

❏ Java 链表的操作

2. 问题分析

链表的反转是一道经典的数据结构类算法设计题，该题目考查的是对链表结构的理解程度以及灵活操控链表的能力。这类题目的实现算法一般比较复杂，如果在考试之前没有准备，要想完整无误地完成此题难度是比较大的。所以建议在备考时多多留意这类经典的数据结构和算法类题目，提前准备，最好能将代码的实现熟记于心，这样参加笔试面试时就会更有把握。

对于本题，首先给出算法的代码，然后结合代码详细分析该算法的实现思路和操作步骤。

```java
public void reverseLinkList( ) {
    Node newHead = head;
    Node curNode = head;
    Node preNode = null;
    Node nextNode = null;
    while (curNode != null) {
        nextNode = curNode. next;
        if (nextNode == null) {
            newHead = curNode;
        }
        curNode. next = preNode;
        preNode = curNode;
        curNode = nextNode;
    }
    head = newHead;
}
```

函数 reverseLinkList( )是定义在本节面试题 1 中 MyLinkList 类里面的一个函数，它的作用是将以 head 为头指针的链表进行反转倒置。例如，最初链表中的内容为 1、2、3、4、5，经过反转后链表中的内容会变成 5、4、3、2、1。

首先定义了几个引用变量：newHead 为反转后的链表的头指针，其实最终 newHead 会指向原链表的最后一个结点；curNode 为一个 Node 类型的引用变量，它始终指向当前要处理的那个链表结点，所谓要处理的结点就是要修改 next 指针域的结点；preNode 始终指向 curNode 前面的那个结点；nextNode 始终指向 curNode 后面的那个结点。初始状态下这 4 个变量以及链表的状态如图 15-4 所示。

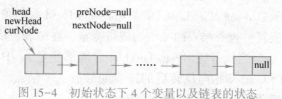

图 15-4　初始状态下 4 个变量以及链表的状态

　　然后进入一个 while 循环。在这个循环中核心要做的事情就是修改 curNode 的 next 域，以使 curNode 结点的 next 域指向其前驱结点（也就是实现反转）。抓住这个核心要点就不难理解上面这段代码了。首先 while 循环的条件是 curNode != null，也就是说，当 curNode 被赋值为原始链表的最后一个结点的 next 域（该值为 null）时循环结束，这样可以确保修改到链表中的每一个结点。

　　进入循环体中，先执行 nextNode = curNode.next; 操作，nextNode 指向了 curNode 的下一个结点。再执行 curNode.next = preNode; 操作，使得 curNode 的 next 域指向其前驱结点。最后执行 preNode = curNode; 和 curNode = nextNode; 操作，重新调整引用变量 preNode 和 curNode 的指向。经过第一次循环后 4 个变量以及链表的状态如图 15-5 所示。

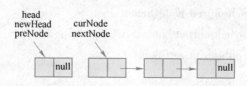

图 15-5　经过第一次循环后 4 个变量以及链表的状态

　　从图 15-5 中能够看到，经过第一次循环后第一个结点的 next 域已经发生改变，它变为 null，因为最终这个结点将会成为链表的最后一个结点，所以该结点的 next 域应当变为 null。另外，curNode 指向了下一个结点，说明在下一次的循环中要修改第二个结点的 next 域，preNode 指向 curNode 的前一个结点（确切地讲是原链表中的前一个结点），nextNode 暂时与 curNode 重合。按照上述规律继续循环下去，经过第二次循环后 4 个变量以及链表的状态如图 15-6 所示。

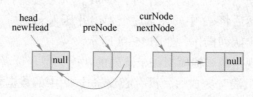

图 15-6　经过第二次循环后 4 个变量以及链表的状态

　　经过第二次循环后第二个结点的 next 域已经发生改变，它指向了第一个结点，这样就实现了第一个结点和第二个结点的反转。同时 curNode 指向了下一个结点，说明在下一次的循环中要修改第三个结点的 next 域，preNode 指向 curNode 的前一个结点，nextNode 暂时与 curNode 重合。

　　按照上述规律循环下去，最后一次循环中 nextNode 会变为 null，说明 curNode 已指向原链表的最后一个结点，此时要多加一步操作 newHead = curNode;，目的是重置变量 newHead，使它指向原链表的最后一个结点，也就是新链表的头结点。经过上述几次循环操作，最终可实现链表的反转倒置。

需要注意的是，在函数 reverseLinkList( ) 的最后将 newHead 又赋值给了 head，这是因为在 MyLinkList 类中 head 是表征链表头结点的唯一的成员变量，在链表被反转倒置后，其头结点引用 head 理应发生改变。否则当执行完 reverseLinkList 后局部变量 newHead、curNode、preNode、nextNode 都会被释放，而 head 却指向反转后的链表的最后一个结点，这样该链表就无法被操作了。所以将 newHead 赋值给 head 是必需的操作。

3. 实战演练

本题完整的源代码及测试程序见云盘中 source/15-3/，读者可以编译调试该程序。测试程序中在 MyLinkList 类里增加了函数 reverseLinkList，使得该链表具有反转的功能。在 main 方法中初始化了一个链表 list，并赋初值为 1、2、3、4、5、6，然后调用 list. reverseLinkList( ) 对该链表进行反转，最终程序的运行结果如图 15-7 所示。

`6 5 4 3 2 1`

图 15-7　程序的运行结果 3

【面试题 4】用两个栈模拟队列操作

用两个栈实现一个队列的功能，要求实现下列的队列操作。

入队列操作：public synchronized void enQueue(E e);

出队列操作：public synchronized E deQueue( );

队列判空操作：public synchronized boolean isEmpty( );

获取队列中元素个数：public int getCount( );

1. 考查的知识点

❑ Java 队列和栈的实现

2. 问题分析

栈与队列都是线性结构，都可以用顺序表或链表来实现，其最大的区别在于它们的逻辑特性不同。栈是一个先进后出的线性表，最开始入栈的元素总是最后一个出栈；而队列是一个先进先出的线性表，最开始入队的元素总是第一个出队。所以要用栈实现队列的功能，就必须通过一种方式将先进后出转化为先进先出，模拟队列的逻辑特性。

一种普遍的做法是使用两个栈，一个栈 s1 用来存放数据，另一个栈 s2 作为缓冲区。当入队操作时，将元素压入栈 s1 中；当出队操作时，将 s1 的元素逐个弹出并压入 s2，将 s2 的栈顶元素弹出作为出队元素，然后将 s2 中的元素逐个弹出并压入 s1 中。这样就能通过两个栈之间的数据交换实现入队列和出队列操作。如图 15-8 所示。

这种方法固然能够实现用两个栈模拟一个队列的功能，但是读者深入思考就会发现，其实当出队列操作的第二步"出栈"完成后，没有必要将栈 s2 中的数据全部倒回栈 s1 中，因为下次的出队操作还要在 s2 中完成，且下一次的出队操作取出的元素仍是当前 s2 的栈顶元素。那么下一次入队操作之前是否要把 s2 中的数据倒回 s1 呢？其实这也没有必要。如果约定每次出队时都从栈 s2 的栈顶获取数据，入队列时都把数据压入栈 s1 中，当 s2 中的数据为空后再将 s1 中的数据全部倒入 s2 中，这样 s2 中的数据就会始终排在 s1 中数据的前面，s1 的栈顶相当于队列的队尾，s2 的栈顶相当于队列的队首。

总结一下改进后方法：入队操作时，将元素压入栈 s1 中；出队操作时，判断 s2 是否为空，如果 s2 不为空，则直接取出 s2 的栈顶元素；如果 s2 为空，则将 s1 的元素逐个弹出并压入 s2，再取出 s2 的栈顶元素。

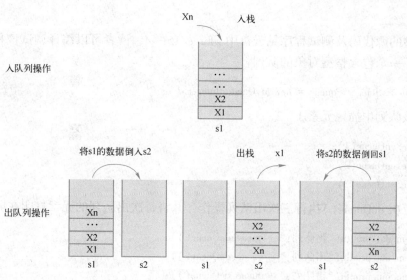

图 15-8 用两个栈模拟队列的操作

按照上面的方法可以实现 enQueue 和 deQueue 两个函数。函数 IsEmpty 通过判断栈 s1 和栈 s2 是否都为空来实现。函数 getCount 通过计算 s1 和 s2 的当前容量之和来实现。代码实现如下：

```
public class MyQueue<E> {
    private Stack<E> s1 = new Stack<E>();
    private Stack<E> s2 = new Stack<E>();

    public synchronized void enQueue(E e) {
        s1. push(e);
    }
    public synchronized E deQueue() {
        if (s2. isEmpty()) {
            while (! s1. isEmpty()) {
                E e = s1. pop();
                s2. push(e);
            }
        }
        return s2. pop();
    }
    public synchronized boolean isEmpty() {
        return s1. isEmpty() && s2. isEmpty();
    }
    public int getCount() {
        return s1. size() + s2. size();
    }
}
```

MyQueue 是应用两个栈模拟的队列类，该类的成员对象 s1 和 s2 分别为 Stack<E>类的两个对象，也就是前面描述的两个栈。通过对栈 s1 和 s2 的操作实现队列的功能。

3. 实战演练

本题完整的源代码及测试程序见云盘中 source/15-4/，读者可以编译调试该程序。在测试程序中创建了一个包含整型对象的队列：

```
MyQueue<Integer> queue = new MyQueue<Integer>();
```

然后向该队列中插入元素 1、2、3。

```
queue.enQueue(1);
queue.enQueue(2);
queue.enQueue(3);
```

再调用三次 deQueue() 执行三次出队列操作，并将每次出队列的元素打印在屏幕上。

```
System.out.println("出队列:" + queue.deQueue());
System.out.println("出队列:" + queue.deQueue());
System.out.println("出队列:" + queue.deQueue());
```

最终打印出当前队列中元素个数。

```
System.out.println("当前队列长度" + queue.getCount());
```

程序的运行结果如图 15-9 所示。

图 15-9　程序的运行结果 4

15.2　树结构

【面试题 1】　用 Java 实现一棵二叉树

1. 考查的知识点

❑ Java 实现二叉树

2. 问题分析

本题的教学视频请扫描二维码 15-3 获取。

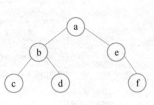

二维码 15-3

二叉树是一种递归定义的树型结构，在程序设计中广泛应用。二叉树示例如图 15-10 所示。

其中结点 a 称为该二叉树的根结点，结点 c、d、f 称为该二叉树的叶子结点，根结点是二叉树中最顶层的那个结点，而叶子结点则是二叉树中没有孩子结点的结点。

图 15-10　二叉树示例 1

在 Java 语言中可以如下定义一个二叉树的结点类：

```
class Node {
    char value;
    Node leftChild;
    Node rightChild;
```

```
        public Node(char value) {
            this. value = value;
        }
    }
```

Node 类为一个二叉树的结点类。其中成员变量 value 为该结点的数据域，这里是一个字符型变量。leftChild 和 rightChild 为两个指针域，分别指向该结点的左孩子结点和右孩子结点。同时该类中还包含一个构造方法，用于初始化结点的实例对象。如果使用 Node 类作为二叉树的结点类型，构造出图 15-10 所示二叉树的存储结构如图 15-11 所示。

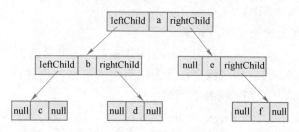

图 15-11　二叉树的存储结构

那么如何使用 Java 语言构造一棵二叉树呢?

为了生成一棵二叉树，需要按照一定顺序生成二叉树中的每一个结点，同时建立起双亲结点与孩子结点之间的关系。一般可以采用一定的遍历顺序来构造二叉树中的每一个结点，例如，按照先序序列建立一棵二叉树。比如要创建图 15-10 所示的二叉树，其先序序列为 a、b、c、d、e、f，所以生成结点的顺序也应当是 a、b、c、d、e、f。

按照先序序列建立一棵二叉树的代码如下，其中每个结点中保存一个字符数据。

```
public class BinaryTree {
    private Node root = null;

    public void createBiTree( ) {
        root = createBiTree(root);
    }

    Node createBiTree(Node n) {
        char c = ' ';
        try {
            c = (char) System. in. read( );
        } catch (Exception e) {}

        if (c == ' ') {
            n = null;
        } else {
            n = new Node(c);
            n. leftChild = createBiTree(n. leftChild);
            n. rightChild = createBiTree(n. rightChild);
```

```
            }
        return n;
        }
    }
```

上述代码中定义了一个二叉树类 BinaryTree，在该类中包含一个成员变量 root，它是一个 Node 类型的引用变量，指向二叉树的根结点。方法 void createBiTree( ) 的作用是创建一个二叉树，它内部调用的递归方法 Node createBiTree(Node n) 是创建二叉树的核心方法。该递归方法就是根据输入的字符按照先序序列创建一棵二叉树，并将该二叉树的根结点引用返回。该方法的执行过程如下：

1）输入一个字符作为根结点中的元素。

2）若输入空格符，则表示二叉树为空，将实参 n 置为 null 并返回。

3）若输入的不是空格符，则将该字符作为结点中的数据并创建该结点，然后将其赋值给实参 n，递归地创建该结点的左子树和右子树。

递归地创建该结点的左子树和右子树的过程与上述创建根结点的过程是一样的，只是问题的规模缩小了。

这里需要特别注意一点的是，在每一层递归执行 createBiTree( ) 方法时，要将其返回值赋值给 n. leftChild 或者 n. rightChild，最外层的调用最终要将 createBiTree( ) 方法的返回值赋值给 root，这是因为在 createBiTree( ) 内部只是创建了新的二叉树结点，但是并没有实现该结点与其父结点的关联，只有通过引用的赋值才能实现这种关联，也就是结点之间指针连接。

如果要创建一棵如图 15-10 所示的二叉树，在执行本程序时要从终端输入每个结点的内容，并按照下列顺序输入字符：

abc##d##e#f##

输入序列中的 "#" 表示空格符。空格符是递归结束的标志，当创建叶子结点时，由于叶子结点的左右子树都为空，因此要连续输入两个空格符表示结束。因此该二叉树结点的数据域 value 中不可能保存空格符。

3. 实战演练

本题完整的源代码及测试程序见云盘中 source/15-5/，读者可以编译调试该程序。在测试程序中首先通过调用 createBiTree( ) 方法按照使用者输入的字符序列创建一棵二叉树，然后调用 preOrderTraverse( ) 方法对该二叉树进行先序遍历，在遍历过程中将每个结点中的数据输出到屏幕上。程序的运行结果如图 15-12 所示。

图 15-12　程序的运行结果 5

【面试题 2】 二叉树的遍历（深度遍历）

用 Java 实现二叉树前序、中序、后序遍历。

1. 考查的知识点

❑ Java 实现二叉树遍历

2. 问题分析

所谓二叉树的遍历就是通过一种方法将一棵二叉树中的每个结点都访问一次，并且只访问一次。二叉树的遍历是二叉树最基本的操作，在实际的应用中经常需要按照一定的顺序对二叉树的每个结点逐一访问，并对某些结点进行处理，因此二叉树的遍历是二叉树应用的基础。

二叉树的遍历分为两种，第一种是基于深度优先搜索的遍历，它是利用二叉树结构的递归特性而设计的遍历算法，题目中要求的先序遍历、中序遍历、后序遍历都属于这一类遍历算法；第二种是按层次遍历二叉树，它是利用了二叉树的层次结构并使用队列等数据结构设计的一种遍历算法。

在上一题的测试程序中已经给出了先序遍历二叉树算法的代码实现，这里统一再将这三种遍历二叉树的算法归纳总结如下。

（1）先序遍历二叉树算法实现

```
private void preOrderTraverse(Node node) {
    if (node == null) {
        return ;
    }
    visit(node);                          //访问根结点
    preOrderTraverse(node.leftChild);     //先序遍历左子树
    preOrderTraverse(node.rightChild);    //先序遍历右子树
}
```

其中函数 visit() 的作用是对二叉树结点 node 进行访问。在上一题的代码中，它是执行 node.display() 方法，用来打印出 node 结点中的字符元素。因为先序遍历二叉树的顺序是：先访问根结点，再遍历根结点的左子树，最后遍历根结点的右子树，所以访问根结点的 visit() 操作要放在最开始执行。

（2）中序遍历二叉树的算法实现

```
private void inOrderTraverse(Node node) {
    if (node == null) {
        return ;
    }
    inOrderTraverse(node.leftChild);      //中序遍历左子树
    visit(node);                          //访问根结点
    inOrderTraverse(node.rightChild);     //中序遍历右子树
}
```

因为中序遍历二叉树的顺序是：先遍历根结点的左子树，再访问根结点，最后遍历根结点的右子树，所以访问根结点的 visit() 操作要放在中间执行。

（3）后序遍历二叉树的算法实现

```
private void postOrderTraverse(Node node) {
    if (node == null) {
        return ;
    }
    postOrderTraverse(node.leftChild);    //后序遍历左子树
    postOrderTraverse(node.rightChild);   //后序遍历右子树
    visit(node);                          //访问根结点
}
```

因为后序遍历二叉树的顺序是：先遍历根结点的左子树，再遍历根结点的右子树，最后访问根结点，所以访问根结点的 visit( ) 操作要放在最后执行。

3. 实战演练

本题完整的源代码及测试程序见云盘中 source/15-6/，在测试程序中分别对图 15-10 所示的二叉树进行先序、中序、后序遍历，并将遍历的结果输出到屏幕上。程序的运行结果如图 15-13 所示。

图 15-13　程序的运行结果 6

【面试题 3】二叉树的遍历（按层次遍历）

1. 考查的知识点

❑ Java 实现二叉树遍历

2. 问题分析

按层次遍历是一种基于广度优先搜索思想的遍历算法。与上一题中讲到的先序、中序、后序遍历算法不同，按层次遍历二叉树是针对二叉树的每一层进行的。下面来看图 15-14 所示的这棵二叉树。

如果先序遍历这棵二叉树，其遍历序列是 ABDECFG。如果按层次遍历这棵二叉树，其遍历序列为 ABCDEFG。所以按层次遍历二叉树是先访问二叉树的第一层的结点，然后依次访问第二层的结点、第三层的结点、……直到访问了二叉树最下面一层的结点为止。

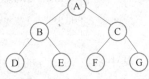

图 15-14　二叉树示例 2

在进行二叉树按层次遍历时一般需要一个队列结构作为辅助，遍历的步骤如下：

1）把二叉树根结点的对象引用进入队列。

2）获取队首元素并出队列，访问该引用指向的结点；然后依次把该结点的左孩子结点（如果存在的话）和右孩子结点（如果存在的话）的引用入队列。

3）重复 2）的操作，直到队列为空。

按照上述算法实现二叉树按层次遍历的 Java 代码如下：

```java
public void layerTraverse( ) {
    if ( root == null ) return;
    Queue<Node> queue = new LinkedList<Node>( );
    queue. add( root );                    //根结点入队列
    while ( !queue. isEmpty( ) ) {
        Node n = queue. poll( );           //取出队首结点
        visit( n );                        //访问该结点,这里是打印出结点中的字符元素
        if ( n. leftChild != null ) {
            queue. add( n. leftChild );    //将结点 n 的左孩子结点的引用入队列
        }
        if ( n. rightChild != null ) {
            queue. add( n. rightChild );   //将结点 n 的右孩子结点的引用入队列
        }
    }
}
```

在上述代码中对象 queue 是一个 LinkedList 类型的容器，它在程序中起队列的作用，用来

存放二叉树结点的引用。代码中通过 queue.add( ) 方法将二叉树结点引用入队列，通过 queue.poll( ) 方法从队列中取出二叉树结点的引用。函数 visit( ) 的作用是对二叉树结点 node 进行访问。

3. 实战演练

本题完整的源代码及测试程序见云盘中 source/15-7/，读者可以编译调试该程序。在测试程序中首先采用先序序列创建了一棵形如图 15-14 所示的二叉树，然后调用 layerTraverse( ) 方法按层次遍历该二叉树，并将遍历的结果输出到屏幕上。程序的运行结果如图 15-15 所示。

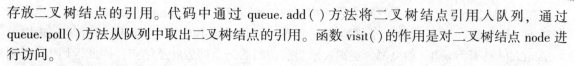

图 15-15　程序的运行结果 7

【面试题 4】 编程计算二叉树中叶子结点的个数

1. 考查的知识点

☐ 二叉树相关的算法设计

2. 问题分析

本题的教学视频请扫描二维码 15-4 获取。

二叉树相关的算法设计问题一般都要用到二叉树的递归特性。例如本题，要计算二叉树中叶子结点的个数，可以理解为计算一棵二叉树根结点左子树叶子结点的个数 leftLeavesCount 与根结点右子树叶子结点的个数 rightLeavesCount 之和。而对于左子树和右子树，则仍然可以应用上述办法计算它们各自的叶子结点个数。这就是利用了二叉树的递归特性求解此题。

二维码 15-4

```java
public int getLeavesConut( ) {
    return getLeavesConut( root ) ;
}


private int getLeavesConut( Node n ) {
    int leftLeavesCount ;
    int rightLeavesCount ;
    if ( n == null ) {
        return 0 ;          //n 为 null,则一定不存在叶子结点,返回 0
    } else if ( n.leftChild == null && n.rightChild == null ) {
        return 1 ;          //结点 n 为叶子结点,返回 1
    } else {
        //计算根结点左子树中叶子结点数目
        leftLeavesCount = getLeavesConut( n.leftChild ) ;
        //计算根结点右子树中叶子结点数目
        rightLeavesCount = getLeavesConut( n.rightChild ) ;
        //返回左右子树叶子结点数目之和
        return leftLeavesCount + rightLeavesCount ;
    }
}
```

上述代码中方法 getLeavesConut( ) 的作用是计算以 root 为根结点的二叉树的叶子结点的个数。其中又调用了递归函数 getLeavesConut(Node n)。

在这个递归函数中，首先判断参数 n 指向的二叉树结点是否为 null，如果为 null 表示当前子树为一棵空树，那么它的叶子结点数自然为 0；否则再判断 n. leftChild 是否为 null 以及 n. rightChild 是否为 null，如果都为空则表示当前访问的结点即为叶子结点，因此返回 1；否则调用 getLeavesConut(Node n)方法分别计算当前结点左子树和右子树中叶子结点的个数，并将其相加后返回。

3. 实战演练

本题完整的源代码及测试程序见云盘中 source/15-8/，读者可以编译调试该程序。在测试程序中首先采用先序序列创建了一棵形如图 15-14 所示的二叉树，然后调用 getLeavesConut( ) 计算该二叉树中叶子结点的个数，并将其输出到屏幕上。程序的运行结果如图 15-16 所示。

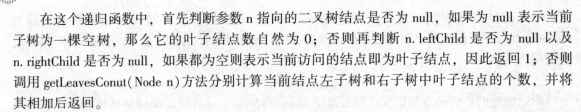

图 15-16　程序的运行结果 8

拓展性思考

——计算二叉树的深度

沿着上一题的思路来思考一下"如何计算二叉树的深度"这个问题。所谓二叉树的深度就是从二叉树的根结点到最底层叶子结点之间的层数。因为二叉树本身具有递归的特性，所以在计算一棵二叉树的深度时可以先计算二叉树根结点左子树的深度 leftHeight，再计算根结点右子树的深度 rightHeight，然后比较两值并将较大值赋给 maxHeight，最后返回 maxHeight 加 1 的值，也就是加上当前根结点的一层，最终得到二叉树的深度。

上述算法的代码实现如下：

```
public int getBitreeDepth( ) {
    return getBitreeDepth(root);
}


private int getBitreeDepth(Node n)
{
    int leftHeight, rightHeight, maxHeight;
    if (n != null) {
        //计算左子树的深度并赋值给 leftHeight
        leftHeight = getBitreeDepth(n. leftChild);
        //计算右子树的深度并赋值给 rightHeight
        rightHeight = getBitreeDepth(n. rightChild);
        //比较左右子树的深度
        maxHeight = leftHeight > rightHeight ? leftHeight : rightHeight;
        return maxHeight+1;        //返回二叉树的深度
    } else {
        return 0;                 //如果二叉树为 null,返回 0
    }
}
```

该算法的完整的测试程序见云盘中 source/15-9/，读者可以编译调试该程序。应用该测试程序创建一棵形如 15-14 所示的二叉树，然后调用 getBitreeDepth( ) 方法计算该二叉树的深度，并将结果输出到屏幕上。程序的运行结果如图 15-17 所示。

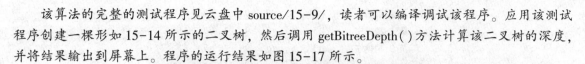

图 15-17　程序的运行结果 9

15.3　排序与查找

【面试题 1】 编程实现直接插入排序

1. 考查的知识点

❑ Java 实现直接插入排序

2. 问题分析

直接插入排序（Straight Insertion Sort）是一种最简单的排序算法，也称为简单插入排序。其基本思想可描述如下：

第 i 趟排序将序列中的第 i+1 个元素 k_{i+1} 插入一个已经按值有序的子序列 $(k_1, k_2, \cdots, k_i)$ 中的合适位置，使得插入后的序列仍然保持按值有序。

直接插入排序的第 i 趟排序过程如图 15-18 所示。

如果继续将后面第 i+2，i+3，…，n 个元素都按照上述方法插入前面的子序列中，最终该有序子序列的长度会增加到与整个序列的长度相同，此时表明整个序列已按值有序排列，排序操作完成。

下面结合实例来理解直接插入排序的具体步骤。

设数据元素序列为 {5，6，3，9，2，7，1}。

在进行直接插入排序时，首先将序列中的第一个元素看作一个有序的子序列，然后将后面的元素不断插入进去。序列的初始状态如下：

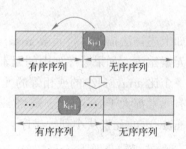

图 15-18　直接插入排序的第 i 趟排序过程

$$\{(5),6,3,9,2,7,1\}$$

然后将 6 插入前面这个子序列（5）之中，得到一个包含 2 个元素的有序的子序列。在插入元素 6 的过程中，首先要判断 6 应当插入的位置，然后才能进行插入。判断元素 6 插入位置的方法是，从元素 5 开始向左查找。因为 5 小于 6，所以将 6 直接插入 5 的右边。如果第二个元素是 4 而不是 6，那么因为 5 大于 4，所以需要将元素 5 后移，又由于元素 5 已经是第一个元素，因此把 4 插入第一个元素的位置。按照上述方法插入元素，可在原序列中得到一个新的按值有序（从小到大排列）的子序列。

$$\{(5,6),3,9,2,7,1\}$$

上述过程称为一趟直接插入排序。按照这种插入的方法，可将后续的 5 个元素逐一插入前面的子序列中。

直接插入排序的过程实际上是有序子序列不断增长的过程，当有序子序列与原序列的长度一致时，排序过程结束。元素序列 {5,6,3,9,2,7,1} 的直接插入排序过程如图 15-19 所示。

初始状态：	{(5)，6，3，9，2，7，1}
第 1 趟排序：	{(5，6)，3，9，2，7，1}
第 2 趟排序：	{(3，5，6)，9，2，7，1}
第 3 趟排序：	{(3，5，6，9)，2，7，1}
第 4 趟排序：	{(2，3，5，6，9)，7，1}
第 5 趟排序：	{(2，3，5，6，7，9)，1}
第 6 趟排序：	{(1，2，3，5，6，7，9)}

图 15-19　直接插入排序的过程

应用 Java 程序实现上述算法的代码如下：

```java
public static void InsertSort(int[] array) {
    int i, j, tmp;
    for(i=1; i<array.length; i++) {
        tmp = array[i];                    //将 array[i]保存在临时变量 tmp 中
        j = i - 1;
        while(j>=0 && tmp<array[j]) {
            array[j+1] = array[j--];       //循环找到 array[i]应该放置的位置
        }
        array[j+1] = tmp;                  //将元素 tmp 插入指定位置
    }
}
```

如上述算法描述，将元素 array[i]插入前面的有序子序列 array[0]~array[i-1]的过程中要进行元素比较。如果子序列中的元素比 array[i]大就将该元素向后移动，直到在子序列中的找到第一个比 array[i]小的或相等的元素为止，再将 array[i]插入这个元素的右边。如果子序列中所有元素都大于 array[i]，就将 array[i]插入第一个元素的位置。通过上述操作就可实现将数组 array 中的元素从小到大排序。

3. 实战演练

本题完整的源代码及测试程序见云盘中 source/15-10/，读者可以编译调试该程序。在测试程序中初始化了一个数组{1,5,3,8,2,1,8,0,10,16,23,5}，然后调用 InsertSort( )方法对其进行直接插入排序（从小到大排序），并将排序后的结果输出到屏幕上。程序的运行结果如图 15-20 所示。

```
0 1 1 2 3 5 5 8 8 10 16 23
```

图 15-20　程序的运行结果 10

【面试题 2】 编程实现冒泡排序

1. 考查的知识点

❑ Java 实现冒泡排序

2. 问题分析

冒泡排序（Bubble Sort）又称为起泡排序，是最为常用的一种排序方法。冒泡排序是一种具有"交换"性质的排序方法。其基本思想可描述如下：

首先将待排序的序列中第 1 个元素与第 2 个元素进行比较，如果前者大于后者，则将两者交换位置，否则不做任何操作；然后将第 2 个元素与第 3 个元素进行比较，若前者大于后者，则将两者交换位置，否则不做任何操作；重复上述操作，直到将第 n-1 个元素与第 n 个元素进行比较为止。

上述过程称为第 1 趟冒泡排序。经过第 1 趟冒泡排序后，将长度为 n 的序列中最大的元素交换到了原序列的尾部，也就是第 n 的位置上。

然后进行第 2 趟冒泡排序，也就是对序列中前 n-1 个记录进行相同的操作。第 2 趟冒泡排序的结果是将剩下的 n-1 个元素中最大的元素交换到序列的第 n-1 的位置上。

以此类推，第 i 趟冒泡排序是将序列中前 n-i+1 个元素依次进行相邻元素的比较，若前者大于后者，则交换前后记录的位置，否则不做任何操作。第 i 趟冒泡排序的结果是，将第 1~第 n-i+1 个元素中最大的元素交换到第 n-i+1 的位置上。

按照这样的规律进行下去，当执行完第 n-1 趟的冒泡排序后，就可以将序列中剩余的两个元素中的最大元素交换到序列的第 2 位置上。第 1 位置上的元素就是该序列中最小的元素，冒泡排序操作完成。

假设数据序列为{11,3,2,6,5,8,10}，其冒泡排序的过程如图 15-21 所示。

整个冒泡排序过程实现了将序列从小到大的排序，但是该算法还存在着可以优化的过程。从图 15-21 中不难发现，从第三趟排序开始，序列已经按值有序了，后面只是元素的比较，而没有发生元素的交换，元素序列始终保持有序的状态。因此从第三趟排序开始，后续的元素比较实际也是没有必要的，前三趟排序已经达到了将序列从小到大排序的目的。

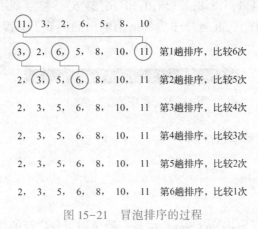

图 15-21　冒泡排序的过程

在冒泡排序中，如果某一趟排序过程中没有发生元素交换，说明序列中的元素已经按值有序排列，不需要再进行下一趟排序，排序过程可以结束。**冒泡排序算法可以做出如下改进。**

设置一个标志变量 flag，并约定：

flag=1　表示本趟排序过程中仍有元素交换；

flag=0　表示本趟排序过程中没有元素交换。

在每一趟冒泡排序之前，都将 flag 置为 0，一旦在排序过程中出现了元素交换的情况，就将 flag 置为 1，这样就可以通过变量 flag 决定是否还要进行下一趟的冒泡排序。

应用 Java 程序实现上述算法的代码如下：

```java
public static void bubbleSort(int[] array) {
    int i, j, tmp, flag = 1;
    for(i=0; i<array.length-1 && flag==1; i++) {
```

```
flag = 0;                    //flag 初始化为 0
for(j=0; j<array.length-i-1; j++) {
    if(array[j]>array[j+1]) {
        //数据交换,将较大的数往后换实现从小到大排序
        tmp = array[j+1];
        array[j+1] = array[j];
        array[j] = tmp;
        flag = 1;            //发生数据交换,标志 flag 置为 1
    }
}
}
```

函数 bubbleSort( )实现了将整型数组 array 中的元素从小到大进行冒泡排序。该算法的主体由一个二重循环构成,外层循环控制冒泡排序的趟数,内层循环实现数据的比较和交换。在代码中还定义了一个标记变量 flag,用它来标识本趟排序中是否发生了数据交换。一旦本趟排序中没有发生任何数据交换,即 flag 等于 0,则循环结束。

3. 实战演练

本题完整的源代码及测试程序见云盘中 source/15-11/,读者可以编译调试该程序。在测试程序中初始化了一个数组{1,5,3,8,2,1,8,0,10,16,23,5},然后调用 bubbleSort( )方法对其进行冒泡排序(从小到大排序),并将排序后的结果输出到屏幕上。程序的运行结果如图 15-22 所示。

```
0 1 1 2 3 5 5 8 8 10 16 23
```

图 15-22 程序的运行结果 11

【面试题 3】 编程实现简单选择排序

1. 考查的知识点

❑ Java 实现简单选择排序

2. 问题分析

简单选择排序(Simple Selection Sort)也是一种应用十分广泛的排序方法,其基本思想是,每一趟排序中在 n-i+1 (i=1, 2, …, n-1) 个元素中选择最小的元素作为有序序列的第 i 个记录,也就是与第 i 个位置上的元素进行交换。每一趟的选择排序都是从序列里面未排好顺序的元素中选择一个最小的元素,再将该元素与这些未排好顺序的元素中的第一个元素交换位置。第 i 趟选择排序的过程如图 15-23 所示。

从图 15-23 可知,每执行完一趟选择排序后,序列中的有序序列部分就会增加一个元素,无序序列部分会减少一个元素。最终有序序列部分增加到与整个序列长度相同时,选择排序完成。下面通过一个例子来介绍选择排序的执行过程。

假设数据序列为{1,3,5,2,9,6,0,13},其选择排序的过程如下:

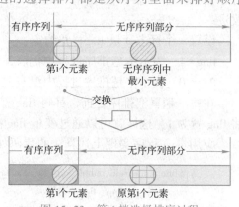

图 15-23 第 i 趟选择排序过程

首先确定未排序的子序列是整个序列，因此在这 8 个元素中选择出最小的元素，并将其与第 1 个元素交换位置，上述过程称为第一趟选择排序。第一趟选择排序后序列的状态为

$$\{(0),3,5,2,9,6,1,13\}$$

接下来，未排序的子序列缩小到从第 2 个元素到最后一个元素的范围，因此在这 7 个元素中选择出最小的元素，并将其与第 2 个元素交换位置，完成第二趟选择排序。第二趟选择排序后序列的状态为

$$\{(0,1),5,2,9,6,3,13\}$$

以此类推，每一趟排序过程都要经历"选择""交换"这两个过程，除非未排序的子序列中第一个元素就是最小的，这种情况就不需要交换元素了。

元素序列 $\{1,3,5,2,9,6,0,13\}$ 完整的选择排序过程如图 15-24 所示。

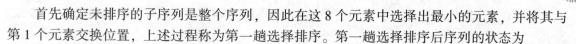

图 15-24 选择排序的过程

应用 Java 程序实现上述算法的代码如下：

```java
public static void selectSort(int[] array) {
    int i, j, min, tmp;
    for(i=0; i<array. length-1; i++) {
    min = i;
    for(j=i+1; j<array. length; j++) {
        //在未排序的子序列中找到最小的元素位置
        if(array[j] < array[min]) {
            min = j;            //用 min 记录下最小元素的位置
        }
    }
    if(min != i) {              //最小的元素不位于未排序子序列的第 1 个位置
        tmp = array[min] ;
        array[min] = array[i];  //元素的交换
        array[i] = tmp;
    }
    }
}
```

函数 selectSort 的作用是对数组 array 中的元素从小到大进行选择排序。该函数的主体由一个二重循环构成，外层循环控制排序的趟数，内层循环执行每一趟排序。在该函数中定义了一个局部变量 min，用它来标记数组中最小元素的下标。在执行每一趟排序时，都首先将变量 min 赋值为 i，也就是未排序子序列中第一个元素的下标，然后通过内层循环找出未排序子序列中最小的那个元素，并将其下标 j 赋值给 min。这样在完成一趟排序后 min 就指向了未排序子序列中最小的那个元素，最后将元素 array[min] 与 array[i] 交换。上述操作执行完一趟选择排序后，数组中的有序序列部分就会增加一个元素，无序序列部分则会减少一个元素。对于长度为 length 的数组，只需要执行 length-1 趟选择排序即可将数组元素调整为有序。

3. 实战演练

本题完整的源代码及测试程序见云盘中 source/15-12/，读者可以编译调试该程序。在测试程序中初始化了一个数组 $\{1,5,3,8,2,1,8,0,10,16,23,5\}$，然后调用 selectSort() 方法对其

进行选择排序（从小到大排序），并将排序后的结果输出到屏幕上。程序的运行结果如图 15-25 所示。

`0 1 1 2 3 5 5 8 8 10 16 23`

图 15-25　程序的运行结果 12

【面试题 4】 编程实现快速排序

1. 考查的知识点

❑ Java 实现快速排序

2. 问题分析

快速排序（Quick Sort）是由 C. A. R Hoarse 提出的一种排序算法，它是冒泡排序的一种改进。相比冒泡排序算法，快速排序算法元素间比较的次数较少，因此排序效率较高，故得名快速排序。在各种内部排序算法中，快速排序被认为是目前最好的排序方法之一。

快速排序的基本思想是，通过一趟排序将待排序列分割为前后两个部分，其中一部分序列中的数据比另一部分序列中的数据小。然后分别对这前后两部分数据进行同样方法的排序，直至整个序列有序为止。

假设待排序的序列为（$k_1, k_2, \cdots, k_n$）。首先从序列中任意选取一个元素，把该元素称为基准元素，然后将小于等于基准元素的所有元素都移到基准元素的前面，把大于基准元素的所有元素都移到基准元素的后面。由此以基准元素为界，将整个序列划分为两个子序列，基准元素前面的子序列中的元素都小于等于基准元素，基准元素后面的子序列中的元素都大于基准元素，基准元素不属于任何子序列，并且基准元素的位置就是该元素经排序后在序列中的最终位置。这个过程称为一趟快速排序，或者叫作快速排序的一次划分。

接下来的工作是分别对基准元素前后两个子序列重复上述的排序操作，即重复执行快速排序（如果子序列的长度大于 1），直到所有元素都被移动到它们应处的最终位置上（或者每个子序列的长度都为 1）。显然快速排序算法具有递归的特性。

假设数据序列为 {3, 9, 2, 1, 6, 8, 10, 7}，其快速排序的过程如图 15-26 所示。

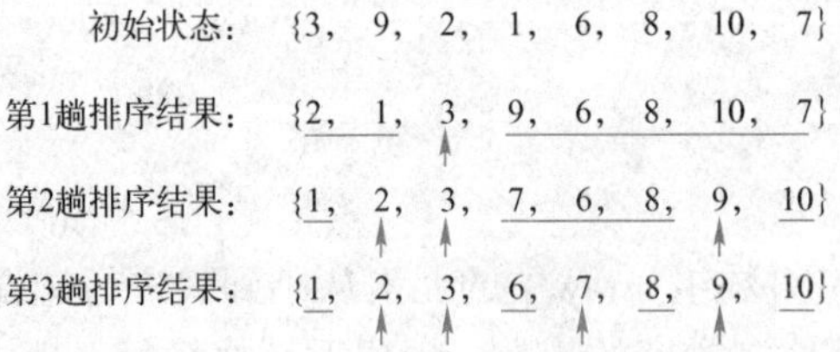

初始状态：　　{3,　9,　2,　1,　6,　8,　10,　7}

第1趟排序结果：{2,　1,　3,　9,　6,　8,　10,　7}

第2趟排序结果：{1,　2,　3,　7,　6,　8,　9,　10}

第3趟排序结果：{1,　2,　3,　6,　7,　8,　9,　10}

图 15-26　快速排序的过程

图 15-26 中箭头所指的元素为基准元素排序后的最终位置，带有下划线的元素为划分后的子序列。在第三趟排序后，子序列的长度都为 1，因此整个序列按值有序排列。

由于快速排序算法特性的约束，快速排序一般适用于顺序表或数组序列的排序，而并不适合于在链表结构上进行排序。

应用 Java 程序实现上述算法的代码如下：

```
public static void quickSort(int[ ] array, int s, int t) {
        int low, high;
```

```
            if(s<t) {
                low = s;
                high = t+1;
                while(true) {
                    //array[s]为基准元素,重复执行 low++
                    do low++;
                    while(array[low]<=array[s] && low!=t);
                    //array[s]为基准元素,重复执行 high--
                    do high--;
                    while(array[high]>=array[s] && high!=s);
                    if(low<high) {
                        //交换 array[low]和 array[high]的位置
                        swap(array,low,high);
                    } else {
                        break;
                    }
                }
            swap(array,s,high);            //将基准元素与 array[high]进行交换
            quickSort(array, s, high-1);   //将基准元素前面的子序列快速排序
            quickSort(array, high+1, t);   //将基准元素后面的子序列快速排序
        }
    }

    private static void swap(int[] array, int low, int high) {
        int tmp = array[low];
        array[low] = array[high];
        array[high] = tmp;
    }
```

　　上述代码中，函数 quickSort(int[] array, int s, int t)实现了将数组 array 中的元素进行从小到大的快速排序操作。该函数为一个递归函数，参数 array 为数组对象的引用，参数 s 和 t 为当前子序列首尾元素在数组 array 中的下标。例如，最开始序列为{3,9,2,1,6,8,10,7}，因此 s=0，t=7。下一趟排序时，序列变为两个子序列{2,1}和{9,6,8,10,7}，因此在对子序列{2,1}排序时，s=0，t=1；对子序列{9,6,8,10,7}排序时，s=3，t=7。

　　算法通过变量 low 和 high 实现对序列的一次划分，并将 array[s]作为本趟排序的基准元素。变量 low 和 high 与形参 s 和 t 的区别在于，变量 low 和 high 会随着排序过程而改变，并通过这两个变量交换数组中的元素，将小于基准元素的数据换到数组的前面，将大于基准元素的数据换到数组的后面（因为是从小到大排序），而形参 s 和 t 只是标识当前序列的范围。

　　当 s<t 时表示当前待排序的子序列中包含多个元素，因此排序继续进行。当 s==t 时表示当前待排序的序列中只包含一个元素，本层递归调用结束。

　　函数 swap(int[] array, int low, int high)的作用是将数组 array 中的元素 array[low]和 array[high]的位置进行交换。

3. 实战演练

本题完整的源代码及测试程序见云盘中 source/15-13/，读者可以编译调试该程序。在测试程序中初始化了一个数组{1,5,3,8,2,1,8,0,10,16,23,5}，然后调用 quickSort( )方法对其进行选择排序（从小到大排序），并将排序后的结果输出到屏幕上。程序的运行结果如图 15-27 所示。

0 1 1 2 3 5 5 8 8 10 16 23

图 15-27　程序的运行结果 13

【面试题 5】 编程实现希尔排序

1. 考查的知识点

❑ Java 实现希尔排序

2. 问题分析

希尔排序（Shell's Sort）也称为缩小增量排序，它是对直接插入排序算法的一种改进，因此希尔排序的效率比直接插入排序、冒泡排序和简单选择排序都要高。

希尔排序的基本思想是，先将整个待排序列划分成若干子序列，分别对子序列进行排序，然后逐步缩小划分子序列的间隔，并重复上述操作，直到划分的间隔变为 1。

具体来说，可以设定一个元素间隔增量，然后依据这个间隔对序列进行分割，从第 1 个元素开始依次分成若干个子序列。如图 15-28 所示，最开始间隔为 3，序列{5,30,7,9,20,10}依据间隔为 3 被划分为 3 个子序列。按照希尔排序的思想，将这 3 个子序列分别进行排序。子序列排序的算法可以使用直接插入排序、冒泡排序等。将子序列排序完毕之后，就要缩小间隔，重新依据新的间隔值对序列进行划分，然后对子序列进行排序。这样将"缩小间隔→划分序列→将每个子序列排序……"的操作进行下去，直到间隔缩小至 1 为止，排序完成。

序列{5,30,7,9,20,10}的希尔排序过程如图 15-29 所示。

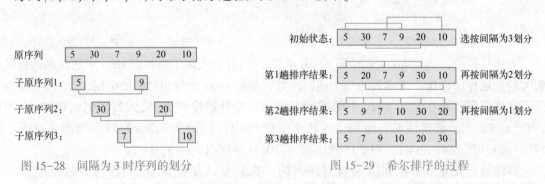

图 15-28　间隔为 3 时序列的划分　　　　图 15-29　希尔排序的过程

由图 15-29 可以看出，第一趟排序间隔为 3，因此将原序列分成 3 个子序列{5,9}、{30,20}、{7,10}，排序后序列变为{5,20,7,9,30,10}；第二趟排序间隔为 2，因此第一趟排序后的序列分成 2 个子序列{5,7,20}、{20,9,10}，排序后序列变为{5,9,7,10,30,20}；第三趟排序间隔为 1，因此将第二趟排序后的序列分成 1 个子序列，即该序列本身，排序后序列变为{5,7,9,10,20,30}。

如何选取间隔值是一个比较复杂的问题，涉及了一些数学上尚未解决的难题。一种比较常用且效果很好的选取间隔值的方法是，首先间隔取序列长度的一半；在后续的排序过程中，后一趟排序的间隔为前一趟排序间隔的一半。图 15-29 所示的希尔排序过程采取每次间隔减 1 的方法效率不高，因为间隔缩小得较慢，这里只是为了说明希尔排序的步骤。

排序算法的时间主要消耗在排序时元素的移动上，而采希尔排序法，最初间隔的取值较大，因此排序时元素移动的跨度也比较大。当间隔等于 1 时，序列已经基本按值有序了，所以不需要进行较多的元素移动就能将序列排列有序。

应用 Java 程序实现上述算法的代码如下：

```java
public static void shellSort( int[ ] array) {
    int gap = array. length;
    int flag = 0;
    while( gap > 1) {
        gap = gap / 2;            //按照经验值，每次缩小间隔一半
        do {                      //子序列可以使用冒泡排序
            flag = 0;
            for( int i=0; i<array. length-gap; i++) {
                int j = i + gap;
                //子序列按照冒泡排序方法处理
                if( array[i]>array[j]) {
                    int tmp = array[i];        //交换元素位置
                    array[i] = array[j];
                    array[j] = tmp;
                    flag = 1;                  //设置标志 flag=1
                }
            }
        } while( flag !=0);                    //改进了的冒泡排序法
    }
}
```

上述代码中，函数 shellSort(int[ ] array)实现了将整型数组 array 中的元素进行从大到小的的希尔排序操作。最初希尔排序的间隔增量 gap 设定为数组的长度 array. length，然后通过一个循环以每次缩小间隔一半的速度对原序列的子序列进行排序。当 gap 值大于 1 时，表示当前仍存在子序列需要排序，于是执行一趟排序，直到 gap 等于 1 为止。算法中每一趟排序使用的是冒泡排序，只不过元素比较不是发生在相邻元素之间，而是在第 i 个元素和第 i+gap 个元素之间，使得元素交换是跳跃式的，从而减少了元素的移动次数。

3. 实战演练

本题完整的源代码及测试程序见云盘中 source/15-14/，读者可以编译调试该程序。在测试程序中初始化了一个数组{1,5,3,8,2,1,8,0,10,16,23,5}，然后调用 shellSort( )方法对其进行选择排序（从小到大排序），并将排序后的结果输出到屏幕上。程序的运行结果如图 15-30所示。

```
0 1 1 2 3 5 5 8 8 10 16 23
```

图 15-30　程序的运行结果 14

【面试题 6】编程实现堆排序

1. 考查的知识点

❑ Java 实现堆排序

2. 问题分析

堆排序（Heap Sort）是一种特殊形式的选择排序，它是简单选择排序的一种改进。首先来看一下什么是堆，进而了解堆排序算法。

具有 n 个数据元素的序列 $\{k_1,k_2,k_3,\cdots,k_n\}$，当且仅当满足下面关系时称为堆（Heap）。

$$①\begin{cases}k_i \geq k_{2i}\\k_i \geq k_{2i+1}\end{cases} \text{或者} ②\begin{cases}k_i \leq k_{2i}\\k_i \leq k_{2i+1}\end{cases} \quad (i=1,2,3,\cdots,\lfloor n/2\rfloor)$$

满足条件①的堆称为大顶堆，满足条件②的堆称为小顶堆。下面讨论的堆排序全是基于大顶堆的。

如果将堆序列中的元素存放在一棵完全二叉树之中，数据从上至下、从左到右地按层次存放，那么堆与一棵完全二叉树对应。例如，堆序列为 $\{49,22,40,20,18,36,6,12,17\}$，其对应的完全二叉树如图 15-31 所示。

在图 15-31 中，二叉树的根结点为大顶堆的第一个元素，因此该值最大。同时在大顶堆对应的完全二叉树中，每个分支结点的值均大于或等于其左子树和右子树中所有结点的值。

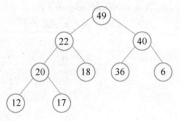

图 15-31　堆的完全二叉树表示

一个包含 n 个元素的大顶堆的堆排序的核心思想可描述如下：

1）将原始序列构成一个大顶堆。

2）交换堆的第一个元素和堆的最后一个元素的位置。

3）将移走（交换）最大值元素之后的剩余元素所构成的序列再转换成一个大顶堆。

4）重复上述步骤 2）和 3）n-1 次。

最终原序列会被调整为从小到大排序的序列。

这样问题就集中在两个方面：①如何将原始序列构成一个堆；②如何将移走（交换）最大值元素之后的剩余元素所构成的序列再转换为一个堆。

下面先讨论第②个问题，在此基础之上再讨论第①个问题。

以图 15-31 所示的堆为例，原始序列为 $\{49,22,40,20,18,36,6,12,17\}$，它恰好是一个堆（如何将一个普通序列初始化成堆后文再介绍）。进行堆排序时，先执行第 2）步：交换堆的第一个元素和堆的最后一个元素的位置。交换后的堆如图 15-32 所示。

然后执行第 3）步：将移走最大值元素之后的剩余元素所构成的序列再转换为一个堆，也就是将除去结点 49 以外的其他结点重新构成一个堆。这个二叉树如图 15-33 所示。

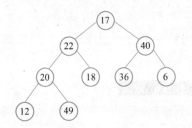

图 15-32　交换堆的第一个元素和最后一个元素

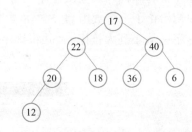

图 15-33　移走最大值元素之后的序列

不难发现，图 15-33 所示的二叉树虽不是一个堆，但除了根结点外，其左右子树仍满足堆的性质，因此可以采用自上而下的办法将该二叉树调整为一个堆。具体方法是将序号为 i 的结

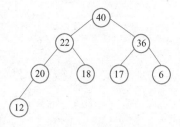

点与其左右孩子（序号分别为 2i 和 2i+1）这 3 个结点中的最大值替换到序号为 i 的结点的位置上。只要彻底地完成一次从上至下的调整，该二叉树就会变为一个堆。将图 15-33 所示的二叉树调整为一个堆的结果如图 15-34 所示。

　　调整过程并不一定就在二叉树上进行，这里用二叉树的形式描述比较清晰。实际上它是将一个普通序列调整为一个堆的过程，算法描述如下：

图 15-34　将二叉树调整为一个堆

```
private static void adjust(int[ ] k, int i, int n) {
    int j;
    int tmp;
    tmp = k[i-1];
    j = 2 * i;
    while(j<=n) {
        if(j<n && k[j-1]<k[j]) {
            j++;                    // j 为左右孩子中较大孩子的序号(位置)
        }
        if(tmp>=k[j-1]) {
            break;                  //tmp 为最大的元素,则不需要元素的交换
        }
        k[j/2-1] = k[j-1];          //交换元素位置
        j = 2 * j;
    }
    k[j/2-1] = tmp;                 //将 k 中第 i 个元素放到调整后的最终位置上
}
```

　　函数 adjust 的作用是将包含 n 个元素的序列 k 中以第 i 个元素为根结点的子树调整为一个新的大顶堆。需要注意的是，调用函数 adjust 的前提是该子树中除了根结点以外，其余子树都满足堆的特性（例如图 15-33 所示）。如果该子树中根结点的某个子树也不满足堆的条件，则仅调用一次 adjust 函数不能将其调整为堆。还需要注意，在该函数内部变量 i 和 j 都表示数组 k 中元素的位置，它们在数组中的下标是 i-1 和 j-1。

　　下面考虑第①个问题：如何将一个序列初始化为一个堆。如果原序列对应的完全二叉树有 n 个结点，那么从第 $\lfloor n/2 \rfloor$ 个结点开始（结点按层次编号，初始时 i=$\lfloor n/2 \rfloor$）调用函数 adjust 进行调整，每调整一次后都执行 i=i-1，直到 i 等于 1 时再调整一次，就可以把原序列调整为一个堆了。

　　例如，原始序列为{23,6,77,2,60,10,58,16,48,20}，其对应的完全二叉树如图 15-35a 所示，将其调整为一个堆的过程如图 15-35b~f 所示，每幅图中的方框表示本次调整的范围，最终得到的堆序列为{77,60,58,48,20,10,23,16,2,6}。

　　将原始序列初始化成一个堆后就可以进行堆排序了。首先交换堆中第一个元素和最后一个元素的位置，将最大的元素移至最后；然后调用 adjust 函数将根元素向下调整，将除了最后一个元素的剩余元素调整为一个新的大顶堆；重复"交换"和"调整"操作 n-1 次，就可将序列堆排序为一个从小到大的有序序列。堆排序的算法描述如下：

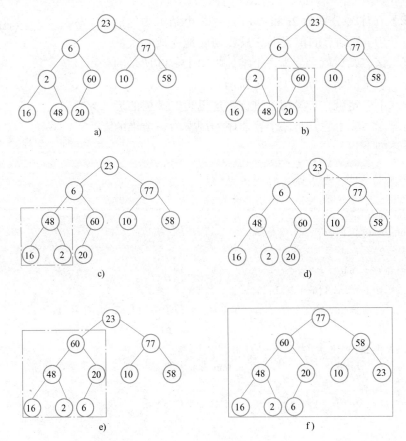

图 15-35　将一个原始序列建堆的过程

a）原始序列　b）调整完第 5 个结点　c）调整完第 4 个结点　d）调整完第 3 个结点

e）调整完第 2 个结点　f）调整完第 1 个结点

```java
public static void heapSort(int[] array) {
    int i;
    int tmp;
    for(i=array. length/2;i>=1;i--) {        //将原始序列初始化为一个堆
        adjust(array,i,array. length);
    }
    //交换第 1 个和第 n 个元素,再将根结点向下调整
    for(i=array. length-1;i>=0;i--) {
        tmp = array[i];
        array[i] = array[0];                 //交换第 1 个和第 n 个元素
        array[0] = tmp;
        adjust(array,1,i);                   //将根结点向下调整
    }

}
```

上述代码描述了堆排序的过程。在理解堆排序时要把握住以下几点：

1）堆排序是针对线性序列的排序，之所以用完全二叉树的形式解释堆排序的过程是出于形象直观的需要。

2）堆排序的第一步是将原始序列初始化为一个堆，这个过程可通过如下代码完成，其操作步骤如图 15-35 所示。

```
for(i=array.length/2;i>=1;i--) {
    adjust(array,i,array.length);
}
```

3）接下来就是一系列"交换—调整"的动作。交换是指将堆中第一个元素和本次调整范围内的最后一个元素交换位置，使得较大的元素置于序列的后面；调整是指将交换后的剩余元素从上至下调整为一个新堆。这个过程可通过如下代码完成。

```
for(i=array.length-1;i>=0;i--) {
    tmp = array[i];
    array[i] = array[0];
    array[0] = tmp;
    adjust(array,1,i);
}
```

4）通过步骤 2）和 3）可将一个无序序列从小到大排序。

5）大顶堆的堆排序结果是从小到大排列，小顶堆的堆排序结果是从大到小排列。

3. 实战演练

本题完整的源代码及测试程序见云盘中 source/15-15/，读者可以编译调试该程序。在测试程序中初始化了一个数组{1,5,3,8,2,1,8,0,10,16,23,5}，然后调用 heapSort( )方法对其进行堆排序（从小到大排序），并将排序后的结果输出到屏幕上。程序的运行结果如图 15-36 所示。

```
0 1 1 2 3 5 5 8 8 10 16 23
```

图 15-36　程序的运行结果 15

【面试题 7】各种排序算法的比较

1. 考查的知识点

❑ 常见排序算法的性能比较

2. 问题分析

各种排序算法从时间复杂度和空间复杂度的比较见表 15-1。

表 15-1　各种排序算法从时间复杂度和空间复杂度的比较

排 序 算 法	平 均 时 间	最 坏 情 况	空 间 需 求
直接插入排序	$O(n^2)$	$O(n^2)$	$O(1)$
冒泡排序	$O(n^2)$	$O(n^2)$	$O(1)$
简单选择排序	$O(n^2)$	$O(n^2)$	$O(1)$
希尔排序	$O(n\log_2 n)$	$O(n\log_2 n)$	$O(1)$
快速排序	$O(n\log_2 n)$	$O(n^2)$	$O(\log_2 n)$
堆排序	$O(n\log_2 n)$	$O(n\log_2 n)$	$O(1)$

虽然许多排序算法的时间复杂度或空间复杂度属于同一量级，但是不同的排序算法适合不同的应用场景，在选择排序算法时还要根据具体的应用场景进行选择。下面的描述希望有助于

读者选择最为适合的排序算法。

从表 15-1 中不难看出，平均情况下希尔排序、快速排序和堆排序的时间复杂度是一致的，都能达到较快的排序速度，但是相对而言快速排序算法是最快的（只要不是最坏情况），而堆排序的空间消耗最小。

直接插入排序和冒泡排序的排序速度较慢，但是如果待排序列最开始就是基本有序或是局部有序的，使用这两种排序算法会取得十分满意的效果，排序速度较快。在最好的情况下（原序列按值有序），使用直接插入排序和冒泡排序的时间复杂度为 $O(n)$。

从待排序列的规模来看，序列中元素的个数越少，采用冒泡排序、直接插入排序或简单选择排序最为合适。序列的规模较大时，采用希尔排序、快速排序或堆排序比较适合。这是从成本的角度考虑，因为序列的规模 n 越小，$O(n^2)$ 与 $O(nlog_2n)$ 的差距就越小，同时使用复杂的排序算法也会带来一些额外的系统开销。因此对小规模的序列进行排序使用相对简单的冒泡排序、直接插入排序或简单选择排序最为划算。

从算法实现的角度来看，直接插入排序、简单选择排序和冒泡排序实现起来最简单最直接。其他的排序算法都可以看作是对上述某一种排序算法的改进和提高，因此实现相对比较复杂。

另外，排序算法还有一个重要的概念——排序稳定性。如果序列中相等的数经过某种算法排序后，仍能保持它们排序前在序列中的相对次序，则称这种排序算法是稳定的，反之排序算法是不稳定的。例如，原序列为 $\{3,5,6',3',6\}$，其中元素 3 和元素 6 是有重复的，这里用 3'、3 和 6'、6 来区分数值相同的多个数字。如果将该序列从小到大排序之后，结果是 $\{3, 3', 5, 6', 6\}$，则称本次排序是稳定的，因为 3'、3 和 6'、6 保持了排序之前在序列中的相对次序。如果一种排序算法的排序结果都能保持稳定，则该排序算法是稳定的。

从算法的稳定性方面考虑，直接插入排序、冒泡排序是稳定排序算法。简单选择排序、希尔排序、快速排序、堆排序是不稳定排序算法。

从上面的分析可以看到，排序算法的好坏是相对的而非绝对的，没有一种绝对优秀的排序算法适合于所有场景。每一种排序算法都有其优点和不足，适用于不同的排序环境。在选取一种排序算法时要综合考虑各方面因素，在当前的应用环境下选择最适合自己的排序算法。

3. 答案

见分析。

【面试题 8】编程实现二分查找

1. 考查的知识点

❑ Java 实现二分查找

2. 问题分析

二分查找算法是一种比较高效的查找算法，它利用分治的算法思想将较大规模的问题缩小为较小规模的问题，从而大大减少了查找次数，因此二分查找应用十分广泛。

二分查找算法有着严格的使用条件。首先二分查找只适用于有序排列的关键字序列，例如，关键字序列 $\{1,2,5,6,7,9,11,15\}$ 就可以使用二分查找算法。其次，二分查找算法需要随机访问序列中的元素，因此它只能在顺序结构（例如，顺序表和数组）中进行，而不适用于链表存储的数据序列。

二分查找算法的基本思想是，首先确定待查找记录的查找范围，然后逐步缩小查找范围，直到查找成功或查找失败。二分查找算法采用了分而治之的算法设计思想，将问题的规模不断缩小，因此是一种比较高效的查找算法。

二分查找的效率比顺序查找高很多，其平均查找长度 $ASL \approx \log_2(n+1)-1$，因此时间复杂度为 $O(\log n)$，而且序列越长二分查找的效率优势越明显。例如，在一个长为 1000 的序列中查找元素，顺序查找的平均查找长度 $ASL=500$，而二分查找的平均查找长度 $ASL=9$。

实现二分查找算法可以用递归和非递归两种方式实现。它们在本质上没有区别，只是递归方式利用了二分查找算法的递归特性，代码更加简洁。如果面试中没有特别指出，建议采用递归方式实现，因为这样能体现面试者对递归思想的理解。在实际工作中，特别是数据量庞大的情况下，建议采用非递归方式实现，因为递归算法消耗空间资源较大。

（1）非递归方式实现

```java
public static int binarySearch(int[] array, int k) {
    int low = 0, high = array.length-1, mid;
    while (low <= high) {
        mid = (low + high) / 2;
        if (array[mid] == k) {
            return mid;              //查找成功,返回 mid
        } if (k > array[mid]) {
            low = mid + 1;           //在后半序列中查找
        } else {
            high = mid - 1;          //在前半序列中查找
        }
    }
    return -1;                       //查找失败,返回-1
}
```

函数 static int binarySearch（int[] array, int k)的功能是从整型数组 array 查找元素 k，并将 k 在数组中的下标（如果存在的话）返回，如果数组 array 中不存在元素 k，则函数返回-1。

（2）递归方式实现

```java
public static int binarySearch (int array [], int low, int high, int k) {
    int mid;
    if (low > high) {
        return -1;                   // low>high,查找失败,返回-1
    } else {
        mid = (low + high) / 2;
        if (array [mid] == k) {
            return mid;
        }
        if (k > key[mid]) {
            //递归地在序列的后半部分查找
            return binarySearch (array, mid+1, high, k);
        } else {
            //递归地在序列的前半部分查找
```

```
            return binarySearch (array, low, mid-1, k);
        }
    }
}
```

函数 static int binarySearch (int array[ ], int low, int high, int k)的功能也是从整型数组 array 查找元素 k，并将 k 在数组中的下标返回。该函数采用递归的算法，因此函数的参数中包括本次递归调用所要查找子序列的下界下标和上界下标。low 为当前查找数组序列的下界下标（初始值为 0），high 为当前查找数组序列的上界下标（初始值为 n-1，n 为数组的长度）。如果查找成功，返回 k 在数组 key 中的下标，否则返回-1。

3. 实战演练

本题完整的源代码及测试程序见云盘中 source/15-16/，读者可以编译调试该程序。测试程序的 main 方法代码如下：

```
public static void main(String[ ] args) {
    int[ ] array = {2,3,6,7,12,19,22,30};
    System. out. println("The contents of the array are");
    for( int i=0; i<array. length; i++) {
        System. out. print(array[i] + " ");
    }
    System. out. println();
    System. out. println("Please input a integar for search");
    Scanner input=new Scanner(System. in);
    int k = input. nextInt();//输入一个整数
    int index1 = binarySearch(array,k);
    int index2 = binarySearch(array,0,7,k);
    if (index1 == -1 && index2 == -1) {
        System. out. println("There is no this integar");
    } else {
        System. out. println("array["+ index1 + "]=" + k);
        System. out. println("array["+ index2 + "]=" + k);

    }
}
```

程序首先初始化了一个整型数组，然后提示用户输入一个整数并调用两个 binarySearch( ) 方法在该数组中查找输入的这个整数。如果数组中存在该数，则输出该数在数组中的下标，否则在屏幕上输出提示。程序的运行结果如图 15-37 所示。

```
The contents of the array are
2 3 6 7 12 19 22 30
Please input a integar for search
12
array[4]=12
array[4]=12
```

图 15-37　程序的运行结果 16

15.4　算法设计

【面试题 1】统计字符个数

有一个字符串，其中包含中文字符、英文字符和数字字符，请统计并打印出各类字符的个数。

1. 考查的知识点
- ❏ 字符串类问题算法设计
- ❏ Java 处理字符串的方法

2. 问题分析

本题的教学视频请扫描二维码 15-5 获取。

二维码 15-5

首先要知道的是 Java 使用 16 位的 Unicode 编码格式为字符编码，也就是说，每个字符都占用两个字节大小的空间，无论是英文字符还是中文字符，在内存中都是一个 16 位（两个字节大小）的二进制编码。所以要区分字符的种类，只需要找到不同种类字符的 Unicode 编码区间就可以了。例如，Unicode 编码 u0030~u0039 为 0~9 十个阿拉伯数字；u0041~u005a 为 26 个大写英文字母；u0061~u007a 为 26 个小写英文字母；u4e00~u9fa5 为中文字符等。在判断一个字符的类型时，只需判断该字符的 Unicode 编码落在哪个编码区间内，就能确定该字符的种类。

在实际编程中，并不需要真的记住这些 Unicode 编码区间的十六进制数据，而是可以直接使用字符表示，因为这些字符与其 Unicode 编码是一一对应且连续的。请看下面这段参考代码：

```java
public static String statisticChar(String s) {
    int numberCount = 0;
    int ChineseCount = 0;
    int EnglishConut = 0;
    for(int i=0; i<s.length(); i++) {
        if (isNumber(s.charAt(i))) {
            numberCount++;
        } else if (isChineseChar(s.charAt(i))) {
            ChineseCount++;
        } else if (isEnglishChar(s.charAt(i))) {
            EnglishConut++;
        }
    }
    return "Number count: " + numberCount + " Chinese count: "
        + ChineseCount + "  English count: " + EnglishConut;
}
private static boolean isNumber(char c) {
    if (c>='0' && c<='9') {
        return true;
    }
    return false;
}
```

```
        private static boolean isChineseChar( char c ) {
            if ( c>='\u4e00' && c<='\u9fa5' ) {
                return true;
            }
            return false;
        }
        private static boolean isEnglishChar( char c ) {
            if ( ( c>='a' && c<='z' ) || ( c>='A' && c<='Z' ) ) {
                return true;
            }
            return false;
        }
```

上述代码中函数 String statisticChar(String s) 的作用是统计参数指定的字符串 s 中的数字字符、英文字母以及中文字符的个数，并返回由这些个数拼接而成的字符串作为统计结果。代码中通过函数 isNumber( ) 来判断一个字符是否是数字字符。这里并不是使用上面提到的 Unicode编码去判断该字符是否是数字字符，而是直接使用数字字符的两个边界值 "0" 和 "9"，这样可以达到同样的效果。同理在使用函数 isEnglishChar( ) 判断一个字符是否是英文字符时也同样使用的是英文字符的边界值 "a" "z" 和 "A" "Z"。只有在判断中文字符时使用的是 Unicode编码。因为中文字符的编码区间为 u4e00~u9fa5，所以只要一个字符大于等于 u4e00 并小于等于 u9fa5，就可以判定该字符为中文字符。

3. 实战演练

本题完整的源代码及测试程序见云盘中 source/15-17/，读者可以编译调试该程序。在测试程序中初始化了一个字符串 "abc测试def123字符串"，然后调用 statisticChar( ) 方法统计其中的中文字符、英文字符和数字字符个数，并将结果输出到屏幕上。程序的运行结果如图 15-38所示。

Number count: 3 Chinese count: 5 English count: 6

图 15-38　程序的运行结果 17

拓展性思考

——应用正则表达式解决此问题

本题还可以使用正则表达式的方法判断字符的类型。在第 10 章中已经讲到，String 类型提供了一些支持正则表达式的方法，所以可以利用这些方法对字符进行判断和分类。请参考下面这段代码：

```
    public static String statisticChar( String s ) {
        int numberCount = 0;
        int ChineseCount = 0;
        int EnglishConut = 0;
        for( int i=0; i<s. length( ); i++) {
            if ( isNumber( s. charAt(i) ) ) {
                numberCount++;
```

```
                } else if (isChineseChar(s. charAt(i))) {
                    ChineseCount++;
                } else if (isEnglishChar(s. charAt(i))) {
                    EnglishConut++;
                }
            }
        return "Number count: " + numberCount + " Chinese count: "
            +  ChineseCount + "  English count: " + EnglishConut;
    }
    private static boolean isNumber(char c) {
        return String. valueOf(c). matches("[0-9]");
    }

    private static boolean isChineseChar(char c) {
        return String. valueOf(c). matches("[\u4e00-\u9fa5]");
    }

    private static boolean isEnglishChar(char c) {
        return String. valueOf(c). matches("[a-z]") ||
            String. valueOf(c). matches("[A-Z]");
    }
```

上述代码同样可以计算出字符串里中文字符、英文字符和数字字符的个数。

正则表达式是一个强大的字符串处理工具，可以利用正则表达式处理一些更复杂的问题。例如，用 Java 语言编写程序，用 "∗" 替换字符串中的中文字符。如果使用循环判断字符 Unicode 编码的方法解决此题将是比较麻烦的，因为本题不但要求判断字符串中是否有中文，还要替换掉字符串中的中文。最简单的方法就是使用正则表达式来解决此题。参考代码如下（见云盘中 source/15-18/）：

```
public class ReplaceChineseCharTest {
    public static String replaceChineseChar(String str) {
        String res = str. replaceAll("[\u4e00-\u9fa5]"," * ");
        return res;
    }

    public static void main(String[] args) {
        String str = "测试中文字符串 test Chinese string";
        String res = ReplaceChineseCharTest. replaceChineseChar(str);
        System. out. println(str);
        System. out. println(res);
    }
}
```

这里只需要调用 String 类的 replaceAll() 方法就可以实现替换字符串中的中文字符的功能。replaceAll() 方法的第一个参数是一个正则表达式，它指定了中文字符的 Unicode 码范围，凡是该字符串中能够匹配上 "[\u4e00-\u9fa5]" 的子串都将被替换为 "∗"。该程序的运行结果如图 15-39 所示。

测试中文字符串test Chinese string
∗∗∗∗∗∗∗test Chinese string

图 15-39　程序的运行结果 18

需要注意的一点是，在测试程序中不但输出了替换中文后的结果字符串 res 的内容，还输出了原始字符串 str 的内容。可以发现原始字符串的内容并没有改变，这是因为 String 类是一个不可变类，它的对象内容是不能被修改的。当执行了语句 str.replaceAll("[\u4e00-\u9fa5]"，"*");时，实际上是将原始字符串 str 中的中文字符替换成为"*"，并将结果保存在一个新的字符串中并返回。因此 str 和 res 是不同的两个字符串。

【面试题 2】 计算两个有序整型数组的交集

有两个有序的整数数组，用 Java 语言设计一个算法，计算这两个有序整数数组的交集。例如，数组 array1 为{1,2,3,4}，数组 array2 为{2,3,4,5}，则数组 A 与 B 的交集为{2,3,4}。

1. 考查的知识点

❏ 数组问题算法设计

2. 问题分析

有些读者可能会第一时间给出解法：通过一个循环扫描 array1 中的每一个元素，然后用该元素去比较 array2 中的每一个元素，如果 array1 中的元素在 array2 中出现，则将其加入交集。这个算法固然能够实现题目的要求，但存在大量冗余计算。

首先，上面的算法时间复杂度过高，它需要一个二重循环来实现，其时间复杂度为 $O(n^2)$。其次，该解法没有利用题目中"数组元素递增的且没有重复元素"的条件。

对于本题，最常规和经典的解法是参考数组的二路归并法。用变量 i 指向 array1 的第一个元素，变量 j 指向 array2 的第一个元素，然后执行下面的操作：

1）如果 array1[i]等于 array2[j]，则该元素是交集元素，将其放到容器 interSection 中，然后执行 i++，j++，继续 1)、2)、3) 的比较。

2）如果 array1[i]大于 array2[j]，则执行 j++，然后重复 1)、2)、3) 的比较。

3）如果 array1[i]小于 array2[j]，则执行 i++，然后重复 1)、2)、3) 的比较。

4）一旦 i 等于数组 array1 的长度，或者 j 等于数组 array2 的长度，循环终止。最终容器 interSection 中的元素即为 array1 和 array2 的交集元素。

该算法的 Java 代码描述如下：

```java
public static ArrayList<Integer> getInterSection(int[] array1, int[] array2) {
    int i=0, j=0;
    ArrayList<Integer> interSection = new ArrayList<Integer>();
    int len1 = array1.length;
    int len2 = array2.length;
    while (i<len1 && j<len2) {
        if (array1[i] == array2[j]) {
            interSection.add(array1[i]);
            i++;
            j++;
        } else if (array1[i] > array2[j]) {
            j++;
        } else if (array1[i] < array2[j]) {
            i++;
        }
    }
    return interSection;
}
```

该算法的时间复杂度为 O(n)，相比最初的算法要高效得多。本算法中利用了"数组元素递增且没有重复元素"的条件，通过二路归并的方式，只需扫描一遍数组便可以找到两个数组的交集元素。

3. 实战演练

本题完整的源代码及测试程序见云盘中 source/15-19/，读者可以编译调试该程序。在测试程序中初始化了数组 array1 为{1,2,3,4}，array2 为{2,3,4,5}，然后调用方法 getInterSection() 获取两个数组的交集，并将结果输出到屏幕上。程序的运行结果如图 15-40 所示。

2 3 4

图 15-40　程序的运行结果 19

【面试题 3】判断字符串中是否包含重复字符

给出一个字符串，编写一个算法判断该字符串中是否包含重复字符，要求算法的效率尽可能高。

1. 考查的知识点

❏ 字符串相关的算法设计

❏ 灵活使用 HashMap

2. 问题分析

最简单粗暴的方法是使用二重循环搜索的方法，外层循环每次锁定字符串中的某个字符，内层循环在剩余的字符中查找是否有与外层循环锁定的那个字符相同的字符，如果存在，则说明字符串中包含重复字符，直接返回 true 即可；如果二重循环执行完毕都还没有找到重复的字符，则说明原字符串中不存在重复字符，则返回 false。上述算法的代码实现如下：

```
public static boolean haveRepeatChar(String str) {
    int len = str.length();
    for (int i=0; i<len; i++) {
        for (int j=0; j<len; j++) {
            if (str.charAt(i)==str.charAt(j)
                && i!=j) {
                    return true;
            }
        }
    }
    return false;
}
```

上述算法简单直白，易于实现，但是性能较差，因为它的时间复杂度为 O(n²)，所以不推荐在笔试面试中使用上述方法解答。

其实还有更好的方法解决此题。可以充分利用 String 类的方法来判断字符串中是否有重复元素，请参考下面这段代码：

```
private static boolean haveRepeatNumber(String str) {
    if(str==null||str.isEmpty()) {
        return false;
    }
    char[] elements=str.toCharArray();
    for(char e:elements) {
```

```
            if( str. indexOf( e) ! = str. lastIndexOf( e) ) {
                return true;
            }
        }
    return false;
    }
```

上述算法使用了 String 类的 indexOf( )方法和 lastIndexOf( )方法，针对字符串中的某一个字符，先计算它在该字符串中第一次出现的位置，再计算它在该字符串中最后一次出现的位置。很显然，如果 indexOf(e)和 lastIndexOf(e)的返回值相同，则说明字符 e 在该字符串中只出现一次；如果 indexOf(e)和 lastIndexOf(e)的返回值不同，则说明字符 e 在该字符串中存在重复元素。

上面这个算法比第一个算法显得"高端"一些。它充分利用了 String 类中的方法，而且思路更为巧妙，所以推荐读者使用。但是因为 indexOf( )方法和 lastIndexOf( )方法的时间复杂度均为 $O(n)$，所以上面这个算法的时间复杂度仍为 $O(n^2)$。

有没有一种更为高效的算法能解决此题呢？这里推荐使用 HashSet 容器判断重复字符的算法。该算法的时间复杂度为 $O(n)$。请参考下面这段代码：

```
public static boolean haveRepeatChar( String str) {
    HashSet<Character> set = newHashSet<Character>( );
    if( str = = null | | str. isEmpty( ) ) {
        return false;
    }
    for ( int i = 0; i<str. length( ) ; i++) {
        if ( !set. add( str. charAt( i) ) ) {
            return true;
        }
    }
    return false;
}
```

在上述代码中定义了一个泛型集合 HashSet，然后将字符串 str 中的每个字符逐一取出，并通过 HashSet 的 add 方法保存到 set 中。在第 13 章中已经讲到，HashSet 中的元素不能重复，一旦出现重复元素时，add 方法会返回 false，所以当 set. add(str. charAt(i))返回 false 时，程序直接返回 true，表示字符串 str 中有重复元素；如果字符串 str 中的每个字符都能保存到 set 中，则说明该字符串中不存在重复元素，程序返回 false。

因为 HashSet 的 add( )方法执行的时间复杂度为 $O(1)$，遍历整个字符串的时间复杂度为 $O(n)$，所以该算法整体的时间复杂度为 $O(n)$，在上述三个算法中是最高效的。

3. 实战演练

本题完整的源代码及测试程序见云盘中 source/15-20，读者可以编译调试该程序。在测试程序中初始化了两个字符串 "abcdefghijklmn" 和 "abccefghjjklmn"，然后分别调用 haveRepeat-Char( )判断这两个字符串中是否包含重复字符。程序的运行结果如图 15-41 所示。

【面试题 4】寻找特殊的六位数

639172 每个位数上的数字都是不同的，且

```
There are no repeat characters in str1
There are repeat characters in str2
```

图 15-41　程序的运行结果 20

平方后所得数字的所有位数都不会出现组成它自身的数字。(639172 * 639172 = 408540845584),
类似于 639172 这样的六位数还有几个 ? 分别是什么?

1. 考查的知识点

❑ 灵活使用 HashMap

2. 问题分析

本题的教学视频请扫描二维码 15-6 获取。

二维码 15-6

要想解决本题关键需要攻克两个核心难点:

1) 如何判断一个数每个位数上的数字是否有重复。

2) 如何判断一个数取平方后的结果是否包含该数中的数字。

只要解决了上述这两个问题,本题就迎刃而解了。

可以使用两个方法来解决这两个问题:

1) boolean isSelfRepeat(long n)用来判断参数 n 是否包含重复的数字,如果有重复的数字
则返回 true,如果没有重复的数字则返回 false。

2) boolean haveRepeatNumber(long squareNumber, long n)用来判断 squareNumber 中是否包
含 n 里面的数字,如果有重复的数字则返回 true,如果没有重复的数字则返回 false。

通过调用这两个方法就可以轻而易举地找出题目中要求的六位数,算法如下:

```java
public static void selectSpecialNumber() {
    for( long n = 100000; n <= 999999;n++){
        if(isSelfRepeat(n))                      //自身有重复的数字,跳出本次循环
            continue;
        else if(haveRepeatNumber(n * n,n)){    //判断该数的平方是否包含与该数相同的数字
            continue;
        }
        else{
            System. out. println(n);          //输出结果
        }
    }
}
```

接下来的重点就是如何实现 isSelfNumber( ) 和 haveRepeatNumber( )这两个方法。细心的
读者不难发现,这两个方法有一个共同特点就是都需要判断是否包含重复数字,而判断重复数
字(也包括重复字符、重复对象等)最常用的方法就是利用 HashMap 中的 key 唯一性和
HashSet 中的元素不可重复特性。下面先给出上述两个方法的代码实现,然后结合代码进一步
分析:

```java
public boolean isSelfRepeat(long n){
    HashMap<Long,String> map = new HashMap<Long,String>( );
    //存储的时候判断有无重复值
    while(n! =0){
        if( map. containsKey( n%10)){
            return true;
        }
        else{
```

```
                map. put(n%10,"1");
            }
                n=n/10;
        }
            return false;
    }
```

函数 isSelfRepeat(n)的作用是判断参数 n 这个 long 型的数中是否包含有重复的数字，如果有重复数字则返回 true；如果没有重复的数字则返回 false。

在该函数中定义了一个 HashMap<Long,String>的对象 map，该 HashMap 的 key 为一个 Long 型的对象，value 为一个 String 类型的对象。接下来通过一个 while 循环将 long 型整数 n 从低位到高位的每位数字分离出来（通过模运算的方法 n%10），然后通过 HashMap 的方法 containsKey(n%10)判断这个 HashMap 的 key 中是否已经包含了该位数字，如果已经包含了该位数字，则说明 n 中存在重复数字，返回 true；如果没有包含该位数字，则将 n%10 和一个任意的字符串（代码中是字符串"1"）作为一个 key-value 对保存到该 HashMap 中。每次循环最后都要做 n=n/10 的操作，这样可以通过 n%10 从低位到高位分离出每一位数字，直到 n 等于 0 为止，这样就可以判断出参数 n 中是否包含了重复的数字。

需要注意的一点是，HashMap 的 key 定义为 Long 型，而在调用 containsKey(n%10)判断重复 key 时，参数 n%10 会被自动装箱为 Long 型对象而被传入。

再来看一下 haveRepeatNumber()方法的实现：

```
    public boolean haveRepeatNumber(long squareNumber,long n){
        HashMap<Long,String> map = new HashMap<Long,String>();
        while(n!=0){
            map. put(n%10,"1");
            n=n/10;
        }
        while(squareNumber!=0){
            if(map. containsKey(squareNumber %10)){
                return true;
            }
            squareNumber = squareNumber /10;
        }
        return false;
    }
```

函数 haveRepeatNumber(squareNumber,n)的作用判断是 squareNumber 中是否包含 n 里面的数字，如果有重复的数字则返回 true，如果没有重复的数字则返回 false。在具体实现上仍然应用 HashMap 的 key 值唯一性来判断数字是否有重复。首先将参数 n 中的每一位进行分离，并与一个任意的字符串（代码中是字符串"1"）作为一个 key-value 对保存到 HashMap 对象 map 中。因为这里 haveRepeatNumber()方法的调用是在确保了参数 n 没有重复数字的前提下的，所以 n 分离出的每一位都可以保存到 map 中。

接下来再将参数 squareNumber 中的每一位分离出来，并判断 map 的 key 中是否包含 squareNumber 的每一位，如果包含则说明 squareNumber 中包含 number 里面的数字，返回 true；

如果不包含则说明 squareNumber 中不包含 number 里面的数字，返回 false。

同样需要注意的是，HashMap 的 key 定义为 Long 型，所以在调用 map. put(n%10,"1")时，n%10 会被自动装箱为 Long 型对象而传入。

3. 实战演练

本题完整的源代码及测试程序见云盘中 source/15-21/，读者可以编译调试该程序。该程序通过上述算法可将符合要求的六位数找出，并输出到屏幕上，程序的运行结果如图 15-42 所示。

图 15-42　程序的运行结果 21

特别提示

上面两道面试题给我们的最大启发是：在判断一串字符或一串数字是否包含重复元素时，应当首先想到使用 HashMap 或 HashSet。因为 HashMap 和 HashSet 操作的时间复杂度大都为 O(1)，这样在判断一串字符或数字是否有重复元素时，算法的时间复杂度可为 O(n)。如果采用传统的二重循环方法判断是否有重复元素，则算法的时间复杂度为 O(n²)。

【面试题 5】 组成最小的数

一个正整数的数组，把数组里的所有数拼接起来构成一个数，打印出能拼接出来的所有数中最小的那一个。例如，整数数组为{3,32,321}，打印出这三个数字组成的最小数字为 321323。

1. 考查的知识点

❑ 数组类算法设计
❑ 排序算法扩展

2. 问题分析

解决本题有一个"笨方法"，就是将数组中的整数全排列后组成一些大数，然后比较它们的大小，从中找出最小的那一个。以题目中的数组为例，{3,32,321}可组成 332321、332132、323321、323213、321323、321332 这 6 个大数，其中最小的那个是 321323。

上述方法有两个缺点，一是时间复杂度较高，因为 n 个数字全排列后有 n!种排列结果，这个计算量是非常庞大的；二是如果数组较长（数组里面的元素较多），那么组成的大数将会非常大，可能超过基本数据类型的上限，这样处理起来也比较麻烦。所以上述方法最好不要使用。

本题可以借助排序的思想来解决。假设一个整型数组为{2,3,1,4}，那么将该数组中的元素从小到大排序后将构成数组{1,2,3,4}，显然按照这个顺序组成的大数 1234 是最小的。但是直接使用从小到大排序的方法能否完全解决此题呢？答案是否定的。就以题目中给出的数组为例，{3,32,321}从小到大排序后组成的大数为 332321，这个数显然不是最小的。所以采用简单的从小大到排序显然不能满足要求。

其实只要对比较大小的规则稍加改造就能解决此题。我们知道要想使得数组元素组成的大数最小，一定要遵循"高位的数字尽量小"这个原则。所以在比较数组中两个元素的大小时只要保证"两个数拼接出来的数字最小"，这样当整个数组元素按值有序时，整体拼接出来的大数就一定是最小的。请看下面这个例子：

原数组为{12,1009,21}，如果按照数值的从小到大排列，组成的大数为 12211009，这个数显然不是最小的。所以按照保证"两个数拼接出来的数字最小"这个比较规则来对该数组重新排序。为了描述更加简洁，用符号"≮"表示小于关系，a≮b 的含义是 a 和 b 拼接在一起的数字 ab 小于 b 和 a 拼接在一起的数字 ba。

首先比较 12 和 1009，因为 121009 大于 100912，所以 1009≮12，交换 12 和 1009 的位置，数组变为｛1009,12,21｝。

再来比较 12 和 21，因为 1221 小于 2112，所以 12≮21，所以 12 和 21 在数组中的位置不变。至此数组已经"按值有序"，排序后的数组变为｛1009,12,21｝，因此组成的大数 10091221 是最小的。

下面给出该算法的代码实现：

```
public static void sort(int[] array) {
        int i, j, tmp, flag = 1;
        for(i=0; i<array.length-1 && flag==1; i++) {
            flag = 0;                    //flag 初始化为 0
            for(j=0; j<array.length-i-1; j++) {
                if(compare(array[j],array[j+1])>0) {
                    //数据交换,将较大的数往后换实现从小到大排序
                    tmp = array[j+1];
                    array[j+1] = array[j];
                    array[j] = tmp;
                    flag = 1;            //发生数据交换,标志 flag 置为 1
                }
            }
        }
    }

    private static int compare(int a, int b) {
        String sa = String.valueOf(a);   //将参数 a 转换为字符串
        String sb = String.valueOf(b);   //将参数 b 转换为字符串
        if (Integer.parseInt(sa+sb)>Integer.parseInt(sb+sa)) {  //比较拼接数的大小
            return 1;
        } else {
            return -1;
        }
    }
```

上述代码中方法 sort(int[] array)的作用是按照"两个数拼接出来的数字最小"的比较规则对数组 array 进行"从小到大"的排序。其中调用的方法 compare()实现对参数 a 和 b 的比较，如果 a≮b 则返回-1，否则返回 1。将通过上述算法排序后的数组中的元素拼接起来得到的大数即为题目中要求的最小数字。

3. 实战演练

本题完整的源代码及测试程序见云盘中 source/15-22/，读者可以编译调试该程序。在程序中初始化了一个数组｛3000,32,321,2999,2000｝，然后调用 sort()方法对其进行排序，最后将排序后的数组元素拼接起来组成这个大数并输出到屏幕上。程序的运行结果如图 15-43 所示。

20002999300032132

图 15-43　程序的运行结果 22

【面试题6】 金额翻译器

编写一个 Java 程序，将阿拉伯数字的金额转换成中文大写的形式，如（￥1011）→（一千零一拾一元整）输出。

1. 考查的知识点

❑ 字符串相关的算法设计

2. 问题分析

本题的教学视频请扫描二维码 15-7 获取。

二维码 15-7

本题具有一定难度，要想解决本题首先要了解中文是如何表达数字的。中国传统的计数法是由数字和位数两部分组成的。数字从小人到包括"零""一""二""三""四""五""六""七""八""九"这十个数字；位数则包括"个""十""百""千""万""十万""百万""千万"等。任何一个数字都可以表达为"相应位上的数字"加上"对应的位数单位"的形式。先来看下面这个例子。

如图 15-44 所示为数字 34567 的中文表示示意。正如前面所讲的，它可以表达为"相应位上的数字"加上"对应的位数单位"的形式。在这里万位上的数字为 3，所以读作"三万"；千位上的数字为 4，所以读作"四千"；百位上的数字为 5，所以读作"五百"；十位上的数字为 6，所以读作"六十"，个位上的数字为 7，但是这里比较特殊，不读作"七个"，而只读作"七"。所以 34567 的中文表达就是"三万四千五百六十七"。

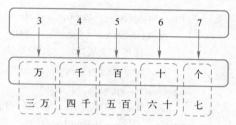

图 15-44　中文的数字表示

但是这个规则显然存在很多的漏洞。因为一旦数字超过"万"这个量级，则中文表述上将会发生变化。例如，234567 这个数字，按照上述的规则最高位是十万位，所以这个数字应当表达为"二十万三万四千五百六十七"，但是通常将该数读作"二十三万四千五百六十七"，也就是说，"万"这个位数单位只用一次（这里限定在一亿以内的数字表达）。

那么是不是只要把上述表达中多余的"万"字去掉就完全正确了呢？答案是否定的。例如，230456 这个数字，按照上述的表达规则该数字应表达为"二十三万零千四百五十六"，但是通常将该数读作"二十三万零四百五十六"。也就是说，对于"零"这个数字，它后面不能跟上位数单位，而是要将位数单位忽略掉。

以上规则是否完备了呢？还没有！再来看一个例子。例如，数字 2300450，如果按照上述的表达规则，这个数字应表达为"二十三万零零四百五十零"，而通常将该数读作"二十三万零四百五十"，也就是说，当一串中文表达中有多个连续的"零"时，只要取一个即可，同时中文表达最后的"零"要去掉。

通过以上几步的细化，至此数字中文表达的规则才算比较完备了。接下来将上述算法用 Java 代码描述出来：

```java
public static String translate( int amount) {
    char[ ] number = {'零','一','二','三','四','五','六','七','八','九'};
    String[ ] unit = {"千万","百万","十万","万","千","百","十"};
    String amountStr = String. valueOf( amount );
    int len = amountStr. length( );
    StringBuffer rawStr = new StringBuffer( );
```

```
            int i = 0;
            while(len>=2) {
                rawStr. append( number[ amountStr. charAt(i)-'0']);
                if ( amountStr. charAt(i) != '0') {  //只有数字不为 0 时才加上位数单位
                    rawStr. append( unit[ 7-len+1]);
                }
                i++;
                len--;
            }
            rawStr. append( number[ amountStr. charAt(i)-'0']);
            String result =filterNumber( rawStr. toString());
            return result;
        }


    private static String filterNumber( String src) {
        StringBuffer res = new StringBuffer();
        //过滤掉中文表达中连续重复的零
        for ( int i=0,j=0; i<src. length(); i++,j++) {
            res. append( src. charAt(i));
            if ( i!=0 && src. charAt(i-1) == '零' && src. charAt(i) == '零') {
                res. deleteCharAt(j);
                j--;
            }

        }
        //如果中文表达末尾有零则删除
        if ( res. charAt( res. length()-1) == '零') {
            res = res. deleteCharAt( res. length()-1);
        }
        boolean flag = false;
        //只保留一个万字
        for ( int i=res. length()-1; i>0; i--) {
            if ( res. charAt(i) == '万' && flag == false) {
                flag = true;
            } else if ( res. charAt(i) == '万' && flag == true) {
                res. deleteCharAt(i);
            }

        }
        return res. toString();
    }
```

上述代码可将一亿以内的整数翻译成中文表达。大于一亿的数字翻译算法与上述算法大同小异，读者可以参照上述代码自己实现。

代码中函数 String translate(int amount)的作用是将参数 amount 指定的整数金额翻译成对应的中文表达，并将该中文表达的字符串返回。该函数实现的基本原理就是图 15-44 所示的翻译规则，通过一个 while 循环将参数 amount 的每一位分离出来，再在数组 number 中找到其对应的中文表达，在数组 unit 中找到对应的位数单位。然后将最原始的翻译后的中文字符串保存在 rawStr 中。需要注意的是这里做了一步处理，就是当分离出来的数字为 0 时，不将对应的位数单位存放到 rawStr 中，这个原因在前面已经讲过了，这里不再赘述。

原始的中文表达字符串 rawStr 并非最终的答案，因为它里面可能还包含着多余的"零"字和多余的"万"字。所以接下来还要调用函数 String filterNumber(String src) 将 rawStr 中多余的字符过滤掉，并返回最终中文表达字符串。函数 filterNumber( ) 的实现方法在前面也已经讲清楚了，这里也不再赘述。

3. 实战演练

本题完整的源代码及测试程序见云盘中 source/15-23/，读者可以编译调试该程序。测试程序的 main( ) 方法定义如下：

```
public static void main(String[ ] args) {
    Scanner input = new Scanner( System. in) ;
    System. out. println( "请输入一个整数金额:" ) ;
    int amount = input. nextInt( ) ;//输入一个整数
    System. out. print( translate( amount) +"元整" ) ;
}
```

上述代码通过 Scanner 类的 input 对象可以从终端接收一个整数，然后调用 translate( ) 方法将该整数转换为中文的表达，并将转换后的结果输出到屏幕上。程序的运行结果如图 15-45 所示。

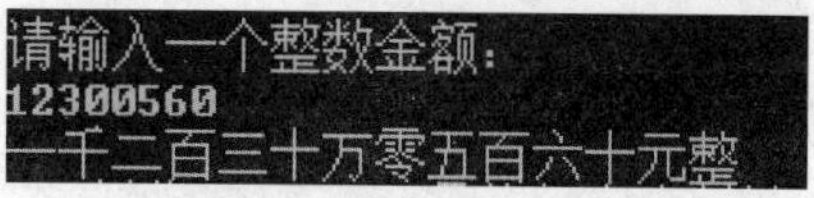

图 15-45　程序的运行结果 23

【面试题 7】 1500 以内的丑数

把只包含因子 2、3、5 的数称为丑数。例如，6、8 都是丑数，而 14 不是丑数，因为它包含因子 7。通常也把 1 当作丑数。编程找出 1500 以内的全部丑数。注意：使用的算法效率应尽量高。

1. 考查的知识点

❑ 集合类问题算法设计

2. 分析问题

本题最直观的解法是采用穷举筛选法：遍历 1~1500 这 1500 个整数，判断每一个数是否是丑数，如果该数是丑数则输出，否则跳过该数继续向下遍历。

这个解法的关键是如何判断丑数。根据题目已知，丑数只包含因子 2、3、5，而不包含其他任何因子，同时 1 也是丑数，因此可以把一个非 1 的丑数形式化地表示为

UglyNumber = 2×2×2×…×2 × 3×3×3×…×3 × 5×5×5×…×5

不难看出，如果将该丑数循环除以 2，直到除不尽为止；再循环除以 3，直到除不尽为止；再循环除以 5，那么最终得到的结果一定为 1。如果按照此法循环相除而最终得到的结果不为 1，则说明该数中除了包含 2、3、5 这三个因子外，还包含其他因子，所以该数不是丑数。上述判断丑数的方法可用下面的这段代码描述：

```
public static boolean isUglyNumber( int number) {
    while( number % 2 = = 0) {
        number /= 2;
```

```
        }
        while( number % 3 == 0 ) {
            number /= 3;
        }
        while( number % 5 == 0 ) {
            number /= 5;
        }
        return number == 1;        // 如果是丑数返回 true,不是返回 false
    }
```

接下来遍历 1~1500 这 1500 个整数,判断每个数是否是丑数,并将丑数输出。算法描述如下:

```
public static void printUglyNumbers( int limit ) {
    int count = 0, i;
    for (i = 1; i <= limit; i++) {
        if ( isUglyNumber( i ) ) {
            count++;
            System. out. print( i + " " );
        }
    }
}
```

函数 void printUglyNumbers(int limit) 可将 1~limit 之间的丑数输出。如果要计算 1500 以内的全部丑数,只需将 1500 作为参数传递给函数 printUglyNumbers( ) 即可。

这个方法的实现固然简单,但是题目中要求算法效率应尽量高,而上述算法却存在很多冗余计算,本身不够高效。因为通过穷举筛选法在指定的范围内逐一判断每个数是否是丑数,就无法避免对不是丑数的数字进行判断。实践证明,整数区间越向后移,丑数的个数越少,例如,[1,100]包含 34 个丑数,而[8000,9000]仅包含 6 个丑数。所以采用穷举筛选法搜索丑数,搜索范围越大,无用的计算越多。

采用穷举筛选法是无法避免对搜索区间内的每个整数进行判断的,这是该算法的局限。其实可以通过特定运算直接获取某一范围内的丑数,这种方法比穷举筛选法更高效。

根据丑数的特性可知,丑数中只包含因子 2、3、5,所以一个丑数乘以 2、乘以 3 或乘以 5 之后得到的仍是丑数,而任何除 1 外的丑数,都能通过一个丑数再乘以 2、乘以 3 或乘以 5 获得,所以可以采用将已有的丑数乘以(2,3,5)得到新丑数的方法来计算某一范围内的丑数,这样每次计算得到的都是丑数,效率要比穷举筛选法高很多。

可以将计算出来的丑数放入一个数组中,这样就保证了数组中保存的整数都是丑数,那么数组中的下一个丑数一定是数组中已存在的某个丑数乘以 2、乘以 3 或乘以 5 所得。这是使用该算法计算丑数的核心思想,如图 15-46 所示。

从图 15-46 可知,数组中的每一个新的丑数都是通过数组中已有的丑数乘以(2,3,5)得到的,这样丑数不断地在数组内增加,直到达到预期查找的范围为止。

那么问题来了:新的丑数要通过数组中

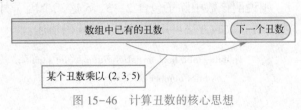

图 15-46　计算丑数的核心思想

已有的丑数获得，那么第一个丑数怎样获取呢？由于数组中已有的任何一个丑数乘以(2,3,5)都是丑数，下一个丑数要怎样获得才能保证数组中的丑数没有遗漏呢？

第一个问题很好解决，因为约定 1 是丑数，而 1 乘以(2,3,5)得到的也是丑数，所以数组中的第一个元素设置为 1 即可，以此为基础衍生出后续的丑数。

第二个问题则相对复杂一些。先来看一个例子，看看这样计算丑数会不会有问题。

假设要计算[1,10]范围内的丑数，最初数组中只存放 1，数组内容为{1}；再用 1 * 2 得到第二个丑数 2，数组内容变为{1,2}；再用 2 * 2 得到第三个丑数 4，数组内容变为{1,2,4}；再用 4 * 2 得到第四个丑数 8，数组内容变为{1,2,4,8}；再用 2 * 5 得到第五个丑数 10，数组内容变为{1,2,4,8,10}。最终得到[1,10]范围内的丑数为{1,2,4,8,10}。

这种计算方法当然是有问题的，至少 3 和 5 没有算进去。出现这个错误的原因是计算"下一个丑数"的方法不对，不能保证计算出来的结果不重不漏。那么怎样保证计算结果没有重复和遗漏呢？用一句话概括就是，保证计算出来的"下一个丑数"是顺序递增且增量最小。换句话说，每次计算的"下一个丑数"是大于数组中最后丑数的所有丑数中最小的一个。仍以计算[1,10]范围内的丑数为例介绍这个方法。如图 15-47 所示。

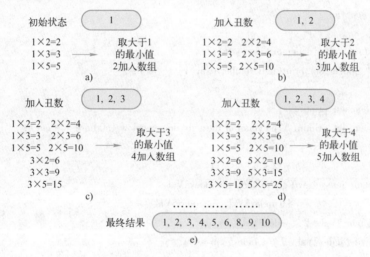

图 15-47　计算丑数的方法

通过上面的一系列计算，得到的丑数集合是不重和不漏的。但是新的问题又出来了：怎样得到大于数组中最后那个丑数的所有丑数中最小的那一个呢？如果像图 15-47 所示那样把数组中已有的丑数都一一计算出来（分别乘 2，3，5）再找出合适的取值，显然是存在冗余计算的。那要怎样计算才能减少冗余呢？因为数组元素一定是顺序递增的，所以每次计算时只要从上次计算的点向后继续计算即可，前面的元素没有必要重复计算了。那么具体应该怎样做呢？

下面先给出算法的代码描述，然后进行详细的讲解：

```java
public static void printUglyNumbers(int limit) {
    int cur = 0;
    int index2 = 0;
    int index3 = 0;
    int index5 = 0;
    int uglyNumberArray[] = new int[1000];
    int maxVal = 1;
```

```
            while ( maxVal <= limit ) {
                uglyNumberArray[ cur ] = maxVal;
                while ( uglyNumberArray[ index2 ] * 2 <= uglyNumberArray[ cur ] ) {
                    index2++;
                }
                while ( uglyNumberArray[ index3 ] * 3 <= uglyNumberArray[ cur ] ) {
                    index3++;
                }
                while ( uglyNumberArray[ index5 ] * 5 <= uglyNumberArray[ cur ] ) {
                    index5++;
                }

                maxVal = getNextUglyNumber( uglyNumberArray[ index2 ],
                            uglyNumberArray[ index3 ],
                            uglyNumberArray[ index5 ] );
                cur++;
            }
            for ( int i = 0; i < cur; i++) {
                System. out. print( uglyNumberArray[ i ] + " " );
            }
            System. out. println( );
            System. out. println( "The count of the ugly numer below 1500 are " + cur );
    }


    private static int getNextUglyNumber( int index2Val,
                        int index3Val, int index5Val) {
        if ( index2Val * 2 < index3Val * 3 ) {
            if ( index2Val * 2  < index5Val * 5 ) {
                return index2Val * 2;
            } else {
                return index5Val * 5;
            }
        } else {
            if ( index3Val * 3 < index5Val * 5 ) {
                return index3Val * 3 ;
            } else {
                return index5Val * 5;
            }
        }
    }
```

上述代码中函数 void printUglyNumbers(int limit) 的作用是打印出 1~limit 之间的丑数，如果要计算 1500 以内的全部丑数，只需将 1500 作为参数传递给函数 printUglyNumbers( ) 即可。这个函数实现的算法与之前给出的算法截然不同，它不是通过筛选法找出指定范围内的丑数，而是直接计算出"下一个丑数"并添加到数组中。在函数中定义了三个整型变量 index2、index3、index5 和一个数组 uglyNumberArray[ ]，数组 uglyNumberArray[ ] 的初始大小为 1000，它用来存放生成的丑数，而变量 index2、index3、index5 则分别为该数组中三个元素的下标，通过这三个下标可以计算得到下一个丑数。index2 指向的元素只做乘 2 操作，index3 指向的元素只做乘 3 操作，index5 指向的元素只做乘 5 操作。变量 cur 也是数组 uglyNumberArray[ ] 的下标，它始终指向该数组中的最后一个元素。整型变量 maxVal 用来记录生成的丑数，因为丑数的生成过程一定是递增的，所以 maxVal 一定是当前数组中的最大值。

接下来进入一个 while 循环，循环的条件是 maxVal <= limit，这样可以确保生成指定范围内的丑数。在这个 while 循环中有另外 3 个 while 循环：

```
while (uglyNumberArray[index2] * 2 <= uglyNumberArray[cur]) {
    index2++;
}
while (uglyNumberArray[index3] * 3 <= uglyNumberArray[cur]) {
    index3++;
}
while (uglyNumberArray[index5] * 5 <= uglyNumberArray[cur]) {
    index5++;
}
```

这 3 个循环执行完毕后，uglyNumberArray[index2] * 2、uglyNumberArray[index3] * 3、uglyNumberArray[index5] * 5 这三个值都大于 uglyNumberArray[cur]，即当前数组中最后一个丑数。因为 uglyNumberArray[index2] * 2、uglyNumberArray[index3] * 3、uglyNumberArray[index5] * 5 这三个数本身也是丑数，所以它们当中的最小的那个一定就是数组 uglyNumberArray[ ] 中"下一个丑数"。函数 getNextUglyNumber( ) 的作用就是从 uglyNumberArray[index2] * 2、uglyNumberArray[index3] * 3、uglyNumberArray[index5] * 5 这三个丑数中选出最小的那一个。

按照上面步骤逐个计算数组中的"下一个丑数"，每次得到的丑数都是从数组中已有丑数里衍生出来的丑数中的最小的一个。这样就可以不重不漏地计算出 limit 以内的全部丑数并保存在数组 uglyNumberArray[ ] 中。

最后通过一个循环打印出数组 uglyNumberArray[ ] 中保存的全部丑数，并打印出丑数的个数。

3. 实战演练

本题完整的源代码及测试程序见云盘中 source/15-24/，读者可以编译调试该程序。测试程序通过第二种方法输出 1500 以内的全部丑数，程序的运行结果如图 15-48 所示。

```
1 2 3 4 5 6 8 9 10 12 15 16 18 20 24 25 27 30 32 36 40 45 48 50 54 60 64 72 75 8
0 81 90 96 100 108 120 125 128 135 144 150 160 162 180 192 200 216 225 240 243 2
50 256 270 288 300 320 324 360 375 384 400 405 432 450 480 486 500 512 540 576 6
00 625 640 648 675 720 729 750 768 800 810 864 900 960 972 1000 1024 1080 1125 1
152 1200 1215 1250 1280 1296 1350 1440 1458 1500
The count of the ugly numer below 1500 are 99
```

图 15-48 程序的运行结果 24

第 16 章　Java EE 及开源框架

Java EE（Java Platform，Enterprise Edition），是 Java 平台企业版的简称，之前旧版本称之为 J2EE，后更名为 Java EE，2018 年 3 月更名为 Jakarta EE（雅加达），因企业项目开发中依然大量使用 Java EE 这个名称，为保证知识的连贯性，所以本书依然选用了 Java EE 这个名称。

Java EE 是具有 Web 服务、组件模型、通信 API 等特性，用于开发便于组装、可扩展的、健壮的、安全的服务器端 Java 应用程序。

Java EE 平台构建于 Java SE 平台之上，本身构成一套规范，提供了一整套应用程序接口（APIs）和运行环境来开发企业级的 Java 应用系统。Java EE 的核心技术包括 JDBC（Java 数据库连接）、JNDI（Java 命名与目录接口）、EJB（企业级 Java 组件）、RMI（远程方法调用）、JSP（Java Server Pages 动态网页开发技术）、Java Servlet（Java 编写的服务器端小程序）、XML（可扩展标记语言）、JMS（Java 消息服务）、JTA（Java 事务 API）、Java IDL/CORBA（通用对象请求代理体系结构）、JTS（Java 事务服务规范）、Java Mail（提供电子邮件相关接口）和 JAF（JavaBeans Activation Framework）等。

本章选取在 Java EE 笔试面试中经常会考查到的核心技术知识点及相关开源框架进行讲解，基本要求是务必掌握 Java EE 主流技术的原理。Java EE 平台内容庞杂，如果读者需要完整了解整个 Java EE 的技术框架，请参考相关技术书籍。

16.1　JDBC

16.1.1　知识点梳理

JDBC（Java Database Connectivity，Java 数据库连接），提供连接各种关系型数据库的统一接口，由一组 Java 类和接口组成，为数据库开发人员提供了一个标准的 API。开发人员可通过 Java 语言开发来实现数据库的连接。

从原理上来说，JDBC 总共完成了 3 个部分功能：

1）与关系型数据库建立连接。

2）发送数据库的处理 SQL 语句。

3）处理和封装返回的结果。

针对这 3 个部分功能，JDBC 提供了常用的接口和类。

1）DriverManager 类：该类管理数据库驱动程序，在使用数据库前需先加载驱动程序。

2）Connection 接口：管理数据库建立的连接，一般从 DriverManager 类就可获取到数据库连接，然后返回给 Connection 接口。

3）Statement 接口：该接口负责将要执行的 SQL 语句提交到数据库。

4）ResultSet 类：执行 SQL 查询语句后返回的结果集。

JDBC 规范有许多的 API 和特性，是本章重点内容之一。关于通过代码实现 JDBC 访问数据库的内容将通过试题进行详细的讲解。

16.1.2 经典面试题解析

【面试题 1】常识性问题

（1）JDBC 的主要功能有哪些（　　　）

（A）建立与数据库的连接

（B）发送 SQL 语句到数据库中

（C）处理数据并查询结果

（D）以上都正确

1. 考查的知识点

❑ JDBC 的基本功能

2. 问题分析

通过知识点梳理部分可知，JDBC 提供了连接各种关系型数据库的统一接口，由一组 Java 的类和接口组成。

JDBC 有 3 个主要的功能：建立与数据库的连接；发送 SQL 语句；返回结果并查询结果。关于每个功能的具体代码实现，将在本节面试题 3 中详细讲解。

因此本题的答案是 D。

3. 答案

（D）

（2）下面关于 JDBC 的 Statement 的说法错误的是（　　　）

（A）PreparedStatement 对象，数据库可以使用预编译好的执行计划，重复执行某个 SQL，其执行速度要快于 Statement 对象

（B）JDBC 提供了 3 种方式来执行查询，包括 Statement、PreparedStatement 和 CallableStatement，其中 Statement 用于通用查询，PreparedStatement 用于执行参数化查询，而 CallableStatement 则是用于存储过程

（C）PreparedStatement 可以阻止常见的 SQL 注入式攻击

（D）PreparedStatement 中，"?"叫作占位符，一个占位符可以有一个或者多个值

1. 考查的知识点

❑ JDBC 中 Statement 接口的使用

❑ Statement、PreparedStatement 和 CallableStatement 的区别

2. 问题分析

在解答本题之前，需要先掌握 JDBC 的 Statement 接口这个知识点。下面对 Statement 接口进行一个系统的总结：

Statement 接口是 Java 执行数据库操作的一个重要接口，用于在数据连接已经建立的基础上向数据库发送要执行的 SQL 语句。

（1）Statement 对象

Java 中有 3 种 Statement 对象都作为在给定连接上执行 SQL 语句的包装类或接口：

1）Statement。

2）PreparedStatement（继承自 Statement）。

3）CallableStatement（继承自 PreparedStatement）。

它们都用于发送特定类型的 SQL 语句，其中 Statement 对象用于执行不带参数的简单 SQL

语句；PreparedStatement 对象用于执行带参数的预编译 SQL 语句；CallableStatement 对象用于执行数据库的存储过程的调用。CallableStatement 继承自 PreparedStatement，既可以接收输入参数（IN 参数），也提供输出值的参数（OUT 参数）。

（2）PreparedStatement 与 Statement 的比较

Statement 和 PreparedStatement 能实现相似的功能，但 PreparedStatement 相比较 Statement 有以下优点：

1）效率更高，性能更好。

JDBC 的 Statement 提供了执行 SQL 语句的基本方法。Statement 是最通用的接口，不能接收带参数的 SQL 语句，每次执行都要编译一次。PreparedStatement 继承自 Statement，它的特点包括可以接收带输入参数的 SQL 语句；当计划多次执行同一个 SQL 时，因为它的对象是预编译的且放在命令缓冲区中，可一次编译多次执行，所以执行速度要快于 Statement。

2）安全性更高。

PreparedStatement 采用占位符 "?" 来传递参数，有效避免通过拼接 SQL 语句而引起的 SQL 注入问题，能防止 SQL 注入攻击。一个 "?" 占位符不允许有多个值，只能有一个值。

下面举一段 PreparedStatement 代码的例子：

```
// 获取一个数据库连接,admin 为用户名,123 为密码
Connection conn = DriverManager. getConnection( url,"admin" ,"123" );
//? 为占位符,传递参数,执行一个 SQL 语句
PreparedStatement stmt=conn. prepareStatement("insert into a( col1,col2)
values(?,?)");
stmt. setString( 1,"name1" );  //设置第一个参数
stmt. setString( 2,"name2" );  //设置第二个参数
```

3）程序代码的可读性和可维护性更好。

PreparedStatement 在执行 SQL 语句时程序代码比 Statement 有更好的可读性和可维护性。

综上所述，选项 A、选项 B、选项 C 的描述是正确的，选项 D 对于占位符的描述不正确，占位符 "?" 不允许有多个值。

3. 答案

（D）

【面试题 2】JDBC 的事务隔离级别有几种？

1. 考查的知识点

❏ JDBC 的事务概念
❏ JDBC 的事务隔离级别

2. 问题分析

JDBC 事务是指在对数据库进行操作时，由一条或者多条 SQL 语句组成一个不可分割的执行单元。它要么全部成功执行完毕，要么执行失败全部撤销。

数据库的并发操作过程中可能出现以下 3 种不确定的情况，从而影响数据的一致性，得到错误的结果。

1）脏读（Dirty Reads）：一个事务读取了另一个并行事务尚未提交的数据。

2）不可重复读（Non-repeatable Reads）：事务再次读取之前的数据时，得到的结果和上次读取的结果不一致，数据已经被其他事务修改。

3）幻读（Phantom Reads）：事务重新执行了查询，返回的记录里包含因为其他事务执行而产生的新记录。

定义事务隔离级别就是为了避免并发访问数据库时产生的以上不确定的情况。

我们知道数据库要兼顾安全性和性能，最安全的情况当然是不同的事务完全隔离，但这样数据库的性能将受到很大的影响，所以在事务并发的不同场景下会定义不同的事务隔离级别，以满足不同的事务隔离要求。JDBC 定义了以下 5 种事务隔离级别。

1）TRANSACTION_NONE：不支持事务操作。

2）TRANSACTION_READ_UNCOMMITTED：在事务提交前，其他事务可以看到该事务对数据的修改。在该隔离级别下，脏读、不可重复读和幻读都不能避免。

3）TRANSACTION_READ_COMMITTED：不允许读取未提交的数据。在该隔离级别下，防止了脏读、幻读，但不能避免不可重复读。

4）TRANSACTION_REPEATABLE_COMMITTED：在该隔离级别下，事务保证能够再次读取相同的数据，防止了不可重复读和脏读，但不能避免幻读。

5）TRANSACTION_SERIALIZABLE：是隔离的最高级别，避免了脏读、不可重复读和幻读。

3. 答案

见分析。

【面试题 3】 编写一个用 JDBC 连接并访问 Oracle 数据库的代码

1. 考查的知识点
- ❑ JDBC 的基本原理
- ❑ 代码实现能力

2. 问题分析

本题重点考查了 JDBC 连接 Oracle 数据库的标准实现方式。通过代码的编写可了解求职者对 JDBC 的主要接口及方法的掌握程度。

JDBC 连接数据库的标准写法分为以下几部分：

1）加载数据库驱动程序。

2）创建数据库连接。

3）执行 SQL 查询语句。

4）关闭连接。

5）处理异常。

具体代码实现如下，供读者参考。

```java
//JDBC 连接 Oracle 数据库的代码示例
package testOracle;
import java.sql.Connection;
import java.sql.DriverManager;
import java.sql.ResultSet;
import java.sql.SQLException;
import java.sql.Statement;

public class JdbcOracleDemo {
```

```java
public static void main( String[ ] args) {
    Connection conn = null;          //建立数据库连接
    ResultSet rs = null;
    PreparedStatement pre = null;   //创建语句处理对象
    try {
        //加载 Oracle 的驱动程序
        Class. forName( "oracle. jdbc. driver. OracleDriver" );

        //orcl 表示 Oracle 数据库名
        String url = "jdbc:oracle:thin:@ localhost:1521:orcl";

        //admin 为用户名,123 为密码,获取连接
        conn = DriverManager. getConnection( url, "admin", "123" );

        //SQL 语句,? 代表参数,从薪水表里查找某个工号的记录
        String sql = "SELECT * FROM salary where id = ?";
        pre = conn. prepareStatement( sql);

        //设置参数值,注意 PreparedStatement 的参数从 1 开始
        pre. setString( 1, "00910" );

        //执行语句获得结果集
        rs = stat. executeQuery( sql);

        //遍历结果集
        while( rs. next( ) ) {
            String name = rs. getString( "name" );
            System. out. println( "工号:" +rs. getString( "id" )+" 工资:" +
                        rs. getString( "money" ) );
        }
    } catch ( Exception e) {
        e. printStackTrace( );
    } finally {
        //关闭连接
        try {
            conn. close( );
        } catch ( SQLException e) {
            e. printStackTrace( );
        }
    }
}
```

3. 答案

见分析。

特别提示

使用 JDBC 连接不同的数据库的代码编写方法各有不同，其差异主要在于需要加载不同的驱动。

(1) 连接 Oracle 数据库

```
Class. forName("oracle. jdbc. driver. OracleDriver");        //Oracle 的驱动
String url = "jdbc:oracle:thin:@ localhost:1521:orcl";        //orcl 为数据库的实例名
String user = "admin";                                        // 数据库用户名
String password = "test";                                     // 数据库密码
Connection conn = DriverManager. getConnection(url,user,password);
```

(2) 连接 MySQL 数据库

```
Class. forName("com. mysql. jdbc. Driver");                   //MySQL 数据库的驱动
String url = "jdbc:mysql://localhost:3306/mydb";              //mydb 为数据库名
String user = "admin";                                        // 数据库用户名
String password = "test";                                     // 数据库密码
Connection conn = DriverManager. getConnection(url,user,password);
```

(3) 连接 SQLServer 数据库

```
Class. forName("com. microsoft. sqlserver. jdbc. SQLServerDriver");
String url = "jdbc:sqlserver://localhost:1433;DatabaseName = mydb";
//mydb 为数据库名
String user = "admin";
String password = "test";
Connection conn = DriverManager. getConnection(url,user,password);
```

16.2　Spring 轻量级架构

16.2.1　知识点梳理

Spring 是一个轻量级的 Java EE 应用程序开源框架，使用 Spring 框架可以用简单的 JavaBean 实现原本只能用 EJB 才能完成的工作，简化了企业级应用开发，它的开销相对于 EJB 来说是轻量的（EJB 的内容将在 16.4 节进行讲解）。

Spring 框架在企业级应用中有着广泛的用途。总的来说，Spring 是一个管理容器的角色，它既可以在 Web 容器中管理 Web 服务器端的模块，也可以管理访问数据库的框架 Hibernate。因为对 IOC（控制反转）和 AOP（面向切面的编程）具有良好的支持，所以 Spring 可以很好地实现事务管理等功能。

官方文档中提供的 Spring 架构图如图 16-1 所示。

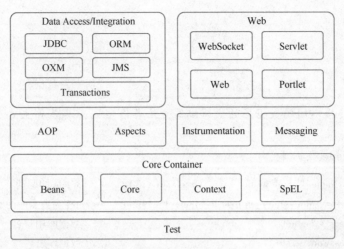

图 16-1　Spring 架构图

Spring 的核心模块包括以下几个方面。

Core Container：Spring 框架的核心容器，提供了 Spring 框架的基本功能，包括 Beans、Core、Context 和 SpEL 模块。

1）Beans：提供框架的基础部分，其中最主要的一个组件为 BeanFactory，它提供了所需对象的创建、装配和销毁等，使用了 IOC（控制反转），通过读取 XML 文件的方式来实例化对象。

2）Core：封装了 Spring 框架依赖的最底层部分，包括资源访问及一些常用工具类。

3）Context：以 Core 和 Beans 为基础，是一个配置文件，主要功能为资源绑定、国际化、JNDI 访问等，提供了 Spring 的上下文环境。

4）SpEL：全称为 Spring Expression Language，是 Spring 的表达式语言，在运行时构建表达式，支持访问和修改对象属性和方法，支持逻辑运算等。支持从 Spring 容器里获取 Bean。

AOP：Aspect-Oriented Programming，面向切面的编程，是一种纵向的编程模式，主要可以提供如日志功能、权限管理功能等，动态地将这些功能用 AOP 编程形式添加到原业务中。不修改原业务的编码，但增加了诸如日志等功能，实现这些功能和业务逻辑的耦合。

Aspects：集成了 AspectJ 的功能，AspectJ 是一个功能强大的 AOP 框架。

Instrumentation：监测器，Instrumentation 构建一个独立于应用程序的代理程序 Agent，在运行时监测 JVM 或者 Java 类的操作。

Messaging：对消息传递应用提供服务。

Data Access/Integration：数据访问或集成，该模块包含 JDBC、ORM、OXM、JMS 和 Trasactions 等服务。

1）JDBC：Java Database Connectivity，Java 数据库连接，集成了一个 JDBC 的样式代码，具有方便丰富的数据库连接和处理功能。

2）ORM：Object Relational Mapping 对象关系映射框架，Spring 框架由许多时下流行的 ORM 框架集成，比如 JDO、Hibernate、JPA 等。

3）OXM：Object XML Mapper，提供了一个 Object 对象和 XML 之间的映射转换。

4）JMS：Java Message Service，即 Java 消息服务，Spring 整合 JMS，用于异步通信。

5）Transactions：Spring 事务管理，应用程序无须编写事务管理代码，可直接调用事务管理模块。

Web：提供了基本的 Web 功能，包括 WebSocket、Servlet、Web 和 Portlet 等。

1）WebSocket：WebSocket 用于在浏览器和服务器之间的高效、双向的通信，常用的应用场景有在线交易、游戏、数据可视化等，需要浏览器的支持（IE 10 以上版本）。

2）Servlet：提供 Spring MVC Web 框架。

3）Web：Web 模块提供了面向 Web 的基础功能。

4）Portlet：是基于 Java 技术的 Web 组件，由处理请求和生成动态内容的 Portlet 容器管理。

Test：提供测试功能，支持 Junit 和 TestNG 等测试框架。

关于 Spring 的其他重要概念和基本原理，下面结合试题进行进一步的梳理。

16.2.2　经典面试题解析

Spring 框架是目前 Java EE 企业级应用中最常使用的轻量级框架。笔试面试中主要考查的题型有选择题、简答题，考查求职者对 Spring 原理和各个重要模块的理解。

【面试题 1】常识性问题

（1）关于 Spring 说法错误的是（　　　）

（A）Spring 是一个轻量级的 Java EE 的框架集合

（B）Spring 是"依赖注入"模式的实现

（C）使用 Spring 可以实现声明事务

（D）Spring 提供了 AOP 方式的日志系统

1. 考查的知识点

❑ Spring 基础知识：轻量、控制反转 IOC、事务、AOP、日志系统

❑ Sping 的核心技术

2. 问题分析

Spring 是一个轻量级的 Java EE 应用程序开源框架，在目前的 Java EE 企业级应用中得到了广泛应用。这个框架中有很多基础的概念，这些概念在 Spring 相关考题中会被反复考查到，下面对 Spring 中的几个重要概念进行梳理和总结。

轻量级：Spring 是一个轻量级的 Java EE 的框架集合，这里的轻量级指的是相对于 EJB 来说，它的开销和本身的大小都是轻量的。

依赖注入（Dependency Injection，DI）和控制反转（Inversion of Control，IOC）：在普通 Java 开发中，一个类如果依赖其他类的方法，通常的做法是当前的调用者类创建依赖类的实例，再调用依赖类的方法。这样做的弊端是不断创建对象，不好统一管理。Spring 中创建依赖类实例的工作由 Spring 容器来负责完成，然后注入调用者，这叫作依赖注入。实例创建的控制权由调用者转到 Spring 容器，叫作控制反转（IOC）。Spring 的依赖注入和控制反转使得对象之间互相透明，实现了动态的管理对象。

事务：Spring 支持编程式事务管理和声明式事务管理两种方式。编程式事务直接将事务处理代码编写在业务代码中，提供了更加详细的事务管理。声明式事务则基于 AOP，既起到事务管理的作用，又不影响业务代码的具体实现，实现了事务代码和业务代码的分离。

日志：用 Spring AOP 可以实现记录日志的功能。但 Spring 并没有提供 AOP 方式的日志系统，而是集成 log4j 等来实现日志系统（log4j 是 Apache 的一个开源项目，是一个用 Java 编写

的可靠、快速和灵活的日志框架（API））。

以上简单梳理了 Spring 中主要的 5 个概念，再回到本题中的 4 个选项，显然选项 A、选项 B、选项 C 的描述都是正确的，选项 D 中提到的 Spring 提供了 AOP 方式的日志系统描述是不准确的，Spring 集成了 log4j 等日志框架，并没有提供 AOP 方式的日志系统。

3. 答案

（D）

（2）Spring 的 PROPAGATION_REQUIRES_NEW 事务，下面哪些说法是正确的？（　　　）

（A）内部事务回滚会导致外部事务回滚

（B）内部事务回滚了，外部事务仍然可以提交

（C）外部事务回滚了，内部事务也跟着回滚

（D）外部事务回滚了，内部事务仍然可以提交

1. 考查的知识点

❑ Spring 的事务管理

❑ Spring 事务的传播行为

2. 问题分析

首先对 Spring 的事务管理进行全面的梳理和总结。

（1）事务

事务是指逻辑上的一组操作，组成这组操作的各个单元，要么全部执行成功，要么被撤回，全部执行不成功。比如取款，要么取款操作成功，要么退款，取款操作不成功，这就是一个事务。在企业级应用程序开发中，事务管理必不可少，用来确保数据的完整性和一致性。

（2）Spring 中事务的管理

Spring 提供了多种事务管理器管理事务，Spring 事务管理器的核心接口是 org.springframework.transaction.PlatformTransactionManager。事务的提交、回滚等操作全部由该接口来定义。各个平台如 JDBC、Hibernate（Hibernate 的知识在 16.3 节会讲述到）等通过实现这个接口，都提供了对应的不同的事务管理器。各个平台各自负责具体的事务管理，比如：若使用 JDBC 来进行持久化，DataSourceTransactionManager 类用来具体处理事务。如果应用程序的持久化是通过 Hibernate 实现的，则使用 HibernateTransactionManager 类处理事务事宜。

（3）Spring 事务属性

在 Spring 中，事务具有一些基本的事务属性。事务属性是指事务的一些基本配置，描述了事务的策略如何被应用。事务属性有 5 个基本方面：事务的隔离级别、事务的回滚规则、事务超时、是否只读、事务的传播行为。

1）事务的隔离级别：定义一个事务可能受其他并发事务活动影响的程度。通俗地说，其他事务能被允许看到当前事务内的哪些数据。

在典型的应用程序中，多个事务并发运行，经常会操作同一个数据，这样会导致脏读、不可重复读和幻读等安全问题（关于脏读、不可重复读和幻读的概念，在 16.1 节面试题 2 中已经过详细讨论，读者可参考）。

在理想情况下，事务之间应该完全隔离，以防止以上安全问题的发生。但是，完全隔离严重影响性能，因为隔离会锁定每条记录，阻碍并发性，事务陷入互相等待。所以，很多应用程序并不要求完全隔离，Spring 中定义了灵活的隔离级别。

Spring 中定义了 5 种事务隔离级别，Spring 事务的隔离级别详情见表 16-1。

表 16-1　Spring 事务的隔离级别

隔 离 级 别	含 义
ISOLATION_DEFAULT	默认的隔离级别，使用后端数据库默认的隔离级别
ISOLATION_READ_UNCOMMITTED	最低的隔离级别，允许读取尚未提交的数据变更，可能会导致脏读、幻读或不可重复读
ISOLATION_READ_COMMITTED	允许读并发事务已经提交的数据，可以阻止脏读，但是幻读或不可重复读仍有可能发生
ISOLATION_REPEATABLE_READ	对同一字段的多次读取结果都是一致的，除非数据是被本身事务自己所修改。可以阻止脏读和不可重复读，但幻读仍有可能发生
ISOLATION_SERIALIZABLE	最高的隔离级别，完全服从 ACID 的隔离级别，确保阻止脏读、不可重复读以及幻读，同时也是最严格的事务隔离级别，因为它通常是通过完全锁定事务相关的数据库表来实现的

2）事务的回滚规则：定义了哪些异常引起回滚，哪些异常不引起回滚。在默认设置下，事务只在出现运行时异常（Runtime Exception）时回滚，而在出现受检查异常（Checked Exception）时不回滚。也可以声明在出现特定受检查异常时回滚，同样，也可以声明一个事务在出现特定的异常时不回滚，即使此异常是运行时异常。

3）事务超时：为了保证应用程序的性能，事务不能运行太长的时间。因为事务不能长时间地占用数据库资源。事务超时就是事务的一个定时器，在特定时间内事务如果没有执行完毕，那么事务就会自动回滚，而不是一直等待其结束。

4）是否只读：如果一个事务只对后端数据库执行读操作，那么该数据库就可能利用这个事务的只读特性，把一个事务声明为只读，来进行一些特定的优化措施。

5）事务的传播行为：当事务方法被另一个事务方法所调用，必须规定事务应该如何传播。比如：方法可能继续在现有事务中运行，也可能开启一个新事务。Spring 支持 7 种事务传播行为，见表 16-2。

表 16-2　Spring 事务的传播行为

传 播 行 为	含 义
PROPAGATION_REQUIRED	当前运行的方法必须在事务环境中。若存在事务，加入该事务运行；没有事务，则创建一个新的事务，这是默认的选择（若外部或内部事务其中之一出现异常，则内部事务和外部事务都将回滚）
PROPAGATION_SUPPORTS	当前存在事务，加入该事务；当前没有事务，以非事务的方式继续运行，不是必须要一个事务的环境
PROPAGATION_MANDATORY	支持当前事务，即只能被一个外部事务调用，其他情况都抛出异常
PROPAGATION_REQUIRES_NEW	当前的方法必须运行在自己的事务中，一个新的事务会被启动。若当前存在事务，当前事务必须挂起等待内部事务执行结束才继续执行。因为启动了一个新事务，内部事务和外部事务相对独立，内部事务提交或回滚，有自己的隔离范围，不依赖于外部事务；相反，内部事务异常回滚，外部事务有可能会捕获异常，也可能不会回滚而正常提交事务
PROPAGATION_NOT_SUPPORTED	以非事务方式运行，如果存在事务，则把当前事务挂起
PROPAGATION_NEVER	以非事务方式执行，如果当前存在事务，则抛出异常

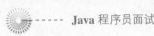

（续）

传 播 行 为	含　　义
PROPAGATION_NESTED	如果当前方法正有事务在运行中，则该方法应在嵌套事务内执行。嵌套的事务可以独立于当前事务进行单独的提交或回滚，即嵌套事务提交或回滚不影响外部事务。嵌套事务开始执行时，它将取得一个 savepoint，如果这个嵌套事务回滚，将回滚到这个 savepoint。嵌套事务是外部事务的子事务，外部事务提交或回滚，嵌套事务也会随之提交或回滚。如果当前没有事务，则执行与 PROPAGATION_REQUIRED 类似的操作

以上简单总结了 Spring 中事务的相关知识，再回到本题，本题考查的是事务的传播行为，对于传播行为 PROPAGATION_REQUIRES_NEW，内部事务和外部事务相互独立，所以内部事务回滚，外部事务仍然可以提交；外部事务回滚，内部事务依然可以提交。

3. 答案

（B）（D）

【面试题 2】 使用 **Spring** 框架的好处是什么？

1. 考查的知识点

❑ Spring 框架的基本特点

❑ Spring 框架的技术优势

2. 问题分析

这几乎是一道 Spring 的必考题目，通过这个题目可以考查求职者对 Spring 框架的基本了解。同时本题也经常会被考官拿来延伸拓展，会对 Spring 若干技术细节追加提问，所以读者应当对本题予以重视。

Spring 是一个轻量级的 Java EE 应用程序开源框架，在业界得到广泛流行，它具有很多的优势，总结如下：

1）Spring 框架是轻量级的，本身的容量以及它相对于 EJB 的开销都是轻量级的。

2）可以使用 Spring 容器提供各种服务，比如 JMS（Java 消息服务）、事务管理等。用户只需要专注于自身的业务代码，不用再管其他服务的实现。

3）很好地支持了面向切面的编程 AOP，将应用业务逻辑和日志、监控等系统类服务剥离开来。

4）IOC 控制反转，创建对象控制权由从代码进行创建对象转为容器负责创建对象，降低了对象之间的耦合度。

5）Spring 框架构建的程序便于单元测试。

6）Spring 框架有设计精细的 MVC 框架，便于 Web 管理。

7）充当了管理容器的角色，可以很好地与主流的对象关系框架结合（如 Hibernate 等）。

8）设计灵活性高，可以选用 Spring 框架的全部或者某些部分进行再开发。

在实际的应用开发中，每个使用者对 Spring 优势的认识可能不尽相同，所以本题只是给出了一种比较官方和公认的答案，答题时根据自己对框架优点的理解，再结合项目实例进行说明效果会更好。

3. 答案

见分析。

【面试题 3】什么是控制反转和依赖注入，在 Spring 框架中如何实现？

1. 考查的知识点

❑ 控制反转和依赖注入

2. 问题分析

控制反转和依赖注入是 Spring 的核心思想，也是 Spring 的两个重要概念，读者应当很好地掌握。

（1）控制反转（IOC）

在传统的程序开发中，一般编写某个类来负责创建对象的实例，也就是该类对创建对象实例有控制权。在 IOC 模式下，创建对象控制权转为容器负责，通过容器来实现对象组件的装配和管理。IOC 降低了对象之间的耦合。在运行阶段容器才会将具体的对象"注入"到调用类对象中，实现了动态和灵活地管理对象。

（2）依赖注入（DI）

它是 IOC 的一种实现方法，Spring 的核心就是依赖注入。在创建对象的实例时，动态地为这个对象注入属性值或者其他对象实例。依赖注入侧重面在实现方式上。

那么 Spring 框架是如何实现控制反转和依赖注入的呢？

Spring 框架中提供了大量的 Spring IOC 容器，拥有一个 IOC 的体系。Spring 中 Bean 的创建和管理都由 IOC 容器负责，其中 BeanFactory 作为最顶层的一个接口类，它定义了 IOC 容器的基本功能规范。除此之外，Spring 还提供了许多 IOC 容器的实现，XmlBeanFactory 就是针对最基本的 IOC 容器的实现，这个 IOC 容器可以读取 XML 文件定义的 Bean 的描述。

ApplicationContext 是 Spring 提供的另一个高级的 IOC 容器，除具有容器的基本功能外，还提供了很多附加服务。

Spring 中的依赖注入有两种主要的方式：通过 Setter 方式注入和通过构造方法注入。Setter 方式注入是指在当前对象中为其依赖对象的属性添加 Setter 方法，这样就可以通过 Setter 方法将相应的依赖对象注入对象中。构造方法注入就是被注入对象可以通过在构造方法中声明依赖对象的参数列表，让外部（通常是 IOC 容器）知道它需要依赖的对象。

3. 答案

见分析。

◣ 16.3　Hibernate

16.3.1　知识点梳理

Hibernate 是一款开源的对象关系映射（ORM）框架，对 JDBC 进行了轻量级的封装。Java 应用程序运用 Hibernate 的 API 来装载、存储、查询数据库，只处理对象，不用再与复杂的 SQL 打交道，从而完成数据持久化。

Hibernate 的核心接口和类共有 6 个。

1. SessionFactory（org. hibernate. SessionFactory）

这个接口负责初始化 Hibernate，创建 Session 对象，这里用到了第 15 章讲述到的工厂模式。SessionFactory 并非轻量级，对于指定的数据库，应用程序应当只有一个 SessionFactory。

2. Session（org. hibernate. Session）

Session 接口负责执行持久化对象的增加（Create）、读取查询（Retrieve）、更新（Update）

和删除（Delete）（简称 CRUD）等操作。Session 对象是非线程安全的，一个 Session 实例只能由一个线程调用。Session 由 SessionFactory 创建。

3. Transaction（org. hibernate. Transaction）

Transaction 接口是进行事务操作的接口。

4. Configuration（org. hibernate. cfg. Configuration）

Configuration 是 SessionFactory 接口的实现类，在 Hibernate 中进行数据库配置，如数据库的 URL、JDBC 驱动、用户名、密码等，同时负责生成 SessionFactory 的对象。

5. Query 接口

Query 接口允许在数据库上执行查询并控制执行查询的过程。Query 一般封装了 HQL（Hibernate Query Language）或本地数据库的 SQL 的查询语句。

6. Criteria 接口

与 Query 接口非常类似，Criteria 接口是传统 SQL 的对象化的表示。

Hibernate 是一个复杂的对象关系映射框架，由于篇幅的限制，本节不能展开对其进行详细的讲述。同时 Hibernate 是企业级的开发框架，不太可能在笔试或者面试环节对其细节进行深入的考查，一般只会考查框架的主要思想和主要实现原理。所以这里只对笔试面试中常考的 Hibernate 的知识点进行归纳总结，需要对 Hibernate 进行深入研究和学习的读者可参考其他 Hibernate 的专业书籍。

16.3.2 经典面试题解析

【面试题 1】简述 Hibernate 的缓存机制

1. 考查的知识点

❏ Hibernate 缓存的基本原理

2. 问题分析

Hibernate 是一个持久化框架。在需要频繁访问数据库的场景中，为了降低对数据库的访问频率，提高性能，引进了 Hibernate 的缓存机制。

Hibernate 的缓存机制包括两大类：Hibernate 一级缓存和 Hibernate 二级缓存。

Hibernate 的一级缓存即 Session 缓存。该缓存是内置的不能被卸载，同时该缓存与 Session 绑定，所以缓存的位置在 Session 中。生命周期是事务范围的，每个事务都拥有单独的一级缓存，默认为开启状态。在一级缓存中，持久化类的每个实例都具有唯一的 OID，两个 Session 不能共享一级缓存，所以一级缓存不存在并发访问的问题。

Hibernate 二级缓存又称为 "SessionFactory 的缓存"。因为 SessionFactory 对象的生命周期和应用程序整个生命周期对应，所以 Hibernate 二级缓存是进程范围或者集群范围的缓存。在进程范围内，缓存被进程内的所有事务共享，事务有可能是并发访问缓存。在集群范围内，缓存被一个机器或者多个机器的进程共享，所以要采用一定的并发访问策略。二级缓存是一个可配置的插件，是可选的，默认关闭，通过配置可开启。

3. 答案

见分析。

【面试题 2】Hibernate 查询方式有哪几种?

1. 考查的知识点

❏ Hibernate 的数据查询方法

第 16 章　Java EE 及开源框架

2. 问题分析

Hibernate 作为最主流的持久化框架，封装了对数据库的查询等操作，Hibernate 的主要查询方式主要有以下几种：

（1）原生的 SQL（Native SQL）查询

SQL 是结构化的数据库查询语言。在 Hibernate 中直接内嵌 select、from、where 语句进行查询。用 SQL 查询方法的缺点是这种方法不是面向对象的，不易维护。内嵌的 SQL 语句破坏了平台无关性，比如 Oracle 数据库中的 SQL 语句有些用到了 Oracle 特有的库函数，无法在 MySQL 等数据库中使用。

（2）HQL（Hibernate Query Language）查询

HQL 提供了类似 SQL 语言的查询方式，同时用面向对象进行了封装。from 关键字后不跟表名，而是用对象名代替，是 Hibernate 最常用的查询方式。HQL 查询方式具有跨数据库、面向对象、语法和传统 SQL 类似、可读性好、执行效率高等优点。但缺点是 HQL 查询需要在程序中定义字符串形式语句，且只有在运行时才被解析，因此扩展性较差。

（3）QBC（Query By Criteria）查询

Hibernate 提供了功能完善的按条件（QBC）查询方式，它主要由 Criteria 接口、Criterion 接口和 Expression 类组成。有时不希望在 Java 代码中嵌入字符串，可使用 QBC 查询方式，这种查询方式可在运行时动态生成查询语句。QBC 查询方式的优点是查询语句在编译时就可被解析，这样排错比较容易，同时可扩展性好，更适合生成动态查询语句的场景。缺点是它将查询语句变成一组 Criterion 实例，可读性较差，功能也没有 HQL 强大，例如，不支持子查询等，连接查询也限制颇多。

（4）QBE（Qurey By Example）查询

QBE 查询通过 Example 类（org. hibernate. criterion. Example）来完成。将查询数据封装成一个对象实例，将该对象传递给 Example 进行查询，此实例的非空属性值将作为查询条件。

3. 答案

见分析。

16.4　EJB

16.4.1　知识点梳理

EJB（Enterprise Java Beans）：企业级 Java Bean，Java EE 服务器端组件模型，用来部署分布式应用程序。EJB 是 Java EE 的一部分，定义了开发基于组件的企业应用程序的标准。

EJB 主要关注业务逻辑的实现，实现了生命周期管理、事务管理和安全管理等。

EJB 3 的推出，改善了旧的 EJB 版本存在的一些缺点，EJB 组件有 3 种类型。

1）会话 Bean（Session Bean）：会话 Bean 是用于处理 Java EE 业务逻辑的 EJB 组件，客户每发出一个请求，容器会选择一个会话 Bean 来处理这个请求，会话 Bean 分为有状态的会话 Bean（StatefulBean）和无状态的会话 Bean（StatelessBean）。

2）消息驱动 Bean（Message-Driven Bean，MDB）：消息驱动 Bean 是一个消息侦听者，侦听异步 JMS 消息，JMS 即 Java 消息服务（Java Message Service）。消息驱动 Bean 主要负责接收客户端发来的 JMS 消息并进行处理。

3）实体和 JPA：实体是持久化到数据库的 Java 对象。随着 EJB 3 规范的逐渐完善，

EJB 2.X版本中的实体 Bean 已经被 JPA 规范所替代。JPA 全称为 Java Persistence API，JPA 是 Java 持久化的接口，用于持久化 Java 对象。

因为 EJB 内容比较复杂，同时 Spring 等轻量级框架比 EJB 有着更为广泛的使用空间，所以有关 EJB 的内容在近些年的笔试面试中所占的比重逐渐下降。在学习本节时，只需理解或了解重要的知识点即可，不必过于深入研究。

16.4.2 经典面试题解析

【面试题 1】简述 EJB 容器提供的服务

1. 考查的知识点
- ❑ EJB 容器的概念
- ❑ EJB 容器提供的服务

2. 问题分析

在 EJB 中，会话 Bean 和消息驱动的 Bean 都需要 EJB 容器，EJB 的组件都部署在容器中。

容器为 EJB 组件提供透明的服务，主要提供的服务有事务管理、安全管理、远程访问、Web 服务支持、生命周期管理和线程安全等。

EJB 可以通过容器管理事务，这是 EJB 的两种事务管理的其中一种（关于 EJB 的事务管理，将在本节面试题 3 中展开讨论）。容器自动提供事务的开始、提交和回滚。如果产生系统异常，容器将自动回滚事务。另外，不需要在代码中再指定事务的边界，由容器来控制事务的边界。

EJB 容器提供了安全管理服务。例如，可在部署文件中定制安全角色，以限制不同安全角色的成员对 EJB 组件的访问权限等。

EJB 提供了远程访问、远程调用的功能，客户端和其调用的 EJB 对象不在一个 JVM 进程中，也可以实现远程访问。

EJB 是线程安全的，容器保障每个线程所拥有的资源，包括注入的资源等都是线程安全的，线程安全机制由容器来实现。

EJB 容器负责其组件的生命周期管理，从组件的创建到销毁的全过程由容器负责管理，用户只需要调用相关生命周期的注释方法就可以。

3. 答案
见分析。

【面试题 2】简述 EJB 的有状态会话 Bean 和无状态会话 Bean 的区别

1. 考查的知识点
- ❑ 会话 Bean 的分类
- ❑ 有状态的 Bean 和无状态 Bean 的区别

2. 问题分析

EJB 的会话 Bean 分为有状态的会话 Bean 和无状态的会话 Bean。EJB 在处理业务时，可能会多次调用会话 Bean 的方法，会话 Bean 有可能要维护其会话状态，也有可能不用维护其会话状态。

有状态的会话 Bean 和无状态的会话 Bean 之间的区别包括以下几个方面。

1）功能上：有状态会话 Bean 自动保存客户端调用的状态数据，无状态会话 Bean 不保存任何状态数据。所以有状态会话 Bean 在其生命周期内只服务一个用户。

2）性能上：无状态会话 Bean 因为不记录状态，所以创建少量实例就可以反复被调用，这会比有状态会话 Bean 性能更好，占用的内存也更小。

3. 答案

见分析。

【面试题 3】EJB 是如何管理事务的？

1. 考查的知识点

❑ EJB 的事务管理

2. 问题分析

EJB 有两种事务管理的方式：

1）容器管理的事务（Container-Managed Transaction，CMT）。

2）Bean 管理的事务（Bean-Managed Transaction，BMT）。

CMT 是由容器管理事务的开始、提交、回滚。同时由容器来控制事务的边界，当程序遇到运行时异常时，事务会自动回滚。开发人员只要通过注解等就可完成事务的管理。

BMT 是用编程的方式管理事务。开发者必须自己实现事务的开启、提交和回滚的代码，这里主要使用 javax. transaction. UserTransaction 接口来实现。BMT 可以实现事务更细的控制力度，在事务的管理上也有灵活性的优点。

```
//javax. transaction. UserTransaction 接口定义了事务的基本操作
public interface UserTransaction {
    void begin();                          //创建一个新的事务
    void commit();                         //提交与当前线程有关联的事务
    int getStatus();                       //检索事务的状态
    void rollback();                       //回滚与当前线程有关联的事务
    void setRollbackOnly();                //强行终止事务
    void setTransactionTimeout(int seconds);// 设置事务中止前能运行的最大次数
}
```

CMT 是 EJB 事务的默认事务类型，可以不做显式说明，也可以显式地声明事务为 CMT 事务：

```
@ TransactionManagement(TransactionManagementType. CONTAINER)
```

如果需要 BMT 事务，则必须通过

```
@ TransactionManagement(TransactionManagementType. BEAN)
```

来声明，然后在代码中调用接口的 begin()、commit() 等方法控制事务的边界。

在 CMT 中，容器负责处理大量事务管理的繁复工作，开发者只需要通知容器应该如何管理事务即可。容器总是在业务方法的开始、结束处标记事务边界。也就是说，依靠容器决定事务的开始时间、提交和回滚。BMT 可以调整事务的边界，这在某些特殊场景下能更好地管理事务，但 BMT 复杂且难以维护，应该保守使用。

3. 答案

见分析。

第 17 章　Java Web 设计

Java Web，即运用 Java 技术来解决 Web 领域相关问题的技术的总和。Java Web 技术大体包括 JSP、Servlet、JavaScript、第三方的框架如 Struts 等。在进行 Java Web 领域的笔试面试时，这些基本的技术都是应该掌握的。

17.1　JSP

17.1.1　知识点梳理

JSP（Java Server Pages）是一种动态网页开发技术。在 HTML 页面中使用 JSP 标签插入 Java 代码，从而动态生成 Web 页面。JSP 标签都以<%开头，以%>结束。

JSP 的工作原理（又叫运行机制）：客户端浏览器向服务器发出 JSP 页面请求，服务器首先检查该 JSP 页面是否首次被调用或 JSP 文件的内容是否被更新，如果是，由服务器端 JSP 引擎将 JSP 页面转化为 Java Servlet 类源码，接着，Servlet 类被编译成 .class 文件，被 JSP 引擎装载运行后生成结果界面返回客户端浏览器（关于 Servlet 的知识将在 17.2 节进行介绍）。

JSP 是 Java Web 技术中常考的知识点，其中 JSP 的内置对象、JSP 的生命周期、JSP 的工作原理、JSP 的主要标签要重点掌握。

17.1.2　经典面试题解析

【面试题1】常识性问题

（1）以下哪些选项属于 JSP 的内置对象和方法（可多选）（　　　）

（A）request　　　　　（B）out　　　　　（C）application　　　　　（D）config

1. 考查的知识点

❑ JSP 的内置对象及方法

2. 问题分析

借助本题，这里对 JSP 的 9 大内置对象做一个全面的总结和梳理。

JSP 的内置对象（又叫 JSP 隐式对象）是 JSP 容器为每个页面提供的预先定义的 Java 对象，开发者不用显式声明可直接使用。

JSP 支持 9 大内置对象：

（1）request 对象

客户端请求信息封装在 request 对象中，request 对象提供方法来获取 HTTP 头信息、Cookie 等。request 对象是 javax. servlet. http. HttpServletRequest 类的实例。

（2）response 对象

response 对象封装了响应客户端请求的信息。在这个对象中，可以添加新的 Cookie、时间戳等信息。response 对象是 javax. servlet. http. HttpServletResponse 类的实例。

（3）out 对象

out 对象用于在 Web 浏览器中输出信息，并管理应用服务器上的输出缓冲区。out 对象是 javax. servlet. jsp. JspWriter 类的实例。

（4）session 对象

session 对象是由服务器创建的与用户请求相关的对象。每个用户都会生成一个 session 对象，用来保存用户的信息和操作状态。session 对象是 javax. servlet. http. HttpSession 类的实例。

（5）application 对象

application 对象存储应用系统中的公有数据，实现数据之间的共享。application 对象是 javax. servlet. ServletContext 类的实例。

（6）page 对象

page 对象指当前 JSP 页面本身。page 对象是 java. lang. Object 类的实例。

（7）pageContext 对象

pageContext 对象相当于页面中其他所有对象的集合。使用它可以访问到本页面中其他对象，比如 request、response 等。pageContext 对象是 javax. servlet. jsp. PageContext 类的实例。

（8）config 对象

config 对象的主要作用是取得服务器的相关配置信息。config 对象是 javax. servlet. ServletConfig 类的实例。

（9）exception 对象

exception 对象的作用是显示异常信息。exception 对象是 java. lang. Throwable 类的一个实例。

根据以上分析，可以看出本题的答案是（A）（B）（C）（D）。

3. 答案

（A）（B）（C）（D）

（2）关于 JSP 生命周期的描述，下列哪些描述是正确的（可多选）（　　　）

（A）JSP 会先解释为 Servlet 源文件，然后编译成 Servlet 类文件

（B）每当客户端运行 JSP 时，jspInit( )方法都会运行一次

（C）每当客户端运行 JSP 时，jspService( )方法都会运行一次

（D）每当客户端运行 JSP 时，jspDestroy( )方法都会运行一次

1. 考查的知识点

❑ JSP 的生命周期

2. 问题分析

JSP 生命周期的原理是 JSP 常考知识点之　。通过本题，下面总结 JSP 生命周期的全过程。客户端浏览器给服务器发送一个 HTTP 请求，Web 服务器如果识别到该请求为 JSP 网页请求，会将该请求传递给 JSP 引擎。JSP 引擎处理 JSP 的全过程即 JSP 的生命周期。

JSP 的生命周期包括以下几个阶段。

1）编译：JSP 引擎将 JSP 解释为 Servlet 源文件，然后将 Servlet 源文件编译成 Servlet 类文件。

2）初始化：加载与 JSP 对应的 Servlet 类文件，创建实例。JSP 容器调用 jspInit( )方法进行初始化操作，通常该方法只在初始化时执行一次。

3）执行：处理与 JSP 请求相关的所有操作，由 JSP 容器创建并调用 jspService( )方法，对

客户端请求进行处理，每当客户端运行 JSP 时都会执行一次该方法。

4）销毁：如果需要从 JSP 容器中清除一个 JSP 页面，结束 JSP 的生命周期，就会进入销毁阶段，由 JSP 容器调用并执行 jspDestroy( ) 方法，用于 JSP 的清理工作。所以并不是每次客户端运行 JSP 时，jspDestroy( ) 方法都会运行，而是在销毁阶段运行一次。

其中，jspInit( ) 和 jspDestroy( ) 都可根据实际需要自行重写创建，jspService( ) 只能由容器创建，不能重写。

根据以上的分析，本题的正确的选项是（A）（C）。

3. 答案

（A）（C）

【面试题 2】在 JSP 中，定义了哪些动作元素?

1. 考查的知识点

❑ JSP 中的动作元素

2. 问题分析

JSP 中的动作元素是在客户端请求时动态执行的、遵循 XML 语法的一组特殊标签。使用 JSP 动作元素可实现动态地插入文件、对 JavaBean 进行引用、把请求重定向到其他页面等功能。

JSP 规范中定义了一系列动作元素可供使用，以下列举几个重要的动作元素，见表 17-1。

表 17-1　JSP 动作元素表

语　法	描　　述
jsp：useBean	访问一个已存在的 JavaBean 或创建一个新的 JavaBean 实例
jsp：setProperty	设置 JavaBean 的属性
jsp：getProperty	获取 JavaBean 的属性
jsp：include	在当前页面中包含动态和静态的资源，在请求处理阶段执行
jsp：forward	在运行时将当前请求转发到相同上下文环境中不同的页面或者资源
jsp：plugin	表示在需要时下载 Java 插件，用于执行指定的 Applet 或 JavaBean
jsp：element	用于定义动态的 XML 元素
jsp：attribute	设置动态定义的 XML 元素的属性

仅以 jsp：useBean 为例说明动作元素的一般使用方法，其他 JSP 动作元素的使用方法读者可以参考 JSP 相关书籍，限于篇幅，这里不再展开一一赘述。

<jsp：useBean id = "firstBean" scope = "session" class = " com. testBean. TestBean" />

含义：在当前 JSP 页面中加载一个类名称为 TestBean 的 JavaBean。

其中，id：用于标识 JavaBean 实例的名字，注意这个 id 是区分大小写的。

scope：指定该 JavaBean 可用的范围，可能的取值有 page、request、session 和 application，默认是 page 范围。

class：该 JavaBean 完整的限定类名，如该示例，该 JavaBean 位置在 com. testBean 目录下，名称 TestBean。该 TestBean 可以自行定义。

3. 答案

见分析。

【面试题 3】 简述 JSP 和 Servlet 有何异同

1. 考查的知识点

❑ JSP 和 Servlet 的共同点和不同点

2. 问题分析

本题目几乎是 Java Web 类考试的必考题目，属于经典试题，读者应当掌握。

首先需要掌握 JSP 和 Servlet 的基本概念，其次进一步探讨它们之间的共同点和不同点。

JSP 是一种动态网页开发技术，使用 JSP 标签在 HTML 页面中插入 Java 代码，动态生成 Web 页面。

Servlet 是采用 Java 语言编写的服务器端程序，它运行于 Web 服务器的 Servlet 容器中，在容器的控制下执行，动态生成 Web 内容。

JSP 和 Servlet 既有共同点又有许多不同之处。下面详细讨论 JSP 和 Servlet 的共同点和不同点。

(1) JSP 和 Servlet 的共同点

1）JSP 可看作一个特殊的 Servlet，是 Servlet 的扩展。JSP 是在 Servlet 的基础上推出的。

2）Servlet 可以实现 JSP 的所有功能。

3）JSP 经过编译后，最终转换为 Servlet 运行。

(2) JSP 和 Servlet 的不同点

1）两者的实现方式有所区别，JSP 是在 HTML 页面中嵌入 Java 代码，Servlet 则是在 Java 代码中嵌入了 HTML 代码。

2）JSP 是 Web 开发技术，主要用于页面的展示，更直观、方便。Servlet 是服务器端程序，更适合做逻辑控制和业务处理。

3）JSP 有内置对象，Servlet 没有内置对象。JSP 有 9 大内置对象，在面试题 1 中已经详细介绍过，读者可以参考学习。

3. 答案

见分析。

17.2 Servlet

17.2.1 知识点梳理

Servlet 是采用 Java 语言编写的服务器端程序，它运行于 Web 服务器的 Servlet 容器中，动态生成 Web 内容。

Servlet 的生命周期由容器来管理。Servlet 的生命周期有 3 个主要阶段，由 javax.servlet.Servlet 接口中有 3 个重要的方法 init()、service()、destroy()来表示。而 Servlet 本身是一个特殊的 Java 类，还应包括一个类加载阶段，所以 Servlet 的生命周期总共应当包括以下 4 个主要阶段。

加载和实例化阶段：Servlet 容器通过类加载器加载 Servlet。容器通过调用 Servlet 的无参构造函数来创建 Servlet 实例，在创建 Servlet 实例对象时，容器会自动将参数封装创建 servletConfig 对象（Servlet 配置对象）。

初始化阶段：创建实例后，容器调用 Servlet 的 init()方法进行初始化的工作。在初始化过程中，Servlet 实例利用 ServletConfig 对象作为 init()方法的参数从 web.xml 中获取初始化参数信息。对于每一个 Servlet 实例，init()方法只会被调用一次。

提供服务（运行阶段）：初始化完成后，就可以为客户端提供服务了。每当有新的客户请求到来，Servlet 容器调用 Servlet 的 service() 方法处理客户端的请求。在 service() 方法中，Servlet 实例通过 ServletRequest 对象得到客户端的相关信息，在处理请求后，通过 ServletResponse 对象设置响应信息。

销毁阶段：容器在卸载 Servlet 前需要调用 destroy() 方法，让 Servlet 释放所有占有的系统资源。在整个 Servlet 生命周期内，destroy() 方法也只会被调用一次。

17.2.2 经典面试题解析

【面试题 1】常识性问题

（1）下面对 Servlet 描述不正确的是（　　　）

（A）Servlet 是特殊的 Java 类，必须直接或间接的实现 Servlet 接口

（B）Servlet 接口定义了 Servlet 的生命周期方法

（C）Servlet 容器调用 service() 方法响应客户请求

（D）当多个客户端请求一个 Servlet 时，服务器为每个客户启动一个进程

1. 考查的知识点

❏ Servlet 的基本定义

❏ Servlet 的接口实现

❏ Servlet 生命周期方法

2. 问题分析

Servlet 是特殊的 Java 类，所有的 Servlet 应用都必须直接或间接地实现 Servlet 接口，Servlet 容器会把实现了 Servlet 接口的类加载到容器。一般定义 Servlet 时只需继承 HttpServlet 即可，而 HttpServlet 也实现了 Servlet 接口。可见选项 A 正确。

Servlet 接口定义了 Servlet 的生命周期方法，在接口中定义了 init()、service()、destroy() 三个方法。init() 负责进行初始化工作，service() 用于响应客户请求，destroy() 负责清理销毁工作。init() 和 destroy() 在一个 Servlet 生命周期内只能被调用一次。可见选项 B、选项 C 正确。

当多个客户端请求一个 Servlet 服务时，针对每一个请求，Servlet 容器会创建一个单独的线程来响应请求，请求处理完成后线程退出。Servlet 处理请求的方式是以线程的方式，而不是为每个客户启动一个进程。所以选项 D 不正确。

3. 答案

（D）

（2）Servlet 的生命周期可以分为初始化阶段、运行阶段和销毁阶段三个阶段，以下过程属于初始化阶段的是（可多选）（　　　）

（A）加载 Servlet 类及 .class 对应的数据

（B）创建 HttpServletResponse 和 HttpServletRequest 对象

（C）创建 ServletConfig 对象

（D）创建 Servlet 对象

1. 考查的知识点

❏ Servlet 的生命周期

2. 问题分析

本题依然考查的是 Servlet 生命周期理论，但题干对生命周期的描述稍有变化，读者应当学会在题目变化的情况下灵活应对。

在知识点梳理中已经提到，Servlet 的生命周期一般分为 4 个阶段：加载及实例化阶段、初始化阶段、运行阶段和销毁阶段，但本题题干只提到初始化阶段、运行阶段和销毁阶段这 3 个阶段，这是因为出题者是将加载及实例化阶段和初始化阶段合并成为一个统一的初始化阶段，这一点审题时应当注意。

所以在这个新的初始化阶段要完成的工作不但包括容器调用 Servlet 的 init( ) 方法进行初始化，还包括加载及实例化阶段中要完成的工作。可总结为以下几点：

1）加载 Servlet 类及 .class 对应的数据。

2）创建 ServletConfig 对象。

3）创建 Servlet 对象。

至于选项 B，是在运行阶段创建的两个对象。

3. 答案

（A）（C）（D）

【面试题 2】 Servlet 中 Forward 和 Redirect 的区别是什么？

1. 考查的知识点
❑ 请求转发的基本含义及原理
❑ 两种方式的区别

2. 问题分析

在 Servlet 中，用户发出一次请求，在请求处理的过程中，可能被多个处理模块处理后再返回结果，各个处理模块之间使用请求转发机制相互转发请求。

Servlet 的请求转发机制按照转发方式的不同，分为 Forward（直接请求转发）和 Redirect（间接请求转发）两种，这两种转发方式对应 RequestDispatcher 对象的 forward( ) 方法和 HttpServletResponse 对象的 sendRedirect( ) 方法（RequestDispatcher 接口，它的对象由 Servlet 容器创建，用于封装了一个由路径所标识的服务器资源，利用该对象的方法，可以将请求转发给其他的 Servlet 或 JSP 页面。HttpServletResponse 封装了服务器向客户端响应的数据信息）。它们的区别如下：

（1）Forward 机制

客户端浏览器只发出一次请求，Servlet 把请求转发给其他 Servlet、HTML 或者 JSP 等，由其他处理模块处理当前请求，但对浏览器来说是透明的，只返回一个响应结果，在浏览器的地址栏中 URL 不发生改变。

（2）Redirect 机制

服务器端在响应客户端请求的时候，让浏览器再向另外一个 URL 发起请求，从而实现了请求转发。从本质上来说，是发出了两次 HTTP 请求。对于间接请求转发来说，它的方法 sendRedirect( ) 还可以实现不同 Web 服务器上资源请求的转发。

3. 答案

见分析。

17.3 JavaScript

17.3.1 知识点梳理

JavaScript 的定义：JavaScript 是一种基于对象和事件驱动的客户端脚本语言，广泛用于客户端 Web 开发，常用来给 HTML 网页添加动态功能，比如响应用户的各种操作等。

JavaScript 的使用：如果在 HTML 页面中插入 JavaScript，必须使用<script> 和 </script>标签作为 JavaScript 代码开始和结束的标志。浏览器会解释并执行位于 <script>和</script>之间的 JavaScript 代码。

JavaScript 的运算符：JavaScript 常见的运算符包括以下几种。

1）算数运算符：+、-、*、/、%（取余数）、++、--。

2）赋值运算符：=、+=、-=、*=、/=、%=。

3）字符串连接符：+（注：数字和字符串相加，返回两个字符串连接后的字符串）。

4）比较运算符：==（等于，只比较两边的变量的数值是否相等，返回 false 或 true）、===（绝对等于，值和类型都必须相同，首先比较数据类型是否相等）、!=、!==、>、<、>=、<=，其中==和===是常考知识点。

5）逻辑运算符：&&、||、!。

6）条件运算符：变量名=（条件)？值 1 : 值 2。

Undefined 和 Null：JavaScript 有两种特别的数据类型，即 Undefined 未定义和 Null 空，Undefined 类型只有一个值就是 undefined，当声明了一个变量还未被初始化时，变量的默认值就是 undefined。Null 类型也只有一个值 null，表示尚未存在的对象。

下面用代码举例描述 Undefined 和 Null 的区别：

```
1. var x;
alert( x ==undefined) ;        //输出结果 true
2. alert( typeof undefined) ;   //输出结果 undefined
alert( typeof null) ;           //输出结果 object(JavaScript 的历史遗留问题)
3. alert( null == undefined) ;  //输出结果 true, undefined 是从 null 派生出来的,所以把它们定义
                                //为相等的
```

JavaScript 的函数声明（定义）：JavaScript 使用关键字 function 来定义函数，JavaScript 函数对参数的值没有进行任何的检查，在 JavaScript 中后声明的函数会覆盖前面的同名函数，不论函数是否带参数。

JavaScript 对象：在 JavaScript 中，所有的事物都是对象，包括字符串、数值、数组、函数等。同时允许自定义对象，还包含多个内建对象，如 Array、Date 等。

JavaScript 的提升（Hoisting）：这个概念非常重要，是 JavaScript 的主要考点之一。在 JavaScript 中，函数及变量的声明都会被提升到当前作用域的最顶部。**提升包括两个部分：变量提升和函数提升。**

（1）变量提升

JavaScript 中所有声明的变量都会被解释器提升到当前作用域的最顶部，所以可以先使用后声明，但变量赋值语句（初始化语句）不会提升，会留在原地等待执行。

变量声明的代码如下：

```
<script>
    a = 4;
    alert(a);
    var a;                    //变量声明提升到作用域最上面,输出 4
</script>
```

以上代码实质上相当于下面代码：

```
<script>
    var a;                    //变量声明提升到作用域最上面
    a = 4;
    alert(a);
</script>
```

初始化语句的代码如下：

```
<script>
    alert(a);
    var a = 10;        //如果变量被初始化,初始化语句不会提升,保留在原位置;输出 undefined
</script>
```

以上代码实质上相当于下面代码：

```
<script>
    var a;
    alert(a);    //输出 undefined
    a = 10;        //如果变量被初始化,初始化语句不会提升,保留在原位置
</script>
```

（2）函数提升

类似于变量提升，函数也可以提升，可以先调用函数，再声明函数，但表达式定义的函数不提升。

在 JavaScript 中函数的定义有两种方式：函数声明和函数表达式。

函数声明提升发生在编译阶段，把函数声明和函数体整体都提前到执行环境顶部，所以可以在函数声明之前调用这个函数。代码如下：

```
<script>
    foo();                //函数可以先调用,因为函数声明会提升到调用之前,输出 100
    function foo() {
        alert(100);
    }
</script>
```

以上代码相当于：

```
<script>
    function foo() {
        alert(100);
    }
```

```
        foo( );              //函数可以先调用,因为函数声明会提示到调用之前,输出 100
    </script>
```

函数表达式：其实是变量声明的一种，声明操作会被提升到执行环境顶部，并赋值为 un-defined。赋值操作被留在原地等到执行。代码如下：

```
    <script>
    test( );
    var test = function( ){
        alert(200);
    }
    </script>
```

以上这段代码相当于：

```
    <script>
    var test;  //test 被赋值为 undefined
    test( );    //函数执行类型不匹配,不输出
    test = function( ){
        alert(200);
    }
    </script>
```

（3）函数提升和变量提升的优先级

函数提升优先级比变量提升要高，即函数先提升、变量后提升，且不会被变量声明覆盖，但是会被变量赋值覆盖。示例代码如下：

```
    <script>

    foo( );

    function foo( ) {
        alert(100);
    }

    function foo( ) {
        alert(200);
    }
    var foo = 300;

    alert(foo);

    </script>
```

针对以上代码，函数优先提升，提升后后面的同名函数覆盖前面的同名函数，函数提升优先级高，先提升，接着变量提升，但变量赋值语句（变量初始化）不提升，变量声明不覆盖同名函数，变量赋值会覆盖同名函数。则以上代码正确的执行顺序同以下代码：

```
<script>
function foo( ) {
    alert(100);
}

function foo( ) {    //同名函数后面的函数覆盖前面的函数
    alert(200);
}
var foo;             //变量声明提升,但变量声明不会覆盖同名函数,初始化为 undefined

foo( );              // 函数调用,会调用第二个 foo( ),输出 200,不会输出后面的变量声明的值

foo = 300;           //变量赋值覆盖了同名函数 foo( )

alert(foo);          //再输出时,输出 300,不会输出之前的值为 200 的函数

</script>
```

17.3.2　经典面试题解析

JavaScript 的重点考点:

❑ JavaScript 的基础知识

❑ JavaScript 的代码识别, 主要是函数的编写和调用

【面试题 1】常识性问题

（1）在 javascript 程序中, alert(undefined==null) 的输出结果是 (　　)

（A）undefined　　　　（B）null　　　　（C）true　　　　（D）false　　　　（E）0

1. 考查的知识点

❑ 比较运算符; undefined 和 null 的区别

2. 问题分析

在知识点梳理环节, 对 JavaScript 中的 undefined 和 null 类型已经进行了详细的讲解。

针对这道题目, 首先要搞清楚比较运算符 == , 表示不严格意义上的值相等判断, 只判断值是否相等, 不判断类型（在知识梳理环节有讲解 == 和 === 的区别）, 返回的结果一般为 true 或者 false。

undefined 的数据类型为 undefined, 表示没有初始化的数据类型。

null 的数据类型为 object, 这是 JavaScript 的历史遗留问题, 该语言创立之初就这么规定, 读者只需简单记忆就可。

两个变量的数据类型不同, 但 ECMAScript（可以理解为是 JavaScript 的一个标准）认为 undefined 是从 null 派生出来的, 所以把它们定义为相等的, 即:

alert(undefined==null) 返回 true;

alert(null==undefined) 返回 true;

alert(undefined===null) 返回 false;

alert(null===undefined) 返回 false。

3. 答案

（C）

（2）下面这段 JavaScript 代码，输出结果是什么（　　　）

```
function getWork(){
    alert(2);
    }
getWork();
function getWork(){
    alert(3);
    }
```

（A）2　　　　　　（B）3　　　　　　（C）null　　　　　　（D）undefined

1. 考查的知识点

❑ JavaScript 函数声明和函数绑定

❑ 函数提升和函数调用

2. 问题分析

这道题目考查的是 JavaScript 中的函数声明、函数提升和同名函数。

在知识梳理环节中，讲解了 Javascript 中的变量提升和函数提升，这里不再赘述。

JavaScript 的变量声明和函数声明在 JavaScript 代码执行前都会被提升到当前作用域顶部。所有的声明都在函数绑定或函数调用之前。

针对本题，再补充一个函数调用中同名函数的知识点：

对于函数调用中出现同名函数，后面声明的函数的优先级更高，后声明的函数会覆盖先声明的函数。

针对以上分析，回到本题，getWork() 函数声明都会被提升到当前作用域的顶部，所以两个函数声明都会被提升。

后声明的函数优先级更高，会覆盖先声明的函数。

所以，本题 getWork() 函数调用会调用第二个函数声明，答案是 3。

3. 答案

（B）

【面试题 2】简述 JavaScript 对象的创建方式

1. 考查的知识点

❑ JavaScript 对象的创建方式

2. 问题分析

本题属于 JavaScript 考查领域中的必考题目，读者一定要重点掌握。

下面全面总结 JavaScript 中对象的创建方式。

JavaScript 作为面向对象的弱类型语言，使用 JavaScript 创建对象的方法有如下几种：

1）使用 Object 函数来创建对象。即 new Object() 创建一个对象。

例如：

```
var employee = new Object();
employee. name = "xiaozhang";
employee. city = "beijing";
```

```
employee. getName = function( ){
    alert( this. name) ;
}
```

该段代码创建了一个对象 employee，为它添加了 name 属性、city 属性和 getName( )方法。

2）使用对象字面量创建对象。一个对象字面量就是包围在一对花括号中的零个或多个"名/值"对。如下列代码：

```
var employee = {
    name:"xiaozhang",
    city:"beijing",
    getName:function( ){
        alert( this. name) ;
    }
}
```

这段代码和 1）中创建的 employee 对象代码的效果是一样的。

3）工厂模式创建对象。创建一个函数，接收参数来构造一个对象，该函数封装了对象创建的细节。

```
function createEmployee( name, city) {
    var o = new Object( ) ;
    o. name = name;
    o. city = city;
    o. getName = function( ){
        alert( this. name) ;
    };
    return o;
}
var employee1 = createEmployee( "xiaozhang","beijing") ;
var employee2 = createEmployee( "liqiang","shanghai") ;
```

用统一的函数 createEmployee( )接收不同的参数来创建不同的对象，避免了重复代码，可以多次被调用。

4）构造函数模式创建对象。可以创建自定义的构造函数，从而定义对象的属性和方法。

```
function Employee( name, city) {
    this. name = name;
    this. city = city;
    this. getName = function( ){
        alert( this. name) ;
    };
}
var employee1 = new Employee( "xiaozhang","beijing") ;
var employee2 = new Employee( "liqiang","shanghai") ;
```

构造函数模式中 Employee( )取代了 3）中的 createEmployee( )，区别是在函数中没有显式地创建对象，直接将属性和方法赋值给了 this 对象。

5）使用原型模式创建对象。在 JavaScript 中创建的每个函数都有一个 prototype（原型）属性，这个属性是一个指针，指向函数的原型对象，利用原型对象让所有对象实例共享它所包含的属性和方法。

举例说明如下：

```
function Employee( ) {
}
Employee. prototype. name = "xiaozhang";
Employee. prototype. city = "beijing";
Employee. prototype. getName = function( ) {
    alert( this. name);
};


var employee1 = new Employee( );
employee1. getName( );          //"xiaozhang"


var employee2 = new Employee( );
employee2. getName( );          //"xiaozhang"
```

原型模式下，employee1 和 employee2 访问的都是同一组属性和同一个 getName( ) 函数，默认情况下具有相同的属性值。

这种方式适合的场景：创建多个相同的对象，但可为其中某些对象增加新的属性和方法。但是通常情况下，每个对象都有属于自己的属性，所以很少单独使用原型模式来创建对象。

6）组合使用构造函数模式和原型模式创建对象。这种方式是创建自定义类型对象最常见的方式，构造函数模式定义实例属性，原型模式用于定义方法和共享的属性。优点：每个实例都独自有一份实例属性，同时共享对方法的引用。

用如下代码实例说明这种模式怎样创建对象：

```
function Employee( name, city) {
    this. name = name;
    this. city = city;
}
Employee. prototype = {
    constructor: Employee,
    getName: function( ) {
        alert( this. name);
    }
};
var employee1 = new Employee( "xiaozhang", "beijing");
var employee2 = new Employee( "xiaoli", "shanghai");
```

7）动态原型模式创建对象。在 6）方式中，是将构造函数与原型模式独立。在动态原型模式下，在构造函数中完成对原型的创建，将其他所有信息和原型都封装在构造函数中，类似面向对象的编程，具有很好的封装性。

```
function Employee(name, city){
    this.name = name;
    this.city = city;

    if(typeof this.getName! ="function"){//getName()方法不存在时创建该方法
        Employee.prototype.getName = function(){
            alert(this.name);
        };
    }
}
    var employee1 = new Employee("xiaozhang","beijing");
    employee1.getName();
```

8）寄生构造函数模式创建对象。在以上的模式都不适用的场景下，可使用寄生构造函数模式来创建对象，创建一个类似构造函数的函数，该函数封装创建对象的代码，返回新创建的对象。

```
function Employee (name, city){
    var o = new Object();
    o.name = name;
    o.city = city;
    o.getName = function(){
        alert(this.name);
    };
    return o;
}
var employee = new Employee("xiaozhang","beijing");//用 new 操作符创建对象
employee.getName();
```

这种模式创建对象和工厂模式创建对象非常相像，只是在创建对象时使用了 new 操作符。

9）稳妥构造函数模式创建对象。这个模式创建的对象主要是在一些安全环境中使用的稳妥对象。

稳妥对象，是指没有公共属性，而且其方法也不引用 this 的对象。稳妥对象最适合在一些安全环境中（这些环境会禁止使用 this 和 new），或者在防止数据被其他应用程序改动时使用。新创建对象的实例方法不能引用 this，而且不能使用 new 操作符调用构造函数。

```
function Employee (name, city){
    //创建要返回的新对象
    var o = new Object();
    var name=name;      //私有成员
    var city=city;       //私有成员
    //可定义其他私有变量和函数
    o.getName = function(){
        alert(name);
```

```
    };

    //返回对象
    return o;
}
var employee1 = Employee("xiaozhang","beijing");
employee1.getName();//xiaozhang
alert(employee1.name);//undefined
```

可以看到本段代码中既没有使用 this，也不用 new 来调用构造函数，同时 alert(employee1.name)是不能被访问到的，说明没有公共属性可被访问。

3. 答案

见分析。

【面试题 3】 输出如下 JavaScript 代码的结果

```
function a(b){
  b=b+1;
}
alert(a(2));

function a(b) {
  b=b+5;
  return b;
}
alert(a(9));

var o = function(m){
    m=m+1;
    return m;
  }

function o(m){
  m=m+10;
  return m;
  }
  alert(o(1));
```

问：以上 3 个 alert 分别输出什么？

1. 考查的知识点

❑ 函数声明、变量的作用域

❑ 函数提升、变量提升、函数的优先级和函数表达式

❑ 代码读写能力

2. 问题分析

这道题目主要考查的是 JavaScript 中的变量提升和函数提升的知识。在知识梳理环节已经

对这些知识点进行了重点讲解，结合这些讲解，能很容易对该程序题进行解读。

1) 在 JavaScript 中，函数声明和变量声明都会被提升到作用域顶部优先解析。

2) 同名函数的优先级，后面声明的函数优先级高于前面声明的函数，后面的函数会覆盖前面的同名函数。

3) 函数提升优先级高于变量提升，表达式函数不提升，变量赋值不提升，变量声明不会覆盖同名函数，变量赋值会覆盖同名函数。

结合本题来分析以上 3 条：

1) 以 function 开头的函数声明语句，有两个 a(b) 的函数声明，这两个函数都会被优先提升到作用域顶部。

2) 函数

```
function a( b) {
    b=b+5;
    return b;
}
```

会覆盖前面的函数

```
function a( b) {
    b=b+1;
}
```

所以 alert(a(2)) 绑定带有 return b 的这个函数，所以第一个 alert 输出的数字是 7。

alert(a(9)) 也是绑定第二个函数，传参数 9，所以第二个 alert 输出的数字是 14。

3) 函数提升优先变量提升

```
function o( m) {
    m=m+10;
    return m;
}
```

此函数先提升，排在前两个函数后面。

4) 变量提升

var o 提升到三个函数后面，变量声明不覆盖函数，表达式函数不提升。变量赋值会覆盖同名函数，所以

```
o=function( m) {
    m=m+1;
    return m;
}
```

会覆盖先提升的函数

```
function o( m) {
    m=m+10;
    return m;
}
```

最后，再执行 alert(o(1))，会执行函数表达式，输出 2。

这段代码在变量提升和函数提升后的实际写法如下：

```
function a(b){
  b=b+1;
}

function a(b){                    //函数声明提升到顶部,后面函数覆盖前面函数
  b=b+5;
  return b;
}


function o(m){                    //函数声明提升到顶部
  m=m+10;
  return m;
}


var o;                           //变量提升,优先级低于函数提升

alert(a(2));
alert(a(9));

o=function(m){                   //表达式函数定义不提升,这其实是个变量赋值
  m=m+1;                         //变量赋值会覆盖同名函数
  return m;
}

alert(o(1));
```

三个 alert 最后输出的值依次为 7；14；2。

3. 答案

7；14；2。

▣ 17.4 XML

17.4.1 知识点梳理

XML（Extensible Makeup Language）是可扩展的标记语言。设计的宗旨是用来传输和存储数据。XML 语言没有预定义的标签，允许自定义标签和文档结构。

XML 的语法规则：

1）所有 XML 元素的标签都必须是成对出现，比如<message>和</message>。

2）XML 标签对大小写是敏感的。比如<message>和<Message>是不同的。

3）在 XML 中，有 5 个自定义的实体引用来代替特殊字符。

① &lt；表示<。

② &gt；表示>。

③ & 表示 &。

④ ' 表示'。

⑤ " 表示"。

注：字符"<"和"&"在 XML 中是非法的，但大于号却是合法的，所以用实体引用代替特殊字符是编码的好习惯，可以避免很多的错误。

XML 的命名空间：XML 的命名空间提供避免元素命名冲突的方法。标签放入命名空间内，不同命名空间内的相同名称的标签为不同的标签。XML 命名空间的定义用 xmlns 属性和前缀共同定义。关于命名空间的使用，在本节面试题 2 中详细讲解。

XML 文件的解析：通常利用现有的 XML 解析器软件对 XML 文档进行分析，主流的解析 API 包括：DOM 和 SAX。DOM（Document Object Model，文档对象模型），W3C 提供的标准接口，将整个 XML 读入内存，构建 DOM 树对各个节点进行操作。SAX（Simple API for XML，基于事件驱动的解析方式）不用将整个文档加载入内存，而是基于事件驱动的 API，用户只需要注册自己关注的事件即可。

除过这两个底层的 API 之外，XML 的主流解析技术还有 JDOM 和 DOM4J，都是面向 Java 语言的。JDOM 类似于 DOM，它是纯 Java 处理 XML 的 API，其 API 中大量使用 Java 的 Collections 类。DOM4J 是 JDOM 的一个智能分支，API 更加复杂，但灵活性更好，性能更优异，很多的开源框架都使用 DOM4J。

17.4.2　经典面试题解析

【面试题 1】常识性问题

（1）下面关于 XML 的描述，错误的是（　　　）

（A）XML 是一种简单、与平台无关并被广泛采用的标准

（B）XML 文档可承载各种信息

（C）XML 提供一种描述结构化数据的方法

（D）XML 只是为了生成结构化文档

1. 考查的知识点

❑ XML 的定义

2. 问题分析

这道题目考查对 XML 定义的理解，属于基础知识。

XML 是可扩展的标记语言，是一种简单的、与平台无关并被广泛采用的标准。XML 文档可以承载各种信息，支持所有类型的数据，它提供了一种描述结构化数据的方法，综上所述，选项 A、选项 B、选项 C 都是正确的。

XML 不只为了生成结构化文档，XML 文档设计的宗旨是用来传输和存储数据，所以还有数据传输和交换的功能。选项 D 错误。

3. 答案

（D）

（2）下列 XML 节点，哪一个是合法的（　　　）

（A）<A>hello</A>

（B）<A>1 + 1 < 3</A>

（C）<A>hello</a>

(D) <A x="1"><A>

1. 考查的知识点

❑ XML 的基本语法和 XML 的标签

2. 问题分析

这道题目是关于 XML 基本语法的考查题目。

XML 的标签必须是成对出现的，以<A>开头，必然以</A>结尾，所以选项 D 错误，没有成对出现。

标签对大小写敏感，选项 C 明显是错的，<A>和<a>是不同的。

XML 中用实体引用来代替特殊字符，<是非法字符，应该用 < 代替，所以选项 B 错误。

正确的写法是<A>1+1 < 3 </A>。

正确答案（A）。

3. 答案

（A）

（3）下列属于 SAX 解析 XML 文件的优点的是（　　　）

（A）不是长久驻留在内存，数据不是持久的，事件过后，若没有保存数据，数据就会消失

（B）将整个文档调入内存，浪费时间和空间

（C）将整个文档树调入内存中，便于操作，支持删除、修改、重新排列等多种功能

（D）不用事先调入整个文档，占用资源少

1. 考查的知识点

❑ SAX 解析的优缺点

2. 问题分析

目前主流的 XML 解析的解析器包括 SAX 和 DOM，其中 SAX 有自身的优点和缺点。

SAX 的优点包括：

1）解析速度快。

2）无须将整个 XML 文档加载到内存，占用的内存空间等资源少。

3）可以在某个条件满足时就停止解析。

SAX 的缺点包括：

1）对 XML 采用顺序访问机制，不能随机访问 XML 文档，对已经分析过的内容，无法倒回去重新处理。

2）文档树不是长久驻留在内存，数据不是持久的，事件过后，若没有保存数据，那么数据就会丢失。

3）只能读取 XML 文件的内容，但不能修改。

综上所述，（A）属于 SAX 解析的缺点，（B）（C）不属于 SAX 的特点，（D）是正确答案。

3. 答案

（D）

【面试题 2】XML 的命名空间是什么？有什么作用？

1. 考查的知识点

❑ XML 的命名空间

2. 问题分析

XML 的命名空间提供了避免 XML 元素命名冲突的方法，给元素或属性加上一个命名空间来唯一标识一个元素或属性。当两个不同的文档使用相同的名称来描述两个不同类型或者不同含义的元素，但必须要一起被使用时，就会发生命名冲突，命名空间的作用就是解决这种名称的冲突。

命名空间一般通过 xmlns:prefixname="URI" 来进行声明，当命名空间在元素的开始标签中被定义时，所有带有相同前缀的子元素都会与同一个命名空间相关联，有效避免了元素的命名冲突。

下面举一个 XML 代码的例子来讲述一下命名空间及其作用。

有一个 XML 文档，描述图书馆图书，其中 name 元素既表示书名，又表示作者名，两个同名的元素有着不同的含义，这样造成了混乱，为解决这个命名冲突，采取命名空间来解决，给作者名称加一个前缀，使得书名用 name 标签表示，作者名称用 person：name 表示，将两者区分开来。见下列代码：

```
<? xml version="1.0" encoding="utf-8"? >
<library xmlns:person="http://example.namespace.org/person">
    <book>
        <name>JAVA 笔试面试笔记</name>
        <author>
            <person:name>yangfeng</person:name>
            <person:title>engineer</person:title>
        </author>
    </book>
        <book>
            <name>C++笔试面试笔记</name>
        <author>
            <person:name>wangnan</person:name>
            <person:title>engineer</person:title>
        </author>
    </book>
    </library>
```

声明一个名字为 http://example.namespace.org/person 的命名空间，将前缀 person 与命名空间相关联，给 author 下的子元素 name 和 title 附加前缀，可以区分书名和作者名称。

3. 答案

见分析。

【面试题 3】 DOM 和 SAX 解析器的区别是什么？各自的优缺点是什么？

1. 考查的知识点

❑ XML 的解析器

❑ DOM 和 SAX

2. 问题分析

在解析 XML 文档时，通常利用目前主流的 XML 解析器对 XML 文档进行分析，目前主流的解析器都对 DOM 和 SAX 这两套标准的 API 提供了支持。

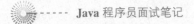

DOM 和 SAX 有着各自的特点和区别。

（1）DOM 文档对象模型

DOM 是 W3C 推荐的处理 XML 的标准接口解析器，DOM 方式解析 XML 文档时，读入整个 XML 文档并构建一个文档树结构，整体驻留在内存中。因为整体驻留在内存中，所以不适合大型的 XML 文件处理，但可以实现 XML 文件的修改，能够实现随机访问。缺点是解析速度慢，适合小型的 XML 文档解析。

（2）SAX 基于事件驱动的解析方式

SAX 逐行解析数据，适合解析大型的 XML 文档，无须将整个 XML 文档加载到内存，占用的内存空间等资源少，解析速度快，可以随时停止解析。缺点是只能顺序访问，不支持对 XML 文件的随意存取，只能读取 XML 文档内容，不能修改，同时在开发上也有一定难度。

3. 答案

见分析。

17.5　WebserviceREST

17.5.1　知识点梳理

Webservice 的定义：Web 服务，可以理解为一组分布式模块化组件，遵循一定的规范，以 Web 的方式，接收和响应其他系统的请求，从而实现远程调用等功能。

Webservice 主要技术包括：

1）SOAP（Simple Object Access Protocol，简单对象访问协议），是一种标准化通信规范，基于 XML 协议，在 Web 上交换信息。

2）WSDL（Web Services Description Language，Web 服务描述语言），是用来描述 Web 服务和说明如何实现与 Web 服务通信的 XML 语言，为用户提供详细的接口说明书。

3）UDDI（Universal Description，Discovery，and Integration，通用描述、发现与集成服务），是一种目录服务、一种规范，它主要提供 Web 服务的注册和搜索等。

目前主流的 Webservice 实现方案：目前主流的 Webservice 的实现方案有 SOAP 和 REST（Representational State Transfer，表述性状态转移）。

SOAP 是以 XML 为基础的，由于 XML 的数据包越来越重，SOAP 协议方便性和灵活性稍有欠缺，所以 REST 在 Web 服务中逐渐得到了广泛的应用。

Webservice REST：REST 是一种面向资源的架构设计风格，将互联网的任何事物都抽象为资源，每个资源对应唯一的 URI，所有对资源的操作都是无状态的，遵守 HTTP 规范，对于资源只进行 Create（创建）、Read（读取）、Update（更新）和 Delete（删除）就可以完成对各资源的操作和处理（遵循 CRUD 原则）。

17.5.2　经典面试题解析

【面试题 1】REST 和 SOAP 有什么区别？

1. 考查的知识点

❑ Webservice REST 和 SOAP 的特点

2. 问题分析

目前 Webservice 主流的实现方案有 SOAP 和 REST，SOAP 和 REST 的基本区别如下：

（1）SOAP 简单对象访问协议

SOAP 是一种信息交换协议规范，SOAP 使用 XML 数据格式，可以和当前多数网络协议如 HTTP、SMTP 等结合使用，用于在 Webservice 中封装远程调用等。

（2）REST 表述性状态转移

REST 是一种架构设计风格，并不是标准协议，提供了设计的基本原则和相关约束条件。REST 是面向资源的，所有的对象都被抽象成资源，Web 服务也被视为资源，可以由 URI 唯一标识，客户端通过申请资源来实现状态的转换。

（3）SOAP 和 REST 的区别

1）SOAP 的消息是基于 XML，而 REST 允许很多不同的数据格式，默认基于 JSON 进行数据的传输格式。

2）SOAP 不提供通用的操作，为每个服务定义自己的操作方法，而 REST 提供了统一的 HTTP 的 Create（创建）、Read（读取）、Update（更新）和 Delete（删除）操作。

3）REST 使用了标准的 HTTP，比 SOAP 更简单，具有更好的性能和可扩展性。

4）在安全性方面，SOAP 能满足较好的安全性要求，较 REST 有更好的保障。

5）二者各自有自己侧重的适用场景，SOAP 技术成熟，适用于需要较高安全性服务的领域。REST 在面向资源的服务，通过一致性接口访问资源等方面具有优势。

3. 答案

见分析。

【面试题 2】什么是面向 REST 服务，请解释幂等性和安全性？

1. 考查的知识点

❑ REST 服务的概念

❑ 幂等性和安全性

2. 问题分析

本题目首先是对 REST 服务定义的考查，其次考查了两个重要的概念：幂等性和安全性。

面向 REST 服务就是一种面向资源的架构设计风格，将互联网的任何事物都抽象为资源，每个资源对应唯一的 URI。所有对资源的操作都是无状态的，遵守 HTTP 规范，对于资源只进行 Create（创建）、Read（读取）、Update（更新）和 Delete（删除）就可以完成对各资源的操作和处理。

REST 服务是基于 HTTP 协议的，HTTP 有两个非常重要的特性就是幂等性和安全性。幂等性是指如果存在一个方法，该方法调用一次和调用多次产生的额外效果是相同的，则该方法具有幂等性。如 HTTP 中的 GET 方法，从服务器端获取资源，调用多次产生的额外效果都是从服务器获取资源，所以 GET 方法具有幂等性。而 POST 方法用于提交请求在服务器端创建资源，每次在服务器端产生新的结果，所以 POST 方法不具有幂等性。

安全性是指访问资源时资源本身状态不会发生改变，则该方法具有安全性。

安全性和幂等性均不保证对资源多次请求后 response 相同，以 DELETE 方法为例，DELETE 方法因为无论调用一次或者调用多次，对某个资源产生的额外效果都是删除这个资源，效果是相同的，所以具有幂等性，但资源本身状态会发生改变，不具有安全性。虽然具有幂等性，但首次删除，返回成功，再次调用，就会返回资源不存在 404 错误了，所以不保证 response 相同。

3. 答案

见分析。

特别提示

HTTP 方法的安全性、幂等性见下表：

方 法 名	幂 等 性	安 全 性
GET	√	√
HEAD	√	√
DELETE	√	×
PUT	√	×
POST	×	×
OPTIONS	√	√

【面试题 3】RESTful 主要的请求方法有哪些？有什么区别？

1. 考查的知识点

❑ RESTful 常见请求

2. 问题分析

这道题目考查 REST 及其 RESTful Web 服务领域基础知识；RESTful 的几种请求模式。

RESTful Web 服务以 HTTP 协议为基础，通过 HTTP 的请求方法完成工作，常见的 RESTful 请求如下。

1) GET：从服务器端获得资源或数据，不产生其他影响。

2) POST：主要用于添加资源，新增一个没有资源 ID 的资源。

3) PUT：和 POST 类似，但通常用来更新一个已经存在的实体，在进行 PUT 请求时，将已经存在的资源 ID 和新实体上传，完成服务器端资源更新。PUT 和 POST 还有一个区别是 PUT 是幂等的，而 POST 不具有幂等性。

4) DELETE：该请求方法用于在服务器端删除数据或资源。

除以上主要的 4 个请求方法外，还有 HEAD（和 GET 类似，仅返回响应的头部）和 OP-TIONS（获取某个资源所支持的 Request 类型）等请求方法。

3. 答案

见分析。

第 18 章　经典 Android 面试题详解

随着 Android 智能手机的普及，Android 开发逐渐成为热门。很多互联网公司都急需大量的 Android APP 开发人才。所以 Android 开发技能成为很多公司招聘研发人员的必选项。本章就来简单梳理一下 Android 笔试面试中常见而经典的面试题。

Android 的知识点庞杂繁多，由于篇幅有限，本书不可能面面俱到。本章只是针对各类互联网公司常考的 Android 面试题加以归纳总结，内容简洁但具有代表性。通过对本章的学习和梳理，读者能够进一步加深对 Android 的理解。

18.1　Android 系统架构

【面试题】简述 Android 系统的架构

1. 考查的知识点

❑ Android 系统架构

2. 问题分析

Android 系统采用分层架构，从宏观上讲，可将 Android 系统大体分为 4 层，从上到下依次为应用程序层（Applications）、应用程序框架层（Application Framework）、核心类库层（Libraries）和 Linux 内核层（Linux Kernel）。图 18-1 描述了 Android 系统架构。

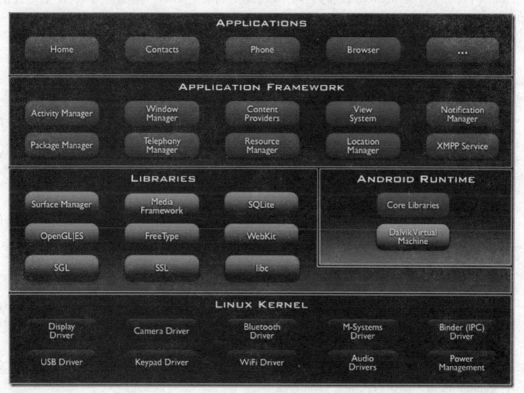

图 18-1　Android 系统架构

下面结合图 18-1 分别介绍一下 Android 系统架构中的各个层次。

（1）应用程序层（Applications）

应用程序层中包含了在 Android 设备上运行的所有应用程序（Android Application）。它们是 Android 系统中直接面向用户的部分。这些应用程序可分为两类，一类是 Android 系统自带的应用程序，也叫作 Google 原生应用程序，例如，系统自带的联系人应用（Contacts）、浏览器应用（Browser）等，这些应用都是 Google 开发的开源程序，随 Android 系统发布，提供给用户，并随着 Android 版本不断升级。还有一类就是在 Android App Store 中下载的第三方应用（3rd Party Application），例如，抖音、美颜相机等。这些应用都是由一些公司或个人开发并上传到 Android App Store 的。

（2）应用程序框架层（Application Framework）

应用程序框架层主要提供构建应用程序时所需要的各种系统级 API。这些 API 可为应用程序的开发提供系统级的服务，也就是说，Android 应用程序的开发者都是在 Application Framework 的基础上进行应用开发的。例如，Activity Manager、Windows Manager、View System 都是构建应用程序界面的基础，Content Provider 为应用程序对外提供数据给予支持，而 Telephony Manager 则为通信相关的应用程序（如通话、短彩信、即时聊天工具等）的开发提供接口支持。

（3）核心类库（Libraries）

核心类库中包含了系统库和 Android 运行环境。系统库主要是通过 C/C++ 库来为 Android 系统提供主要的特性支持。例如，SQLite 库为 Content Provider 的数据库操作提供支持，OpenGL|EL 库提供了 3D 绘图的支持，Webkit 库提供了浏览器的内核支持等。

（4）Linux 内核层（Linux Kernel）

Linux 内核层主要为 Android 设备的各种硬件提供底层的驱动，例如，图 18-1 中的显示器驱动、音频驱动、蓝牙驱动、电源管理驱动等。

3. 答案

见分析。

▣ 18.2　Android 的四大组件

【面试题】简述 Android 四大组件及其作用

1. 考查的知识点

❏ Andorid 四大组件及其作用

2. 问题分析

Android 是一种面向组件的移动应用开发架构，其中最核心也是最基本的就是四大组件。Android 的四大组件包括 Activity、Service、Content Provider、BroadCast Receiver。下面分别介绍一下。

（1）Activity

Activity 是 Android 应用程序与用户交互的窗口，它是用户感受一个应用程序最直观的部分，所以 Activity 是 Android 组件中最基本、最常用，也是最复杂的一种。Activity 在一个应用程序中承担着许多重要的工作，例如，构造应用程序界面、处理交互事件、构造对话框、菜单等附加的交互资源、管理界面中的数据等。因此设计一个界面友好、功能完备的 Activity 是构建一个 Android 应用程序用户体验良好的关键。

（2）Service

Service（服务）是一种可以在后台长时间运行操作且没有用户界面的应用组件。要定义一个 Service 类需要在 AndroidManifest. xml 中声明它。默认情况下，Service 不会运行在独立的进程和线程中，而是运行在当前应用的进程中，并在应用的主线程（即 UI 线程）中运行，因此，不要在 Service 中执行耗时的操作，除非在 Service 中创建了子线程来完成所需的耗时操作。有两种方式启动一个 Service：Context. startService（ ）和 Context. bindService（ ）。

（3）Content Provider

Content Provider 是 Android 提供的第三方应用数据的访问方案。每个应用都可以编写自己的 Provider 组件并使其派生自 Content Provider 类。通过这个 Provider 可以对外提供自己的数据。与此同时，Content Provider 还可以屏蔽内部数据的存储细节，向外提供统一的接口模型，这样可以简化上层应用程序的设计，同时增强数据访问的安全性。

（4）BroadCast Receiver

Broadcast Receiver 翻译成中文为"广播接收器"，顾名思义，广播接收器的作用是接收发送过来的广播。Broadcast（广播）是一种在应用程序之间传输信息的机制。而 Broadcast Receiver（广播接收器）则是对发送出来的广播进行过滤接收并做出响应的一类组件。

3. 答案

见分析。

特别提示

　　Android 的四大组件是 Android 的基础，因此这个题目的范围很大，这里只是做一些概念性的描述。读者没有必要死记硬背这些概念，而是应当从实际应用出发去掌握四大组件的功能及用法，在遇到类似的面试题时可以用自己的语言表述出来。

18.3　Activity 的生命周期

【面试题】简述 Activity 的生命周期

1. 考查的知识点

❑ Activity 的生命周期

2. 问题分析

Activity 的生命周期是指一个 Activity 从创建到销毁的全过程。完整的 Activity 的生命周期可通过 Android 官方文档中提供的流程图加以描述，如图 18-2 所示。

从图 18-2 可知，Activity 的生命周期中共包含 7 个周期函数，按顺序分别是 onCreate（ ）、onStart（ ）、onRestart（ ）、onResume（ ）、onPause（ ）、onStop（ ）、onDestroy（ ）。下面结合这张流程图逐一介绍。

onCreate（ ）：该方法在创建 Activity 时会被回调，同时在 onCreate（ ）方法中还可以通过 Bundle 获取该 Activity 上一次 onDestroy（ ）之前保存的状态信息（Bundle 是 onCreate（ ）方法的参数）。一般情况下，在创建 Activity 时都要重写 onCreate（ ）方法，然后在该方法中做一些初始化的操作，例如，通过 setContentView（ ）函数设置界面布局的资源等。

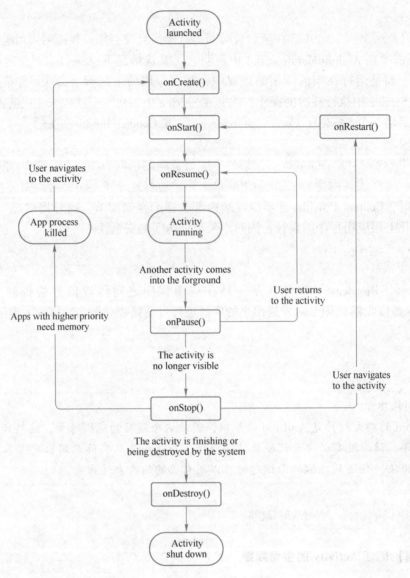

图 18-2　Activity 的生命周期

onStart()：onStart() 方法是在 Activity 界面对用户可见的时候执行，这种情况也包括有另一个 Activity 在它上面但没有将它完全覆盖，用户可以看到部分该 Activity 的情形。需要注意的是，此时该 Activity 只是对用户可见，但并不能与用户交互。

onResume()：Activity 可以与用户交互时（获得焦点时）该方法会被调用。从图 18-2 所示的流程图中也可以看到，正常启动一个 Activity 的过程中会执行 onResume() 方法，同时当 Activity 执行了 onPause() 方法和 onStop() 方法后重新回到前台时也会调用 onResume() 方法，因此也可以在 onResume() 方法中初始化一些资源，比如重新初始化在 onPause() 或者 onStop() 方法中释放的资源等。

onPause()：当 Activity 被其他界面遮挡时系统就会调用 onPause() 方法。在 onPause() 方法中可以做一些数据存储、动画停止或者资源回收的操作，但是要注意这些操作都不能太耗时，因为如果 onPause() 方法太耗时可能会影响到新的 Activity 的显示。只有在当前 Activity 的 onPause() 方法执行完成后，新的 Activity 的 onResume 方法才会被执行。

onStop( )：onStop( )方法在 onPause( )方法执行完成后执行，表示 Activity 转为不可见状态，仅在后台运行。在 onStop( )方法中可以做一些资源释放、注销监听等操作，但是这些操作也不能太耗时。

onRestart( )：当 Activity 由不可见状态变为可见状态时该方法被调用。需要注意的是，此时该 Activity 仍然在 Task 中而并没有被销毁。这种情况多是当前的 Activity 被暂停（onPause( )和 onStop( )被执行了），紧接着又回到当前 Activity 页面。

OnDestory( )：当 Activity 被销毁时会调用 onDestory( )方法，执行该方法后 Activity 会从 Task 中移除。它是 Activity 生命周期中最后一个执行的方法，可以在 onDestroy( )中做一些资源回收释放的工作。

总结起来，当 Activity 启动时，依次会调用 onCreate( )、onStart( )、onResume( )，而当 Activity 退居后台（处于不可见状态，例如，点击 Home 键或者被新的 Activity 完全覆盖）时 onPause( )和 onStop( )会依次被调用。当 Activity 重新回到前台（例如，从 Home 回到原 Activity 或者被另一个界面覆盖后又重新回到原 Activity）时，onRestart( )、onStart( )、onResume( )会依次被调用。当 Activity 退出销毁时（例如，点击 BACK 键或调用 Activity. finish( )方法后），onPause( )、onStop( )、onDestroy( )会依次被调用，至此 Activity 的整个生命周期结束。

严格来讲，Activity 中的 onSaveInstanceState( )函数和 onRestoreInstanceState( )函数不是 Activity 的周期函数，onSaveInstanceState( )会在系统"未经许可"却可能销毁 Activity 的时候被系统调用，并将要保存的数据以键值对的形式保存在 Bundle 对象中。该对象会以参数的形式传递给 onCreate( )方法或 onRestoreInstanceState( )方法，用于对数据的恢复。

3. 答案

见分析。

特别提示

此题在笔试面试中会有许多"变种"，这里不妨总结归纳一下，对参加笔试面试会很有帮助。

例如：

1. 简述 onStart( ) 和 onResume( ) 有什么区别？

提示：onStart( ) 是在 Activity 对用户可见的时候执行的，但此时并没有获得焦点，不能与用户交互。onResume( ) 则是在 Activity 开始可以与用户交互时才被调用。

2. 简述 onRestart( ) 什么时候会被执行？

提示：当 Activity 重新启动，但是此时 Activity 仍然在栈中而并没有被销毁时会被执行。

3. 为什么在 onPause( ) 中不能有耗时操作？

… …

诸如这些问题都可以在本题中找到答案，读者应当有意识地举一反三，这样可以起到事半功倍的效果。

18.4　onSaveInstanceState 函数

【面试题】简述 onSaveInstanceState 和 onRestoreInstanceState 的调用时机

1. 考查的知识点

❏ onSaveInstanceState 和 onRestoreInstanceState 的调用时机

2. 问题分析

onSaveInstanceState 的调用时机经常会被误解，先来看一下 Android developer 官方网站上是怎样描述的。

当某个 Activity 变得容易被系统销毁时，该 activity 的 onSaveInstanceState 就会被执行，除非该 activity 是被用户主动销毁的，例如，当用户按 BACK 键时。

什么叫作 Activity 变得容易被系统销毁时？这里面有两层意思，一是说该 Activity 还没有被销毁。这也是显而易见的，只有在该 Activity 还没有被销毁时才可能调用到该 Activity 的 onSaveInstanceState 方法。二是说该 Activity 处于一种未经允许却有可能被销毁的状态。那么什么状态是有可能被销毁的状态？可以总结为以下几种情形：

1）当用户按下 HOME 键时。

2）长按 HOME 键，选择运行其他的程序时。

3）按下电源按键（关闭屏幕显示）时。

4）从一个 Activity 中启动一个新的 activity 时。

5）屏幕方向切换时，例如，从竖屏切换到横屏时。

对于前四种情形，当用户按下 HOME 键，或者关闭屏幕显示，或者从一个 Activity 中启动一个新的 Activity 时，当前的 Activity 会被切换到后台（Background），此时该 Activity 就可能会因为当前系统内存不足而被系统销毁，因此这几种情形下系统会调用 onSaveInstanceState( ) 让用户有机会保存某些非永久性的数据。

对于切换屏幕方向，在屏幕切换之前系统会销毁当前的 Activity，在屏幕切换之后系统又会自动创建 Activity，所以 onSaveInstanceState( ) 一定会被执行。

总而言之，onSaveInstanceState( ) 方法的调用要遵循一个重要原则，即当系统未经允许却有可能销毁 Activity 时 onSaveInstanceState( ) 会被系统调用，这是系统的责任，因为它必须要提供一个机会让用户保存当前 Activity 上的数据。

需要注意的是，onSaveInstanceState( ) 方法和 onRestoreInstanceState( ) 方法不一定成对调用。onRestoreInstanceState( ) 被调用的前提是该 Activity 确实被系统销毁了，因为它的作用就是用来恢复数据。所以如果一个 Activity 仅仅有被销毁的可能性，该方法是不会被调用的。例如，当前正在显示一个 Activity 时用户按下了 HOME 键回到主界面，然后紧接着又返回该 Activity，这种情况下该 Activity 一般不会因为内存的原因而被系统销毁，故该 Activity 的 onRestoreInstanceState( ) 方法不会被执行，虽然 onSaveInstanceState( ) 是会被执行的。

3. 答案

见分析。

18.5　横竖屏切换时候 Activity 的生命周期

【面试题】简述横竖屏切换时候 Activity 的生命周期

1. 考查的知识点

❏ Activity 的横竖屏切换

2. 问题分析

大多数的智能手机都支持横竖屏切换的功能，在横竖屏切换时 Activity 会相应地执行不同的生命周期函数。总结如下：

如果不设置 Activity 的 android：configChanges 属性，横竖屏切换时会重新调用各个生命周期函数，切横屏时会执行一次，切竖屏时会执行两次。

具体来说，竖屏切换横屏时会依次执行以下周期函数：

onSaveInstanceState－＞onPause－＞onStop－＞onDestroy－＞onCreate－＞onStart－＞onRestoreInstanceState－＞onResume

横屏切换竖屏时，则会将上述生命周期执行两次。

onSaveInstanceState－＞onPause－＞onStop－＞onDestroy－＞onCreate－＞onStart－＞onRestoreInstanceState－＞onResume－＞onSaveInstanceState－＞onPause－＞onStop－＞onDestroy－＞onCreate－＞onStart－＞onRestoreInstanceState－＞onResume

如果设置了 Activity 的 android：configChanges＝"orientation"属性，则切换横竖屏时还是会重新调用各个生命周期函数，但此时只会执行一次。

如果设置了 Activity 的 android：configChanges＝"orientation|keyboardHidden"属性，切换横竖屏时不会重新调用各个生命周期函数，而只会执行 onConfigurationChanged 方法。

以上答案只适用于 Android 3.2 以前的版本，从 Android 3.2（API 13）开始，在设置了 Activity 的 android：configChanges＝"orientation|keyboardHidden"后，还是一样会重新调用各个生命周期函数的。这是因为 screen size 也开始跟着设备的横竖屏切换而改变。所以，在 Android-Manifest. xml 中的 MiniSdkVersion 和 TargetSdkVersion 属性值大于等于 13 的情况下，如果想阻止程序在横竖屏切换时重新加载 Activity，除了设置"orientation|keyboardHidden"属性值之外还必须添加"ScreenSize"。即在 AndroidManifest. xml 中设置 android：configChanges＝"orientation|keyboardHidden |screenSize"属性。这样在横竖屏切换时就不会重新调用各个生命周期函数而只会执行 onConfigurationChanged()方法。

3. 答案

见分析。

18.6　如何在两个 Activity 之间传递数据

【面试题】简述如何在两个 Activity 之间传递数据

1. 考查的知识点

❏ Activity 之间的数据传递

2. 问题分析

在 Android 系统中 Intent 可以用来启动 Activity 和 Service，同时它也可以用在不同的 Activity 之间传递数据。

可以使用 Activity 的 startActivity( )方法通过 Intent 对象中的 Extra 直接传递数据。例如：

```
//在 Activity_A 中装载数据,并向 Activity_B 发送
Intent intent=newIntent(this,Activity_B. class);
intent. putExtra("username", "Tom");
intent. putExtra("password", "1234");
startActivity(intent);
//在 Activity_B 中获取数据
Intentintent = getIntent();
String username =intent. getStringExtra("username");
String password =intent. getStringExtra("password");
```

上述方法是普遍使用的数据传递方法，除此之外还可以将数据传入 Bundle 包，并通过 Intent 在 Activity 之间传递数据。例如：

```
//在 Activity_A 中组装数据,并向 Activity_B 发送
Intent intent=newIntent(this,Activity_B. class);
Bundlebundle = new Bundle();
bundle. putString("username", "Tom");
bundle. putString("password", "1234");
intent. putExtras(bundle);
startActivity(intent);
//在 Activity_B 中获取数据
Intentintent = getIntent();
Bundlebundle = intent. getExtras();
String username =bundle. getString("username");
String password =bundle. getString("password");
```

这种方法与在 Intent 对象中利用 Extra 直接传递数据的方法类似，只是利用了 Bundle 数据结构将数据打包，所以它更多地应用在大量数据的传递中。

上面所描述的都是在 Activity_A 中通过 startActivity( )方法启动 Activity_B 的同时进行数据传递的情形。但有些情况下，还可能希望 Activity_A 能从 Activity_B 上得到一些返回的数据，这个时候就不能使用 startActivity( )方法了，因为 startActivity( )只能做到数据的单向传递，而无法得到返回值。这时要使用 startActivityForResult( )方法来实现这个功能。例如：

```
//在 Activity_A 中通过 startActivityForResult 启动 Activity_B,并
//通过 REQUEST_GET_TIME 指定 requestCode
Intent intent=newIntent(this, Activity_B. class);
startActivityForResult(intent,REQUEST_GET_TIME);


//在 Activity_B 中通过 putExtra 将欲返回的数据 curTime 加入 Intent,并通过
//setResult( )设置 resultCode
Intentintent = getIntent();
StringcurTime = getCurTime();
intent. putExtra("cur_time",curTime);
```

```
        setResult( RESULT_OK, intent) ;

    //在 Activity_A 中重写 onActivityResult( )方法得到返回的数据,并在 textView 上显示
    protected void onActivityResult( int requestCode, int resultCode, Intent data) {
        super. onActivityResult( requestCode, resultCode, data) ;
        if( requestCode = = REQUEST_GET_TIME&&resultCode = = RESULT_OK) {
            textView. setText( data. getStringExtra( "cur_time") ) ;
        }
    }
```

以上介绍的都是在 Activity 之间传递数据的常规方法。除此之外,还有一些其他的数据共享方式也可以实现 Activity 之间的数据传递。例如,使用数据库存储数据并在不同 Activity 之间共享;使用 Share Preference 存储数据并在不同 Activity 之间共享;使用文件存储的方式共享数据等。这些方法都不是专门为 Activity 之间传递数据而设计的,它们具有更加普适的使用场景,但是同样可以实现在 Activity 之间共享数据的目的。

另外,越来越多的项目开发中都开始使用 EventBus 框架,它是一个 Android 平台的事件总线框架,简化了 Activity、Fragment、Service 等组件之间的交互,降低了各组件之间的耦合。EventBus 可以代替 Android 传统的 Intent、Handler、Broadcast 或接口函数,在 Fragment、Activity、Service 等各组件之间传递数据。

3. 答案

见分析。

18.7　Fragment

【面试题】什么是 Fragment? Fragment 的加载方式? Fragment 与 Activity 之间是怎样交互的?

1. 考查的知识点

❑ Fragment 的基础知识

2. 问题分析

Fragment 是 Android 3.0(包含)之后出现的一个组件,它是 Activity 的一个模块化区域。与 Activity 类似,Fragment 也有自己的生命周期,同时可以在 Activity 运行过程中动态地添加和删除。所以一个功能强大、界面友好的 Activity 一般都会嵌入一些 Fragment。

Fragment 有两种加载方式,一种是静态加载,也就是将 Fragment 作为一般的控件放到界面的 Layout 中。这种加载方式最为简单,但是缺乏灵活性。还有一种加载方式是动态加载,这种加载方式也是开发中经常使用的方法。要实现 Fragment 在 Activity 中的动态加载,首先需要了解以下 Fragment 操作常用的类。

1) android. app. Fragment:定义 Fragment 的类。

2) android. app. FragmentManager:用于在 Activity 中操作 Fragment。

3) android. app. FragmentTransaction:保证一系列 Fragment 操作的原子性。

通过 FragmentManager 类中的 beginTransaction( )方法可以开启一个事务,再通过 Fragment-Transaction 类中的 add( )、remove( )、replace( )、hide( )、show( )等方法对 Fragment 进行动态地添加、删除、替换等操作,最后通过 FragmentTransaction 类中的 commit( )方法提交事务,实

现 Fragment 的动态加载。

　　Fragment 的存在离不开它的宿主 Activity，Fragment 的生命周期也直接受其宿主 Activity 的影响。如图 18-3 所示为 Android 官方文档提供的 Fragment 的生命周期流程图。

　　下面结合这张流程图介绍一下 Fragment 的各个生命周期函数。

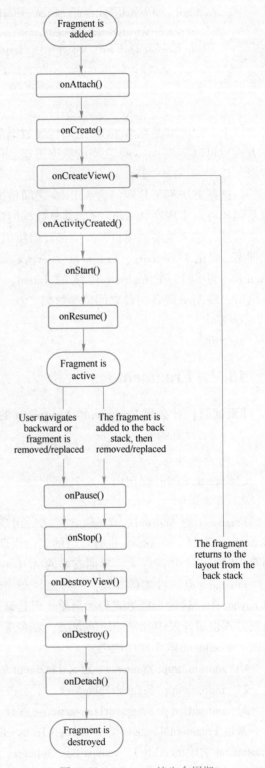

　　onAttach( )：执行该方法时，Fragment 与其宿主 Activity 已经完成绑定。onAttach( ) 方法有一个 Activity 类型的参数，表示该 Fragment 绑定的 Activity，可以通过这个参数得到其宿主 Activity 的实例，从而与该 Activity 进行交互。

　　onCreate( )：创建 Fragment 时该方法会被调用。与 Activity 类似，onCreate( ) 方法有一个参数 Bundle，可通过该参数获取之前保存的数据。

　　onCreateView( )：初始化 Fragment 的布局。加载布局和 findViewById 的操作通常在此函数内完成。

　　onActivityCreated( )：Fragment 的宿主 Activity 的 onCreate( ) 方法执行完成后会回调该 Fragment 的 onActivityCreated ( ) 方法，所以 Fragment 可以在该方法内与宿主 Activity UI 进行交互。因为在该方法被调用之前宿主 Activity 的 onCreate( ) 方法并未执行完成，所以如果提前进行 UI 交互操作，可能会导致空指针异常。

　　onStart( )：执行该方法时，Fragment 由不可见状态变为可见状态，但此时 Fragment 还不能与用户交互。

　　onResume( )：执行该方法时，Fragment 处于活动状态，用户可与之进行交互。

　　onPause( )：执行该方法时，Fragment 处于暂停状态，部分可见，用户不能与之交互。

　　onStop( )：执行该方法时，Fragment 处于不可见状态。

　　onDestroyView( )：销毁与 Fragment 有关的视图 View，但此时该 Fragment 还未与 Activity 解除绑定，所以依然可以通过 onCreateView 方法重新创建视图。

　　onDestroy( )：销毁 Fragment。通常按 Back 键退出或者 Fragment 被回收时调用此方法。

图 18-3　Fragment 的生命周期

onDetach( )：解除与 Activity 的绑定。在 onDestroy( ) 方法之后调用。

3. 答案

见分析。

18.8　RecyclerView

【面试题】简述什么是 RecyclerView

1. 考查的知识点

☐ RecyclerView 的基础知识

2. 问题分析

RecyclerView 是 Android 5.0 推出的新控件，该控件用于在有限的窗口中展示大量数据集。RecyclerView 有点类似于 ListView，但是它的功能要比 ListView 强大得多。RecyclerView 可在一个界面中实现多个界面的转换，它提供了一种插拔式的体验，高度解耦，异常灵活。通过为 RecyclerView 设置不同的 LayoutManager、ItemDecoration、ItemAnimator 可以实现很多炫目的效果。

在 RecyclerView 的框架中有一些非常重要的类，使用这些类可以实现 RecyclerView 不同的界面效果。

（1）RecyclerView. Adapter

该类可以托管数据集合，与 ListViewAdapter 类似，它是数据和界面之间的桥梁，为 RecyclerView 中每个 Item 创建视图。

（2）RecyclerView. ViewHolder

该类承载每个 Item 视图的子视图，用于设置界面上具体的显示内容。

（3）RecyclerView. LayoutManager

该类负责 RecyclerView 中 Item 视图的布局。RecyclerView. LayoutManager 只是一个抽象类，Android 系统为其提供了 3 个实现类：

1）LinearLayoutManager 线性布局管理器，支持横向布局和纵向布局。

2）GridLayoutManager 网格布局管理器。

3）StaggeredGridLayoutManager 瀑布流式布局管理器。

通过这些具体的实现类可以在一个 RecyclerView 中实现线性布局、网格布局、瀑布流式布局的效果。

（4）RecyclerView. ItemDecoration

该类负责为每个 Item 视图添加子视图，例如，给 Item 绘制分割线（Divider）。

（5）RecyclerView. ItemAnimator

该类负责设定增加、删除数据时的动画效果。

RecyclerView 的解耦与灵活之处体现在它不再需要负责 Item 的摆放等显示方面的事情，而是将这些功能分摊给不同的类进行管理，这样的设计模式耦合性更低、灵活性更强，开发者可以自定义各种满足需求的功能类。

3. 答案

见分析。

18.9 Service 及 Service 的启动方法

【面试题】 简述什么是 Service 以及 Service 有几种启动方法

1. 考查的知识点
- Service 的概念
- Service 的启动方法

2. 问题分析

Service（服务）是一种可以在后台长时间运行操作且没有用户界面的应用组件，是 Android 的四大组件之一。默认情况下，Service 不会运行在独立的进程和线程中，而是运行在宿主进程中，并在应用的主线程（即 UI 线程）中运行，因此，不要在 Service 中执行耗时的操作，除非在 Service 中创建了子线程来完成所需的耗时操作。

在 Android 中有两种方法启动一个 Service，第一种方法是使用 startService( ) 方法启动一个 Service，此时 Service 处于启动状态；第二种方法是使用 bindService( ) 方法绑定一个 Service，此时 Service 处于绑定状态。

这两种方法存在着很大的不同，可通过图 18-4 来理解 startService( ) 和 bindService( ) 的区别。

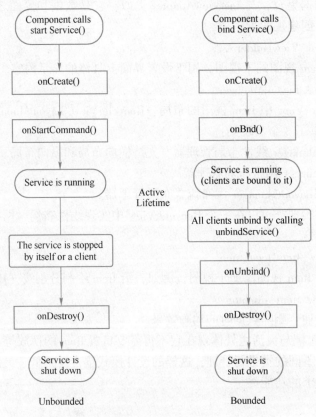

图 18-4　startService( ) 和 bindService( ) 的对比

从图 18-4 中不难看出，通过 startService( ) 和 bindService( ) 启动一个 Service 在 Service 的生命周期上存在着差异。执行 startService( ) 启动 Service 时，Service 会经历 onCreate( ) ->onStart-

Command( )。当执行了 stopService( )时，会直接调用 onDestroy( )方法销毁 Service。当执行 bindService( )启动 Service 时，Service 会经历 onCreate( )->onBind( )。此时调用者和 Service 绑定在一起。调用者调用 unbindService( )方法或者调用者 Context 不存在了（如 Activity 被 finish 了），Service 就会调用 onUnbind( )->onDestroy( )而被销毁。

　　因此采用第一种方式启动 Service 时，调用者一旦开启了 Service 就会与 Service 失去联系，两者不再有关联。即使访问者退出，Service 仍然会运行。如果想要解除服务，则必须显式地调用 stopService( )方法停止该 Service。这种启动 Service 的方法主要用于调用者与 Service 没有交互的情况。需要注意的是，在系统资源不足时，Service 可能会被杀死；当系统资源足够时，Service 又会被重新启动。

　　而采用 bindService( )启动 Service 时调用者与服务会绑定在一起。这样被绑定的 Service 的生命周期就会与调用者关联起来，两者是一种"共存亡"的关系。当调用者退出的时候，Service 也随之退出。bindService 的函数原型是 bindService(Intent service，ServiceConnection conn，int flags)，当绑定成功的时候 Service 会将代理对象通过回调的形式传给参数 conn，这样调用者就能得到 Service 提供的服务代理对象，通过这个服务代理对象可以调用 Service 内部的方法。同时 Service 还可以通过跨进程通信（IPC）来与调用者进行交互。当调用者调用 unbind( )方法时，该 Service 会被销毁。

　　3. 答案
　　见分析。

18.10　BroadcastReceiver 机制

【面试题】 简述广播的注册方式以及广播的类型

　　1. 考查的知识点
　　❑ 广播的发送
　　❑ BroadcastReceiver 的两种注册方式
　　2. 问题分析
　　Broadcast 是 Android 的四大组件之一，它为应用程序开发提供了消息广播和消息接收的机制。Broadcast 组件是 Android 系统中用于单向通信的一种组件，它的基本原理是，一个程序注册某种广播后就建立了一个系统级的监听器，当本程序或其他程序发送符合条件的广播时，注册了该广播的程序就可以接收这条广播，从而实现了程序间的通信。关于 BroadcastReceiver 机制，可以从以下几个方面来理解。

　　（1）注册 BroadcastReceiver

　　在 Broadcast 机制中通过 BroadcastReceiver 来接收广播。要使用 BroadcastReceiver 接收广播，首先要对 BroadcastReceiver 进行注册。Android 中有两种注册 BroadcastReceiver 的方式：静态注册和动态注册。静态注册时可以将 receiver 直接声明在应用的 AndroidManifeast.xml 文件里，并添加过滤条件，以便接收符合条件的广播，例如：

```
<receiverandroid：name = " lsw. example. broadercast. CustomReceiver" >
<intent－filter>
    <action android：name = " lsw. intent. action. Receiver" />
    <category android：name = " lsw. intent. category. DEFAULT" />
```

```
        </intent-filter>
        </receiver>
```

静态注册的 BroadcastReceiver 是常驻型的，一旦 APP 安装到设备上就会一直处于广播接收状态，所以比较消耗资源。需要注意的是，从 Android 8.0（Android O）开始这种在 AndroidManifeast. xml 文件中静态注册 BroadcastReceiver 的方式将不再被推荐。出于对耗电量的优化，以及避免 APP 滥用广播的考虑，除了少部分的广播仍支持静态注册（如开机广播"android. intent. action. BOOT_COMPLETED"），其余的都会出现失效的情况。

动态注册的 BroadcastReceiver 是非常驻型的，它是在程序代码中注册 BroadcastReceiver。对于动态注册，只有在注册后程序才处于接收状态，一旦注销了该 BroadcastReceiver 就不会接收该广播了，所以相比较于静态注册，动态注册更加节省资源。动态注册和注销一个 Broadcast 的示例代码如下：

```
//注册广播
public void register() {
    demoBroadcastReceiver = new DemoBroadcastReceiver();
    registerReceiver(demoBroadcastReceiver, new IntentFilter("demo"));
}
//注销广播
public void unRegister() {
    if(demoBroadcastReceiver != null) {
      unregisterReceiver(demoBroadcastReceiver);
    }
}
```

只有在注册了 BroadcastReceiver 后它才能够接收指定的广播，从而对这条广播做出相应的处理。

（2）发送广播及广播的类型

前面介绍了如何注册 BroadcastReceiver，下面介绍广播事件的发送。广播事件也是通过 Intent 发送的，一般通过调用 sendBroadcast()方法或者 sendOrderBroadcast()来进行发送。

使用 sendBroadcast()函数发送的广播称为普通广播（Normal Broadcast）。在普通广播模式下，所有注册了该广播事件的 BroadcastReciver 都能接收到这个广播（即回调 onReceive()方法）而不能被拦截，并且可以并发地在各自的应用进程中执行，同时所有接收广播的接收者之间不能相互传递数据。图 18-5 描述了普通广播的发送和接收的方式。

图 18-5 普通广播的
发送和接收方式

使用 sendOrderBroadcast()函数发送的广播类型称为有序广播（Order Broadcast）。在有序广播模式下，所有注册了该广播事件的 BroadcastReciver 都会依照预先设定的优先级从高到低排序并依次接收和处理该广播。对于优先级属性相同者，动态注册的广播优先接收，而对于静态注册的有序广播，广播的接收顺序要看它在 AndroidMenifest. xml 中声明的顺序，先声明的接收者比后声明的接收者要先接收到广播。需要注意的是，在有序广播模式下，优先级高的接收者可以使用abortBroadcast()方法拦截广播的传递，这样优先级低的接收者就不能接收到该广播了。同时有序广播的接收者

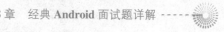

之间可以相互传递数据。图 18-6 描述了有序广播的发送和接收方式。

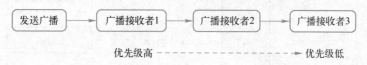

图 18-6　有序广播的发送和接收方式

其实还有一种称为粘性广播的广播类型，它是通过函数 Context. StickyBroadcast( ) 进行发送的。粘性广播在发送后就一直存在于系统的消息容器里面，这样即便在发送完广播之后动态注册的接收者也能够接收到该广播。但是因为安全问题，粘性广播从 Android 5.0（API 21）开始已正式被废弃。

3. 答案

见分析。

18. 11　ContentProvider 机制

【面试题】 简述 ContentProvider 机制以及使用 ContentProvider 的优势

1. 考查的知识点

❑ ContentProvider 的特点与优势

2. 问题分析

ContentProvider 直译叫作"内容提供者"，顾名思义，它向开发者提供了一种应用程序之间共享数据的机制。如果一个应用程序希望将自己内部的数据提供给外部的应用程序使用，就可以实现自己的 ContentProvider（例如，Android 系统原生的通讯录应用为了将自己的数据提供给其他应用就实现了自己的 ContentProvider，即 ContactsProvider）。要实现自己的 ContentProvider 就要实现一个派生自抽象类 android. content. ContentProvider 的具体类，并实现其中的 query、update、insert、delete 等接口。至于内部数据是以什么形式存储其实无关紧要，它可以通过数据库来存储数据（Android 的数据库系统为 SQLite），也可以通过文件存储数据，甚至可以是其他存储方式，这些对于数据的使用者来说都是透明的。因此 ContentProvider 只是为存储和获取数据提供了一套统一的接口，而对内部数据的存储和管理方式并没有特别要求。

要想通过访问 ContentProvider 获取另外一个应用的数据，还需要它的一个本地代理，这就是 ContentResolver。ContentResolver 提供了一系列的数据操作接口，这些 API 与 ContentProvider 中的 API 一一对应（包括 query、update、insert、delete 等）。通过调用这些 API 最终就可以调用到它对应的 ContentProvider 中的函数来对数据进行访问和处理。

在使用 ContentResolver 对数据进行操作时，首先要通过 URI（Uniform Resource Identifier）进行数据定位，根据 URI 找到对应的 ContentProvider，然后通过对应的 ContentProvider 执行请求的操作。这里的 URI 是一个结构化的字符串，它唯一标识数据源的地址信息。

以上所述的 ContentProvider 机制如图 18-7 所示。

图中，应用程序端通过调用 ContentResolver 的接口访问到对应的 ContentProvider。注意，这里是通过 URI 进行 ContentProvider 和数据的定位，也就是说，通过 URI 找到要访问的数据在哪里。ContentProvider 只是一层接口，它用来向外部提供访问数据的 URI 及 API，数据的存储形式以及具体操作被封装在 ContentProvider 内部对使用者透明。

通过上面的叙述可以了解 ContentProvider 机制的基本原理以及使用方法。那么为什么要使

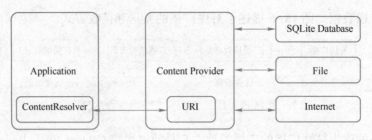

图 18-7　ContentProvider 机制

用 ContentProvider 来替代直接访问数据库或者其他数据源？

其实 ContentProvider 的优势还是很明显的，首先，ContentProvider 屏蔽了数据存储的细节，内部实现则对用户完全透明，用户只需要关心操作数据的 URI 即可，完全不需要了解数据存储的细节。如图 18-7 所示，内部数据可以通过数据库 SQlite 来存储，也可以通过文件来存储，甚至还可以通过网络来存储，而这些都不需要使用者关心。这样的程序结构更利于模块之间的解耦以及代码的维护。其次，对 ContentProvider 的访问会有各种权限管控，这样保证了数据访问具有更高的安全性。另外，在 Android 系统中基于 ContentProvider 机制已经开发出很多程序架构，例如，CursorLoader、CursorAdapter 以及云同步 AsyncAdapter 等，利用这些架构可以更加高效、更安全地开发出应用程序。综上所述，相较于直接访问数据库或其他数据源，ContentProvider 机制具有明显的优势。

3. 答案

见分析。

18.12　Handler 机制

【面试题】简述 Android 中的 Handler 机制

1. 考查的知识点

□ Handler 机制的原理

□ Handler 机制的应用

2. 问题分析

在 Android 应用程序中，主线程（也称为 UI 线程）是最重要的线程，它在程序启动时被创建，在程序运行中负责程序界面的显示，管理界面中的 UI 控件以及进行事件分发。但是主线程中不应存在耗时操作，例如，从数据库中读取数据，跨进程获取其他进程信息，或者联网读取数据等耗时的操作都不宜放在主线程中，因为这些耗时操作会占据消息队列（Message Queue）从而卡住一些界面操作（例如，卡住界面控件对 onClick 事件的响应）。一旦界面操作被卡住，就会出现假死现象，一般情况下，如果 8 s 内还没有对事件做出响应，Android 系统就会发生 ANR（Application Not Responding）。

所以这些耗时的操作都应当放在子线程中执行。但是往往这些耗时操作得到的结果是需要用来更新程序界面的，例如，从数据库中读到的数据需要展示到应用程序的界面上，而 Android 系统又规定更新 UI 的操作只能在主线程中进行，这样就产生了一对矛盾。为了解决这个矛盾，Handler 机制便应运而生。

可以将 Handler 运行在程序的主线程中，让 Handler 接收从子线程传递过来的 Message 对象，并配合主线程更新 UI。这样子线程中的耗时操作就不会卡住主线程，从而避免了应用界面卡顿、假死以及 ANR 的发生。

那么 Handler 机制是如何实现上述功能的呢？要理解 Handler 机制的工作原理，首先要了解 Handler 机制中的 4 个重要对象，即 Handler、Message、MessageQueue 和 Looper。正是这 4 个对象相互配合，协同作业，才实现了上面描述的消息分发处理功能。

Message 是线程之间传递的消息，例如，上面描述的在子线程中将数据打包到 Message 中传递给主线程。MessageQueue 是一个消息的容器，用来存放 Runnable 和 Message。在上面描述的场景中，子线程传递给主线程的 Message 就要集中放到主线程的 MessageQueue 中等待处理。Looper 的作用是不停地从 MessageQueue 中将 Message 取出，并交由 Handler 处理。Handler 就是处理 Message 的中枢，它通过方法 void handleMessage（Message msg）来接收并处理消息。如图 18-8 所示描述了 Handler 消息处理的流程，以及 Handler、Message、MessageQueue、Looper 这 4 个对象之间的关系。

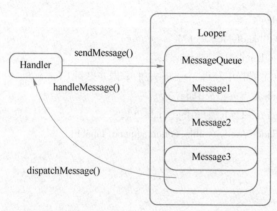

图 18-8　Handler、Message、MessageQueue、Looper 的关系

由图 18-8 可知，Looper 和 MessageQueue 是绑定在一起的，MessageQueue 中又包含很多 Message。当 Handler 发送消息的时候会获取当前的 Looper，并在当前 Looper 的 MessageQueue 中放入发送的消息，而 MessageQueue 会在 Looper 的带动下一直循环地读取 Message 信息，并将 Message 信息发送给 Handler，然后执行 handleMessage（）方法处理这个 Message。在上述过程中对象 Handler 的作用至关重要，它负责在一个线程中（子线程）把消息通过 Looper 放到 MessageQueue 中，同时还要负责在另一个线程中（主线程）接收并处理这些消息。

下面通过一个实例来理解 Handler 机制的应用：

```java
public class MyHandlerActivity extends Activity {
    Button button;
    MyHandler myHandler;

    protected void onCreate(Bundle savedInstanceState) {
        super.onCreate(savedInstanceState);
        setContentView(R.layout.handlertest);

        button = (Button) findViewById(R.id.button);
        myHandler = new MyHandler();
```

```
            MyThread m = new MyThread( );
            new Thread( m). start( );
    }


class MyHandler extends Handler {
    public MyHandler( ) {
    }


    public MyHandler( Looper L) {
        super( L);
    }


    @ Override
    public void handleMessage( Message msg) {
        super. handleMessage( msg);
        //在主线程中获得 Message 中的数据并更新 UI
        Bundle b = msg. getData( );
        String label = b. getString( "label");
        MyHandlerActivity. this. button. append( label);


    }
}


class MyThread implements Runnable {
    public void run( ) {
        try {
            Thread. sleep( 2000);
        } catch ( InterruptedException e) {
            e. printStackTrace( );
        }
        Messagemsg = new Message( );
        Bundle b = newBundle( );
        b. putString( "label", "button");
        msg. setData( b);
        //在子线程中向 Handler 发送消息
        MyHandlerActivity. this. myHandler. sendMessage( msg);
    }
}
}
```

上述代码中定义了类 MyHandler，它是 Handler 类的派生类，在该类中一定要实现 han-dleMessage( )方法用来接收和处理子线程发给主线程的消息。同时这段代码中还定义了一个实现了 Runnable 接口的类 MyThread，这个 Runnable 实例会运行在子线程中，并向主线程发送一个 Message，里面包含一个 Bundle，携带着数据对（"label","button"）。子线程通过 myHandler. sendMessage（msg）向主线程发送消息，它会将该消息发送到主线程的 MessageQueue 里，然后通过 myHandler 的 handleMessage（）方法接收和处理该消息。因为 handleMessage（）方法是在主线程中执行的，所以可在该方法中更新 UI。

上述代码描述了子线程向主线程发送消息的情形，细心的读者可能会发现代码中并没有显式地用到 Looper，这是因为在主线程 ActivityThread 类的 main 方法中就已经创建了主线程循环 Looper. prepareMainLooper（），并进入了消息循环 Looper. Loop（）。也就是说，主线程从一开始就已经有了自己的 Looper 和 Handler，这也是在主线程中默认可以使用 Handler 的原因。开发者自己创建的 MyHandler 只不过是主线程中的一个 Handler 而已，因此不需要显式地执行 Looper. prepareMainLooper（）和 Looper. Loop（）方法。

按照这个思路继续思考下去，实际上子线程中也可以创建自己的 Handler，然后主线程通过这个 Handler 对象向子线程发送消息。因为子线程不会自带 Looper，所以必须执行 Looper. prepare（）和 Looper. loop（）方法开启一个消息循环。

Android 的 Handler 机制相对还是比较复杂的，这里只是针对它的用法和基本原理进行简单的介绍。想要更加深入理解 Handler 机制的读者，可以结合 Android 源代码进行学习。

3. 答案

见分析。

特别提示

总结起来，对于 Handler 机制，首先要知道它可以实现子线程向主线程发送消息的功能，从而支持动态更新界面。其次要了解 Handler 机制的基本原理，主要是 Handler、Looper、Message 和 MessageQueue 这四个对象的作用及相互关系。最后还要知道在 ActivityThread 类的 main 方法中就已经创建了主线程循环 Looper. prepareMainLooper（），并进入了消息循环 Looper. Loop（），这样主线程可以通过自有的 Handler 和 Looper 处理各种消息。

18.13　Android 跨进程通信

【面试题】简述 Android 中跨进程通信的几种方式

1. 考查的知识点

❑ Android 中的跨进程通信

2. 问题分析

Android 系统是一种基于组件的应用设计模型，而组件执行时的聚合单元称为任务（Task），每个 Task 都是由若干个界面组件构成的，但这些界面组件可能并不是来自同一个应用，例如，从浏览器应用界面点击一个位置链接直接切换到地图应用中查看具体位置。所以在 Android 系统中，不同应用之间的切换是十分普遍的，那么跨进程通信也就十分普遍了。

在 Android 系统中大体有以下几种方式能够实现跨进程通信。

（1）使用 Intent 访问其他应用程序

这是使用最为广泛的一种方式。例如，在一个应用程序中通过调用 startActivity（Intent）；启动一个应用界面，如果该界面运行在其他进程中，那么利用这种方式启动 Activity 其实就一种跨进程通信。

（2）使用 Broadcast 访问其他进程

通过 Broadcast 也可以访问其他进程。Broadcast 发出的是不定向广播，并且只有那些注册了 BroadcastReceiver 的应用才能够接收符合条件的广播。因为 Broadcast 的发送端和接收端可能运行在不同的进程中，所以可通过 Broadcast 的方式实现进程间的通信。

（3）使用 Content Provider 进行跨进程的通信

Content Provider 的功能是用来向应用外部提供数据，所以处于不同进程中的不同应用可通过 Content Provider 提供的统一接口访问到数据源进程中的数据。一个典型的实例就是在拨号盘应用中访问通讯录应用中的联系人信息，一般情况下都是通讯录应用实现了一套自己的 Content Provider，并向外提供获取联系人信息的 URI，处于另一进程中的拨号盘应用可通过 ContentResolver 和 URI 访问到联系人信息。需要注意的是，使用 Content Provider 分享数据一般需要授予访问者相关的权限，这样会增加跨进程通信的安全性。

（4）AIDL 服务

在 Android 系统中界面组件 Activity 有时需要与其他进程的 Service 进行通信，这时进程间通信模型架构需要开发者实现调用者对象 Proxy 以及功能实现者对象 Stub，从而构成跨进程通信的代理模型。Proxy 会将数据和指令序列化成一个消息并发送到远端的 Stub 对象，Stub 对象则负责解析出对应的指令和数据，并执行对应的逻辑。这个过程较为机械化，同时又比较烦琐，因此 Android 系统提供了 AIDL（Android Interface Definition Language）服务来自动完成这些框架的代码。AIDL 是一种 Android 内部进程间通信接口的描述语言，通过它可以定义进程间的通信接口，开发者只需按照 AIDL 的语法要求定义出需要实现的接口和方法，Android SDK 就会解析 AIDL 文件并自动生成对应的 Proxy、Stub 等类型的 Java 文件，从而帮助开发者轻松地实现进程间的通信。

3. 答案

见分析。

◪ 18.14　JNI

【面试题】简述什么是 JNI，并写出 JNI 调用的基本方法

1. 考查的知识点

❑ 对 JNI 的理解

❑ JNI 的调用

2. 问题分析

JVM（Java 虚拟机）有时需要调用底层驱动程序接口，而一般情况下，底层的驱动程序都是 C 语言开发的 Native 代码，这时就要通过 JNI 来调用，从而扩展 Java 虚拟机的能力。

JNI 是 Java Native Interface，即 Java 本地接口的英文缩写。顾名思义，它是用来沟通 Java 代码和本地代码（例如，C/C++代码）的桥梁。通过 JNI 协议，Java 代码可以调用外部定义的 C/C++函数库，同理外部的 C/C++代码也可以调用 Java 封装好的类和方法。

因为 Java 的执行需要解释器，而 C/C++程序编译后就生成了机器码，所以一些高效的算法模块、游戏实时渲染、音视频编码解码等第三方函数库都是使用 C/C++开发的，Java 可通过 JNI 来调用这些高效的代码库，从而使软件的功能变得更强大。

JNI 的使用方法一般比较固定，开发者只要按照它的使用方法，再结合实际应用场景一步

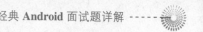

一步实现即可，这里简单总结一下。

在使用 JNI 之前首先需要下载并安装 NDK 开发工具。NDK 是 Native Development 的英文缩写，它是一个本地开发工具集，里面包含交叉工具链，可将 C 代码编译成 .so 文件供 Java 程序调用，在此基础上可进行开发工作。

第一步，创建一个 Android 工程，并在 Java 文件中声明 native 方法。

第二步，使用 javah 命令生成带有 native 方法声明的头文件（.h 文件）。这里需要提醒的是，JDK1.7 需要在工程的 src 目录下执行该命令，而 JDK1.6 需要在工程的 bin/classes 目录下执行该命令。

第三步，在该 Android 工程中创建 JNI 目录，并在 JNI 目录下创建一个与生成的头文件相对应的 .c 文件，并在该 c 文件中实现头文件声明的函数。

第四步，在 JNI 目录下创建一个 Android.mk 文件，根据项目的实际需要编写里面的内容。

第五步，在工程的根目录下执行 ndk-build 命令，旨在编译 .c 文件并生成 .so 文件。

第六步，在 Java 代码中，调用 native 方法前需要加载 .so 库文件。

以上六步完成后，在 Java 代码中调用 native 方法时就会透过 JNI 自动调到 .so 文件库中对应实现的 C 代码。

3. 答案

见分析。

特别提示

本题内容较多，但核心知识点包括以下两点：

1) JNI 的作用。它是用来沟通 Java 代码和本地代码(例如，C/C++ 代码) 的桥梁。

2) JNI 使用的基本原理。通过 NDK 将 C/C++ 代码交叉编译为 .so 文件，然后在 Java 代码中加载这个 .so 文件并调用 native 方法。